T0236647

Kontaktmechanik und Reibung

Valentin L. Popov

Kontaktmechanik und Reibung

Von der Nanotribologie bis zur Erdbebendynamik

3., aktualisierte Auflage

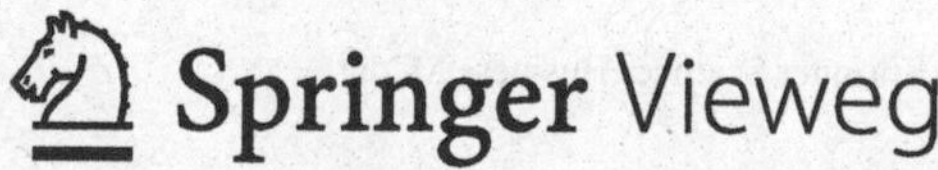

Valentin L. Popov
Institut für Mechanik
TU Berlin
Berlin
Deutschland

ISBN 978-3-662-45974-4 ISBN 978-3-662-45975-1 (eBook)
DOI 10.1007/978-3-662-45975-1

Die Deutsche Nationalbibliothek verzeichnet diese Publikation in der Deutschen Nationalbibliografie; detaillierte bibliografische Daten sind im Internet über http://dnb.d-nb.de abrufbar.

Springer Vieweg

Gedruckt auf säurefreiem und chlorfrei gebleichtem Papier

Springer Berlin Heidelberg ist Teil der Fachverlagsgruppe Springer Science+Business Media
(www.springer.com)

Vorwort zur dritten Auflage

Die dritte Auflage der „Kontaktmechanik und Reibung“ wurde im Vergleich zur zweiten Auflage wesentlich überarbeitet. Dies betrifft besonders die „kontaktmechanischen“ Kapitel (Normalkontakt mit und ohne Adhäsion, Tangentialkontakt, Kontakt mit Elastomeren), welche mit Lösungen für axial-symmetrische Kontaktprobleme sowie durch viele Fallbeispiele ergänzt wurden. Das Kapitel über Verschleiß enthält jetzt eine Diskussion zum Thema Fretting. Die Abschnitte zur elastohydrodynamischen Schmierung wurden völlig neu verfasst und durch mehrere Aufgaben bereichert. Neu konzipiert wurde auch das Kapitel zu numerischen Simulationsmethoden in der Kontaktmechanik, welches jetzt auch die Grundideen der Anwendung der Randelementemethode auf adhäsive Kontakte enthält.

Dr. M. Heß und Dr. R. Pohrt danke ich für ihre Hilfe beim Verfassen neuer Abschnitte und Aufgaben. Dr. M. Heß, M. Popov und E. Willert danke ich für die Hilfe beim Korrekturlesen des Buches, Frau Wallendorf für die Erstellung von neuen Bildern und Frau Dr. J. Starcevic für die umfangreiche Unterstützung bei der Fertigstellung des Buches.

Berlin, im Mai 2015 V. L. Popov

Vorwort zur zweiten Auflage

Die zweite Auflage der „Kontaktmechanik und Reibung" wurde durch ein Kapitel über „Erdbeben und Reibung" ergänzt. Somit umfasst das Buch Reibungsphänomene auf allen Skalen, von der atomaren bis zur geologischen. Das findet seinen Ausdruck im neuen Untertitel „Von der Nanotribologie bis zur Erdbebendynamik". Weitere Änderungen betreffen vor allem Kap. 14, welches durch einen Abschnitt über Elastohydrodynamik erweitert wurde. Darüber hinaus wurden mehrere Kapitel durch neue Aufgaben bereichert.

Prof. G. G. Kocharyan und Prof. S. Sobolev möchte ich einen besonderen Dank für die Diskussionen und kritischen Bemerkungen zum Kapitel über Erdbeben aussprechen. Herrn Dr. R. Heise und Frau Dipl.-Ing. E. Teidelt danke ich für ihre Beiträge zur Entwicklung und Korrektur der neuen Aufgaben. Ganz herzlich möchte ich Frau Dr.-Ing. J. Starcevic für ihre umfangreiche Unterstützung beim Verfassen des Buches danken. Frau Ch. Koll danke ich für die Erstellung von neuen Bildern und Dr. R. Heise, M. Popov, M. Heß, S. Kürschner und B. Grzemba für die Hilfe beim Korrekturlesen.

Berlin, im Juli 2010 V. L. Popov

Vorwort zur ersten Auflage

Wer sich in das Fach Kontaktmechanik und Reibungsphysik vertieft, wird schnell feststellen, dass es wohl kaum ein anderes Gebiet gibt, das derart interdisziplinär, spannend und faszinierend ist. Es verbindet Wissen aus Gebieten wie Elastizitäts- und Plastizitätstheorie, Viskoelastizität, Werkstoffwissenschaften, Strömungslehre – auch von nicht Newtonschen Flüssigkeiten – Thermodynamik, Elektrodynamik, Systemdynamik und vielen mehr. Kontaktmechanik und Reibungsphysik finden zahlreiche Anwendungen – von der Mess- und Systemtechnik auf der Nanoskala über das schier unübersichtliche Gebiet der klassischen Tribologie bis hin zur Erdbebendynamik. Wer Kontaktmechanik und Reibungsphysik studiert und verstanden hat, hat sich damit einen umfassenden Überblick über verschiedene Methoden angeeignet, die in den Ingenieurwissenschaften angewandt werden.

Ein Ziel des vorliegenden Buches ist es, die wichtigsten Aspekte dieses Faches in einem Werk zusammenzufassen und ihre Zusammenhänge auf übersichtliche und klare Weise darzustellen. Zu diesen Aspekten gehört zunächst die gesamte „eigentliche Kontaktmechanik", einschließlich Adhäsion und Kapillarität, dann die Theorie der Reibung auf der Makroskala, Schmierung, Grundlagen der modernen Nanotribologie, systemdynamische Aspekte von Maschinen mit Reibung (reiberregte Schwingungen), Reibung von Elastomeren und Verschleiß. Das Zusammenspiel dieser Teilaspekte kann im Einzelfall sehr kompliziert sein. In praktischen Problemen kommen verschiedene Aspekte in immer neuen Konstellationen vor. Zur Lösung von tribologischen Problemen gibt es daher keine einfachen Rezepte. Das einzig universelle Rezept ist, dass man das System zunächst aus tribologischer Sicht *verstehen* muss. Ein Ziel des Buches ist, dieses *Verständnis* zu vermitteln.

Es ist die feste Überzeugung des Autors, dass die wesentlichen Aspekte der Kontaktmechanik und Reibungsphysik viel einfacher sind, als es oft zu sein scheint. Beschränkt man sich auf qualitative Abschätzungen, so ist es möglich, ein umfassendes qualitatives Verständnis der Kontaktmechanik und Reibungsphysik in ihren unzähligen Facetten zu erreichen. Die *qualitativen Abschätzungen* haben in dem Buch daher einen hohen Stellenwert.

Bei den *analytischen Berechnungen* beschränken wir uns auf wenige klassische Beispiele, die es aber erlauben, nach dem Baukasten-Prinzip eine Fülle von anwendungsnahen Problemen zu verstehen und zu berechnen.

Eine Großzahl von konkreten tribologischen Fragestellungen – besonders wenn es um feine Optimierung von tribologischen Systemen geht – sind in analytischer Form nicht berechenbar. Das Buch bietet daher auch eine Übersicht über *numerische Simulationsmethoden* in der Kontaktmechanik und Reibungsphysik. Besonders ausführlich wird auf eine Methode eingegangen, die eine Synthese von mehreren kontaktmechanischen Prozessen auf verschiedenen räumlichen Skalen in einem Simulationsmodell erlaubt.

Auch wenn das vorliegende Buch vor allem ein *Lehrbuch* ist, kann es als ein Nachschlagewerk für die Grundlagen der vorgestellten Gebiete dienen. Mit diesem Ziel werden neben theoretischen Grundlagen auch viele Spezialfälle behandelt. Diese sind im Buch als *Aufgaben* zu den jeweiligen Kapiteln zusammengefasst. Alle Aufgaben sind mit einer Lösung versehen, die einen allgemeinen Leitfaden sowie die Ergebnisse darstellt.

Dieses Lehrbuch entstand auf der Basis einer vom Autor gehaltenen Vorlesung über Kontaktmechanik und Reibungsphysik an der Technischen Universität Berlin und ist so konzipiert, dass das ganze Material in einem oder zwei Semestern – abhängig von der Tiefe der Durcharbeitung des Materials – vollständig durchzuarbeiten und zu beherrschen ist.

Danksagung

Dieses Buch wäre nicht ohne die tatkräftige Unterstützung meiner Kollegen entstanden. Mehrere Mitarbeiter des Fachgebietes „Systemdynamik und Reibungsphysik" am Institut für Mechanik haben zur Entwicklung der Übungsaufgaben beigetragen. Dafür danke ich Dr. M. Schargott, Dr.-Ing. T. Geike, Dipl.-Ing. M. Heß und Frau Dr.-Ing. Starcevic. Einen ganz herzlichen Dank möchte ich Frau Dr.-Ing. J. Starcevic aussprechen für ihre umfangreiche Unterstützung beim Verfassen des Buches sowie Herrn Dipl.-Ing. M. Heß, der alle Gleichungen im Buch nachgerechnet und zahlreiche Fehler korrigiert hat. Frau Ch. Koll danke ich für ihre Geduld bei der Erstellung von Bildern und M. Popov und Dr.-Ing. G. Putzar für die Hilfe beim Korrekturlesen.

Dem Dekan der Fakultät V „Verkehrs- und Maschinensysteme" Professor Dr. V. Schindler danke ich für die Gewährung eines Forschungssemesters, während dessen das Buch fertig gestellt wurde.

Berlin, im Oktober 2008 V. L. Popov

Inhaltsverzeichnis

Über den Autor

Prof. Dr. rer. nat. Valentin L. Popov studierte Physik und promovierte an der staatlichen Lomonosow-Universität Moskau. Er habilitierte am Institut für Festigkeitsphysik und Werkstoffkunde der Russischen Akademie der Wissenschaften. Nach einer Gastprofessur im Fach Theoretische Physik an der Universität Paderborn leitet er seit 2002 das Fachgebiet Systemdynamik und Reibungsphysik am Institut für Mechanik der Technischen Universität Berlin. Seine Arbeitsgebiete sind unter anderem: Tribologie, Nanotribologie, Tribologie bei tiefen Temperaturen, Biotribologie, Beeinflussung der Reibung durch Ultraschall, numerische Simulation der Reibungsprozesse, Erdbebenforschung sowie materialwissenschaftliche Themen: Mechanik elastoplastischer Medien mit Mikrostruktur, Festigkeit von Metallen und Legierungen, Formgedächtnislegierungen. Er ist Mitherausgeber internationaler Zeitschriften und Organisator regelmäßig stattfindender internationaler Konferenzen und Workshops zu diversen tribologischen Themen.

1 Einführung

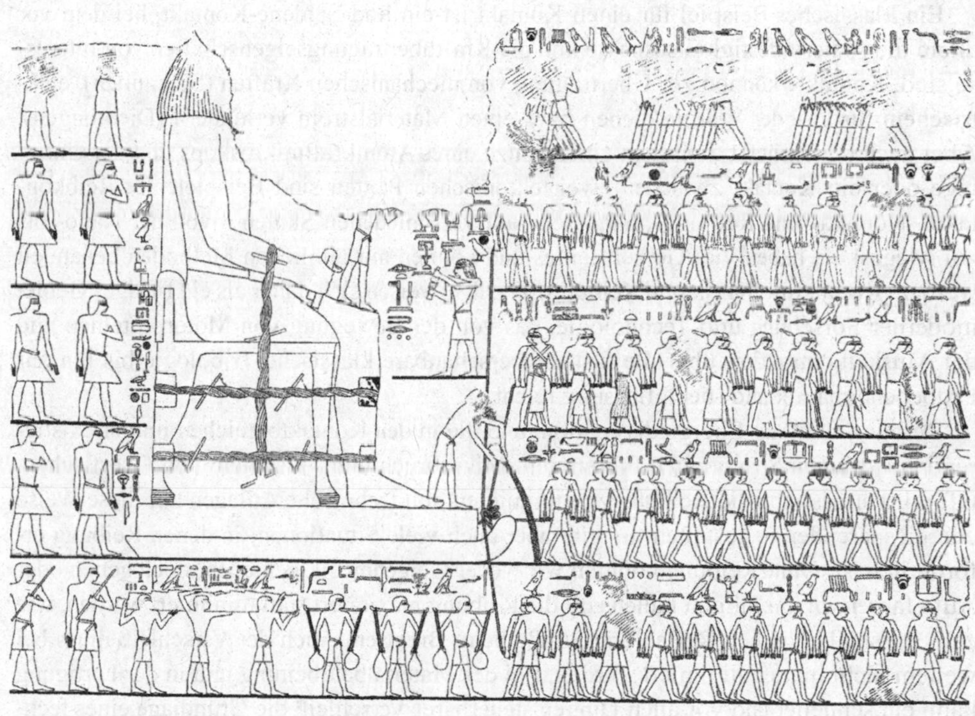

V. L. Popov, *Kontaktmechanik und Reibung,* DOI 10.1007/978-3-662-45975-1_1

1.1 Kontakt- und Reibungsphänomene und ihre Anwendung

Kontaktmechanik und Reibungsphysik sind grundlegende ingenieurwissenschaftliche Disziplinen, die für einen sicheren und energiesparenden Entwurf technischer Anlagen unabdingbar sind. Sie sind von Interesse für unzählige Anwendungen, wie zum Beispiel Kupplungen, Bremsen, Reifen, Gleit- und Kugellager, Verbrennungsmotoren, Gelenke, Dichtungen, Umformung, Materialbearbeitung, Ultraschallschweißen, elektrische Kontakte und viele andere. Ihre Aufgaben reichen vom Festigkeitsnachweis von Kontakt- und Verbindungselementen über die Beeinflussung von Reibung und Verschleiß durch Schmierung oder Materialdesign bis hin zu Anwendungen in der Mikro- und Nanosystemtechnik. Reibung ist ein Phänomen, das die Menschen über Jahrhunderte und Jahrtausende interessiert hat und auch jetzt noch im Zentrum der Entwicklung neuer Produkte und Technologien steht.

Ein klassisches Beispiel für einen Kontakt ist ein Rad-Schiene-Kontakt, bei dem vor allem die Materialfestigkeitsaspekte und die Kraftübertragungseigenschaften von Interesse sind. Kontakte können zur Übertragung von mechanischen Kräften (Schrauben), elektrischem Strom oder Wärme dienen bzw. einen Materialstrom verhindern (Dichtungen). Aber auch der Kontakt zwischen einer Spitze eines Atomkraftmikroskops und der Unterlage oder ein Kontakt zwischen zwei tektonischen Platten sind Beispiele für Reibkontakte. Kontakt- und Reibungsphänomene auf verschiedenen Skalen – von der Nano- bis zur Megaskala haben viel Gemeinsames und können mit ähnlichen Methoden behandelt werden. Kontaktmechanik und Reibungsphysik erweisen sich daher als ein riesiges Gebiet moderner Forschung und Technologie, das von der Bewegung von Motorproteinen und der Muskelkontraktion über die fast unüberschaubare klassische Tribologie bis hin zur Erdbebendynamik und -beeinflussung reicht.

Reibung führt zur Energiedissipation, und die in den Kontaktbereichen immer existierenden extremen Spannungen führen zum Mikrobruch und Verschleiß von Oberflächen. Oft wird angestrebt, die Reibung zu minimieren, um technische Anlagen auf diese Weise energiesparender zu gestalten. Es gibt aber auch viele Situationen, in denen Reibung erforderlich ist. Ohne Reibung könnten wir weder Geigenmusik genießen, noch gehen oder Auto fahren. In unzähligen Fällen soll die Reibung maximiert statt minimiert werden, wie zum Beispiel zwischen Reifen und Straße beim Bremsen. Auch der Verschleiß muss bei weitem nicht immer minimiert werden. Bei der Materialbearbeitung und in der Fertigung kann ein schneller und vor allen Dingen steuerbarer Verschleiß die Grundlage eines technologischen Prozesses sein (z. B. Schleifen, Polieren, Sandstrahlbearbeitung).

Eng mit Reibung und Verschleiß ist auch das Phänomen der Adhäsion verbunden. Dabei kommt es darauf an, inwieweit es uns gelingt, einen intimen, engen Kontakt zwischen zwei Oberflächen zu erreichen. Während in einem makroskopischen Kontakt von „harten Körpern“ (wie Metalle oder Holz) Adhäsion keine nennenswerte Rolle spielt, ist sie im Kontakt, in dem einer der Körper sehr weich ist, sehr wohl spürbar und wird in verschiedenen Hafteinrichtungen benutzt. Auch für die Anwendung von Klebern (engl. adhesives) kann man von der Kontaktmechanik viel lernen. In der Mikrotechnik gewinnt Adhäsion noch einmal an Bedeutung: Reibungs- und Adhäsionskräfte stellen in der Mikrowelt ein echtes Problem dar und werden sogar zu einem Begriff zusammengefasst – Sticktion („sticking“ und „friction“).

Ein weiteres Phänomen, das mit Adhäsion verwandt ist und in dem vorliegenden Buch diskutiert wird, sind die Kapillarkräfte, die in Kontakten mit geringen Flüssigkeitsmengen auftreten. Bei hochpräzisen Mechanismen wie Uhrwerken reicht bereits die in der Luft enthaltende Feuchtigkeit um Kapillarkräfte zu verursachen, die die Genauigkeit der Uhr massiv stören. Kapillarkräfte können aber auch zur Steuerung des Zuflusses von Schmierung zu den Reibstellen benutzt werden.

In einem Buch über Kontakt und Reibung kann man die oft mit der Reibung zusammenhängenden Geräuschphänomene nicht stillschweigend übergehen. Bremsen, Rad-Schiene-Kontakte und Lager dissipieren nicht nur Energie und Material. Oft quietschen und kreischen sie auch unangenehm oder sogar gehörschädigend. Der von technischen Systemen verursachte Lärm ist eines der zentralen Probleme heutiger Ingenieurlösungen. Die reiberregten Schwingungen hängen sehr eng mit den Eigenschaften der Reibungskräfte zusammen und sind ebenfalls Gegenstand des vorliegenden Buches.

Wenn wir die Wichtigkeit eines tribologischen Gebietes am Geld messen würden, welches in die entsprechenden Ingenieurlösungen investiert wird, so würde die Schmierungstechnik bestimmt den ersten Platz einnehmen. Es ist leider nicht möglich, der Schmierung einen entsprechend großen Platz in diesem Buch einzuräumen. Die Grundlagen der hydrodynamischen Schmierung sind aber selbstverständlich ein Gegenstand des Buches.

In der Kontaktmechanik und in der Reibungsphysik geht es letztendlich um unsere Fähigkeit, die Reibungs-, Adhäsions- und Verschleißvorgänge zu beherrschen und nach unseren Wünschen zu gestalten. Dafür ist ein eingehendes Verständnis der Abhängigkeit der Kontakt-, Reibungs- und Verschleißphänomene von Material- und Systemeigenschaften erforderlich.

1.2 Zur Geschichte der Kontaktmechanik und Reibungsphysik

Einen ersten Eindruck über tribologische Anwendungen und ihre Bedeutung kann die Geschichte der Tribologie vermitteln. Den Begriff „Tribologie“ hat Peter Jost im Mai 1966 als Bezeichnung des Forschungs- und Ingenieursgebietes vorgeschlagen, welches sich mit Kontakt, Reibung, Schmierung und Verschleiß beschäftigt. Anders als diese Bezeichnung ist die Tribologie selbst uralt. Ihre Anfänge verlieren sich in der geschichtlichen Ferne. Gewinnung von Feuer durch Reibwärme, Entdeckung des Rades und des Gleitlagers, Benutzung von Flüssigkeiten zur Verminderung der Reibungskräfte und des Verschleißes – all diese „tribologischen Erfindungen“ wurden bereits Jahrtausende vor Christus bekannt[1]. In unserer kleinen Übersicht der Geschichte der Tribologie überspringen wir die bis zur

[1] Ausführlichere Informationen zur Geschichte der Tribologie können gefunden werden in: D. Dowson. History of Tribology, Longman Group Limited, London, 1979.

Renaissance stattgefundenen Entwicklungen und beginnen mit dem Beitrag von *Leonardo da Vinci*.

In seinem Codex-Madrid I (1495) beschreibt da Vinci das von ihm erfundene Kugellager, die Zusammensetzung einer reibungsarmen Legierung sowie seine experimentellen Untersuchungen der Reibungs- und Verschleißphänomene. Er war der erste Ingenieur, der belastbare quantitative Reibungsgesetze formuliert hat. Da Vinci gelangte zu den Erkenntnissen, die man in der heutigen Sprache über zwei grundlegende Reibungsgesetze ausdrücken kann:

1. Die Reibungskraft ist proportional zur Belastung.
2. Die Reibungskraft ist unabhängig von der scheinbaren Kontaktfläche.

De Facto hat da Vinci als erster den Begriff des Reibungskoeffizienten eingeführt und für ihn den typischen Wert 1/4 experimentell ermittelt.

Wie so oft in der Geschichte der Wissenschaft wurden diese Ergebnisse vergessen und rund 200 Jahre später durch den französischen Physiker *Guillaume Amontons* „wieder entdeckt" (1699). Die Proportionalität der Reibungskraft zur Normalkraft ist daher als „Amontons' Gesetz" bekannt.

Leonard Euler hat sich mit der Reibung sowohl aus mathematischer Sicht als auch experimentell beschäftigt. Er führte die Unterscheidung zwischen der statischen und der kinetischen Reibungskraft ein und löste das Problem der Seil-Reibung – wahrscheinlich das erste in der Geschichte gelöste Kontaktproblem mit Reibung (1750). Er hat als erster die Grundlagen des mathematischen Umganges mit dem Reibungsgesetz für trockene Reibung gelegt und auf diese Weise die weiteren Entwicklungen gefördert. Ihm verdanken wir auch die weit verbreitete Bezeichnung μ für den Reibungskoeffizienten. Euler benutzte die Ideen über die Herkunft der Reibung als Verzahnung von kleinen dreieckigen Unebenheiten, wobei der Reibungskoeffizient gleich der Steigung der Unebenheiten ist. Diese Vorstellung hat in verschiedenen Variationen Jahrhunderte überlebt und wird auch heute – jetzt im Zusammenhang mit Reibung auf atomarer Skala – intensiv als „Tomlinson-Modell"[2] benutzt. So wird eine von Euler vielleicht nicht erwartete Verknüpfung mit der modernen Nanotribologie hergestellt.

Einen hervorragenden und bis heute aktuellen Beitrag zur Untersuchung trockener Reibung hat der französische Ingenieur *Charles Augustin Coulomb* geleistet. Das Gesetz der trockenen Reibung trägt verdient seinen Namen. Coulomb bestätigte Amontons Ergebnisse und stellte fest, dass die Gleitreibung von der Gleitgeschwindigkeit in erster Näherung unabhängig ist. Er unternahm eine sehr genaue quantitative Untersuchung der trockenen Reibung zwischen festen Körpern in Abhängigkeit von Materialpaarung, Oberflächenbeschaffenheit, Schmierung, Gleitgeschwindigkeit bzw. Standzeit (bei Haftreibung), Feuch-

[2] Das Modell wurde 1928 von Prandtl vorgeschlagen und trägt irrtümlicherweise den Namen von Tomlinson. Dieses Modell ist aber praktisch die mathematische Übersetzung der Vorstellungen von Leonard Euler.

tigkeit der Atmosphäre und Temperatur. Erst seit Erscheinen seines Buches „Theorie des Machines Simples“ (1781) wurde die Unterscheidung zwischen der Haft- und Gleitkraft quantitativ begründet und hat sich etabliert. Coulomb benutzte die gleichen Modellvorstellungen über die Herkunft der trockenen Reibung wie Euler, führte aber auch einen weiteren Beitrag zur Reibung ein, den wir jetzt als „Adhäsionsbeitrag“ bezeichnen würden. Es war ebenfalls Coulomb, der Abweichungen vom bis dahin bekannten einfachen Reibungsgesetz feststellte. So hat er z. B. herausgefunden, dass die Haftreibungskraft mit der Zeit nach dem Stillstand wächst. Mit seinen Untersuchungen war Coulomb seiner Zeit weit vorausgegangen. Sein Buch enthält praktisch alle später entstandenen Zweige der Tribologie[3].

Untersuchungen des Rollwiderstandes haben in der Geschichte keine so prominente Rolle wie die der Gleitreibung gespielt – wahrscheinlich, weil der Rollwiderstand viel kleiner ist als die Gleitreibung und daher nicht so auffällig störend war. Die ersten – und im Wesentlichen auch aus heutiger Sicht korrekten – Vorstellungen über die Natur des Rollwiderstandes beim Befahren von plastisch deformierbaren Körpern stammen von *Robert Hooke* (1685). Dass die Natur des Rollwiderstandes sehr von den Material- und Belastungsparametern abhängt, hat eine erbitterte Diskussion gezeigt, die in den Jahren 1841–1842 zwischen *Morin* und *Dupuit* über die Form des Gesetzes für den Rollwiderstand stattfand. Nach Morin sollte der Rollwiderstand umgekehrt proportional zum Radradius, nach Dupuit umgekehrt proportional zur Quadratwurzel des Radius sein. Aus heutiger Sicht sind beide Ansätze beschränkt korrekt – unter verschiedenen Bedingungen.

Osborne Reynolds hat als erster die Details des Geschehens direkt im Kontaktgebiet bei einem Rollkontakt experimentell untersucht und festgestellt, dass es bei einem angetriebenen Rad im Kontakt immer Bereiche gibt, in denen die Kontaktpartner haften, und Schlupfgebiete, in denen relatives Gleiten stattfindet. Das war der erste Versuch, den tribologischen Kontakt unter die Lupe zu nehmen und gleichzeitig das Ende einer strengen Unterscheidung zwischen Haft- und Gleitreibung. Reynolds hat die Energieverluste beim Rollen mit dem partiellen Gleiten in Zusammenhang gebracht. Eine quantitative Theorie des Rollkontaktes konnte aber erst später durch *Carter* (1926) geschaffen werden, nachdem die Grundlagen der Kontaktmechanik durch Hertz bereits geschaffen worden waren.

Seit Jahrhunderten haben die Menschen Reibkontakte geschmiert, um die Reibung zu vermindern. Aber erst steigende industrielle Anforderungen haben Forscher gezwungen, sich mit der Schmierung experimentell und theoretisch auseinanderzusetzen. 1883 führte *N. Petrov* seine experimentellen Untersuchungen von Gleitlagern durch und formulierte die wichtigsten Gesetzmäßigkeiten der hydrodynamischen Schmierung. 1886 publizierte *Reynolds* seine Theorie der hydrodynamischen Schmierung. Die von ihm hergeleitete „Reynoldssche Gleichung“ bildet auch heute noch die Berechnungsgrundlage für hydrodynamisch geschmierte Systeme. Nach der hydrodynamischen Schmierungstheorie hat

[3] Eine kurze Zusammenfassung der tribologischen Werke von Coulomb aus der heutigen Perspektive findet sich in: Popova E., Popov V.L., The research works of Coulomb and Amontons and generalized laws of friction, Friction, 2015, v. 3, N.2, pp. 183–190. DOI 10.1007/s40544-015-0074-6.

der Reibungskoeffizient die Größenordnung des Verhältnisses der Schmierfilmdicke h zur Länge L des tribologischen Kontaktes $\mu \approx h / L$. Dies gilt allerdings nur, bis die Oberflächen so nahe aneinander kommen, dass die Dicke des Schmierfilms vergleichbar mit der Rauigkeit der Oberflächen wird. Das System ist nun im Bereich der Mischreibung, die ausführlich durch *Stribeck* (1902) untersucht wurde. Die Abhängigkeit der Reibungskraft von der Gleitgeschwindigkeit mit einem typischen Minimum wird *Stribeck-Kurve* genannt.

Bei noch größeren Lasten bzw. einer nicht ausreichenden Schmierung kann es zu den Bedingungen kommen, bei denen zwischen den Körpern die letzten wenigen Molekularschichten des Schmiermittels bleiben. Die Gesetzmäßigkeiten dieser Grenzschichtschmierung wurden von *Hardy* (1919–1922) erforscht. Er zeigte, dass bereits eine Molekularschicht eines Fettes die Reibungskraft und den Verschleiß drastisch beeinflusst. Hardy hat die Abhängigkeit der Reibungskraft vom Molekulargewicht des Schmiermittels gemessen und auch richtig erkannt, dass die Moleküle der letzten Molekularschicht an der Metalloberfläche haften. Die verminderte Reibung ist der Wechselwirkung der Polymermoleküle des Schmiermittels zu verdanken, die man heute manchmal auch als „haftende Flüssigkeit" bezeichnet.

Ein weiterer Fortschritt unserer Kenntnisse sowohl über Kontaktmechanik als auch über trockene Reibung in der Mitte des 20. Jahrhunderts ist mit den Namen von *Bowden* und *Tabor* verbunden. Sie haben als Erste auf die Wichtigkeit der Rauheit der kontaktierenden Körper hingewiesen. Dank der Rauheit ist die wahre Kontaktfläche zwischen Reibpartnern typischerweise um Größenordnungen kleiner als die scheinbare Fläche. Diese Einsicht veränderte schlagartig die Richtung vieler tribologischer Untersuchungen und hat wieder die alten Ideen von Coulomb über Adhäsion als möglichen Reibungsmechanismus ins Spiel gebracht. 1949 haben Bowden und Tabor ein Konzept vorgeschlagen, welches die Herkunft der Gleitreibung zwischen reinen metallischen Oberflächen durch Bildung und Scherung von Schweißbrücken erklärt. Der Reibungskoeffizient ist nach diesen Vorstellungen in etwa gleich dem Verhältnis der Schubfestigkeit zur Härte und müsste für alle isotropen, plastischen Materialien etwa 1/6 betragen. Für viele nicht geschmierte metallische Paarungen (z. B. Stahl gegen Stahl, Stahl gegen Bronze, Stahl gegen Grauguss u. a.) hat der Reibungskoeffizient tatsächlich die Größenordnung $\mu \sim 0.16$.

Die Arbeiten von Bowden und Tabor haben eine Reihe von Theorien zur Kontaktmechanik von rauen Oberflächen ausgelöst. Als Pionierarbeiten auf diesem Gebiet sollen vor allem die Arbeiten von *Archard* (1957) erwähnt werden, der zum Schluss gekommen ist, dass auch im Kontakt von elastischen, rauen Oberflächen die Kontaktfläche ungefähr proportional zur Normalkraft ist. Weitere wichtige Beiträge sind mit den Namen *Greenwood* und *Williamson* (1966), *Bush* (1975) und *Persson* (2002) verbunden. Das Hauptergebnis dieser Arbeiten ist, dass die wahre Kontaktfläche bei rauen Oberflächen im groben proportional zur Normalkraft ist, während die Bedingungen in einzelnen Mikrokontakten (Druck, Größe des Mikrokontaktes) nur schwach von der Belastung abhängen.

Die Kontaktmechanik rauer Oberflächen hat einen wesentlichen Einfluss auf das Verständnis der trockenen Reibung ausgeübt. Bereits Coulomb wusste, dass der statische

Reibungskoeffizient langsam mit der Zeit steigt und dass der Gleitreibungskoeffizient geschwindigkeitsabhängig ist. Experimentelle Untersuchungen von *Dieterich* (1972) haben gezeigt, dass es zwischen diesen Effekten einen engen Zusammenhang gibt. Insbesondere erwies sich die Unterscheidung zwischen der „Haftreibung“ und „Gleitreibung“ als relativ und wurde durch das Konzept ersetzt, bei dem die Reibung von der Geschwindigkeit und einer internen Variablen abhängt, welche den Zustand des Ensembles von Mikrokontakten widerspiegelt. Es ist interessant zu bemerken, dass diese Untersuchungen ursprünglich im Kontext der Erdbebenforschung durchgeführt wurden und erst seit Mitte der 1990er Jahren zum Gemeingut der „klassischen Tribologie“ geworden sind.

Mit der Entwicklung der Automobilindustrie und gestiegenen Geschwindigkeiten und Leistungen hat die Gummireibung an technischer Bedeutung gewonnen. Das Verständnis der Mechanismen der Reibung von Elastomeren, und vor allen Dingen die heute allgemein anerkannte Tatsache, dass Elastomerreibung mit Volumenenergieverlusten im Material und somit mit seiner Rheologie verbunden sind, verdanken wir den klassischen Arbeiten von *Grosch* (1962).

Kontaktmechanik bildet heute sicherlich die Grundlage für das Verständnis von Reibungsphänomenen. In der Geschichte wurden aber die Reibungsphänomene früher und gründlicher untersucht als die rein kontaktmechanischen Aspekte. Die Entwicklung der Eisenbahn war sicherlich einer der Auslöser des Interesses für genaue Berechnungen der Beanspruchungsbedingungen in Kontakten, da im Rad-Schiene-Kontakt die Spannungen an die Grenzen der Belastbarkeit des Stahls gelangen.

Die klassische Kontaktmechanik ist vor allem mit dem Namen von *Heinrich Hertz* verbunden. 1882 löste Hertz das Problem des Kontaktes zwischen zwei elastischen Körpern mit gekrümmten Oberflächen. Dieses klassische Ergebnis bildet auch heute eine Grundlage der Kontaktmechanik. Es hat fast ein Jahrhundert gedauert bis *Johnson, Kendall und Roberts* eine ähnliche Lösung für einen adhäsiven Kontakt gefunden haben (JKR-Theorie). Dies mag an der allgemeinen Erfahrung liegen, dass Festkörper nicht adhieren. Erst mit der Entwicklung der Mikrotechnik stießen Ingenieure auf das Problem der Adhäsion. Fast gleichzeitig haben *Derjagin, Müller und Toporov* eine andere Theorie eines adhäsiven Kontaktes entwickelt. Nach einer anfänglichen heftigen Diskussion ist Tabor zur Erkenntnis gekommen, dass beide Theorien korrekte Grenzfälle des allgemeinen Problems sind.

Erstaunlich ist, dass die Verschleißphänomene trotz ihrer offensichtlichen Wichtigkeit erst ziemlich spät untersucht wurden. Die Ursache dieser Verzögerung mag in der Tatsache liegen, dass Verschleiß maßgeblich durch Wechselwirkungen von Mikrokontakten bestimmt wird, die erst nach den Arbeiten von Bowden und Tabor zum Objekt tribologischer Forschung geworden sind. Das Gesetz des abrasiven Verschleißes – der Verschleiß ist proportional zur Belastung, dem zurückgelegten Weg und umgekehrt proportional zur Härte des weicheren Kontaktpartners – wurde durch ausführliche experimentelle Untersuchungen von *M. Khrushchov* (1956) festgestellt und später auch von *Archard* bestätigt (1966). Die Untersuchung der Gesetzmäßigkeiten des adhäsiven Verschleißes – für den die gleichen Gesetzmäßigkeiten gelten, wie für den abrasiven Verschleiß – sind mit den Namen von *Tabor* und *Rabinowicz* verbunden. Trotz dieser Untersuchungen gehören Verschleißmechanismen – besonders unter den „verschleißarmen" Bedingungen – auch heute noch zu den am wenigsten verstandenen tribologischen Phänomenen.

Seit den 90er Jahren des 20. Jahrhunderts haben Kontaktmechanik und Reibungsphysik eine Wiedergeburt erlebt. Die Entwicklung experimenteller Methoden zur Untersuchung von Reibungsprozessen auf atomarer Ebene (Atomkraftmikroskop, Friction-Force-Mikroskop, Quartz-Kristall-Mikrowaage, surface force apparatus) und numerischer Simulationsmethoden haben in dieser Zeit ein schnelles Anwachsen der Anzahl von Forschungsarbeiten im Bereich der Reibung von Festkörpern hervorgerufen. Auch die Entwicklung der Mikrotechnik hat wesentlich zum großen Interesse an der Kontaktmechanik und Reibungsphysik beigetragen. Experimentatoren bekamen die Möglichkeit, gut definierte Systeme unter streng kontrollierten Bedingungen zu untersuchen (z. B. die Möglichkeit, die Dicke einer Schicht und die relative Verschiebung von festen Oberflächen mit Genauigkeiten von Bruchteilen eines interatomaren Abstandes zu kontrollieren). Zwischen der klassischen Tribologie und der Nanotribologie gibt es aber eine Lücke, die bisher nicht gefüllt wurde.

1.3 Aufbau des Buches

Kontakt und Reibung gehen immer Hand in Hand und sind in realen Systemen auf vielerlei Weise verflochten. In unserer theoretischen Abhandlung müssen wir sie zunächst trennen. Wir beginnen unsere Behandlung der Kontakt- und Reibungsphänomene mit der Kontaktmechanik. Diese beginnt wiederum mit einer qualitativen Analyse, die uns ein vereinfachtes, aber umfassendes Verständnis der einschlägigen Phänomene liefert. Erst danach gehen wir zur rigorosen Behandlung von Kontaktproblemen und anschließend zu Reibungsphänomenen, Schmierung und Verschleiß über.

Qualitative Behandlung des Kontaktproblems – Normalkontakt ohne Adhäsion

2

Wir beginnen unsere Betrachtung von Kontaktphänomenen mit dem *Normalkontaktproblem*. Bei einem Normalkontaktproblem handelt es sich um zwei Körper, die durch Anpresskräfte *senkrecht zu ihrer Oberfläche* in Berührung gebracht werden. Ein prominentes Beispiel ist das Rad auf einer Schiene. Die zwei wichtigsten Zusammenhänge, welche die Theorie eines Normalkontakts liefern soll, sind:

V. L. Popov, *Kontaktmechanik und Reibung*, DOI 10.1007/978-3-662-45975-1_2

1. Der Zusammenhang zwischen der Anpresskraft und der Normalverschiebung der Körper, welcher die Steifigkeit des Kontaktes und somit die dynamischen Eigenschaften des Gesamtsystems mitbestimmt und
2. die im Kontaktgebiet auftretenden Spannungen, die für den Festigkeitsnachweis erforderlich sind.

Ohne Berührung gibt es keine anderen Kontaktphänomene, keine Reibung und keinen Verschleiß. In diesem Sinne kann man den Normalkontakt als eine Grundvoraussetzung für alle anderen tribologischen Phänomene betrachten. Dabei ist zu bemerken, dass es im Allgemeinen selbst bei einem Normalkontakt eine relative Bewegung von Oberflächen in *tangentialer* Richtung geben kann – aufgrund der unterschiedlichen Querkontraktion kontaktierender Körper. Dadurch kommen auch beim Normalkontaktproblem Reibungskräfte in den Grenzflächen ins Spiel. Wenn wir berücksichtigen, dass die Reibungskräfte selbst wesentlich durch den Kontakt zwischen Mikrorauigkeiten der Oberflächen bestimmt sind, sehen wir, dass Normal-, Tangentialbeanspruchungen und Reibung bereits im einfachsten Kontaktproblem auf verschiedenen Betrachtungsskalen auf komplizierte Weise verflochten sind. In einer ersten Näherung wollen wir uns von diesen Komplikationen abstrahieren und untersuchen das *reine Normalkontaktproblem*, indem wir annehmen, dass in der Kontaktfläche keine Reibungskräfte wirken. Auch die immer vorhandenen Anziehungskräfte zwischen Oberflächen – Adhäsion – werden zunächst vernachlässigt.

Eine analytische oder numerische Analyse von Kontaktproblemen ist auch in den einfachsten Fällen sehr kompliziert. Ein qualitatives Verständnis von Kontaktproblemen dagegen lässt sich mit sehr einfachen Mitteln erreichen. Wir beginnen daher unsere Diskussion mit Methoden zur qualitativen Analyse von Kontaktphänomenen, die in vielen Fällen auch für zuverlässige quantitative Abschätzungen benutzt werden können. Eine rigorose Behandlung der wichtigsten klassischen Kontaktprobleme folgt in weiteren Kapiteln. Wir werden eine Reihe von Kontaktproblemen zwischen Körpern verschiedener Form untersuchen, die oft als Bausteine für kompliziertere Kontaktprobleme gebraucht werden können.

2.1 Materialeigenschaften

Dieses Buch setzt die Bekanntschaft des Lesers mit den Grundlagen der Elastizitätstheorie voraus. In diesem Abschnitt fassen wir nur Definitionen von wichtigsten Materialparametern zusammen, die für eine qualitative Untersuchung von kontaktmechanischen Fragestellungen von Bedeutung sind. Diese Zusammenfassung ersetzt nicht die allgemeinen Definitionen und Gleichungen der Elastizitäts- und der Plastizitätstheorie.

a. *Elastische Eigenschaften.* In einem einachsigen Zugversuch wird ein schlanker Stab mit konstantem Querschnitt A und der Anfangslänge l_0 um Δl gedehnt. Das Verhältnis der Zugkraft zur Querschnittsfläche ist die Zugspannung

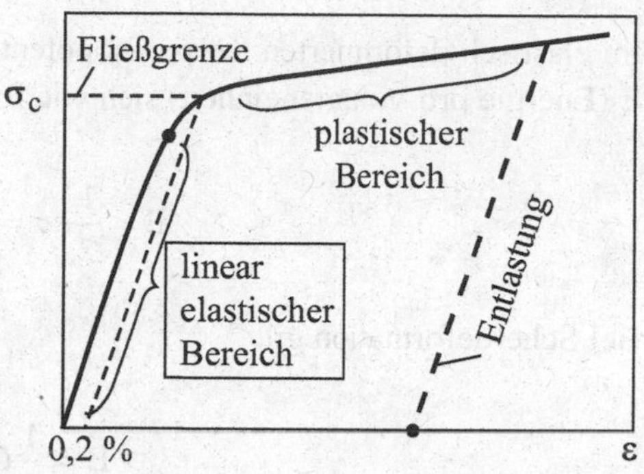

Abb. 2.1 Schematische Darstellung eines Spannungs-Dehnungs-Diagramms für viele Metalle und Nichtmetalle

$$\sigma = \frac{F}{A}. \tag{2.1}$$

Das Verhältnis der Längenänderung zur Anfangslänge ist die Zugdehnung

$$\varepsilon = \frac{\Delta l}{l_0}. \tag{2.2}$$

Ein typisches Spannungs-Dehnungs-Diagramm für viele Metalle und Nichtmetalle ist in Abb. 2.1 dargestellt. Bei kleinen Spannungen sind diese proportional zur Deformation

$$\sigma = E\varepsilon. \tag{2.3}$$

Der Proportionalitätskoeffizient E ist der *Elastizitätsmodul* des Stoffes. Mit der Längsdehnung hängt eine Querkontraktion des Materials zusammen, die durch die *Poissonzahl* (oder Querkontraktionskoeffizient) ν charakterisiert wird. Einem *inkompressiblen Medium* entspricht $\nu = 1/2$.

Auf ähnliche Weise wird der Schubmodul als Proportionalitätskoeffizient zwischen der Schubspannung und der von ihr verursachten Scherdeformation definiert. Der Schubmodul hängt mit dem Elastizitätskoeffizienten und der Poissonzahl gemäß

$$G = \frac{E}{2(1+\nu)} \tag{2.4}$$

zusammen. Das Verhältnis der Spannung zur Volumenänderung bei allseitigem Druck wird Kompressionsmodul K genannt:

$$K = \frac{E}{3(1-2\nu)}. \tag{2.5}$$

Im elastisch deformierten Körper ist potentielle Energie gespeichert, deren *Energiedichte* E (Energie pro Volumeneinheit) sich wie folgt berechnet:

$$\mathrm{E}=\frac{1}{2}\varepsilon\sigma=\frac{1}{2}E\varepsilon^2=\frac{\sigma^2}{2E}. \tag{2.6}$$

Bei Scherdeformation gilt

$$\mathrm{E}=\frac{1}{2}G\varepsilon^2=\frac{\sigma^2}{2G}. \tag{2.7}$$

b. *Plastische Eigenschaften.* Nach dem Erreichen der *Fließgrenze* weicht das Spannungs-Dehnungs-Diagramm abrupt von dem ursprünglichen linearen Verlauf ab und geht im weiteren Verlauf fast horizontal: Der Stoff wird plastisch deformiert. Die plastische Deformation wird dadurch gekennzeichnet, dass nach der Entlastung eine Restdeformation bleibt.

Der Übergang vom elastischen zum plastischen Verhalten ist in der Regel schnell aber kontinuierlich, so dass sich keine eindeutige „Fließgrenze" definieren lässt. Vereinbarungsgemäß wird als Fließgrenze σ_c die Spannung angenommen, bei der die bleibende Deformation 0,2 % beträgt.

Die Fließgrenze hängt vom Deformationszustand des Materials ab. Für Reibungsphänomene ist der *stark deformationsverfestigte* Zustand maßgebend, den man in der Oberflächenschicht nach einer tribologischen Beanspruchung in der Regel findet. Das bedeutet, dass wir in tribologischen Anwendungen unter der Fließgrenze in der Regel den Grenzwert dieses Parameters im stark verfestigten Zustand verstehen. Dementsprechend findet bei Deformation keine weitere wesentliche Verfestigung statt und das Material kann in erster Näherung als elastisch-ideal plastisch betrachtet werden.

Eine einfache Methode zur Bestimmung der Fließgrenze eines elastisch-ideal plastischen Mediums ist die *Härtemessung*. Sie besteht im Eindrücken eines harten Indenters in die zu untersuchende Oberfläche (Abb. 2.2). Das Verhältnis der Normalkraft zur Fläche des Eindrucks ist die Eindruckhärte oder einfach die *Härte* des Materials[1]:

$$\sigma_0=\frac{F_N}{\mathrm{A}}. \tag{2.8}$$

[1] Die Härtewerte nach Vickers und nach Brinell stimmen mit der so definierten Eindruckhärte bis zu einem konstanten Koeffizienten überein: Die Härte nach Vickers ist gleich etwa 0,1 der oben definierten Eindrückhärte. Wir werden in diesem Buch nur die Definition (2.8) benutzen.

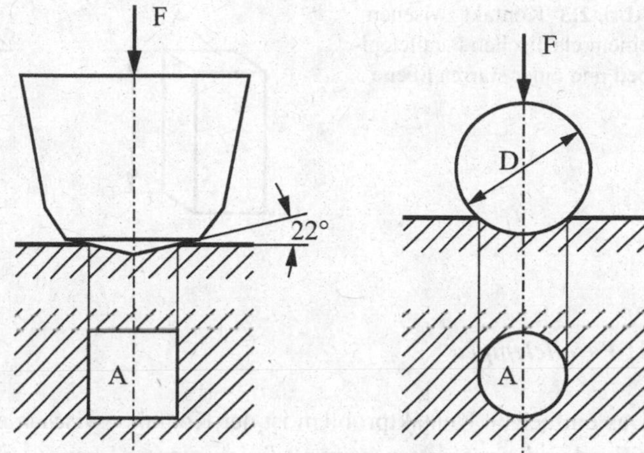

Abb. 2.2 Härtemessung nach Vickers und nach Brinell

Tabor hat sowohl theoretisch als auch experimentell gezeigt, dass in den meisten Fällen die Härte etwa das Dreifache der Fließgrenze beträgt[2]:

$$\sigma_0 \approx 3\sigma_c. \tag{2.9}$$

Die Härtemessung spielt eine zentrale Rolle in der tribologischen Charakterisierung von Werkstoffen, da tribologische Prozesse im Wesentlichen durch Wechselwirkung von Mikrorauigkeiten bestimmt werden und diese nach ihrer Geometrie sehr ähnlich einem Härtetest sind. Die Eindringhärte hängt von der Form des Indenters nur schwach ab. In erster Näherung kann man diese Abhängigkeit vernachlässigen.

Verschiedene Materialeigenschaften, die für die Kontaktmechanik und Reibung von Interesse sind, wie Elastizitätsmodul, Härte, thermischer Dehnungskoeffizient und Oberflächenenergie weisen starke Korrelationen auf. Umfangreiche experimentelle Daten hierfür können im exzellenten Buch von Ernest Rabinowicz „Friction and wear of materials" gefunden werden[3].

2.2 Einfache Kontaktaufgaben

Am einfachsten können solche Kontaktaufgaben gelöst werden, bei denen die Deformation eindeutig aus den geometrischen Vorgaben folgt. Das ist der Fall in den vier nachfolgenden Beispielen.

[2] Tabor, D. The Hardness of Metals, Oxford University Press, Oxford, 1951.

[3] E. Rabinowicz, Friction and wear of materials. Second Edition. John Wiley & Sons, inc., 1995.

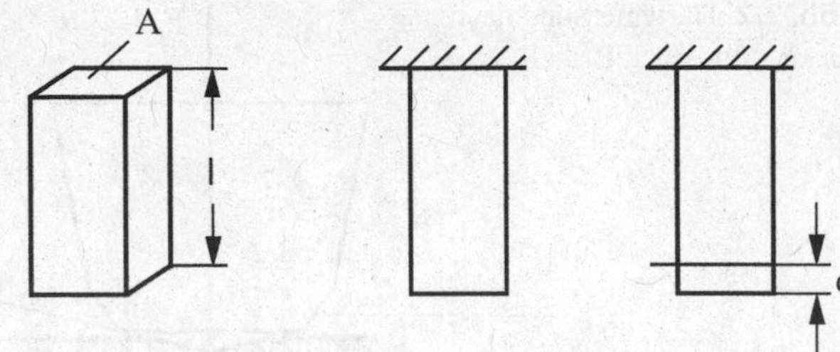

Abb. 2.3 Kontakt zwischen einem elastischen Parallelepiped und einer starren Ebene

1. ***Parallelepiped***

Das einfachste Kontaktproblem ist der Kontakt zwischen einem rechtwinkligen Parallelepiped und einer glatten, reibungsfreien, starren Ebene (Abb. 2.3). Beim Anpressen an die Ebene wird sich der Körper elastisch deformieren. Definieren wir die *„Eindrucktiefe" d* als die Strecke, die das Parallelepiped unter die Ebene „eindringen" würde, falls die Ebene keinen Widerstand leisten würde.

In Wirklichkeit kann der Körper unter das Niveau der starren Ebene nicht eindringen und wird um den Betrag d deformiert. Ist die Länge des Parallelepipeds viel größer als seine Breite, so liegt ein *einachsiger Spannungszustand* vor und die dabei entstehende elastische Kraft ist gleich

$$F = EA\frac{d}{l}. \tag{2.10}$$

E ist hier der Elastizitätsmodul, A der Flächeninhalt des Querschnitts, l die Länge des Parallelepipeds. Die Kraft ist in diesem Fall proportional zu der Eindrucktiefe d.

2. ***Dünne Schicht***

Ist die Länge des Parallelepipeds viel kleiner als seine Breite (Abb. 2.4), so kann sich das Medium nicht in der Querrichtung deformieren und es liegt eine *einachsige Deformation* vor. In diesem Fall folgt aus der Elastizitätstheorie

$$F = \tilde{E}A\frac{d}{l} \tag{2.11}$$

mit

$$\tilde{E} = \frac{E(1-\nu)}{(1+\nu)(1-2\nu)}. \tag{2.12}$$

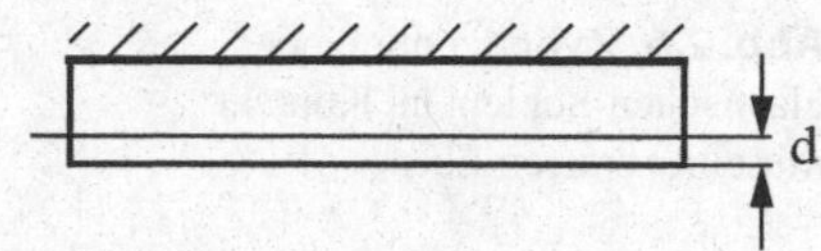

Abb. 2.4 Kontakt zwischen einer dünnen elastischen Schicht und einer starren Ebene

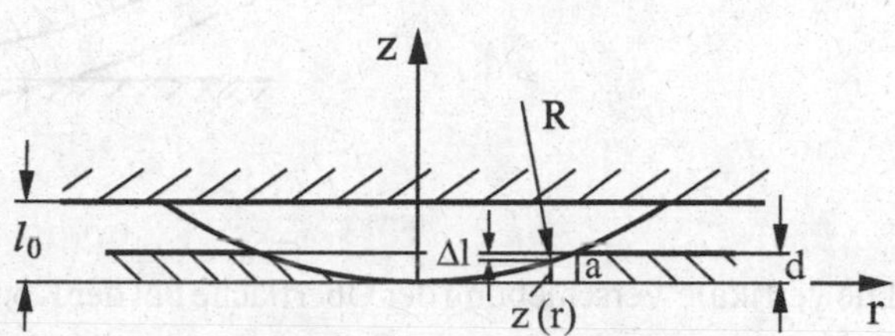

Abb. 2.5 Kontakt zwischen einem elastischen sphärischen Aufkleber und einer starren Ebene

Für Metalle gilt $\nu \approx 1/3$, so dass $\tilde{E} \approx 1{,}5E$ ist. Für Elastomere, die als fast nicht kompressible Medien angesehen werden können, ist $\nu \approx 1/2$ und der Modul für einseitige Kompression $\tilde{E} \approx K$ ist viel größer E (um ca. 3 Größenordnungen):

$$\tilde{E} \approx K \gg E, \text{ für Elastomere.} \tag{2.13}$$

3. ***Sphärischer Aufkleber***

Als nächstes untersuchen wir den Kontakt zwischen einem dünnen, sphärischen, elastischen Aufkleber auf einer starren Unterlage und einer starren Ebene (Abb. 2.5).

Die maximale Dicke des Aufklebers sei l_0 und der Krümmungsradius R. Den Radius des Kontaktgebietes bezeichnen wir mit a. Der Einfachheit halber wollen wir annehmen, dass in dem uns interessierenden Bereich der Anpresskräfte folgende geometrische Beziehungen erfüllt sind: $d \ll l_0$, $l_0 \ll a$. In diesem Fall wird sich jedes einzelne Element des Aufklebers einachsig deformieren. Für die einachsige elastische Deformation ist der Koeffizient der einseitigen Kompression $\tilde{E}$ (2.12) maßgebend.

Die Form eines sphärischen Aufklebers mit dem Krümmungsradius R kann in der Nähe des Minimums als

$$z = -\sqrt{R^2 - r^2} + R \simeq \frac{r^2}{2R} \tag{2.14}$$

dargestellt werden. Der Abb. 2.5 kann man leicht entnehmen, dass der Zusammenhang zwischen dem Radius a des Kontaktgebietes und der Eindrucktiefe d durch die Bedingung $d = a^2 / 2R$ gegeben wird. Daraus folgt für den Kontaktradius

$$a = \sqrt{2Rd}. \tag{2.15}$$

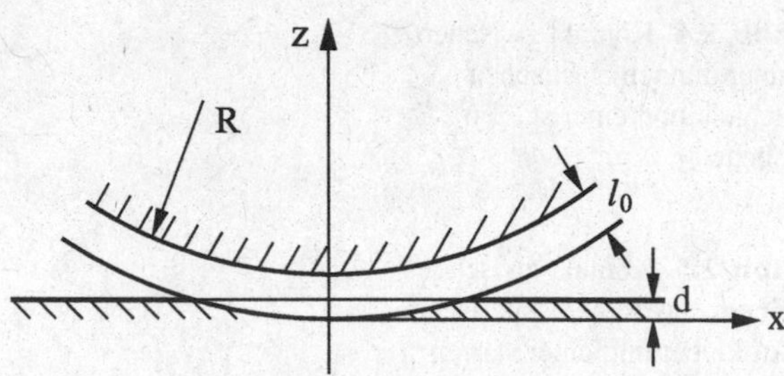

Abb. 2.6 Zylinder mit einer elastischen Schicht im Kontakt mit einer starren Ebene

Die vertikale Verschiebung der Oberfläche bei der Koordinate r ist gleich $\Delta l = d - r^2 / 2R$. Die entsprechende elastische Deformation berechnet sich somit zu

$$\varepsilon(r) = \frac{\Delta l}{l_0} = \frac{d - r^2 / 2R}{l_0}. \tag{2.16}$$

Die Berechnungen der Spannung und der im Kontaktgebiet wirkenden Gesamtkraft ergeben schließlich:

$$\sigma(r) = \tilde{E}\varepsilon(r), F = \tilde{E}\int_0^a 2\pi r\left(\frac{d - r^2 / 2R}{l_0}\right)\mathrm{d}r = \tilde{E}\frac{\pi}{l_0}Rd^2. \tag{2.17}$$

In diesem Fall ist die Kontaktkraft proportional zum Quadrat der Eindrucktiefe. Die größte Spannung (im Zentrum des Kontaktgebietes) ist gleich

$$\sigma(0) = \tilde{E}\frac{d}{l_0} = \left(\frac{\tilde{E}F}{\pi l_0 R}\right)^{1/2}. \tag{2.18}$$

4. ***Kontakt zwischen einer dünnen elastischen Schicht auf einer starren zylindrischen Unterlage und einer starren Ebene***

Ein weiteres System, das in vielerlei Hinsicht interessant ist, ist ein starrer Zylinder der Länge L, der mit einer dünnen elastischen Schicht (Dicke l_0) bedeckt ist (Abb. 2.6). Unter der Annahme, dass die Eindrucktiefe viel kleiner und der Kontaktradius viel größer als die Schichtdicke ist, haben wir es auch in diesem Fall mit einer einachsigen Deformation zu tun. Die Verschiebung von Oberflächenpunkten berechnet sich zu $u_z = d - x^2 / 2R$. Für die Deformation gilt

$$\varepsilon(x) = \frac{u_z}{l_0} = \frac{d - x^2 / 2R}{l_0}. \tag{2.19}$$

Die gesamte Kontaktkraft berechnet sich dann zu

$$F = 2\int_0^{\sqrt{2Rd}} \tilde{E}L\left(\frac{d - x^2/2R}{l_0}\right)\mathrm{d}x = \frac{4}{3}2^{1/2}\frac{\tilde{E}LR^{1/2}}{l_0}d^{3/2}. \tag{2.20}$$

Die maximale Spannung (in der Mitte des Kontaktgebietes) beträgt

$$\sigma(0) = \left(\frac{9F^2\tilde{E}}{32L^2Rl_0}\right)^{1/3}. \tag{2.21}$$

2.3 Qualitative Abschätzungsmethode für Kontakte mit einem dreidimensionalen elastischen Kontinuum

1. ***Kontakt zwischen einem starren zylindrischen Indenter und einem elastischen Körper***

Betrachten wir nun einen starren zylindrischen Indenter in Kontakt mit einem *elastischen Halbraum* (Abb. 2.7a). Am Beispiel dieser Aufgabe erklären wir die wichtigste Idee, die in der Kontaktmechanik für qualitative Abschätzungen benutzt wird.

Wirkt eine Spannungsverteilung auf ein endliches Gebiet der Oberfläche mit einer charakteristischen Länge D (Abb. 2.7b), so haben die Deformation und die Spannung

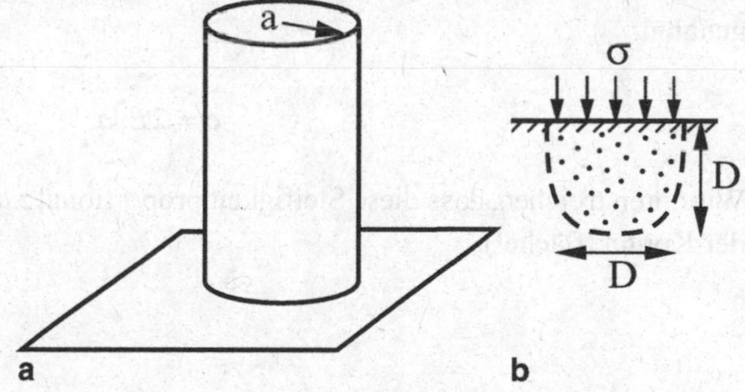

Abb. 2.7 **a** Kontakt zwischen einem starren zylindrischen Indenter und einem elastischen Halbraum. **b** Stark deformierter Bereich des elastischen Halbraumes

im gesamten Volumen mit den Abmessungen D in allen drei räumlichen Dimensionen die gleiche Größenordnung. Außerhalb dieses „stark deformierten Volumens" fallen die Deformation und die Spannung nach dem Gesetz $\propto r^{-2}$ ab. Das führt dazu, dass in dreidimensionalen Systemen das genannte Volumen $\sim D^3$ den größten Beitrag zu allen energetischen oder Kraftbeziehungen liefert[4].

Für eine erste grobe qualitative Abschätzung reicht es daher anzunehmen, dass die Deformation im genannten Volumen konstant ist und dass nur dieses Volumen deformiert wird. Selbstverständlich ist das nur eine sehr grobe Darstellung der in Wirklichkeit kontinuierlichen Verteilung von Deformationen und Spannungen im Kontinuum. Sie liefert aber in den meisten Fällen bis auf einen konstanten numerischen Faktor der Größenordnung 1, der entweder durch analytische oder durch numerische Simulationen bestimmt werden kann, den korrekten qualitativen Zusammenhang zwischen der Kontaktkraft und der Eindrucktiefe sowie für den Kontaktradius.

Wenden wir diese einfache Abschätzungsregel auf unser Beispiel mit dem starren Indenter an. Ist der Durchmesser des Zylinders gleich $2a$, so ist ein Volumen mit den Abmessungen $2a$ in allen drei Richtungen stark deformiert. Da dieses Volumen um d eingedrückt wird, schätzen wir die Deformation als $\varepsilon \approx d/2a$ ab. Für die Spannung ergibt sich $\sigma \approx E\varepsilon \approx Ed/2a$. Für die Kraft $F \approx \sigma(2a)^2 \approx 2Eda$: Die Kontaktkraft ist proportional zur Eindrucktiefe und zum Kontaktradius a. Es ist interessant, diese Abschätzung mit der exakten Lösung der Aufgabe (s. Kap. 5) zu vergleichen. Das exakte Ergebnis lautet

$$F = 2E^{*}da \tag{2.22}$$

mit $E^{*} = \frac{E}{1-\nu^2}$. Für metallische Werkstoffe ($\nu \approx 1/3$) beträgt der Unterschied zwischen der Abschätzung und dem exakten Ergebnis nur 10 %. Dieses Beispiel zeigt eindrucksvoll, dass die beschriebene Abschätzungsmethode nicht nur für qualitative sondern auch für relativ gute quantitative Abschätzungen benutzt werden kann.

Gleichung (2.22) besagt, dass die Eindrucktiefe proportional zur Normalkraft ist. Der Koeffizient zwischen der Kraft F und der Verschiebung d wird *Steifigkeit des Kontaktes* genannt:

$$c = 2E^{*}a. \tag{2.23}$$

Wir unterstreichen, dass diese Steifigkeit proportional *zum Radius* des Kontaktes ist (nicht der Kontaktfläche!).

[4] Dass die charakteristische „Eindringtiefe“ der Spannungen und Deformationen dieselbe Größenordnung haben muss wie die Abmessungen D des Druckgebietes folgt bereits aus Dimensionsgründen. In der Tat enthält die Gleichgewichtsgleichung der Elastizitätstheorie keine Faktoren mit der Dimension Länge. Die Lösung einer beliebigen Gleichgewichtsaufgabe darf daher keine Längenparameter enthalten außer der Länge, die durch die Randbedingungen vorgegeben wurde.

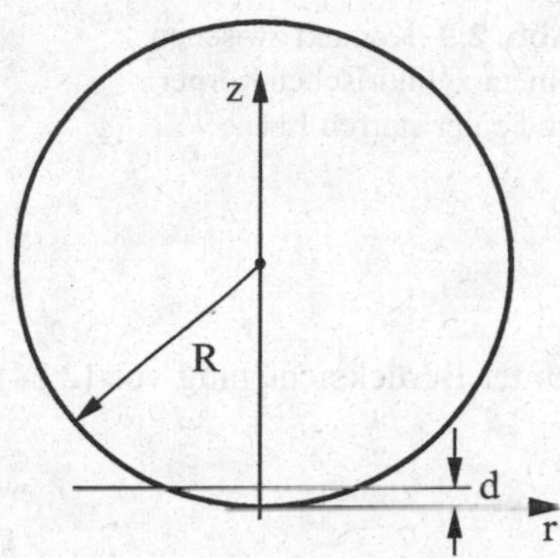

Abb. 2.8 Zum Hertzschen Kontaktproblem

2. ***Kontakt zwischen einer starren Kugel und einem elastischen Körper***

Betrachten wir den Kontakt zwischen einer starren Kugel mit dem Radius R und einem elastischen Halbraum[5]. Auch in diesem Fall beschränken wir uns an dieser Stelle auf eine qualitative Abschätzung. Eine rigorose Abhandlung befindet sich im Kap. 5 (Abb. 2.8).

Gäbe es keine elastische Wechselwirkung zwischen der Kugel und der Fläche, so hätten wir bei der Eindringtiefe d den Kontaktradius $a \approx \sqrt{2Rd}$ und die Kontaktfläche

$$A = \pi a^2 \approx 2\pi Rd. \tag{2.24}$$

Nach der oben formulierten Abschätzungsregel sind die Abmessungen des stark deformierten Bereichs von der gleichen Größenordnung wie der Kontaktdurchmesser $2a$. Die Größenordnung der elastischen Deformation in diesem Gebiet ist $\varepsilon \approx d/2a$, die Größenordnung der Spannung ist somit gleich $\sigma \approx E\frac{d}{2a}$. Für die Kraft ergibt sich $F = \sigma A \approx \frac{Ed}{2a}\pi a^2 \approx \frac{Ed}{2}\pi\sqrt{2Rd} = \frac{\pi}{\sqrt{2}} Ed^{3/2}R^{1/2}$. Die Kraft ist somit proportional zu $d^{3/2}$. Dies ist zu vergleichen mit dem exakten Ergebnis

$$F = \frac{4}{3}E^* R^{1/2} d^{3/2}. \tag{2.25}$$

Sie unterscheiden sich um einen Faktor $\simeq 1{,}5$.

Wird die Kugel plastisch deformiert, so gilt der Zusammenhang (2.8) zwischen der Normalkraft und der Kontaktfläche

$$\sigma_0 = \frac{F_N}{A}. \tag{2.26}$$

[5] Für den Normalkontakt ist es ohne Bedeutung, ob es sich um einen Kontakt einer elastischen Kugel mit einer starren Ebene oder einer starren Kugel mit einer elastischen Ebene handelt.

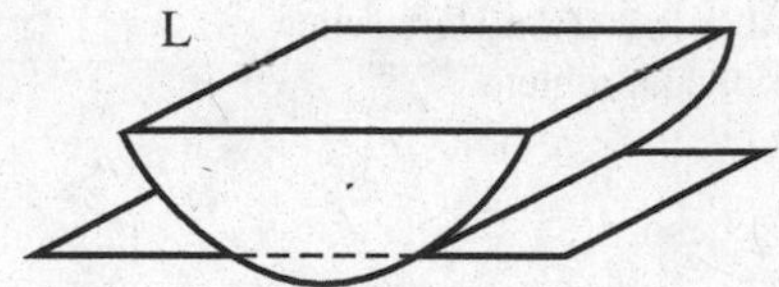

Abb. 2.9 Kontakt zwischen einem zylindrischen Körper und einer starren Ebene

Unter Berücksichtigung von (2.24) ergibt sich

$$F_N = 2\pi\sigma_0 Rd. \tag{2.27}$$

Im plastischen Bereich ist die Kraft proportional zur Eindrucktiefe. Die mittlere Spannung bleibt dabei konstant und ist gleich der Härte des Materials.

3. ***Kontakt zwischen einem starren Zylinder und einem elastischen Körper***

Als nächstes untersuchen wir den Kontakt zwischen einem elastischen Zylinder und einer starren Ebene (Abb. 2.9). Der Kontaktradius wird wie im Fall einer Kugel mit $a \approx \sqrt{2Rd}$ abgeschätzt. Die Größenordnung der Spannung ist $Ed\,/\,2a$ und der Kontaktfläche $2La$, wobei L die Länge des Zylinders ist. Für die Kraft ergibt sich $F \approx \frac{Ed}{2a} 2La = ELd$. Das exakte Ergebnis lautet

$$F = \frac{\pi}{4} E^* Ld. \tag{2.28}$$

Auch in diesem Fall unterscheidet sich das exakte Ergebnis nur geringfügig von der einfachen Abschätzung. Die Kraft ist in diesem Fall linear proportional zur Eindrucktiefe und hängt nicht vom Radius des Zylinders ab. Auch in diesem Fall lässt sich die Kontaktsteifigkeit als Koeffizient zwischen der Kraft und der vertikalen Verschiebung definieren:

$$c = \frac{\pi}{4} E^* L. \tag{2.29}$$

Im plastischen Bereich gilt

$$F_N \approx \sigma_0 2aL \approx 2^{3/2} \sigma_0 L R^{1/2} d^{1/2}. \tag{2.30}$$

4. ***Kontakt zwischen einem starren Kegel und einem elastischen Körper***

Der Kontaktradius bestimmt sich in diesem Fall aus der Bedingung $a \tan\theta = d$ (Abb. 2.10). Die Deformation wird zu $\varepsilon \approx d\,/\,2a = \frac{1}{2}\tan\theta$ abgeschätzt. Die mittlere Spannung hat die Größenordnung

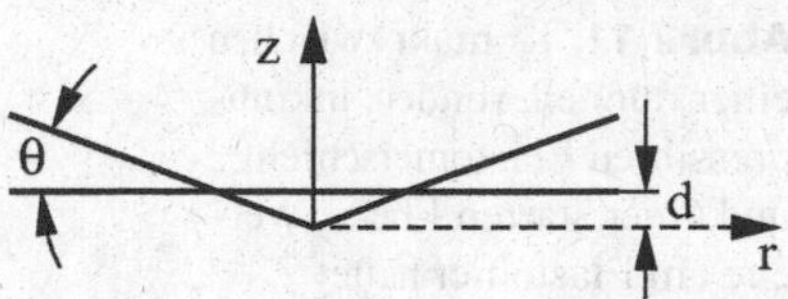

Abb. 2.10 Kontakt zwischen einem Kegel und einer Ebene

$$\sigma \approx E\varepsilon \approx \tfrac{1}{2} E \tan\theta \tag{2.31}$$

und hängt nicht von der Eindrucktiefe ab. Für die Normalkraft erhalten wir die Abschätzung

$$F_N \approx \frac{\pi}{2} E \frac{d^2}{\tan\theta}. \tag{2.32}$$

Die Kraft ist proportional zum Quadrat der Eindrucktiefe. Das genaue Ergebnis lautet[6]

$$F_N = \frac{2}{\pi} E \frac{d^2}{\tan\theta}. \tag{2.33}$$

Ist die Spannung (2.31) kleiner als die Härte des Materials so wird es sich elastisch deformieren. Andernfalls können wir vom im Wesentlichen plastischen Zustand ausgehen. In diesem Fall gilt für die Normalkraft die Abschätzung

$$F_N = \pi\sigma_0 \frac{d^2}{\tan^2\theta}. \tag{2.34}$$

Aufgaben

Aufgabe 1 Zu bestimmen ist die Kraft-Verschiebungs-Abhängigkeit, der effektive Elastizitätsmodul und die Haftspannungsverteilung für eine dünne, runde Elastomerschicht mit dem Radius R und der Schichtdicke h unter Annahme der Inkompressibilität des Materials.

Lösung Betrachten wir zwei Fälle:

a. Die Schicht haftet an beiden Körpern (Abb. 2.11).

Wir lösen die Aufgabe in zwei Schritten: Zunächst berechnen wir die in der Schicht gespeicherte elastische Energie als Funktion der Eindrucktiefe d. Die Ableitung dieser Energie

[6] Sneddon I.N., The Relation between Load and Penetration in the Axisymmetric Boussinesq Problem for a Punch of Arbitrary Profile.- Int. J. Eng. Sci.,1965, v. 3, pp. 47–57.

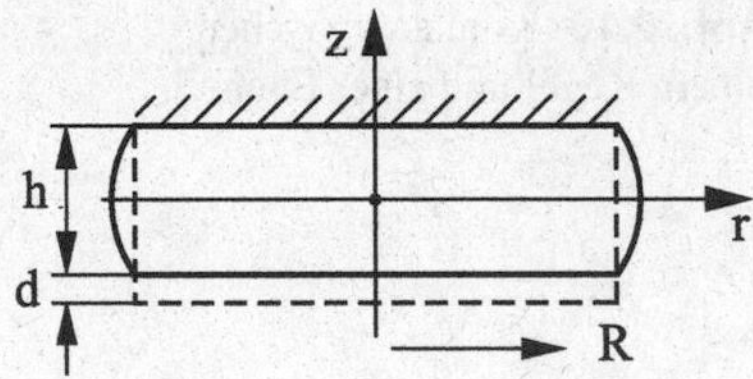

Abb. 2.11 Kontakt zwischen einer dünnen, runden, inkompressiblen Elastomerschicht und einer starren Ebene, welche am Elastomer haftet

nach d wird dann die Normalkraft liefern. Zur Berechnung der gespeicherten Energie benutzen wir den folgenden Ansatz für das Verschiebungsfeld in der Schicht

$$u_r(r,z) = C\left(\left(\frac{h}{2}\right)^2 - z^2\right)\frac{r}{R},$$

der die Haftbedingungen $u_r = 0$ für $z = \pm h/2$ erfüllt. Die Bedingung für die Inkompressibilität lautet

$$d \cdot \pi R^2 = 2\pi R \int\limits_{-h/2}^{h/2} u_r(R,z)\mathrm{d}z = \frac{1}{3}\pi R C h^3.$$

Daraus folgt $C = \dfrac{3Rd}{h^3}$ und

$$u_r(r,z) = \frac{3rd}{h^3}\left(\left(\frac{h}{2}\right)^2 - z^2\right).$$

Der größte Teil der gespeicherten Energie hängt in diesem Fall mit der Scherung der Schicht zusammen. Die Scherdeformation ist gleich

$$\varepsilon_{rz} = \frac{\partial u_r}{\partial z} = -\frac{6d}{h^3} rz,$$

die Energiedichte

$$\mathrm{E} = \frac{1}{2} G \varepsilon_{rz}^2 = \frac{18 G d^2 r^2 z^2}{h^6}$$

und die gesamte Energie

$$U = \frac{18 G d^2}{h^6} \int\limits_0^R \int\limits_{-h/2}^{h/2} r^2 z^2 2\pi r \mathrm{d}r \mathrm{d}z = \frac{3\pi G R^4}{4h^3} d^2.$$

Die auf die Unterlage wirkende Kraft ist gleich

$$F_N = \frac{\mathrm{d}U}{\mathrm{d}d} = \frac{3\pi G R^4}{2h^3} d.$$

Ein Vergleich mit (2.10) gestattet es, einen *effektiven Elastizitätsmodul* einzuführen: $\frac{3\pi G R^4}{2h^3} d = E_{eff} \pi R^2 \frac{d}{h}$. Daraus folgt

$$E_{eff} = \frac{3}{2} G \left(\frac{R}{h}\right)^2 = \frac{1}{2} E \left(\frac{R}{h}\right)^2.$$

Er hängt quadratisch vom Verhältnis des Radius der Schicht zu ihrer Dicke ab und kann um ein mehrfaches größer sein als der Elastizitätsmodul E.

Für die Haftspannung ergibt sich

$$\sigma_{rz}(r, z = -h/2) = G\varepsilon_{rz}(r, z = -h/2) = G\frac{3d}{h^2} r = E\frac{d}{h^2} r.$$

Sie steigt linear vom Zentrum und erreicht ein Maximum am Rande der Schicht:

$$\sigma_{rz,\max} = \frac{ERd}{h^2}.$$

In Anwesenheit der Haftreibung mit dem Reibungskoeffizienten μ_s wird es in keinem Punkt der Kontaktfläche Gleiten geben, wenn

$$\frac{\sigma_{rz,\max}}{\sigma_{zz}} = \frac{\sigma_{rz,\max} \pi R^2}{F_N} = \frac{2h}{R} \leq \mu_s.$$

b. Die Schicht haftet am oberen Körper und gleitet reibungsfrei am unteren Körper (Abb. 2.12).

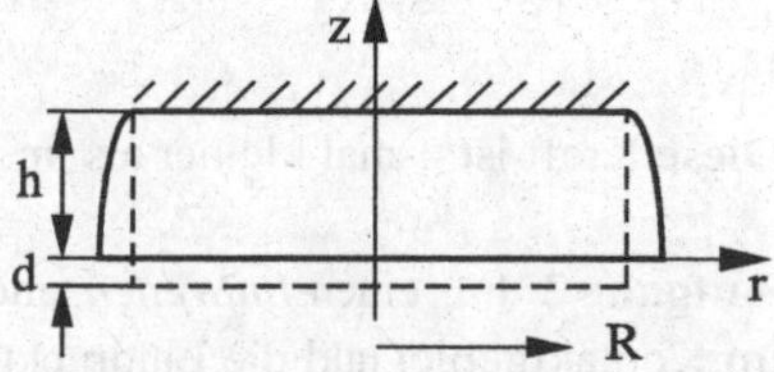

Abb. 2.12 Kontakt zwischen einer dünnen, runden, inkompressiblen Elastomerschicht und einer reibungsfreien starren Ebene

In diesem Fall benutzen wir den Ansatz

$$u_r(r,z) = C_1(h^2 - z^2)\frac{r}{R},$$

der die Haftbedingung $u_r(r,h) = 0$ am oberen Rand und die freie Gleitbedingung $\left.\frac{\partial u_r(r,z)}{\partial z}\right|_{z=0} = 0$ am unteren Rand erfüllt. Die Inkompressibilitätsbedingung lautet

$$d \cdot \pi R^2 = 2\pi R \int_0^h u_r(R,z)\mathrm{d}z = \frac{4}{3}\pi R h^3 C_1.$$

Daraus folgt $C_1 = \frac{3Rd}{4h^3}$ und

$$u_r(r,z) = \frac{3d}{4h^3}(h^2 - z^2)r.$$

Für die Scherdeformation ergibt sich

$$\varepsilon_{rz} = \frac{\partial u_r}{\partial z} = -\frac{3d}{2h^3}zr.$$

Die Energiedichte ist gleich

$$\mathrm{E} = \frac{1}{2}G\varepsilon_{rz}^2 = G\frac{9d^2}{8h^6}z^2r^2$$

und die Gesamtenergie

$$U = G\frac{9d^2}{8h^6}\int_0^R\int_0^h r^2z^2 2\pi r\mathrm{d}r\mathrm{d}z = \frac{3\pi G d^2 R^4}{16h^3}.$$

Die auf die Unterlage wirkende Kraft ist gleich

$$F_N = \frac{\partial U}{\partial d} = \frac{3\pi G R^4}{8h^3}d.$$

Diese Kraft ist 4-mal kleiner als im Fall mit Haftbedingung an der unteren Grenzfläche.

Aufgabe 2 Für einen *Luftreifen* sind die Größe des Kontaktgebietes, die Druckverteilung im Kontaktgebiet und die Eindrucktiefe als Funktion der Normalkraft zu bestimmen.

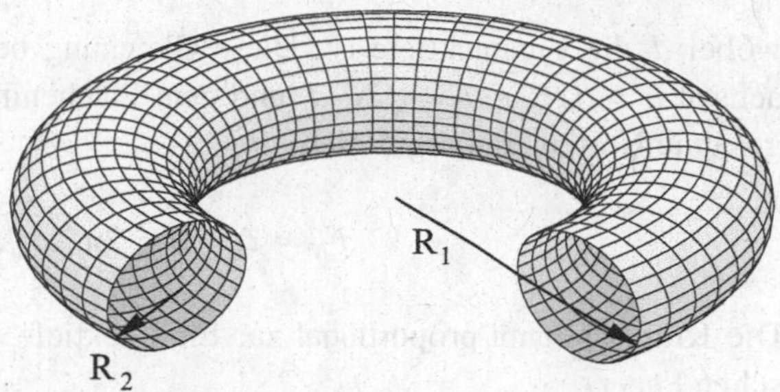

Abb. 2.13 Ein Luftreifen kann in erster Näherung als eine biegeschlaffe Membran in Form eines Torus mit dem inneren Radius des Torus R_2 und dem äußeren Radius des Reifens R_1 betrachtet werden

Lösung Ein Luftreifen verdankt seine Steifigkeit zum größten Teil der Druckdifferenz zwischen dem Inneren des Reifens und der Atmosphäre. Im einfachsten Modell kann er als eine schwach dehnbare, biegeschlaffe Membran in Form eines Torus betrachtet werden (Abb. 2.13). Die Druckdifferenz wird von den elastischen Kräften in der Membran aufgrund ihrer Krümmung im Gleichgewicht gehalten. Im Kontaktgebiet dagegen liegt die Membran auf dem ebenen Boden (Abb. 2.14). Die elastischen Kräfte leisten daher keinen Beitrag zum Gleichgewicht: In jedem auf dem Boden liegenden Element des Reifens muss die Druckdifferenz durch die seitens des Bodens wirkenden Reaktionsspannungen im Gleichgewicht gehalten werden. *Die Normalspannung im gesamten Kontaktgebiet ist konstant und gleich der Druckdifferenz im Reifen*:

$$\sigma_N = \Delta p = p_1 - p_0.$$

Außerhalb des Kontaktgebietes bleibt der Reifen undeformiert. Die Grenze des Kontaktgebietes bestimmt sich aus der Gleichung

$$\frac{x^2}{2R_1} + \frac{y^2}{2R_2} = d,$$

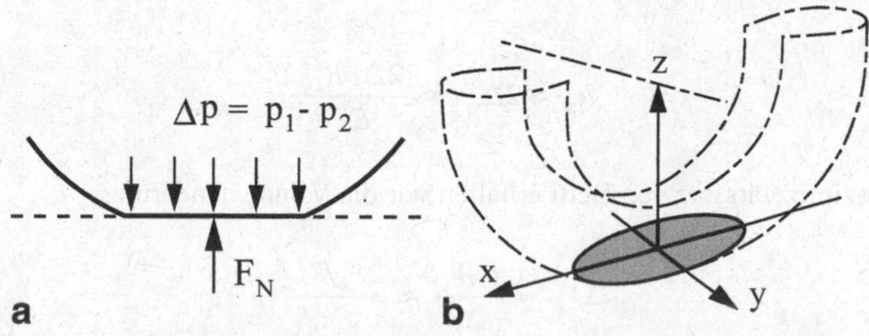

Abb. 2.14 **a** Die Normalspannung im Kontaktgebiet des Luftreifens mit der Straße ist in erster Näherung konstant und gleich der Druckdifferenz Δp; **b** Reifen mit der Abplattung und das in der Aufgabe benutzte Koordinatensystem

wobei d die Eindrucktiefe ist. Diese Gleichung beschreibt eine Ellipse mit den Halbachsen $a=\sqrt{2R_1 d}$, $b=\sqrt{2R_2 d}$ und dem Flächeninhalt $A=\pi ab=2\pi d\sqrt{R_1 R_2}$. Für die gesamte Normalkraft ergibt sich

$$F_N = \Delta p \cdot A = 2\pi \Delta p \sqrt{R_1 R_2} \cdot d.$$

Die Kraft ist somit proportional zur Eindrucktiefe, wie bei einer einfachen linearelastischen Feder.

Aufgabe 3 Wie ändert sich das Volumen eines Luftreifens, wenn man ihn mit der Kraft F_N an eine starre Ebene drückt?

Lösung u_p sei die Verschiebung der Oberflächenpunkte *unter der Einwirkung des Druckes* Δp; ΔV_F sei die Änderung des Volumens des Reifens unter der Einwirkung der Normalkraft. Nach dem *Reziprozitätssatz von Betti* gilt: Wenn ein linearelastischer Körper zwei verschiedenen Lastsystemen ausgesetzt ist, so ist die Arbeit der Kräfte des ersten Systems an den Verschiebungen des zweiten Systems gleich der Arbeit der Kräfte des zweiten Systems an den Verschiebungen des ersten Systems. In unserem Fall bedeutet das:

$$F_N u_p = \Delta p \cdot \Delta V_F.$$

Zur Abschätzung benutzen wir die Gleichung für die Änderung des Radius R_2 eines elastischen zylindrischen Behälters bei der Druckänderung Δp:

$$\Delta R_2 \approx R_2 \varepsilon \approx \frac{R_2}{E}\sigma \approx \frac{R_2}{E}\frac{\Delta p R_2}{h} = \frac{\Delta p R_2^2}{Eh},$$

wobei E der Elastizitätsmodul der Membran und h ihre Dicke ist. Die Zugspannung $\sigma = \Delta p R_2 / h$ in der Membran wurde mit der Kesselformel abgeschätzt. Falls der Reifen im Inneren von einer starren (metallischen) Felge gehalten wird, so gilt für die Verschiebung der Kontaktstelle

$$u_p \approx 2\Delta R_2 \approx \frac{2\Delta p R_2^2}{Eh}.$$

Aus dem Reziprozitätssatz von Betti erhalten wir die Volumenänderung

$$\Delta V_F = \frac{F_N u_p}{\Delta p} \approx \frac{2 F_N R_2^2}{Eh}.$$

3 Qualitative Behandlung eines adhäsiven Kontaktes

Im vorigen Kapitel haben wir Kontaktprobleme unter der Annahme betrachtet, dass die kontaktierenden Oberflächen nicht „kleben". In Wirklichkeit gibt es zwischen beliebigen Körpern relativ schwache und schnell mit dem Abstand zwischen den Oberflächen abfallende Wechselwirkungskräfte, die in den meisten Fällen zur gegenseitigen Anziehung der Körper führen und als Adhäsionskräfte bekannt sind. Adhäsionskräfte spielen eine wesentliche Rolle in vielen technischen Anwendungen. Es sind die Adhäsionskräfte, die für

V. L. Popov, *Kontaktmechanik und Reibung,* DOI 10.1007/978-3-662-45975-1_3

die Wirkung von Klebern verantwortlich sind. Klebebänder, selbstklebende Umschläge und ähnliches sind weitere Beispiele für Adhäsionskräfte.

Adhäsionskräfte spielen eine wichtige Rolle in den Anwendungen, wo eine der folgenden Bedingungen erfüllt ist:

1. Die Oberflächen der Körper sind sehr glatt (wie z. B. die der magnetischen Scheibe von Festplatten)
2. Einer der Kontaktpartner besteht aus einem sehr weichen Material (Gummi oder biologische Strukturen) oder
3. Es handelt sich um mikroskopische Systeme, in denen die Adhäsionskräfte grundsätzlich von größerer Bedeutung sind als die Volumenkräfte, weil die Volumen- und Oberflächenkräfte verschieden skaliert sind (mikromechanische Geräte, Atomkraftmikroskope, biologische Strukturen u. ä.).

Adhäsion spielt eine wesentliche Rolle bei Gummireibung und ist somit ein wichtiges Phänomen, welches bei der Entwicklung von Materialien für Autoreifen berücksichtigt werden muss.

In diesem Kapitel erläutern wir die physikalische Herkunft der Adhäsionskräfte und diskutieren qualitativ die grundlegenden Ideen zur Berechnung von adhäsiven Kontakten.

3.1 Physikalischer Hintergrund

Elektrisch neutrale Atome oder Körper in einem Abstand gleich oder größer eines interatomaren Abstandes ziehen sich mit den so genannten Dispersions- oder van-der-Waals-Kräften an.

Die Wechselwirkung zwischen zwei neutralen Atomen im Abstand r (Abb. 3.1a) kann in guter Näherung mit dem *Lennard-Jones-Potential* beschrieben werden: $U = \frac{C_1}{r^{12}} - \frac{C}{r^6}$. Der Gleichgewichtsabstand r_0 berechnet sich daraus zu $r_0 = (2C_1/C)^{1/6}$. Der Einfachheit halber werden wir dieses Potential in den nachfolgenden Abschätzungen durch

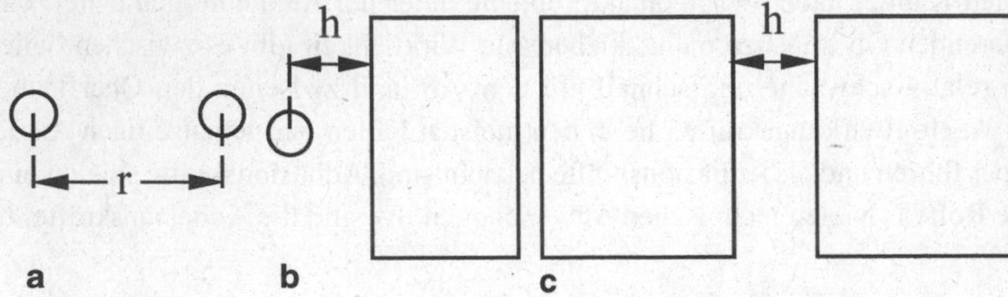

Abb. 3.1 Wechselwirkung zwischen zwei Atomen (**a**), einem Atom und einem Halbraum (**b**) und zwischen zwei Halbräumen (**c**)

$$U_{at-at} = \begin{cases} -\dfrac{C}{r^6}, & r \geq r_0 \\ \infty, & r < r_0 \end{cases} \tag{3.1}$$

ersetzen (Abb. 3.2). Die Vereinfachung hat nur einen geringen Einfluss auf die wichtigsten Parameter der Wechselwirkung – den Gleichgewichtsabstand und die Bindungsenergie, erleichtert aber wesentlich die Berechnungen.

Die Wechselwirkung zwischen zwei Körpern mit atomar glatten Oberflächen im Abstand h berechnen wir in zwei Schritten. Zunächst berechnen wir die Kraft zwischen einem Atom im Abstand h von einem dreidimensionalen Körper, der mit der Konzentration n von gleichartigen Atomen gefüllt ist (Abb. 3.1b und 3.3a)[1]:

$$U_{at-sol} = -\int \frac{Cn}{R^6} \mathrm{d}V = -Cn \int_0^\infty \mathrm{d}z \int_0^\infty 2\pi r \mathrm{d}r \frac{1}{\left((h+z)^2 + r^2\right)^3} = -\frac{\pi Cn}{6h^3}. \tag{3.2}$$

Im zweiten Schritt berechnen wir die Wechselwirkung zwischen zwei Festkörpern mit parallelen Oberflächen, wobei wir annehmen, dass beide Körper mit gleichen Atomen „gefüllt" sind (Abb. 3.1c und 3.3b). Sie berechnet sich durch Integration im ersten Körper über die z-Koordinate und Multiplikation mit der Oberfläche A des Körpers und der Atomkonzentration n. Die Wechselwirkungsenergie pro Flächeneinheit ist gleich

$$\frac{U_{sol-sol}}{A} = -\int_h^\infty \frac{\pi Cn^2}{6z^3} \mathrm{d}z = -\frac{\pi Cn^2}{12h^2} = -\frac{Q}{h^2} \tag{3.3}$$

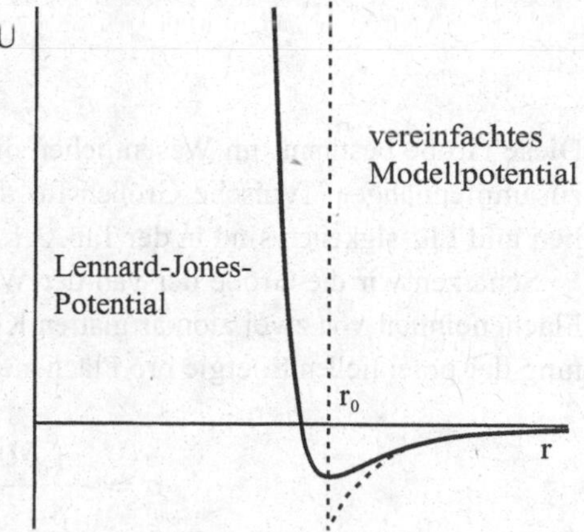

Abb. 3.2 Graphische Darstellung des Lennard-Jones-Potentials und des vereinfachten Modellpotentials (3.1)

[1] Bei dieser Berechnung vernachlässigen wir die Wechselwirkung zwischen Atomen, die den Körper ausfüllen. Die Berechnung bleibt dennoch bis auf einen konstanten Faktor korrekt. Weiterführende Informationen über die van-der-Waals-Kräfte siehe Abschn. 3.6.

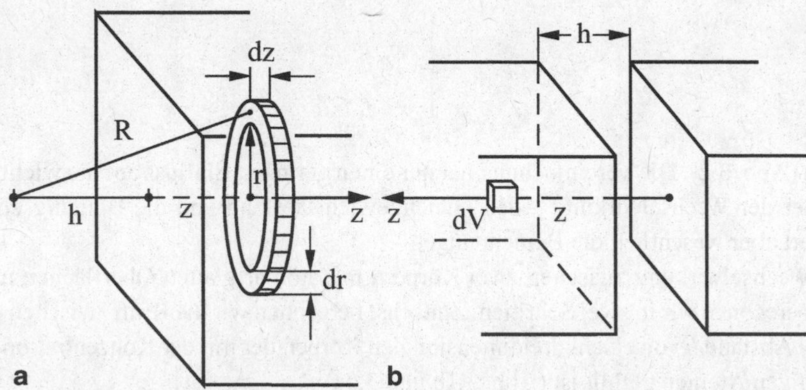

Abb. 3.3 Berechnung des Wechselwirkungspotentials zwischen einem Atom und einem dreidimensionalen Körper (**a**) und zwei dreidimensionalen Körpern im Abstand h (**b**)

wobei $Q = \pi C n^2 / 12$. Wenn zwei Körper aus einem großen Abstand bis zum „direkten Kontakt" (d. h. bis zum Abstand $\simeq r_0$) zusammen geschoben werden, leisten die Wechselwirkungskräfte eine Arbeit (pro Flächeneinheit)

$$\frac{W}{A} = \frac{Q}{r_0^2}. \tag{3.4}$$

Zum Auseinandernehmen zweier Körper im Kontakt muss dieselbe Arbeit von äußeren Kräften geleistet werden. Man kann sagen, dass zur Erzeugung von zwei Oberflächen die Arbeit (3.4) pro Flächeneinheit erforderlich ist. Die Hälfte dieser Größe (d. h. die Energie, die zur Erzeugung *einer* Fläche erforderlich ist) nennt man die *Oberflächenenergie* (auch die *Oberflächenspannung*) γ des Körpers[2]:

$$\gamma = \frac{Q}{2r_0^2}. \tag{3.5}$$

Diese Größe bestimmt im Wesentlichen die Kontakteigenschaften, die mit der Adhäsion zusammenhängen. Typische Größen für die Oberflächenenergie verschiedener Materialien und Flüssigkeiten sind in der Tab. 3.1 angegeben.

Schätzen wir die Größe der van-der-Waals-Kräfte ab: Die Wechselwirkungskraft pro Flächeneinheit von zwei atomar glatten Körpern im Abstand h erhalten wir durch Ableitung der potentiellen Energie pro Flächeneinheit (3.3) nach h:

$$\sigma = -\frac{1}{A}\frac{\partial U_{sol-sol}}{\partial h} = -\frac{2Q}{h^3}. \tag{3.6}$$

[2] Bei der Benutzung des Begriffes Oberflächenenergie in der Kontaktmechanik muss man beachten, dass bei manchen Autoren die Größe 2γ, die zur Trennung der Körper erforderlich ist, als „Oberflächenenergie" bezeichnet wird (z. B. im Buch von K. Johnson „Contact Mechanics").

Tab. 3.1 Oberflächenenergien von festen und flüssigen Stoffen

Oberflächenenergien von molekularen Kristallen und Metallen	
Material	Oberflächenenergie γ_s (10^{-2} J/m²)
Nylon	4,64
Polyvinylchlorid	3,9
Polystyrene	3,30
Polyethylen	3,0
Paraffin	2,50
PTFE (Teflon)	1,83
NaCl	16
Al203	64
Si	128
Al	112
Ag	144
Fe	240
W	450
Oberflächenenergien von Flüssigkeiten	
Flüssigkeit	Oberflächenenergie γ_l (10^{-2} J/m²)
Wasser	7,31
Benzin	2,88
n-Pentan	1,60
n-Octan	2,16
n-Dodecan ($C_{12}H_{26}$)	2,54
n-Hexadecan ($C_{16}H_{34}$)	2,76
n-Octadecan $C_{18}H_{38}$	2,80

Im „direkten Kontakt" (d. h. bei $h \approx r_0$) ist die van-der-Waals-Spannung gleich

$$\sigma = \frac{F}{A} = -\frac{2Q}{r_0^3} = -\frac{2}{r_0}\frac{Q}{r_0^2} = -\frac{4\gamma}{r_0}. \tag{3.7}$$

Für einen für viele Metalle typischen Wert $\gamma \approx 1 \div 2$ J/m^2 und $r_0 \approx 4 \cdot 10^{-10}$ m erhalten wir $\sigma = 10^{10}$ N/m^2: Eine Kontaktfläche von nur 1 cm² könnte bei dieser Kraftdichte 100 Tonnen Gewicht aushalten (viel mehr als in der Abb. 3.4a)!

Solch starke Adhäsionskräfte werden in Wirklichkeit nie beobachtet. Diese Abschätzung erklärt die Frage von Kendall in seinem Buch *Molecular Adhesion and its Applications (Kluwer Academic, 2001)*:

> solids are expected to adhere; the question is to explain why they do not, rather than why they do!

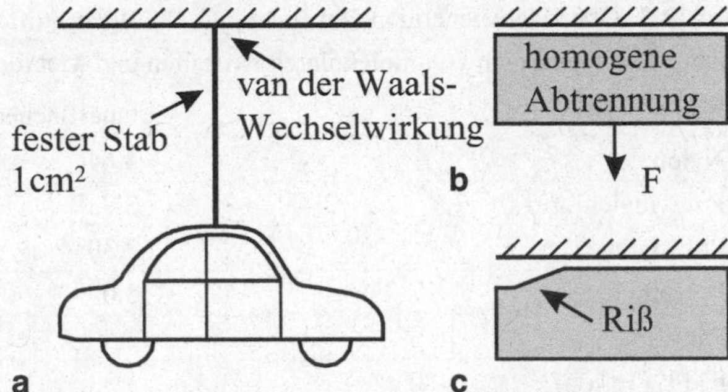

Abb. 3.4 Van-der-Waals-Kräfte zwischen atomar glatten Oberflächen sind sehr viel stärker, als es sich aus der alltäglichen Praxis vermuten lässt (**a**); In realen Systemen werden sie zum einen durch die Rauigkeit von Flächen, zum anderen durch die Ausbreitung von Oberflächenrissen stark vermindert

Die Lösung dieses Adhäsionsparadoxons besteht darin, dass ein Bindungsbruch auf der makroskopischen Skala nie homogen verläuft (Abb. 3.4b), sondern durch Ausbreitung von Rissen (Abb. 3.4c) und das vermindert drastisch die Adhäsionskraft. Auch die Rauigkeit der Oberfläche kann zu einer drastischen Abnahme der Adhäsionskräfte führen (s. die Diskussion des Einflusses der Rauigkeit auf die Adhäsion in 3.4).

3.2 Berechnung der Adhäsionskraft zwischen gekrümmten Oberflächen

Die erste Berechnung der Adhäsionskraft zwischen Festkörpern mit nicht glatten Oberflächen stammt von Bradley (1932)[3]. Betrachten wir eine starre Kugel mit dem Radius R im Abstand h von einer starren Ebene aus dem gleichen Material. Wir berechnen die Wechselwirkungsenergie zwischen diesen Körpern mit einer Näherung, die wir auch später in den meisten Kontaktaufgaben benutzen werden: *Wir nehmen an, dass das wesentliche Kontaktgebiet sehr viel kleiner als der Krümmungsradius der Kugel ist, so dass man die Wände des Spaltes zwischen den beiden Körpern annähernd als parallel zueinander annehmen kann, allerdings mit einem Abstand, der von der Koordinate abhängt („Halbraum-Näherung").*

Das Wechselwirkungspotential pro Flächeneinheit im Abstand $z = h + r^2/2R$ (siehe Abb. 3.5) wird durch (3.3) gegeben. Durch Integration über die gesamte Fläche erhalten wir:

$$U_{Ebene-Kugel} = -\int_0^\infty \frac{Q}{(h + r^2/2R)^2} 2\pi r dr = -\frac{2\pi RQ}{h}. \tag{3.8}$$

Die Wechselwirkungskraft ergibt sich als Ableitung der potentiellen Energie nach dem Abstand h, $F = -\partial U/\partial h$:

$$F = -\frac{2\pi RQ}{h^2}. \tag{3.9}$$

[3] Bradley, R.S. Phil. Mag 1932., v. 13, 853.

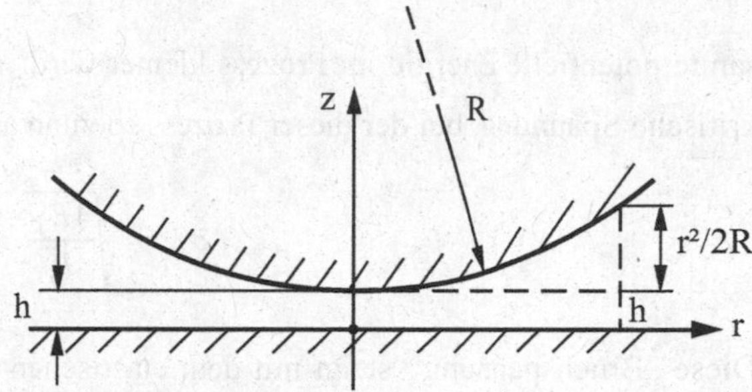

Abb. 3.5 Zur Berechnung der Adhäsionskraft zwischen einer starren Kugel mit dem Radius R und einer starren Ebene

Insbesondere im direkten Kontakt ($h \approx r_0$):

$$F_{adh} = -\frac{2\pi RQ}{r_0^2} = -4\pi\gamma R. \tag{3.10}$$

Dieses Ergebnis unterscheidet sich von der Adhäsionskraft zwischen elastisch deformierbaren Körpern (s. Kap. 6) nur um einen Faktor 4/3.

3.3 Qualitative Abschätzung der Adhäsionskraft zwischen elastischen Körpern

Wir beginnen mit dem einfachsten Fall eines Kontaktes zwischen einer glatten starren Platte und einem glatten elastischen Block (Abb. 3.6a). Dank den Adhäsionskräften werden der Block und die Wand aneinander „kleben", und es muss eine bestimmte Kraft angelegt werden, um den Block von der Wand abzureißen. Angenommen, wir versuchen, den Block abzureißen, indem an seinem freien Ende eine Zugspannung σ angebracht wird. Dadurch dehnt sich der Block um die Länge d aus. Die Dichte der in einem elastisch gedehnten Medium gespeicherten elastischen Energie ist gleich $E\varepsilon^2/2 = \sigma^2/2E$. Die volle potentielle Energie bekommen wir durch Multiplikation der Energiedichte mit dem Volumen des Blockes: $U_{el} = \frac{\sigma^2}{2E} l_0 A$, wobei A die Querschnittsfläche des Blockes ist.

Wir wollen nun untersuchen, *unter welchen Bedingungen der Block spontan von der starren Fläche abspringen kann?* Würde er abspringen, so würden zwei neue Oberflächen entstehen, wofür die Energie $U_{adh} = 2\gamma A$ erforderlich ist. Ein Prozess in einem abgeschlossenen physikalischen System kann aber nur dann spontan geschehen, wenn die ge-

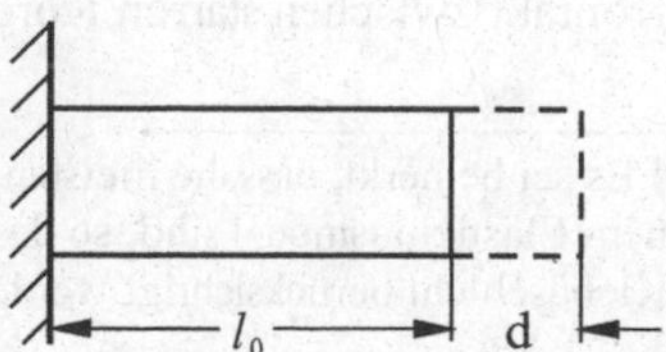

Abb. 3.6 Adhäsion eines rechteckigen Blocks an einer glatten Wand

samte potentielle Energie im Prozess kleiner wird: $U_{adh} - U_{el} = 2\gamma A - \frac{\sigma^2}{2E} l_0 A < 0$. Die kritische Spannung, bei der dieser Prozess spontan ablaufen kann, ergibt sich daraus zu

$$\sigma_{cr} = \sqrt{\frac{4E\gamma}{l_0}}. \tag{3.11}$$

Diese „Bruchspannung" steigt mit dem elastischen Modul *E*, der Oberflächenenergie γ und mit der Verminderung der Dicke des elastischen Blocks. Daraus ergibt sich die bekannte Regel für die Anwendung der meisten Kleber: Je dünner die Schicht, desto fester die Verbindung[4]. Die Anwendbarkeit dieser Regel ist allerdings durch die Rauigkeit der Oberflächen beschränkt.

Als zweites Beispiel betrachten wir einen Kontakt zwischen einer starren Kugel und einem *elastischen* ebenen Körper. Die Oberflächen beider Körper werden als absolut glatt angenommen. Bei der Eindrucktiefe *d* wird die Größenordnung des Kontaktgebietes $a \approx \sqrt{2Rd}$ sein (siehe analoge Aufgabe ohne Adhäsion, Kap. 2). Wenn die Spannung auf einem begrenzten Gebiet der Oberfläche eines elastischen Halbraumes mit linearen Ausmaßen $2a$ wirkt, so ist der größte Teil der potentiellen Energie in dem Volumen $(2a)^3$ gespeichert. Für Abschätzungen kann man deshalb meistens annehmen, dass nur das in Abb. 2.7b hervorgehobene Volumen wesentlich deformiert ist.

Die Größenordnung der elastischen Deformation ist demnach $\varepsilon \approx d/2a$, die Energiedichte $E\varepsilon^2/2$ und die Energie $U_{el} \sim \frac{E}{2}\varepsilon^2(2a)^3 = E2^{1/2}R^{1/2}d^{5/2}$. Die Oberflächenenergie ist gleich $U_{adh} = -2\gamma\pi a^2 = -4\pi\gamma Rd$. Somit ergibt sich für die Gesamtenergie des Systems

$$U_{tot} \approx E2^{1/2}R^{1/2}d^{5/2} - 4\pi\gamma Rd. \tag{3.12}$$

Die auf das System wirkende Kraft ist gleich $F \approx \frac{\partial U_{tot}}{\partial d} \approx 5E2^{-1/2}\sqrt{R}d^{3/2} - 4\pi\gamma R.$

Die Adhäsionskraft ist die maximale negative Kraft, die auf den Körper wirkt. Sie wird erreicht bei $d = 0$:

$$F_{adh} \approx -4\pi\gamma R. \tag{3.13}$$

Eine exakte Berechnung ergibt $F_{adh} = -3\pi\gamma R$, siehe Kap. 6. Interessanterweise hat die Adhäsionskraft zwischen elastischen Körpern dieselbe Größenordnung, wie bei einem Kontakt zwischen starren Körpern (Gl. (3.10).

---

[4] Es sei bemerkt, dass die meisten Kleber (nach dem Erstarren) elastische Medien mit (relativ) kleinem Elastizitätsmodul sind, so dass bei der Berechnung der elastischen Energie nur die Energie der Klebeschicht berücksichtigt werden muss.

3.4 Einfluss der Rauigkeit auf Adhäsion

Dass Adhäsionskräfte in der makroskopischen Welt meistens sehr klein sind und ohne Berücksichtigung bleiben können, liegt daran, dass praktisch alle Oberflächen Rauigkeiten auf verschiedenen räumlichen Skalen aufweisen. Um den Einfluss der Rauigkeit qualitativ zu diskutieren, betrachten wir einen glatten elastischen Körper im Kontakt mit einer starren rauen Ebene (Abb. 3.7).

Die charakteristische Wellenlänge der Rauigkeit sei l und die charakteristische Höhe h. Wenn sich der elastische Körper so deformiert, dass er die „Täler" vollständig ausfüllt, wird eine elastische Energie $U_{el} \approx \frac{1}{2} G\varepsilon^2 l^3 \approx \frac{1}{2} G\left(\frac{h}{l}\right)^2 l^3 = \frac{1}{2} Glh^2$ gespeichert[5]. Dabei vermindert sich die Oberflächenenergie um $U_{adh} \approx 2\gamma l^2$. Ist die Adhäsionsenergie ausreichend groß, um die genannte Deformation zu erzeugen, so wird sich der Körper spontan deformieren und an der gesamten Oberfläche „kleben". Das geschieht, wenn $U_{el} < U_{adh}$, oder

$$h^2 < \frac{4\gamma l}{G}. \tag{3.14}$$

Ist die Rauigkeit viel kleiner als die kritische, so kann die Oberfläche als absolut glatt angesehen werden. Bei größerer Rauigkeit dagegen wird es einen Kontakt nur in wenigen Kontaktpunkten geben und die Adhäsionskraft vermindert sich wesentlich. Neben der Oberflächenenergie γ hängt die kritische Rauigkeit auch vom elastischen Schubmodul G ab. Materialien mit sehr kleinen elastischen Modulen können daher auch an sehr rauen Oberflächen adhieren. Ein Beispiel dafür ist Gummi, bei dem der Schubmodul typischerweise bei ca. 1 MPa liegt[6] und somit um 5 Größenordnungen kleiner ist, als bei „harten" Festkörpern, wie z. B. Metallen. Für harte Körper ist die Bedingung (3.14) nur für sehr glatte, polierte Flächen erfüllt. Für typische Rauigkeitsparameter $h \approx 1\,\mu\text{m}$, $l \approx 100\,\mu\text{m}$ und $G = 80$ GPa ist das Verhältnis $\frac{Gh^2}{4\gamma l} \approx 10^2 \gg 1$. Die Adhäsionskraft ist unter diesen Bedingungen verschwindend klein.

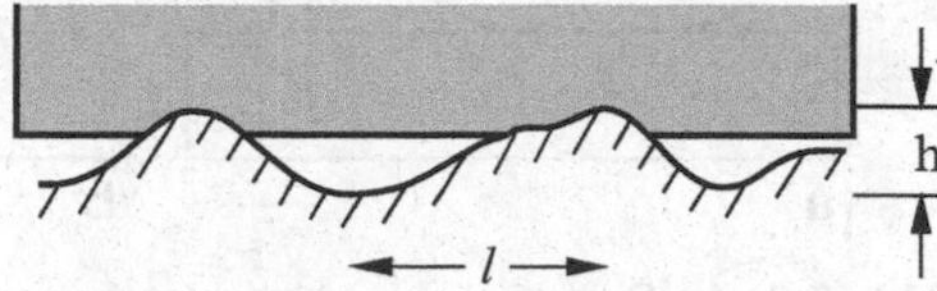

Abb. 3.7 Ein elastisches Medium in Kontakt mit einer starren, rauen Oberfläche

[5] Eine genauere Berechnung findet sich in der Aufgabe 1 zu diesem Kapitel.

[6] Reiner, nicht gefüllter Gummi.

3.5 Klebeband

Als ein weiteres Beispiel für die Anwendung der Ideen über die physikalische Natur der Adhäsion diskutieren wir die Bedingungen für das Gleichgewicht eines Klebebandes. Wir betrachten eine biegeschlaffe Membran der Breite L, die teilweise auf einem ebenen starren Körper liegt (Abb. 3.8a). Das Band wird mit der Kraft F gezogen. Die zum Trennen einer Einheitsfläche des Bandes von der starren Unterlage erforderliche Energie nennen wir „effektive Oberflächenenergie" und bezeichnen sie als γ^*. Berechnen wir den Winkel, unter dem gezogen werden muss (bei gegebenem Betrag der Kraft), so dass die Abrisslinie im Gleichgewicht ist. Zu diesem Zweck betrachten wir einen Abschnitt des Bandes der Länge l_0 zwischen den Punkten O und A (Abb. 3.8b).

Nach dem Prinzip der virtuellen Arbeit muss die Arbeit aller Kräfte im Gleichgewicht bei einer beliebigen infinitesimalen Verschiebung des Systems gleich Null sein. Wir betrachten eine Bewegung des Bandes, die dem Abreißen eines Elementes der Länge Δl entspricht. Bei dieser Bewegung erhöht sich die Oberflächenenergie um $\gamma^* L\Delta l$, die Adhäsionskräfte leisten dabei die Arbeit $-\gamma^* L\Delta l$. Gleichzeitig verschiebt sich das Ende des Bandes, an dem die Kraft F angreift (Punkt B) in der Richtung der Kraft um s. Die von der Kraft F geleistete Arbeit ist gleich Fs. Die Gleichgewichtsbedingung ist $Fs = \gamma^* L\Delta l$. Es ist leicht zu sehen, dass $s = \Delta l(1-\cos\theta)$ und somit $F_0(1-\cos\theta) = \gamma^* L$ ist. Mit F_0 haben wir die kritische „Abreißkraft" bezeichnet. Daraus folgt

$$F_0 = \frac{\gamma^* L}{1-\cos\theta}. \tag{3.15}$$

Die kritische Abreißkraft (pro Längeneinheit) in der Richtung senkrecht zur Ebene ist gleich der Oberflächenenergie. Bei Abziehen in Richtung π (entgegengesetzt zu der Richtung des Bandes) ist die kritische Kraft halb so groß.

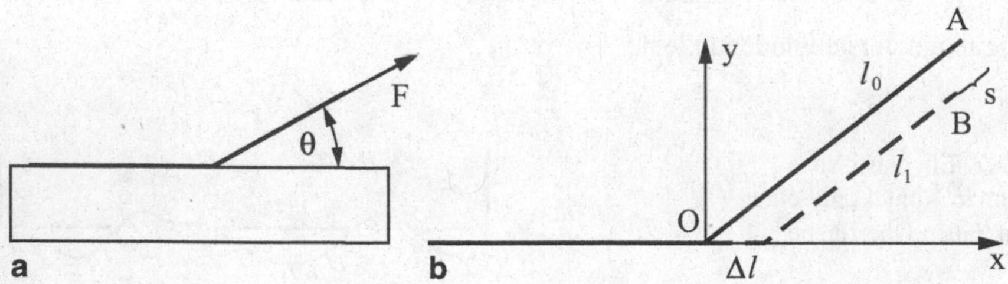

Abb. 3.8 Zur Berechnung der Abziehkraft eines Klebebandes

3.6 Weiterführende Informationen über van-der-Waals-Kräfte und Oberflächenenergien

Eine ausführliche Theorie der van-der-Waals-Kräfte wurde von I.E. Dzyaloshinskii, E.M. Lifschitz und L.P. Pitaevskii (1961) entwickelt[7]. Sie zeigt, dass die van-der-Waals-Kräfte im Wesentlichen von den dielektrischen Konstanten der Körper *und des Zwischenmediums* abhängen. Ist die dielektrische Konstante des Zwischenmediums ε_m kleiner als die dielektrischen Konstanten beider Körper: $\varepsilon_m < \varepsilon_1$, ε_2, so ziehen sie sich an. Liegt sie dazwischen $(\varepsilon_1 < \varepsilon_m < \varepsilon_2)$, so stoßen sie sich ab! Dieser Effekt wird in der Atomkraftmikroskopie zur Vermeidung von Adhäsionskräften und den damit zusammenhängenden Instabilitäten benutzt.

Nach der genannten Theorie ist die van-der-Waals-Kraft zwischen zwei Körpern in erster grober Näherung proportional zum Produkt $\frac{(\varepsilon_1 - \varepsilon_m)(\varepsilon_2 - \varepsilon_m)}{(\varepsilon_1 + \varepsilon_2)}$. Ist das Zwischenmedium Vakuum $(\varepsilon_m = 1)$, so ist die Kraft immer positiv (Körper ziehen sich an) und proportional zu $\frac{(\varepsilon_1 - 1)(\varepsilon_2 - 1)}{(\varepsilon_1 + \varepsilon_2)}$. In der Näherung, dass der Gleichgewichtsabstand für verschiedene Körper etwa der gleiche ist und der größte Unterschied in den Oberflächenenergien sich durch verschiedene Polarisierbarkeiten und somit verschiedene dielektrische Konstanten ergibt, kann eine grobe empirische Regel zur Berechnung von *relativen Oberflächenenergien* angegeben werden.

Definieren wir die relative Oberflächenenergie als Energie (pro Flächeneinheit), die zur Trennung dieser Körper aus dem atomar dichten Kontakt erforderlich ist. Die relative Oberflächenenergie für zwei gleiche Körper aus dem Stoff 1 ist demnach proportional zu $\gamma_{11} = 2\gamma_1 \propto \frac{(\varepsilon_1 - 1)^2}{2\varepsilon_1}$, die relative Oberflächenenergie für zwei gleiche Körper aus dem Stoff 2 ist proportional zu $\gamma_{22} = 2\gamma_2 \propto \frac{(\varepsilon_2 - 1)^2}{2\varepsilon_2}$.

Die relative Oberflächenenergie von Körpern 1 und 2 ist $\gamma_{12} \propto \frac{(\varepsilon_1 - 1)(\varepsilon_2 - 1)}{(\varepsilon_1 + \varepsilon_2)}$. Somit gilt[8]:

$$\gamma_{12} \approx \sqrt{\gamma_{11}\gamma_{22}} = 2\sqrt{\gamma_1 \gamma_2}. \tag{3.16}$$

Die relative Oberflächenenergie berechnet sich in grober Näherung als geometrisches Mittel der Oberflächenenergien der einzelnen Körper. In den Gl. (3.11), (3.13) ist γ durch $\gamma_{12}/2$ zu ersetzen.

[7] I.E. Dzyaloshinskii, E.M. Lifshitz und L.P. Pitaevskii.: General Theory of van der Waals' Forces,- Sov. Phys. Usp. 1961, v. 4 153–176.

[8] Wir haben dabei das geometrische Mittel $\sqrt{\varepsilon_1 \varepsilon_2}$ durch das arithmetische Mittel $(\varepsilon_1 + \varepsilon_2)/2$ ersetzt. Im Rahmen der Genauigkeit dieser Abschätzung ist das zulässig.

Aufgaben

Aufgabe 1 Gegeben sei ein glatter elastischer Körper (Gummi) in Kontakt mit einer starren, rauen Oberfläche, welche durch eine charakteristische Wellenlänge l und eine charakteristische Höhe $\hat{h}$ gekennzeichnet ist. Die „Breite" des Mediums L soll viel größer als l sein. Unter der Annahme, dass die Rauigkeit als $z = \hat{h}\cos(2\pi x / l)$ modelliert werden kann, ist das kritische Verhältnis $\hat{h}/l$ zu berechnen, bei welchem die „Täler" vollständig ausgefüllt werden. Wie groß darf die charakteristische Rauigkeit bei $l = 100\,\mu\text{m}$ höchstens sein, wenn der Gummi gerade noch vollständig an der starren Oberfläche kleben soll? Reiner (nicht-gefüllter) Gummi hat einen Schubmodul G von ca. 1 MPa; die relative Oberflächenenergie bei starren Kontaktpartnern zu Gummi beträgt ca. $\gamma_{12} \approx 3\cdot 10^{-2}$ J/m^2 (Abb. 3.9).

Lösung Im Gleichgewicht gilt für ein isotropes, linear elastisches Medium

$$\nabla div\mathbf{u} + (1-2\nu)\Delta\mathbf{u} = 0.$$

Die Lösung dieser Gleichung mit den Randbedingungen $u_z(x, z = 0) = \hat{h}\cos kx$ und $\sigma_{zx}(x, z = 0) = 0$ (keine Haftung in horizontaler Richtung) lautet

$$u_z = \hat{h}\left(1 - \frac{kz}{2(1-\nu)}\right)\cos kx \cdot e^{kz},$$

$$u_x = \hat{h}\left(\frac{1-2\nu}{2(1-\nu)} + \frac{kz}{2(1-\nu)}\right)\sin kx \cdot e^{kz},$$

mit $k = 2\pi/l$. Aus der allgemeinen Gleichung für den Spannungstensor

$$\sigma_{ik} = \frac{\nu E}{(1+\nu)(1-2\nu)} u_{ll}\delta_{ik} + \frac{E}{1+\nu} u_{ik},$$

wobei $u_{ik} = \frac{1}{2}(\partial u_i / \partial x_k + \partial u_k / \partial x_i)$ der Dehnungstensor ist und die Einsteinsche Summenkonvention angewendet wird[9], folgt für die Normalspannung an der Oberfläche

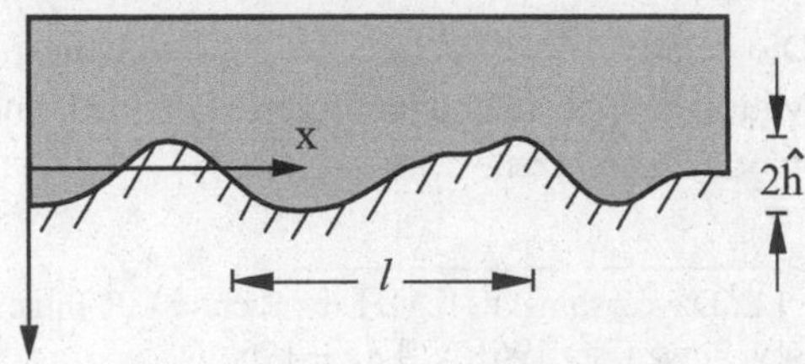

Abb. 3.9 Vollständiger Kontakt zwischen einer gewellten starren Oberfläche und einem elastischen Medium (Gummi)

[9] Über doppelt auftretende Indizes wird summiert.

$$\sigma_{zz}\big|_{z=0} = \frac{E\hat{h}k\cos kx}{2(1-\nu^2)}.$$

Die in einem Abschnitt des Mediums mit der Länge l in der x-Richtung gespeicherte elastische Energie kann berechnet werden als

$$U_{el} = \tfrac{1}{2}\int_0^l u_z(x)\sigma_{zz}(x)L\mathrm{d}x = \frac{\pi E\hat{h}^2 L}{4(1-\nu^2)}.$$

Der Gummi wird an der gesamten Oberfläche „kleben", wenn diese Energie kleiner als die Oberflächenenergie $\gamma_{12} Ll$ ist:

$$\frac{\pi E\hat{h}^2 L}{4(1-\nu^2)} < \gamma_{12} Ll.$$

Für die kritische Amplitude der Welligkeit folgt daraus

$$\hat{h}_c^2 = \frac{4\gamma_{12} l(1-\nu^2)}{\pi E} = \frac{2\gamma_{12} l(1-\nu)}{\pi G}.$$

(Man vergleiche dieses Ergebnis mit der Abschätzung (3.14)!). Bei den angegebenen numerischen Werten und $\nu \approx 0.5$ ergibt sich für die kritische Rauigkeit $h_c \approx 1\,\mu\text{m}$.

Aufgabe 2 Gegeben sei ein starrer Körper mit welliger Oberfläche $(h = \hat{h}\cos kx)$. Schätzen Sie die maximale Dicke t_c einer Goldfolie ab, bei der diese allein aufgrund der Adhäsion haftet. Nutzen Sie für Ihre Abschätzungen die folgenden Werte: E = 80 GPa, γ_{12} = 2 Jm^{-2} und $l = 2\pi/k = 100\ \mu\text{m}$, $\hat{h} = 1\,\mu\text{m}$. Zu untersuchen sind zwei Fälle: (a) Die elastische Energie ist ausschließlich durch die Längsdehnung bzw. (b) ausschließlich durch die Biegung bedingt.

Lösung

a. Aufgrund einer Auslenkung $w(x)$ in der Querrichtung verändert sich die Länge eines Abschnitts der Folie mit der Länge l um den Betrag

$$\Delta l \approx \tfrac{1}{2}\int_0^l w'^2(x)\mathrm{d}x = \tfrac{1}{2}\int_0^l \hat{h}^2 k^2 \sin^2(kx)\mathrm{d}x = \frac{\pi^2\hat{h}^2}{l}.$$

Dabei wird elastische Energie

$$U_{el} = \frac{1}{2}\frac{E}{1-\nu^2}\frac{Lt\pi^4\hat{h}^4}{l^3}$$

gespeichert. L ist hier die Breite der Folie und ν die Querkontraktionszahl. Die Folie klebt vollständig, wenn diese Energie kleiner ist, als die Adhäsionsenergie $\gamma_{12} Ll$:

$$t < \frac{2\gamma_{12} l^4}{\pi^4 \hat{h}^4} \frac{1-\nu^2}{E}.$$

Für die angegebenen Werte ergibt sich $t < 46\,\mu\text{m}$.

b. Die elastische Energie eines Abschnitts einer gebogenen Platte mit der Länge l ist gleich

$$U_{el} = \frac{Et^3}{24(1-\nu^2)} L \int_0^l w''^2 \mathrm{d}x = \frac{Et^3}{48(1-\nu^2)} Lk^4 \hat{h}^2 l.$$

Die Platte klebt vollständig am Untergrund, wenn diese Energie kleiner ist als die Adhäsionsenergie $\gamma_{12} Ll$:

$$t^3 < \frac{48\gamma_{12}}{k^4 \hat{h}^2} \frac{(1-\nu^2)}{E} = \frac{3\gamma_{12} l^4}{\pi^4 \hat{h}^2} \frac{(1-\nu^2)}{E}.$$

Für die angegebenen Werte ergibt sich $t_c \approx 4{,}1\,\mu\text{m}$.

Ein Vergleich der Fälle (a) und (b) zeigt, dass das Kriterium für die vollständige Adhäsion bei den gegebenen Rauheitswerten überwiegend durch die Biegesteifigkeit der Platte bedingt ist; der korrekte kritische Wert der Plattendicke ist somit $t_c \approx 4{,}1\,\mu\text{m}$.

Aufgabe 3 Viele Insekten verfügen über Vorrichtungen, die ein Haften an glatten Oberflächen erlauben. Im Weiteren soll das in der Abb. 3.10a skizzierte einfache Ersatzmo-

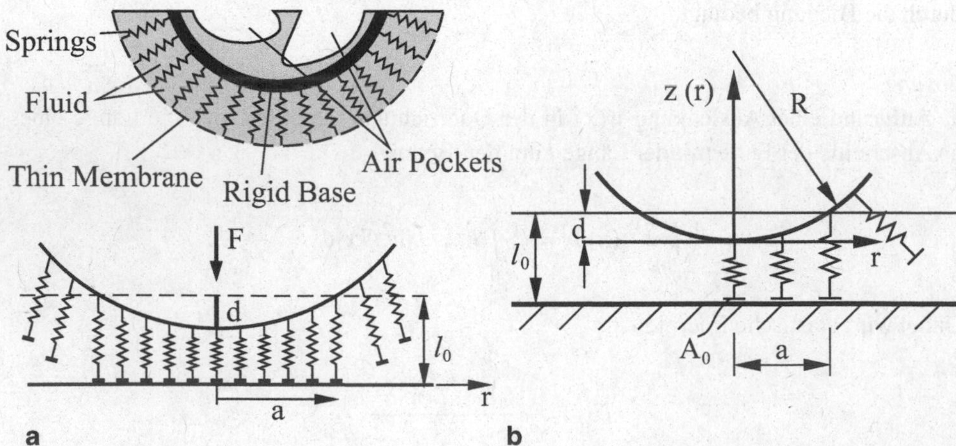

Abb. 3.10 **a** Struktur eines „Adhäsionskissens" einer Heuschrecke. **b** Zur Berechnung der Adhäsionskraft

dell herangezogen werden, um wesentliche Abhängigkeiten der Adhäsion eines solchen Insektenfußes zu beschreiben. Zu bestimmen sind: der Zusammenhang zwischen der Eindrucktiefe und der Normalkraft; der maximale Kontaktradius im Falle verschwindender externer Normalkraft; die Abhängigkeit der Abziehkraft von der ursprünglich aufgebrachten Andruckkraft. Gegeben: γ_{12}, A_0, $k = EA_0/l_0$, l_0

Lösung Die Federlänge aller Federn, die im Kontakt mit der starren Ebene sind, berechnet sich als $l(r) = l_0 - d + r^2/2R$. *Beim Andruckvorgang* haben die Federn am Rande des Kontaktgebietes die Länge l_0: $l_0 - d + a^2/2R = l_0$. Für den Radius des Kontaktgebietes ergibt sich $a = \sqrt{2dR}$, und für die gesamte Druckkraft

$$F_N = -\frac{k}{A_0}\int_0^a \left(\frac{r^2}{2R} - d\right) 2\pi r \mathrm{d}r = \frac{\pi k R d^2}{A_0} = \frac{\pi E R d^2}{l_0}.$$

Wird der Fuß zunächst stark gedrückt und dann mit einer Kraft F gezogen, so bestimmt sich das Kontaktgebiet durch die Bedingung, dass die Federn am Rande gerade im kritischen Zustand sind. Die kritische Verlängerung berechnet sich aus (3.11) zu $\Delta l = \sqrt{\frac{2\gamma_{12} l_0}{E}}$ und der Kontaktradius aus der Bedingung $l(a_{\max}) = l_0 - d + \frac{a_{\max}^2}{2R} = l_0 + \sqrt{\frac{2\gamma_{12} l_0}{E}}$ zu:

$$a_{\max}^2 = 2R\left(d + \sqrt{\frac{2\gamma_{12} l_0}{E}}\right).$$

Die dabei auf den Fuß wirkende Kraft ist gleich

$$F_A = -\frac{k}{A_0}\int_0^{a_{\max}} \left(\frac{r^2}{2R} - d\right) 2\pi r \mathrm{d}r = -\frac{\pi k}{2A_0} a^2{}_{\max}\left(\sqrt{\frac{2\gamma_{12} l_0}{E}} - d\right) = -\frac{\pi E}{l_0} R\left(\frac{2\gamma_{12} l_0}{E} - d^2\right).$$

Den betragsmäßig maximalen negativen Wert dieser Kraft nennen wir *Adhäsionskraft*

$$\left|F_{A,\max}\right| = 2\pi\gamma_{12} R.$$

Eine ausführlichere Rechnung ergibt für eine beliebige Anpresskraft F_N die folgende Adhäsionskraft[10]

$$F_A(F_N) = \begin{cases} F_{A,\max} & , F_N \geq F_{A,\max} \\ 2\sqrt{F_{A,\max} F_N} - F_N & , F_N < F_{A,\max} \end{cases}.$$

[10] M. Schargott, V.L. Popov, S. Gorb. Spring model of biological attachment pads.- J. Theor. Biology., 2006, v. 243, pp. 48–53.

Kapillarkräfte

4

V. L. Popov, *Kontaktmechanik und Reibung,* DOI 10.1007/978-3-662-45975-1_4

Bei Wechselwirkungen zwischen festen Oberflächen und Flüssigkeiten oder zwischen festen Körpern in Anwesenheit von geringen Flüssigkeitsmengen kommen die so genannten Kapillarkräfte zum Vorschein. Kapillarkräfte sind für die Benetzung fester Körper durch Flüssigkeiten bzw. „Abweisung" von Flüssigkeiten zuständig. Sie sorgen für den Transport von Wasser in alle Organe von Pflanzen. Kapillarkräfte sind verantwortlich für das „Breitlaufen" von Schmierölen und den Transport von Schmierölen zu den Reibstellen in Systemen mit lebenslanger Schmierung. Kapillarkräfte gehören zu den wichtigsten Ursachen von „Sticktion" von kleinen Bauteilen in der Mikrotechnik. Sie können auch die Reibkraft, insbesondere die statische Reibkraft, wesentlich beeinflussen.

4.1 Oberflächenspannung und Kontaktwinkel

Die wichtigsten physikalischen Größen, welche die durch eine Flüssigkeit verursachten Kapillarkräfte in verschiedenen Situationen beeinflussen, sind die Oberflächenenergie der Flüssigkeit und der Kontaktwinkel. Zur Verdeutlichung des Begriffes der Oberflächenenergie einer Flüssigkeit stellen wir uns eine Seifenhaut aufgespannt auf einer rechtwinkligen Drahtkonstruktion vor (Abb. 4.1). Ziehen wir an der beweglichen Seite der Konstruktion, so wird die Fläche der Schicht größer. Somit erhöht sich die Oberflächenenergie. Bei einer Verschiebung um Δx erhöht sich die Energie um den Betrag $\Delta E = 2\gamma l \Delta x$ (der Faktor 2 berücksichtigt die Tatsache, dass die Schicht zwei Seiten hat). Diese Energieänderung muss nach dem Prinzip der virtuellen Arbeit gleich der von der äußeren Kraft geleisteten Arbeit $W = F\Delta x = 2\gamma l \Delta x$ sein. Daraus folgt $F = 2\gamma l$. Das bedeutet, dass auf die Begrenzung der Schicht eine Linienkraftdichte (Streckenlast) $f = F/l = 2\gamma$ wirkt. Da die Schicht zwei gleiche Oberflächen hat, wirkt jede mit der Streckenlast γ, die einfach gleich der Oberflächenenergie ist. Somit ist jede freie Oberfläche „gespannt", woher die Bezeichnung „Oberflächenspannung" für die Oberflächenenergie stammt.

Befindet sich ein Tropfen Flüssigkeit auf einer festen Oberfläche, so bildet die Oberfläche der Flüssigkeit mit der festen Oberfläche einen bestimmten Winkel θ (Abb. 4.2), der im Gleichgewicht nur von den thermodynamischen Eigenschaften des Systems abhängt. Dieser Winkel wird als *Kontaktwinkel* bezeichnet und bestimmt die meisten wesentlichen Eigenschaften von Kontakten zwischen Festkörpern und Flüssigkeiten.

In der Grenzlinie des Tropfens treffen drei Oberflächen aufeinander (Abb. 4.3a). In jeder Fläche wirkt eine entsprechende Oberflächenspannung. Im Gleichgewicht soll gelten:

$$\gamma_{sv} = \gamma_{sl} + \gamma_{lv} \cos\theta, \tag{4.1}$$

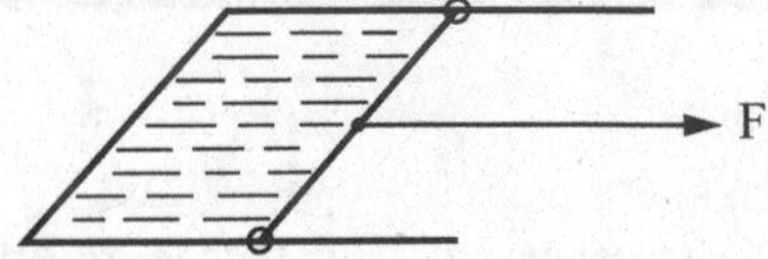

Abb. 4.1 Zum Begriff der Oberflächenspannung: Experiment mit einer Seifenschicht

Abb. 4.2 Flüssigkeitstropfen auf einer festen Oberfläche

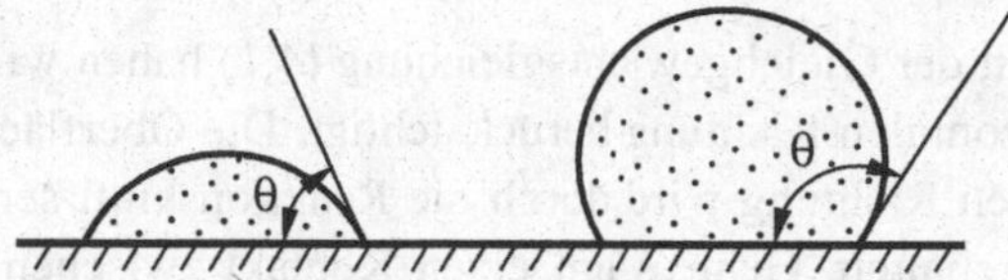

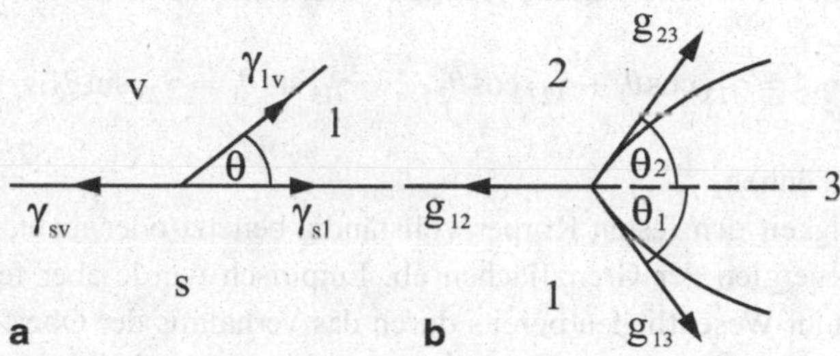

Abb. 4.3 Zum Gleichgewicht der Kontaktlinie: **a** zwischen einer Flüssigkeit und einem Festkörper, **b** zwischen zwei Flüssigkeiten

wobei γ_{sv} die relative Oberflächenenergie der Grenzfläche zwischen dem Festkörper und Dampf (solid-vapor), γ_{sl} zwischen dem Festkörper und der Flüssigkeit (solid-liquid) und γ_{lv} zwischen Flüssigkeit und Dampf (liquid-vapor) sind.

Abhängig vom Verhältnis der drei relevanten Oberflächenenergien kann der Winkel θ im Allgemeinen einen beliebigen Wert zwischen 0 und π annehmen. Ist der Kontaktwinkel kleiner als $\pi / 2$, so sagt man, dass die Flüssigkeit die gegebene feste Oberfläche *benetzt*. Bei Kontaktwinkeln größer als $\pi / 2$ spricht man von „*unbenetzbaren*" Flächen. Geht es um das Verhalten von Wasser auf einer Oberfläche, so nennt man alle Oberflächen, bei denen der Kontaktwinkel kleiner als $\pi / 2$ ist, *hydrophil*, während man die Flächen mit einem Kontaktwinkel größer als $\pi / 2$ *hydrophob* nennt. Der Sinn der Unterscheidung der Kontaktwinkel größer und kleiner $\pi / 2$ wird erst bei Betrachtung von Kapillarbrücken klar. Beim Kontaktwinkel Null spricht man von vollständiger Benetzbarkeit. In diesem Fall wird der Tropfen vollständig auseinander laufen und eine (makroskopisch gesehen) unendlich dünne Schicht bilden. Vollständige Benetzbarkeit wird erreicht, wenn die Bedingung

$$\gamma_{sv} - \gamma_{sl} = \gamma_{lv} \tag{4.2}$$

erfüllt ist. Für $\gamma_{lv} < \gamma_{sv} - \gamma_{sl}$ breitet sich die Flüssigkeit aus, bis sie eine Schicht mit der Dicke von wenigen molekularen Durchmessern bildet. Die Ausbreitung von dünnen flüssigen Schichten ist als „Kriechen" bekannt. Die treibende Kraft für diesen Prozess wird gegeben durch die Differenz

$$\gamma_K = \gamma_{sv} - \gamma_{sl} - \gamma_{lv}. \tag{4.3}$$

In der Gleichgewichtsgleichung (4.1) haben wir nur das Kräftegleichgewicht in der horizontalen Richtung berücksichtigt. Die Oberflächenspannungskomponente in der vertikalen Richtung wird durch die Reaktionskraft seitens der starren Fläche im Gleichgewicht gehalten. Geht es um einen Kontakt zwischen zwei Flüssigkeiten (oder auch zwischen zwei Festkörpern im thermodynamischen Gleichgewicht, also nach langer „Temperierungszeit") (Abb. 4.3b), so müssen beide Kraftkomponenten berücksichtigt werden. Daraus ergeben sich zwei charakteristische Kontaktwinkel, die aus den Gleichungen

$$\gamma_{12} = \gamma_{13} \cos\theta_1 + \gamma_{23} \cos\theta_2, \qquad \gamma_{13} \sin\theta_1 = \gamma_{23} \sin\theta_2, \tag{4.4}$$

bestimmt werden können.

Ob eine Flüssigkeit den festen Körper vollständig benetzt oder nicht, hängt von den drei Oberflächenenergien der Grenzflächen ab. Empirisch wurde aber festgestellt, dass die Benetzbarkeit im Wesentlichen bereits durch das Verhältnis der Oberflächenenergien des Festkörpers und der Flüssigkeit bestimmt wird. Können die Oberflächen nur mittels van-der-Waals-Kräften wechselwirken (molekulare Kristalle und Flüssigkeiten), so kann die Oberflächenspannung der Grenzfläche zwischen beiden Medien als

$$\gamma_{sl} \approx \gamma_s + \gamma_l - 2\sqrt{\gamma_s \gamma_l} \tag{4.5}$$

abgeschätzt werden.[1] Zu bemerken ist, dass diese Abschätzung sich von der Abschätzung der Grenzflächenenergie zwischen Festkörpern (3.16) unterscheidet, da die physikalische Herkunft dieser Oberflächenenergien unterschiedlich ist (bei Festkörpern die zum Trennen der Körper erforderliche Energie, bei Flüssigkeiten die zur Rekonstruktion der Oberfläche erforderliche Energie). Die Energie (4.5) verschwindet im Kontakt zwischen gleichen Flüssigkeiten.

Aus dem Kräftegleichgewicht für die Grenzlinie (s. Abb. 4.4) folgt unter Berücksichtigung von (4.5)

$$\gamma_s = \gamma_l + \gamma_s - 2\sqrt{\gamma_l \gamma_s} + \gamma_l \cos\theta. \tag{4.6}$$

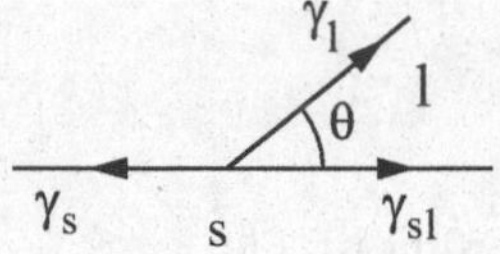

Abb. 4.4 Zur Abschätzung des Kontaktwinkels bei bekannten Oberflächenenergien der Flüssigkeit und des Festkörpers

[1] F.M. Fowkes. Dispersion Force Contributions to Surface and Interfacial Tensions, Contact Angles and Heats of Immersion. In: Contact Angle, Wettability and Adhesion, American Chemical Society, 1964, pp. 99–111.

Daraus folgt für den Kontaktwinkel

$$\cos\theta = 2\sqrt{\frac{\gamma_s}{\gamma_l}} - 1. \tag{4.7}$$

Die rechte Seite dieser Gleichung nimmt den Wert 1 (Kontaktwinkel $\theta = 0$, vollständige Benetzbarkeit) bei $\gamma_s \approx \gamma_l$ an. Der Wert -1 ($\theta = \pi$, vollständige Unbenetzbarkeit) wird nie erreicht. Der Kontaktwinkel ist gleich $\pi/2$ für $\gamma_l \approx 4\gamma_s$. Die treibende Kriechkraft (4.3) wird gegeben durch $\gamma_K = \gamma_s - \gamma_{ls} - \gamma_l = -2\gamma_l + 2\sqrt{\gamma_l\gamma_s} = 2\left(\sqrt{\gamma_l\gamma_s} - \gamma_l\right)$. Sie erreicht ein Maximum bei $\gamma_l \approx \gamma_s/4$.

Öle mit sehr kleiner Oberflächenenergie (z. B. Silikonöle mit $\gamma_l \approx 2{,}1\cdot 10^{-2}$ J/m^2) benetzen alle festen Oberflächen (mit Ausnahme von Teflon, s. Tab. 3.1). Sie können ganze Fertigungsstätten unbemerkt kontaminieren. Das Breitlaufen des Schmierstoffs kann zu Störungen von Bauteilen und Funktionen führen, weil der Schmierstoff die Reibstelle verlassen kann. Das Breitlaufen kann durch den Epilamisierungsprozess verhindert werden. Bei der Epilamisierung wird die Oberflächenspannung der Bauteile durch Aufbringung einer Schicht vermindert, wodurch die feste Oberfläche unbenetzbar wird.

4.2 Hysterese des Kontaktwinkels

Wir haben bisher angenommen, dass in der Kontaktlinie keine weiteren Kräfte außer der Oberflächenspannung wirken. Handelt es sich um einen Kontakt zwischen einer Flüssigkeit und einem Festkörper, können in der Kontaktlinie auch *Reibungskräfte* auftreten. Die Gleichgewichtsbedingung (4.1) ändert sich dann zu

$$\gamma_{sv} = \gamma_{sl} + \gamma_{lv}\cos\theta \pm f_R, \tag{4.8}$$

wobei f_R die Reibungskraft pro Längeneinheit der Kontaktlinie ist. Das Vorzeichen der Reibungskraft hängt von der Richtung der Bewegung des Tropfens ab. Somit wird auch der tatsächliche Kontaktwinkel von der Bewegungsrichtung abhängen. Dieses Phänomen nennt man *Hysterese des Kontaktwinkels*. Aus der Hysterese kann die Reibkraft bestimmt werden. Diese Kraft sorgt dafür, dass Tropfen auf makroskopisch glatten geneigten Flächen „haften". Sie ist auch für viele technische Anwendungen von Interesse.

Die Reibungskraft in der Kontaktlinie kann auf die Rauigkeit der festen Oberfläche, ihre chemische Heterogenität oder auch auf die atomare Struktur des Festkörpers zurückgehen. Diese Faktoren führen dazu, dass die Energie eines Tropfens von der Koordinate auf der festen Oberfläche abhängt. Dadurch wird das Haften ermöglicht.

4.3 Druck und Krümmungsradius der Oberfläche

Ist die Oberfläche eines Flüssigkeitstropfens gekrümmt, so gibt es einen Druckunterschied zwischen „außen“ und „innen“. Bei einem kugelförmigen Tropfen (Abb. 4.5a) ist dieser Druckunterschied leicht zu berechnen. Wird in den Tropfen eine bestimmte Flüssigkeitsmenge „eingepumpt“, so wird der Radius des Tropfens um dR größer. Die Oberfläche ändert sich dabei um $dA = 8\pi R dR$. Die Arbeit $dW = (p_1 - p_2)dV = (p_1 - p_2)4\pi R^2 dR$, die durch den Druckunterschied geleistet wird, muss gleich der Änderung der Oberflächenenergie $\gamma_l dA = \gamma_l 8\pi R dR$ sein[2]. Daraus folgt:

$$\Delta p = (p_1 - p_2) = \frac{2\gamma_l}{R}. \tag{4.9}$$

Kann die Schwerekraft vernachlässigt werden, so ist der Druck innerhalb des Tropfens überall konstant. Somit muss auch der Krümmungsradius konstant sein: *Ein Tropfen nimmt die Form einer Kugel an.* Auf einer festen Oberfläche (Abb. 4.2) ist das immer ein Segment einer Kugel.

Bei nicht sphärischen Oberflächen gilt im Allgemeinen

$$\Delta p = \gamma_l \left(\frac{1}{R_1} + \frac{1}{R_2} \right). \tag{4.10}$$

wobei R_1 und R_2 die *Hauptkrümmungsradien* der Oberfläche sind. Bei der Verwendung von Gl. (4.10) ist zu beachten, dass die Krümmungsradien auch negativ sein können. Das Vorzeichen des Krümmungsradius’ richtet sich danach, ob das Zentrum der Krümmung auf der positiven oder negativen Seite der Oberfläche liegt. Auf sattelförmigen Oberflächen haben die Krümmungsradien verschiedene Vorzeichen (Abb. 4.5c).

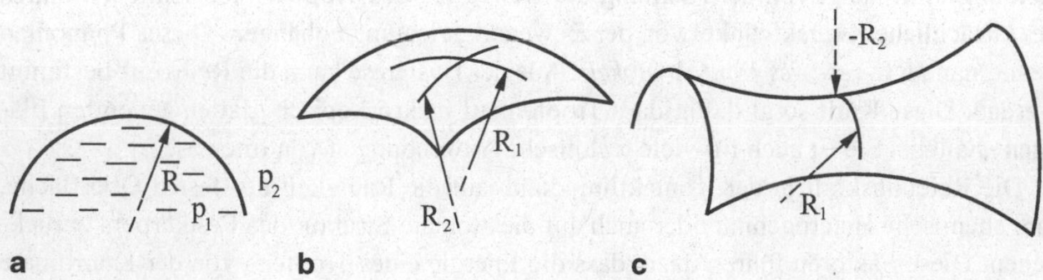

Abb. 4.5 Zur Berechnung des Überdruckes unter einer gekrümmten Oberfläche

[2] Mit $\gamma_l = \gamma_{lv}$ haben wir die Oberflächenspannung der Grenzfläche Flüssigkeit-Dampf bezeichnet, die man meistens einfach Oberflächenspannung der Flüssigkeit nennt.

4.4 Kapillarbrücken

Betrachten wir einen starren Zylinder in der Nähe einer festen Oberfläche mit einer geringen Flüssigkeitsmenge dazwischen. Der Einfachheit halber nehmen wir an, die beiden „Kontaktpartner" seien aus dem gleichen Material (Abb. 4.6).

Die Flüssigkeit bildet im Gleichgewicht einen charakteristischen Kontaktwinkel und hat somit zwei Krümmungsradien. Der große Krümmungsradius R_b ist immer positiv. Das Vorzeichen des kleinen Krümmungsradius R_a hängt davon ab, ob der Kontaktwinkel größer oder kleiner als $\pi / 2$ ist. Bei kleinen Kontaktwinkeln, d. h. bei Benetzung der Oberfläche, ist R_a negativ. In der Flüssigkeit herrscht dann ein *Unterdruck*, der dazu führt, dass eine Kraft wirkt, die wir *Kapillarkraft* nennen. Um das System im Gleichgewicht zu halten, muss eine entgegen gesetzte Reaktionskraft angelegt werden. Die Kapillarkraft berechnet sich als Druckdifferenz multipliziert mit der Fläche der Kapillarbrücke:

$$F_K = A\gamma_l \left(\frac{1}{R_b} - \frac{1}{R_a} \right) \approx -A\gamma_l \frac{1}{R_a}, \tag{4.11}$$

wobei $|R_a| \ll |R_b|$ angenommen wurde. Ist die Oberfläche hingegen mit der gegebenen Flüssigkeit nicht benetzbar (Kontaktwinkel größer als $\pi / 2$), so stoßen die Kontaktpartner sich ab. Diese Eigenschaft erklärt die Herkunft der Unterscheidung von „benetzbaren" und „unbenetzbaren" bzw. hydrophilen und hydrophoben Oberflächen abhängig davon, ob der Kontaktwinkel größer oder kleiner $\pi / 2$ ist.

4.5 Kapillarkraft zwischen einer starren Ebene und einer starren Kugel

Betrachten wir eine Kapillarbrücke zwischen einer starren Kugel und einer starren Ebene aus einem Material, bei dem der Kontaktwinkel Null ist (volle Benetzung), Abb. 4.7. Der Radius der Brücke sei r, der Radius der Kugel R. Die Höhe der Kapillarbrücke ist $h \approx r^2 / 2R$ und die Fläche $A = \pi r^2$. Der (kleine) Krümmungsradius ist offensichtlich gleich $r_0 = h / 2$. Für den Druckunterschied in der Flüssigkeit ergibt sich für $|r_0| << |r|$

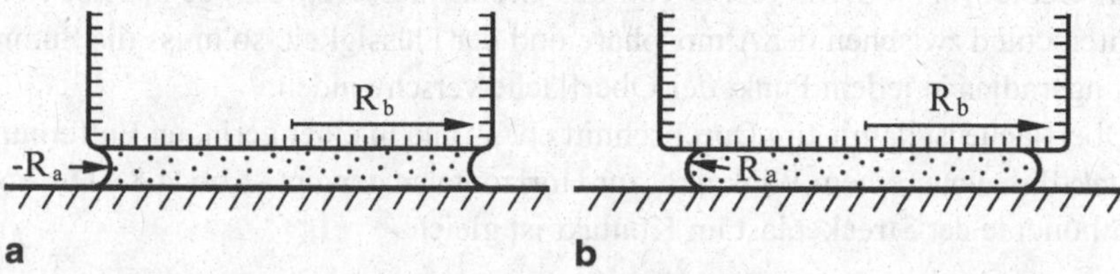

Abb. 4.6 Kapillarbrücken bei einem Kontaktwinkel **a** kleiner $\pi / 2$, **b** größer $\pi / 2$

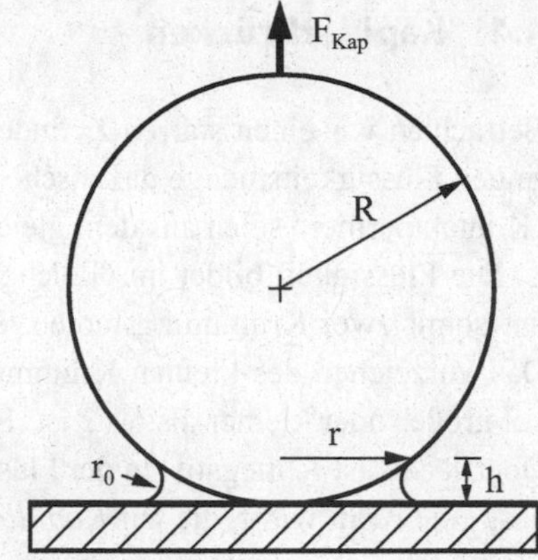

Abb. 4.7 Eine Kapillarbrücke zwischen einer starren Ebene und einer starren Kugel

$$\Delta p = -\frac{\gamma_l}{r_0} = -\frac{2\gamma_l}{h} = -\frac{4\gamma_l R}{r^2}. \tag{4.12}$$

Die kapillare Kraft ist somit gleich

$$F_K = A\Delta p = -\pi r^2 \frac{4\gamma_l R}{r^2} = -4\pi\gamma_l R. \tag{4.13}$$

Sie ist proportional zum Krümmungsradius der Kugel und unabhängig von der Flüssigkeitsmenge. Genauso groß ist die „Kapillarkraft", die nötig ist, um die Kugel von der Oberfläche zu entfernen.

4.6 Flüssigkeiten auf rauen Oberflächen

Bisher haben wir angenommen, dass die feste Oberfläche ideal glatt und eben ist. Das ist in der Realität fast nie der Fall. Die Rauigkeit führt zu einer Änderung des makroskopischen beobachtbaren Kontaktwinkels. Abhängig von der Form der Rauigkeit kann dabei eine große Vielfalt von verschiedenen Situationen auftreten. Ist die Steigung der Rauigkeit klein, so wird die Flüssigkeit in einem vollständigen Kontakt mit dem Festkörper im gesamten Gebiet (In Abb. 4.8 rechts von der Grenze des Tropfens) sein. Gibt es keinen Druckunterschied zwischen der Atmosphäre und der Flüssigkeit, so muss die Summe der Krümmungsradien in jedem Punkt der Oberfläche verschwinden.

Die Oberfläche ist damit „im Durchschnitt eben" und in einer geringen Entfernung von der Kontaktlinie unter einem Winkel θ^* zur Horizontalen geneigt (Abb. 4.8). Die horizontale Komponente der Streckenlast im Kontakt ist gleich

$$\gamma_{sv} \cos\theta_0 - \gamma_{sl} \cos\theta_0 - \gamma_{lv} \cos\theta^*. \tag{4.14}$$

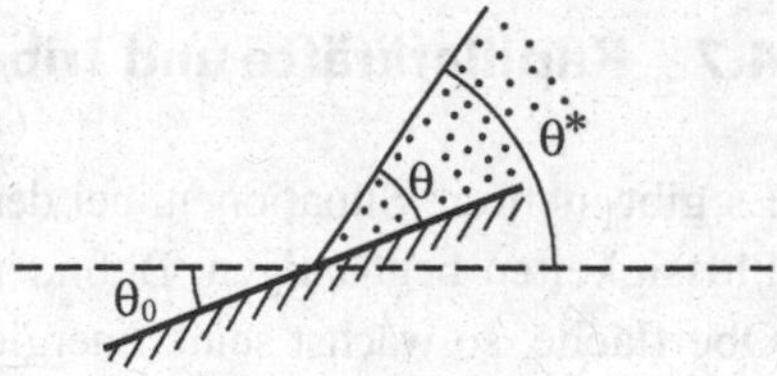

Abb. 4.8 Oberfläche eines flüssigen Bereichs im Kontakt mit einer geneigten festen Oberfläche

Damit die Grenzlinie als Ganzes im Gleichgewicht bleibt, muss der Mittelwert dieser Linienkraft verschwinden:

$$(\gamma_{sv} - \gamma_{sl})\langle\cos\theta_0\rangle - \gamma_{lv}\cos\theta^* = 0. \tag{4.15}$$

Unter Berücksichtigung der Beziehung (4.1) folgt daraus

$$\cos\theta^* = \langle\cos\theta_0\rangle \cdot \cos\theta \tag{4.16}$$

(R.N. Wenzel, 1936). Da $\langle\cos\theta_0\rangle$ immer kleiner 1 ist, wird der scheinbare Kontaktwinkel bei hydrophilen Oberflächen größer und bei hydrophoben kleiner als der „wahre" Kontaktwinkel. Diese Gleichung kann auch aus rein thermodynamischen Überlegungen hergeleitet werden.

Ist die Steigung der Rauigkeit groß, so kann es dazu kommen, dass die Flüssigkeit an den Spitzen hängen bleibt (Abb. 4.9). Für eine Rauigkeit der in Abb. 4.9 a gezeigten Form kann das nur bei Flüssigkeiten mit einem Kontaktwinkel größer $\pi - \theta_{max}$ passieren, wobei θ_{max} der maximale Steigungswinkel der Oberfläche ist. Wird die Flüssigkeit in diesem Fall einem zusätzlichen Druck ausgesetzt, so krümmt sich ihre Oberfläche, und die Flüssigkeit dringt tiefer in die Täler, bis sie einen Instabilitätspunkt erreicht und die gesamte Oberfläche benetzt. Dies kann allerdings die in den Tälern eingefangene Luft verhindern. Hat die Oberflächenrauigkeit die in Abb. 4.9c dargestellte Form, so können auf ihr auch Flüssigkeiten mit einem Kontaktwinkel kleiner $\pi / 2$ hängen bleiben, ohne in einen vollständigen Kontakt mit der Oberfläche zu kommen.

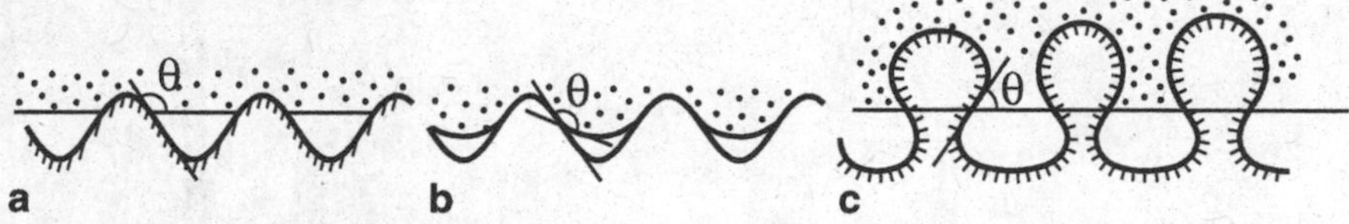

Abb. 4.9 Flüssigkeitsschicht auf einer rauen Oberfläche

4.7 Kapillarkräfte und Tribologie

Es gibt mehrere Situationen, bei denen die Kapillarkräfte eine gerichtete Bewegung von Flüssigkeiten begünstigen. Befindet sich ein Tropfen Flüssigkeit auf einer gekrümmten Oberfläche, so wächst seine Energie mit der Krümmung. Die Tropfen werden daher von den Bereichen mit hoher Krümmung, insbesondere von Kanten und Spitzen, abgestoßen (Abb. 4.10, s. auch Aufgabe 2). Befindet sich eine Flüssigkeit in einer Kapillare oder in einem Spalt mit veränderlicher Spaltbreite, so wandert sie unter Wirkung von Kapillarkräften in Richtung der kleineren Spaltbreite bzw. des kleineren Kapillardurchmessers. Dieser Effekt kann zum Halten der Schmierstoffe in Lagern benutzt werden. In engen Spalten sind diese Kräfte so groß, dass sie eine Lebensdauerschmierung ohne Nachschmierung ermöglichen. Beispiele sind Uhrwerke, Messgeräte, Elektrizitätszähler usw.

Will man einen Ölfluss ins Lager erzielen, so kann man die beschriebenen Effekte nutzen und den Lagerspalt so gestalten, dass das Öl in Richtung Lager einen sich verengenden Spalt findet.

Aufgaben

Aufgabe 1 Zu bestimmen ist die gesamte Grenzflächenenergie eines flüssigen Tropfens auf einer festen Oberfläche.

Lösung Mit den in (Abb. 4.11) eingeführten Bezeichnungen erhalten wir für die Oberfläche des Tropfens A, sein Volumen V, den Kontaktwinkel θ und den „Kontaktradius" r^* folgende Ausdrücke:

$$A = 2\pi Rh, \quad V = \frac{\pi h^2 (3R - h)}{3}, \quad \cos\theta = \frac{R-h}{R}, \quad r^{*2} = 2Rh - h^2.$$

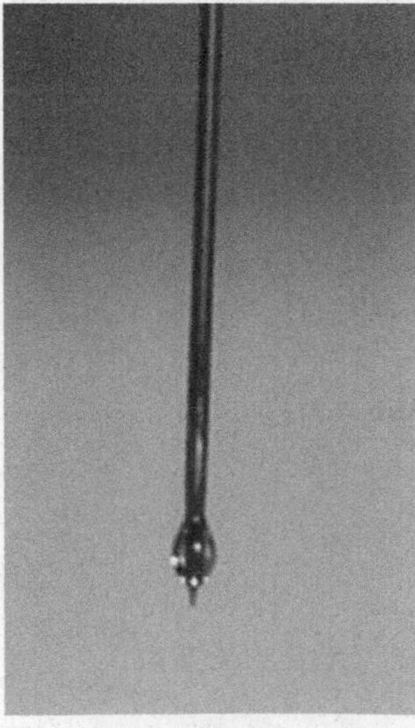

Abb. 4.10 Tropfen wird von einer scharfen Spitze abgestoßen

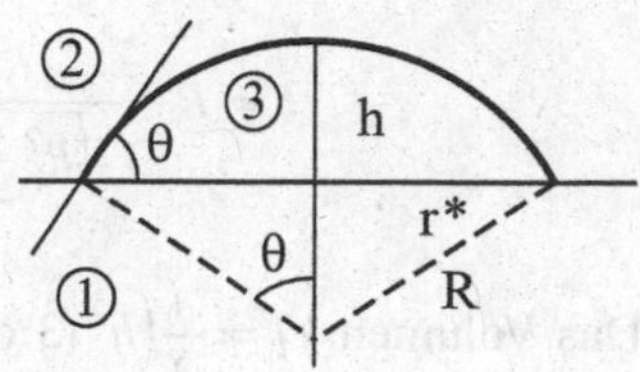

Abb. 4.11 Flüssigkeitstropfen auf einer ebenen, festen Oberfläche

Die Oberflächenenergien hängen mit dem Kontaktwinkel gemäß

$$\cos\theta = \frac{\gamma_{sv} - \gamma_{sl}}{\gamma_{lv}}$$

zusammen. Für die beiden geometrischen Größen R und h, die die Konfiguration des Tropfens vollständig bestimmen, ergibt sich

$$R^3 = \frac{3V}{\pi(1-\cos\theta)^2(2+\cos\theta)}, \quad h = R(1-\cos\theta).$$

Für die Summe aller Grenzflächenenergien erhalten wir somit

$$E = (\gamma_{sl} - \gamma_{sv})\pi r^{*2} + \gamma_{lv}A = \frac{3\gamma_{lv}V}{R} = \gamma_{lv}\left(9V^2\pi(1-\cos\theta)^2(2+\cos\theta)\right)^{1/3}.$$

Bei konstanter Oberflächenspannung γ_{lv} der Flüssigkeit ist das eine monoton steigende Funktion des Kontaktwinkels. Auf einer heterogenen Oberfläche wird daher ein Tropfen *von den Bereichen mit größerem Kontaktwinkel abgestoßen.*

Aufgabe 2 Zu bestimmen ist die gesamte Grenzflächenenergie eines flüssigen Tropfens auf einer schwach gekrümmten Oberfläche (Krümmungsradius R_0). Der Kontaktwinkel sei $\pi/2$ (Abb. 4.12).

Lösung Der Kontaktwinkel ist gleich $\pi/2$ wenn $\gamma_{sv} = \gamma_{sl}$. Die Grenzflächenenergie reduziert sich in diesem Sonderfall auf $E = \gamma_{lv}A$. Aus geometrischen Betrachtungen folgt

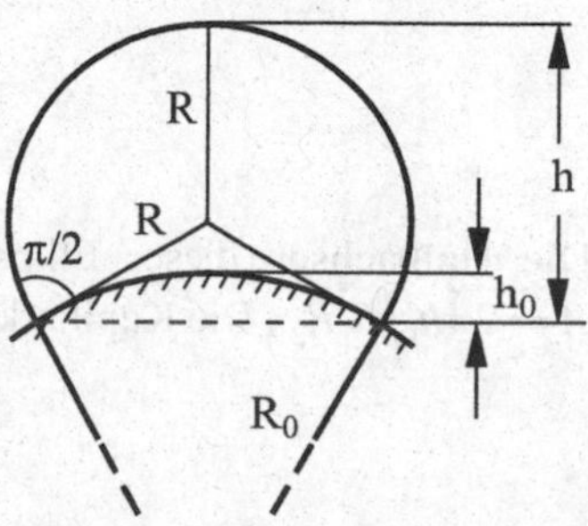

Abb. 4.12 Flüssigkeitstropfen auf einer gekrümmten Oberfläche. Der Kontaktwinkel ist gleich $\pi/2$

$$h = R + \frac{R^2}{\sqrt{R_0^2 + R^2}}, \quad h_0 = \frac{R^2}{\sqrt{R_0^2 + R^2}} + R_0 - \sqrt{R_0^2 + R^2}.$$

Das Volumen $V_T = \frac{\pi}{3}\left(h^2(3R - h) - h_0^2(3R_0 - h_0)\right)$ und Oberfläche $A = 2\pi Rh$ des Tropfens berechnen sich bis zu den Gliedern erster Ordnung in der Krümmung $\kappa = 1/R_0$ zu

$$V_T = \frac{2\pi R^3}{3} + \frac{3\pi R^4}{4}\kappa, \quad \mathrm{A} = 2\pi\mathrm{R}^2 + 2\pi R^3 \kappa.$$

Bei einer kleinen Änderung des Radius R und der Krümmung κ (vom Wert $\kappa = 0$) ändern sich das Volumen und die Fläche wie folgt:

$$\mathrm{d}V_T = 2\pi R^2 \mathrm{d}R + \frac{3\pi R^4}{4}\mathrm{d}\kappa, \quad \mathrm{d}A = 4\pi R \mathrm{d}R + 2\pi R^3 \mathrm{d}\kappa.$$

Aus der Erhaltung des Volumens folgt $\mathrm{d}R = -\frac{3}{8}R^2\mathrm{d}\kappa$. Für die Änderung der Oberfläche ergibt sich $\mathrm{d}A = \frac{1}{2}\pi R^3 \mathrm{d}\kappa$. Die mit der Krümmung zusammenhängende Extraenergie ist somit gleich

$$\Delta E \approx \frac{\pi \gamma_{lv} R^3}{2R_0} = \frac{3V_T \gamma_{lv}}{4R_0}.$$

Die Grenzflächenenergie steigt mit der Krümmung der Unterlage. Der Tropfen wird daher *von den Bereichen mit einer größeren Krümmung abgestoßen.*

Aufgabe 3 Zu bestimmen ist die Kapillarkraft zwischen einer gekrümmten Fläche mit den Gaußschen Krümmungsradien R_1 und R_2 und einer Ebene. Die Oberflächen beider fester Körper sind als vollständig benetzbar anzunehmen.

Lösung Da der Unterdruck in der Flüssigkeit überall konstant ist, müssen auch der Krümmungsradius der Kapillarbrücke und die Höhe $h = 2r_0$ konstant bleiben. Die Form des Kontaktgebietes bestimmt sich aus der Bedingung

$$\frac{x^2}{2R_1} + \frac{y^2}{2R_2} = h.$$

Die Halbachsen dieser Ellipse sind gleich $\sqrt{2R_1 h}$ und $\sqrt{2R_2 h}$, und ihre Fläche ist $A = 2\pi h\sqrt{R_1 R_2}$. Die Kapillarkraft berechnet sich somit zu

$$|F| = \frac{\gamma}{r_0} A = 4\pi\gamma\sqrt{R_1 R_2}.$$

Abb. 4.13 Flüssigkeit auf einem Gitter aus geraden Stäben

Aufgabe 4 Zu bestimmen ist die Kapillarkraft zwischen einer Kugel und einer Ebene. Die Kontaktwinkel sind θ_1 und θ_2.

Lösung

$$F = 2\pi R\gamma(\cos\theta_1 + \cos\theta_2).$$

Aufgabe 5 Zu bestimmen ist der Überdruck, der erforderlich ist, um eine Flüssigkeit durch ein Gitter aus parallelen runden Stäben durchzudrücken (Abb. 4.13). Der Abstand zwischen den Stäben sei L.

Lösung Ist der Überdruck in der Flüssigkeit gleich Δp, bildet sie überall eine gekrümmte Oberfläche mit einem Krümmungsradius R (Abb. 4.13):

$$\frac{1}{R} = \frac{\Delta p}{\gamma_{lv}}.$$

Dabei muss der Winkel zwischen der Oberfläche der Stäbe und der Flüssigkeit gleich dem Kontaktwinkel θ sein. Wird der Überdruck erhöht, so dringt die Flüssigkeit immer weiter zwischen die Stäbe, bis ein kritischer Zustand erreicht wird. Für Kontaktwinkel $\theta \leq \pi/2$ wird der kritische Zustand erreicht, wenn die Kontaktpunkte von beiden Seiten eines Stabes zusammenkommen (Abb. 4.14a, 4.14b). Für Kontaktwinkel $\theta > \pi/2$ wird er schon früher erreicht. Im Fall einer vollständig unbenetzbaren Oberfläche $\theta = \pi$ ist der kritische Zustand in Abb. 4.14c gezeigt.

Für benetzbare Flächen ($\theta < \pi/2$) folgt aus der Abb. 4.14 a für den kritischen Zustand $\frac{1}{R} = \frac{2}{L}\sin\theta$. Für den maximal möglichen Überdruck erhalten wir

$$\Delta p = \frac{2}{L}\gamma_{lv}\sin\theta.$$

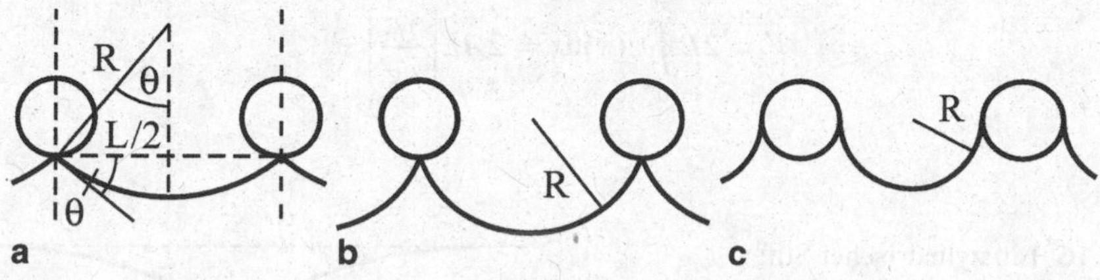

Abb. 4.14 Kritische Konfigurationen für **a** $\theta < \pi/2$, **b** $\theta \approx \pi/2$, **c** $\theta \approx \pi$

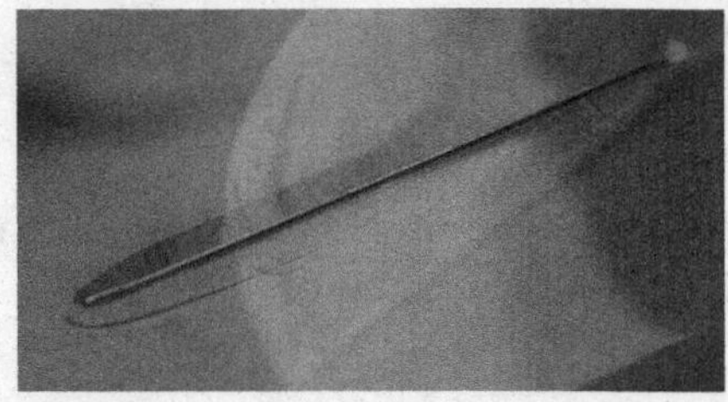

Abb. 4.15 Eine auf der Wasseroberfläche schwimmende Nadel

Er erreicht ein Maximum bei Stäben mit $\theta = \pi / 2$ und ist gleich

$$\Delta p_{\max} = \frac{2}{L}\gamma_{lv}.$$

Aufgabe 6 Ein zylindrischer Stift (Masse m, Länge L) liegt auf einer Wasseroberfläche (Abb. 4.15). Zu bestimmen ist die Durchsenkung des Stiftes und die maximale Gewichtskraft, welche die Oberfläche noch tragen kann, unter der Annahme, dass die Steigung der Wasseroberfläche überall klein ist.

Lösung Bei der Lösung benutzen wir die in der Abb. 4.16 eingeführten Bezeichnungen. Der Druckunterschied im Punkt (x, z) der Oberfläche kann zum einen nach (4.10), zum anderen als hydrostatischer Druckunterschied in der Tiefe z berechnet werden:

$$\Delta p = \gamma_{lv} / R = \gamma_{lv} z'' = \rho g z.$$

Die Lösung dieser Differentialgleichung bezüglich $z(x)$ mit der Randbedingung $z \to 0$ für $x \to \infty$ lautet:

$$z = A \exp\left(-\left(\frac{\rho g}{\gamma_{lv}}\right)^{1/2} x\right).$$

Das verdrängte Wasservolumen ist gleich

$$V = 2L \int_0^\infty z(x)\mathrm{d}x = 2AL\left(\frac{\gamma_{lv}}{\rho g}\right)^{1/2}.$$

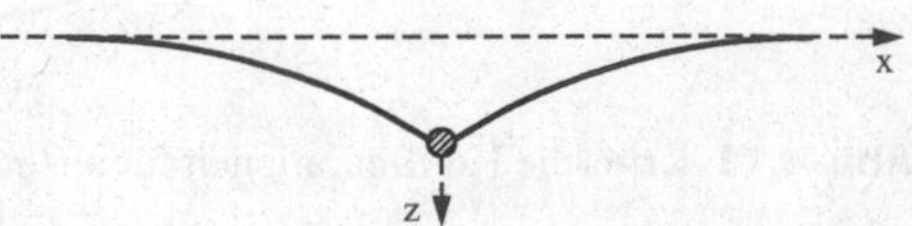

Abb. 4.16 Ein zylindrischer Stift getragen von der Wasseroberfläche

Im Gleichgewicht ist die Gewichtskraft gleich der archimedischen Auftriebskraft; somit gilt $\rho V = m$. Für die Durchsenkung folgt

$$z(0) = A = \frac{m}{2L}\left(\frac{g}{\rho\gamma_{lv}}\right)^{1/2}.$$

Der Steigungswinkel der Oberfläche bei $x = 0$ bestimmt sich als

$$\tan\varphi = \frac{mg}{2L\gamma_{lv}}.$$

Es ist geometrisch leicht zu sehen, dass der Kontaktwinkel θ nicht kleiner sein darf als φ. Die maximale Gewichtskraft, die von der Oberfläche getragen werden kann, berechnet sich somit zu

$$mg = 2L\gamma_{lv}\tan\theta.$$

Rigorose Behandlung des Kontaktproblems – Hertzscher Kontakt

5

In diesem Kapitel werden Methoden zur exakten Lösung von Kontaktproblemen im Rahmen der „Halbraumnäherung“ erläutert. Wir behandeln dabei ausführlich das klassische Kontaktproblem des Normalkontakts zwischen einer starren Kugel und einem elastischen Halbraum, welches oft auch zur Analyse von komplizierteren Modellen herangezogen wird.

V. L. Popov, *Kontaktmechanik und Reibung*, DOI 10.1007/978-3-662-45975-1_5

Als vorbereitenden Schritt fassen wir einige Ergebnisse der Elastizitätstheorie zusammen, die in der Kontaktmechanik eine unmittelbare Anwendung finden. Wir betrachten Deformationen in einem elastischen Halbraum, die durch die an der Oberfläche des Halbraumes wirkenden vorgegebenen Spannungen verursacht werden. Die Berechnung der Deformation in einem elastischen Körper unter der Einwirkung von Oberflächenkräften („direkte Aufgabe der Elastizitätstheorie") ist viel einfacher als die Lösung von Kontaktproblemen, da in den letzteren weder die Spannungsverteilung, noch das Kontaktgebiet anfänglich bekannt sind. Die klassischen Lösungen von Hertz für einen nicht adhäsiven und von Johnson, Kendall und Roberts für einen adhäsiven Kontakt benutzen die bekannten Lösungen der „direkten Aufgaben" als eine Voraussetzung zur Konstruktion der Lösung eines Kontaktproblems.

5.1 Deformation eines elastischen Halbraumes unter der Einwirkung von Oberflächenkräften

Wir betrachten ein elastisches Medium, welches einen unendlich großen Halbraum ausfüllt, d. h. welches von einer Seite durch eine unendlich ausgedehnte Ebene begrenzt wird. Unter dem Einfluss von Kräften, die an der freien Oberfläche wirken, wird sich das Medium deformieren. Wir legen die *xy*-Ebene in die freie Oberfläche des Mediums; dem ausgefüllten Gebiet entsprechen positive z. Die Deformation im gesamten Halbraum kann in analytischer Form bestimmt und in Lehrbüchern über die Elastizitätstheorie gefunden werden[1]. Wir führen hier nur die Formeln für die Verschiebungen unter der Wirkung einer entlang der z-Achse gerichteten, im Koordinatenursprung angreifenden Kraft auf.

Die Verschiebungen, die diese Kraft hervorruft, berechnen sich nach den folgenden Gleichungen:

$$u_x = \frac{1+\nu}{2\pi E}\left[\frac{xz}{r^3} - \frac{(1-2\nu)x}{r(r+z)}\right]F_z, \tag{5.1}$$

$$u_y = \frac{1+\nu}{2\pi E}\left[\frac{yz}{r^3} - \frac{(1-2\nu)y}{r(r+z)}\right]F_z, \tag{5.2}$$

$$u_z = \frac{1+\nu}{2\pi E}\left[\frac{2(1-\nu)}{r} + \frac{z^2}{r^3}\right]F_z, \tag{5.3}$$

mit $r = \sqrt{x^2+y^2+z^2}$.

Im Besonderen erhält man hieraus die Verschiebung der freien Oberfläche des Mediums, indem man $z = 0$ setzt:

[1] Siehe z. B. L.D. Landau, E.M. Lifschitz. Elastizitätstheorie, (Lehrbuch der Theoretischen Physik, Band 7), 7. überarbeitete Auflage, Akademie Verlag, Berlin 1991, §§ 8,9.

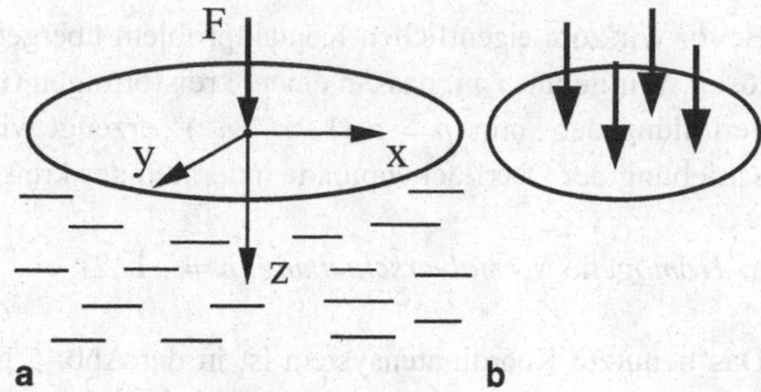

Abb. 5.1 **a** Eine an der Oberfläche eines elastischen Halbraumes angreifende Kraft. **b** Ein auf die Oberfläche wirkendes Kraftsystem

$$u_x = -\frac{(1+\nu)(1-2\nu)}{2\pi E}\frac{x}{r^2}F_z, \tag{5.4}$$

$$u_y = -\frac{(1+\nu)(1-2\nu)}{2\pi E}\frac{y}{r^2}F_z, \tag{5.5}$$

$$u_z = \frac{(1-\nu^2)}{\pi E}\frac{1}{r}F_z, \tag{5.6}$$

mit $r = \sqrt{x^2 + y^2}$.

Bei mehreren gleichzeitig angreifenden Kräften (Abb. 5.1b) werden wir Verschiebungen bekommen, die sich aus der Summe der jeweiligen Lösung für jede einzelne Kraft ergeben.

Wir werden im Weiteren im Rahmen der *Halbraumnäherung* arbeiten, bei der angenommen wird, dass die Steigung der kontaktierenden Oberflächen im Kontaktgebiet und in der relevanten Umgebung viel kleiner als Eins sind, so dass die Oberflächen in erster Näherung „eben" sind. Zwar müssen dabei die Kontaktbedingungen für die beiden Oberflächen auch weiterhin exakt verfolgt werden, die Zusammenhänge zwischen den Oberflächenkräften und Verschiebungen können aber als identisch mit denen in einem elastischen Halbraum angesehen werden.

Für Kontaktprobleme *ohne Reibung* ist im Rahmen der Halbraumnäherung nur die z-Projektion der Verschiebung (5.6) von Interesse. Insbesondere bei einer kontinuierlichen Verteilung $p(x, y)$ des Normaldruckes berechnet sich die Verschiebung der Oberfläche durch

$$u_z = \frac{1}{\pi E^*}\iint p(x', y')\frac{\mathrm{d}x'\mathrm{d}y'}{r}, \quad r = \sqrt{(x-x')^2 + (y-y')^2} \tag{5.7}$$

mit

$$E^* = \frac{E}{(1-\nu^2)}. \tag{5.8}$$

Bevor wir zum eigentlichen Kontaktproblem übergehen, wollen wir zwei Hilfsaufgaben lösen. Wir nehmen an, dass in einem kreisförmigen Gebiet mit dem Radius a eine Druckverteilung der Form $p = p_0(1-r^2/a^2)^n$ erzeugt wird. Gesucht wird die vertikale Verschiebung der Oberflächenpunkte innerhalb des kreisförmigen beanspruchten Gebietes.

a. *Homogene Normalverschiebung* $(n = -1/2)$.

Das benutzte Koordinatensystem ist in der Abb. 5.1a gezeigt. Die Normalspannung sei nach dem Gesetz

$$p = p_0\left(1-\frac{r^2}{a^2}\right)^{-1/2} \tag{5.9}$$

verteilt. Für die vertikale Verschiebung ergibt sich (eine ausführliche Herleitung findet sich im Anhang A):

$$u_z = \frac{\pi p_0 a}{E^*},\ r \le a. \tag{5.10}$$

Die vertikale Verschiebung ist für alle Punkte im Kontaktgebiet gleich. Aus diesem Ergebnis folgt unmittelbar, wie sich die angenommene Druckverteilung erzeugen lässt: Sie entsteht beim Eindruck durch einen starren zylindrischen Stab. Die gesamte im Druckgebiet wirkende Kraft ist gleich

$$F = \int_0^a p(r)2\pi r\mathrm{d}r = 2\pi p_0 a^2. \tag{5.11}$$

Die Steifigkeit des Kontaktes wird definiert als Verhältnis der Kraft zur Verschiebung:

$$c = 2aE^*. \tag{5.12}$$

Geschrieben in der Form

$$c = 2E^*\beta\sqrt{\frac{A}{\pi}}, \tag{5.13}$$

wobei A die Kontaktfläche des starren Indenters ist, ist (5.12) auch für Indenter mit nicht runden Querschnitten gültig. Die Konstante β hat immer die Größenordnung 1:

$$\begin{array}{ll} \text{Runder Querschnitt:} & \beta = 1{,}000 \\ \text{Dreieckiger Querschnitt:} & \beta = 1{,}034 \\ \text{Quadratischer Querrschnitt:} & \beta = 1{,}012 \end{array} \tag{5.14}$$

b. *Hertzsche Druckverteilung* $(n = 1/2)$.

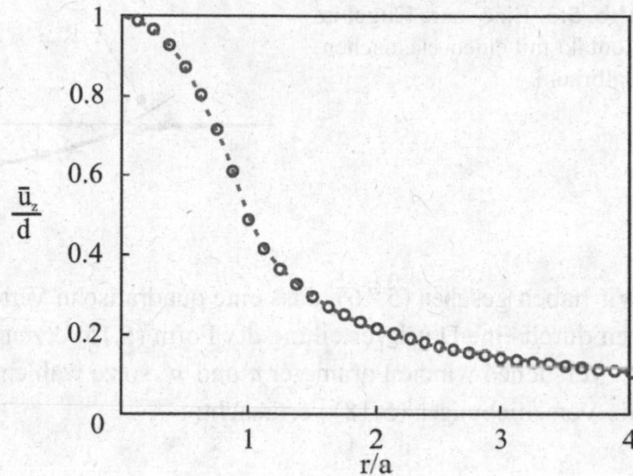

Abb. 5.2 Oberflächenverschiebung u_z, die sich für die Druckverteilung (5.15) ergibt; $d = u_z(0)$ ist die Eindrucktiefe

Für die Druckverteilung der Form

$$p = p_0 \left(1 - \frac{r^2}{a^2}\right)^{1/2} \tag{5.15}$$

ergibt sich die vertikale Verschiebung (Anhang A)

$$u_z = \frac{\pi p_0}{4E^* a}(2a^2 - r^2). \tag{5.16}$$

Für die Gesamtkraft folgt

$$F = \int_0^a p(r) 2\pi r dr = \frac{2}{3} p_0 \pi a^2. \tag{5.17}$$

Die Verschiebung der Oberfläche innerhalb und außerhalb des Druckgebietes ist in Abb. 5.2 gezeigt.

5.2 Hertzsche Kontakttheorie

In der Abb. 5.3 ist schematisch ein Kontakt zwischen einer starren Kugel und einem elastischen Halbraum gezeigt. Die Verschiebung der Oberflächenpunkte im Kontaktgebiet zwischen einer ursprünglich ebenen Oberfläche und der starren Kugel mit Radius R ist gleich

$$u_z = d - \frac{r^2}{2R}. \tag{5.18}$$

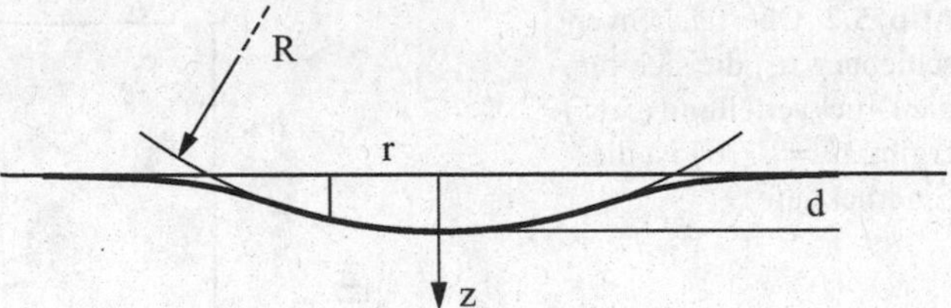

Abb. 5.3 Eine starre Kugel im Kontakt mit einem elastischen Halbraum

Wir haben gesehen (5.16), dass eine quadratische Verteilung der vertikalen Verschiebungen durch eine Druckverteilung der Form (5.15) erzeugt wird.

Versuchen wir die Parameter a und p_0 so zu wählen, dass diese Druckverteilung genau die Verschiebungen (5.18) verursacht:

$$\frac{1}{E^*}\frac{\pi p_0}{4a}(2a^2 - r^2) = d - \frac{r^2}{2R}. \tag{5.19}$$

a und d müssen demnach die folgenden Forderungen erfüllen:

$$a = \frac{\pi p_0 R}{2E^*}, \qquad d = \frac{\pi a p_0}{2E^*}. \tag{5.20}$$

Für den Kontaktradius folgt daraus

$$a^2 = Rd \tag{5.21}$$

und für den maximalen Druck

$$p_0 = \frac{2}{\pi}E^*\left(\frac{d}{R}\right)^{1/2}. \tag{5.22}$$

Einsetzen von (5.21) und (5.22) in (5.17) ergibt für die Normalkraft

$$F = \frac{4}{3}E^* R^{1/2} d^{3/2}. \tag{5.23}$$

Mit (5.22) und (5.23) kann auch der Druck im Zentrum des Kontaktgebietes und der Kontaktradius als Funktion der Normalkraft berechnet werden:

$$p_0 = \left(\frac{6FE^{*2}}{\pi^3 R^2}\right)^{1/3}, \quad a = \left(\frac{3FR}{4E^*}\right)^{1/3}. \tag{5.24}$$

Wir bestimmen noch den Ausdruck für die potentielle Energie U der elastischen Deformation. Wegen $-F = -\partial U / \partial d$ erhalten wir für U

$$U = \frac{8}{15} E^* R^{1/2} d^{5/2}. \tag{5.25}$$

5.3 Kontakt zwischen zwei elastischen Körpern mit gekrümmten Oberflächen

Die Ergebnisse der Hertzschen Theorie (5.21), (5.22), (5.23) kann man mit geringen Modifikationen auch in den unten aufgelisteten Fällen benutzen.

(A). Sind beide Körper elastisch, so muss man für E^* den folgenden Ausdruck benutzen

$$\frac{1}{E^*} = \frac{1-\nu_1^2}{E_1} + \frac{1-\nu_2^2}{E_2}. \tag{5.26}$$

E_1 und E_2 sind hier die Elastizitätsmoduln und ν_1 und ν_2 die Poisson-Zahlen beider Körper.

(B) Sind zwei Kugeln mit den Radien R_1 und R_2 im Kontakt (Abb. 5.4a), so gelten die Gln. (5.21), (5.22), (5.23) weiterhin mit dem Radius R gemäß

$$\frac{1}{R} = \frac{1}{R_1} + \frac{1}{R_2}. \tag{5.27}$$

Dies gilt auch dann, wenn einer der Radien negativ ist (Abb. 5.4b). Der Krümmungsradius ist negativ, wenn das Krümmungszentrum außerhalb des Mediums liegt.

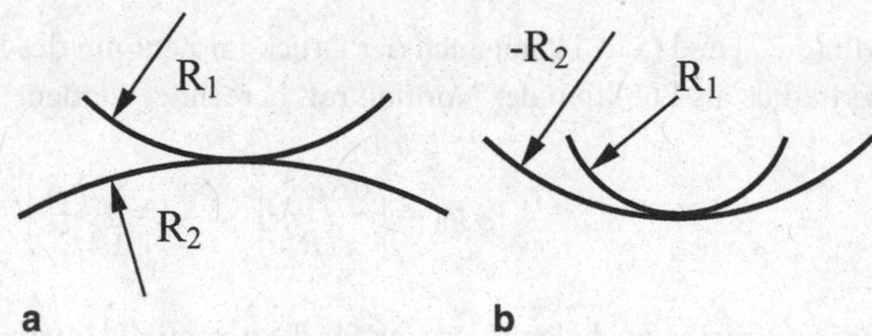

Abb. 5.4 Kontakt zwischen zwei Körpern mit gekrümmten Oberflächen

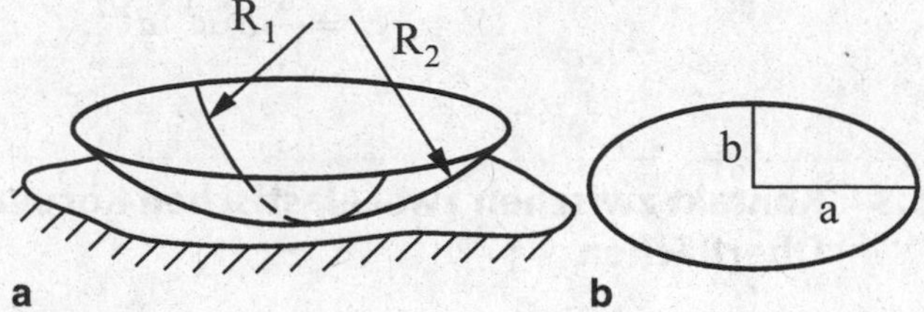

Abb. 5.5 Ein Körper mit gekrümmter Oberfläche (Hauptkrümmungsradien R_1 und R_2) im Kontakt mit einem elastischem Halbraum

(C) In einem Kontakt zwischen einem elastischen Halbraum und einem starren Körper mit den Hauptkrümmungsradien R_1 und R_2 (Abb. 5.5a) ergibt sich ein elliptisches Kontaktgebiet. Für die Halbachsen gilt

$$a = \sqrt{R_1 d}, \quad b = \sqrt{R_2 d}. \tag{5.28}$$

Die Kontaktfläche berechnet sich somit zu[2]

$$A = \pi ab = \pi \tilde{R} d, \tag{5.29}$$

wobei

$$\tilde{R} = \sqrt{R_1 R_2} \tag{5.30}$$

[2] Gleichungen (5.28) stellen nur eine Schätzung dar. Die Gln. (5.29) und (5.30) gelten dagegen mit sehr guter Genauigkeit solange a/b nicht zu stark von „1" abweicht.

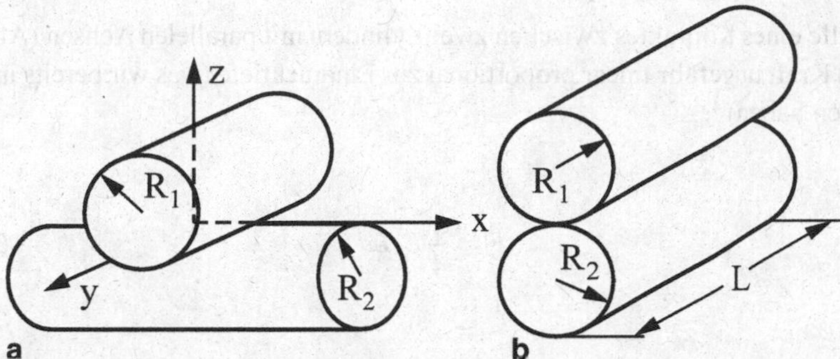

Abb. 5.6 **a** Zwei gekreuzte elastische Zylinder im Kontakt. **b** Zwei Zylinder mit parallelen Achsen im Kontakt

der effektive, *Gauß'sche Krümmungsradius* der Oberfläche ist. Dieser Radius ist auch in den anderen Hertzschen Beziehungen an Stelle von R zu benutzen[3].Die Druckverteilung wird durch

$$p(x,y) = p_0\sqrt{1-\frac{x^2}{a^2}-\frac{y^2}{b^2}} \tag{5.31}$$

gegeben.

(D) Sind zwei elastische Zylinder mit senkrecht zu einander liegenden Achsen und den Radien R_1 und R_2 im Kontakt (Abb. 5.6a), so wird der Abstand der Oberflächen beider Körper im ersten Moment (noch ohne Deformation) gegeben durch

$$h(x,y) = \frac{x^2}{2R_1}+\frac{y^2}{2R_2}. \tag{5.32}$$

Das entspricht genau dem Fall (C) eines Ellipsoids mit den Krümmungsradien R_1 und R_2. Dementsprechend gelten die Hertzschen Relationen mit

$$\tilde{R} = \sqrt{R_1 R_2}. \tag{5.33}$$

Bei gleichen Radien $R = R_1 = R_2$ ist das Kontaktproblem zwischen zwei Zylindern äquivalent zum Kontaktproblem zwischen einer Kugel mit dem Radius R und einem elastischen Halbraum mit ebener Oberfläche.

[3] Die Hertzschen Beziehungen gelten umso genauer, je näher das Verhältnis R_1/R_2 zu 1 ist. Aber auch für R_1/R_2=10 gilt die Gleichung (5.23) mit einer Genauigkeit von 2,5 %.

(E) Im Falle eines Kontaktes zwischen zwei Zylindern mit parallelen Achsen (Abb. 5.6b) ist die Kraft ungefähr linear proportional zur Eindrucktiefe (was wir bereits im Kap. 2 gesehen haben) [4]:

$$F \approx \frac{\pi}{4} E^* L d. \tag{5.34}$$

Die genaue Definition der Eindrucktiefe und somit auch die Form der Beziehung zwischen der Normalkraft und der Eindrucktiefe hängen von der Größe und Form des gesamten Körpers ab, diese Abhängigkeit ist jedoch schwach (logarithmisch), so dass die Gl. (5.34) als grobe Näherung benutzt werden kann. Interessant ist, dass der Krümmungsradius in der Beziehung (5.34) überhaupt nicht erscheint. Die halbe Kontaktbreite wird durch dieselbe Beziehung

$$a \approx \sqrt{Rd}, \quad \frac{1}{R} = \frac{1}{R_1} + \frac{1}{R_2} \tag{5.35}$$

gegeben, wie im Kontakt zwischen zwei Kugeln und die Druckverteilung durch die Gleichung

$$p(x) = p_0 \sqrt{1 - \left(\frac{x}{a}\right)^2}. \tag{5.36}$$

Der maximale Druck ist gleich

$$p_0 = \frac{2F}{\pi L a} \approx \left(\frac{E^* F}{\pi L R}\right)^{1/2}. \tag{5.37}$$

5.4 Kontakt zwischen einem starren kegelförmigen Indenter und dem elastischen Halbraum

Bei Indentierung eines elastischen Halbraumes durch einen starren kegelförmigen Indenter (Abb. 5.7a) sind die Eindrucktiefe und der Kontaktradius durch die Beziehung[5]

[4] Es ist dabei zu bemerken, dass die Eindrucktiefe in diesem sogenannten *Linienkontakt* aufgrund von logarithmischer Divergenz des Verschiebungsfeldes im Unendlichen nicht eindeutig definiert ist.

[5] Ausführliche Herleitung siehe Aufgabe 7 zu diesem Kapitel.

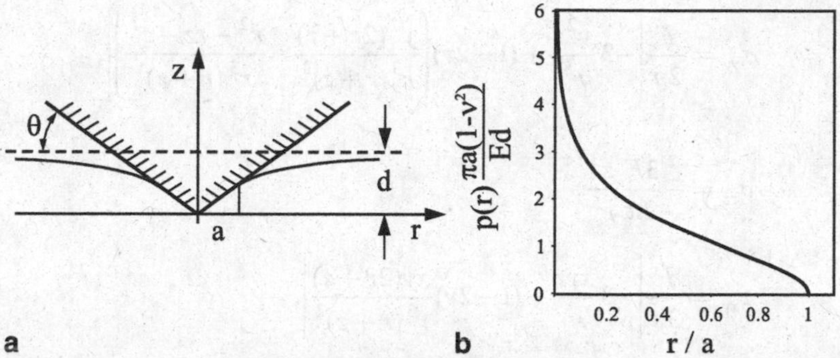

Abb. 5.7 **a** Kontakt zwischen einem starren kegelförmigen Indenter und dem elastischen Halbraum. **b** Druckverteilung im Normalkontakt zwischen einem starren kegelförmigen Indenter und dem elastischen Halbraum

$$d = \frac{\pi}{2} a \tan\theta \tag{5.38}$$

gegeben. Die Druckverteilung hat die Form

$$p(r) = -\frac{Ed}{\pi a(1-\nu^2)} \ln\left(\frac{a}{r} + \sqrt{\left(\frac{a}{r}\right)^2 - 1}\right). \tag{5.39}$$

Die Spannung hat an der Spitze des Kegels (im Zentrum des Kontaktgebietes) eine logarithmische Singularität (Abb. 5.7b). Die Gesamtkraft berechnet sich zu

$$F_N = \frac{2}{\pi} E \frac{d^2}{\tan\theta}. \tag{5.40}$$

5.5 Innere Spannungen beim Hertzschen Kontakt

Die Spannungen unter Einwirkung einer vertikalen Einzelkraft F im Koordinatenursprung sind durch

$$\sigma_{xx} = \frac{F}{2\pi}\left[-3\frac{x^2 z}{r^5} + (1-2\nu)\left(\frac{x^2(2r+z)}{r^3(r+z)^2} - \frac{r^2 - rz - z^2}{r^3\left(r+z\right)}\right)\right], \tag{5.41}$$

$$\sigma_{yy} = \frac{F}{2\pi}\left[-3\frac{y^2 z}{r^5} + (1-2\nu)\left(\frac{y^2(2r+z)}{r^3(r+z)^2} - \frac{r^2 - rz - z^2}{r^3(r+z))}\right)\right], \tag{5.42}$$

$$\sigma_{zz} = -\frac{3F}{2\pi}\frac{z^3}{r^5}, \tag{5.43}$$

$$\tau_{xy} = \frac{F}{2\pi}\left[-3\frac{xyz}{r^5} + (1-2\nu)\frac{xy(2r+z)}{r^3(r+z)^2}\right], \tag{5.44}$$

$$\tau_{yz} = \frac{3F}{2\pi}\frac{yz^2}{r^5}, \tag{5.45}$$

$$\tau_{xz} = \frac{3F}{2\pi}\frac{xz^2}{r^5} \tag{5.46}$$

bestimmt[6]. Die Berechnung der Spannungen bei beliebiger Normaldruckverteilung p an der Oberfläche gelingt durch Superposition. Für die Normalspannung σ_{zz} in z-Richtung ergibt sich exemplarisch

$$\sigma_{zz}(\mathrm{x},\mathrm{y},\mathrm{z}) = -\frac{3\mathrm{z}^3}{2\pi}\iint\limits_{(A)} \frac{p(x',y')}{\left((x-x')^2 + (y-y')^2 + z^2\right)^{5/2}}\mathrm{d}x'\mathrm{d}y', \tag{5.47}$$

wobei $\iint\limits_{(A)}$ die Integration über das druckbeaufschlagte Gebiet meint.

Für die Hertzsche Druckverteilung (5.15) werden im Folgenden einige Ergebnisse gezeigt. Abbildung 5.8 zeigt die Spannungen auf der z-Achse für $\nu = 0,33$. Die Schubspannungen sind alle 0; für die Punkte auf der z-Achse sind die Koordinatenrichtungen gleichzeitig die Hauptrichtungen. Die analytische Lösung für die Komponenten des Spannungstensors lautet[7]

$$\sigma_{zz} = -p_0\left(1 + \frac{z^2}{a^2}\right)^{-1}, \tag{5.48}$$

$$\sigma_{xx} = \sigma_{yy} = -p_0\left[(1+\nu)\left(1 - \frac{z}{a}\arctan\frac{a}{z}\right) - \frac{1}{2}\left(1 + \frac{z^2}{a^2}\right)^{-1}\right]. \tag{5.49}$$

[6] Hahn, H. G.: Elastizitätstheorie. Teubner, 1985.

[7] Johnson, K. L.: Contact mechanics. Cambridge University Press, 6. Nachdruck der 1. Auflage, 2001.

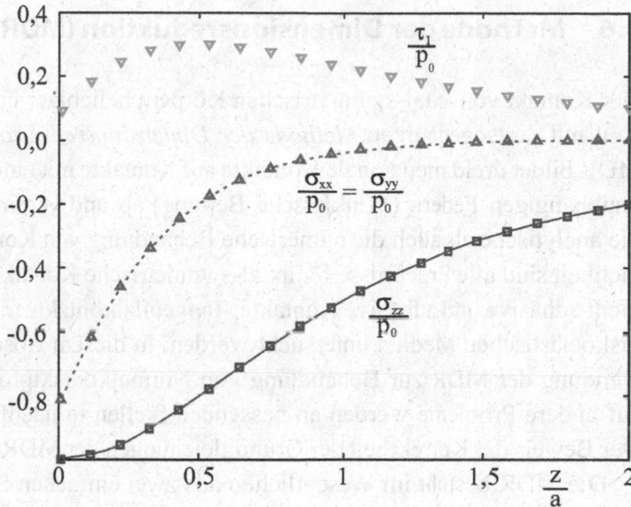

Abb. 5.8 Spannungen entlang der z-Achse ($x = y = 0$) bei Hertzscher Druckverteilung

Zudem ist die maximale Schubspannung $\tau_1 = \frac{1}{2}|\sigma_{zz} - \sigma_{xx}|$ abgebildet. Man kommt zum Ergebnis, dass die maximale Schubspannung im Inneren liegt; für $\nu = 0{,}33$ bei $z \approx 0{,}49a$. Abbildung 5.9 zeigt die Vergleichsspannung

$$\sigma_V = \frac{1}{\sqrt{2}}\left[\left(\sigma_{xx} - \sigma_{yy}\right)^2 + \left(\sigma_{xx} - \sigma_{zz}\right)^2 + \left(\sigma_{zz} - \sigma_{yy}\right)^2 + 6\left(\tau_{xy}^2 + \tau_{xz}^2 + \tau_{yz}^2\right)\right]^{1/2} \tag{5.50}$$

nach der Gestaltänderungsenergiehypothese in der $x - z$-Ebene.

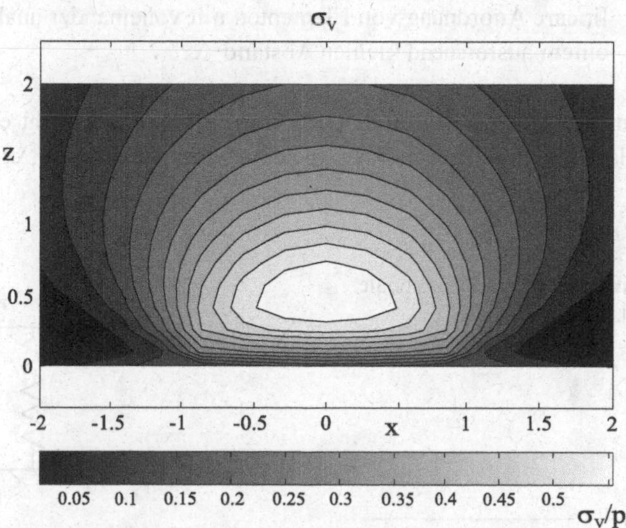

Abb. 5.9 Vergleichsspannung σ_V gemäß (5.50) bei Hertzscher Druckverteilung (x-z-Ebene)

5.6 Methode der Dimensionsreduktion (MDR)

Der Kontakt von axial-symmetrischen Körpern beliebiger Form kann sehr einfach und elegant mit der sogenannten *Methode der Dimensionsreduktion* (MDR) gelöst werden[8]. Die MDR bildet dreidimensionale Kontakte auf Kontakte mit einer eindimensionalen Reihe von unabhängigen Federn (Winklersche Bettung) ab und vereinfacht damit qualitativ sowohl die analytische als auch die numerische Behandlung von Kontaktproblemen. Trotz der Einfachheit sind alle Ergebnisse für axial-symmetrische Kontakte *exakt*. Mit der MDR können nicht adhäsive und adhäsive Kontakte, Tangentialkontakte mit Reibung sowie Kontakte mit viskoelastischen Medien untersucht werden. In diesem Abschnitt beschreiben wir die Anwendung der MDR zur Behandlung von Normalkontaktproblemen. Verallgemeinerungen auf andere Probleme werden an passenden Stellen in nachfolgenden Kapiteln dargestellt. Der Beweis der Korrektheit der Grundgleichungen der MDR wird in der Anlage B gegeben.

Die MDR besteht im Wesentlichen aus zwei einfachen Schritten: a) Ersetzen des dreidimensionalen Kontinuums durch eine streng definierte eindimensionale Winklersche Bettung und b) Transformation der dreidimensionalen Form in eine ebene mittels der MDR-Transformation. Sind diese beiden Schritte erledigt, so kann das Kontaktproblem als gelöst angesehen werden.

Zwei vorbereitende Grundschritte der MDR

Wir betrachten einen Kontakt zwischen zwei elastischen Körpern mit Elastizitätsmoduln E_1 und E_2 und Querkontraktionszahlen ν_1 und ν_2. Ihr Differenzprofil bezeichnen wir durch $z = f(r)$. Im Rahmen der MDR werden *zwei* unabhängige Schritte vorgenommen:

I. Zum einen werden die dreidimensionalen elastischen (oder viskoelastischen) Körper durch eine eindimensionale Winklersche Bettung ersetzt. Darunter verstehen wir eine lineare Anordnung von Elementen mit voneinander unabhängigen Freiheitsgraden mit einem ausreichend kleinen Abstand Δx.

Im einfachsten Fall eines elastischen Kontaktes besteht eine solche Bettung aus linear elastischen Federelementen, die eine Normalsteifigkeit Δk_z besitzen (Abb. 5.10):

$$\Delta k_z = E^* \Delta x, \tag{5.51}$$

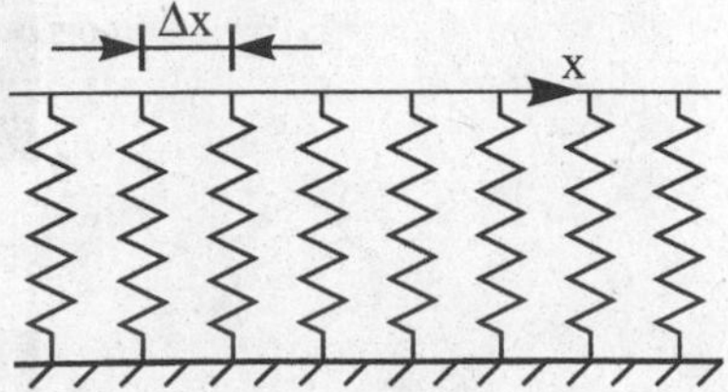

Abb. 5.10 Eindimensionale elastische Bettung

[8] V.L. Popov, M. Heß, Methode der Dimensionsreduktion in Kontaktmechanik und Reibung. Eine Berechnungsmethode im Mikro- und Makrobereich, Springer, 2013, 267 S.

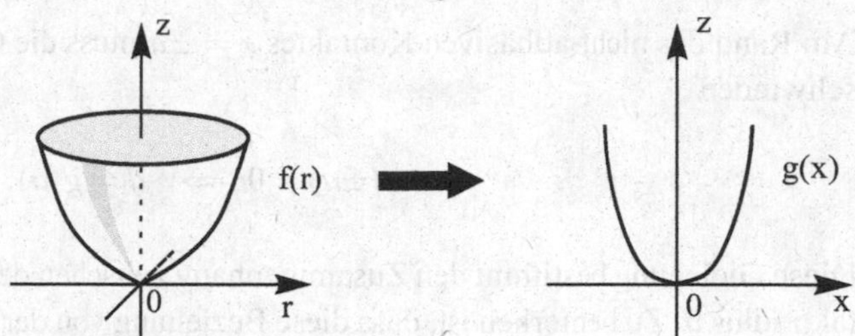

Abb. 5.11 Das dreidimensionale Profil wird in der MDR in ein ebenes Profil transformiert

wobei E^* durch die Gl. (5.26) gegeben wird.

II. Zum anderen wird das dreidimensionale Profil $z = f(r)$ (Abb. 5.11, links) in ein ebenes Profil (Abb. 5.11, rechts) gemäß

$$g(x) = |x| \int_0^{|x|} \frac{f'(r)}{\sqrt{x^2 - r^2}} \mathrm{d}r \tag{5.52}$$

transformiert. Die Rücktransformation lautet

$$f(r) = \frac{2}{\pi} \int_0^r \frac{g(x)}{\sqrt{r^2 - x^2}} \mathrm{d}x. \tag{5.53}$$

Berechnungsverfahren der MDR
Das ebene Profil nach (5.52) wird nun mit der Normalkraft F_N in die elastische Bettung nach (5.51) eingedrückt (siehe Abb. 5.12).

Die Oberflächennormalverschiebung an der Stelle x innerhalb des Kontaktgebietes ergibt sich aus der Differenz der Eindrucktiefe d und der Profilform g:

$$u_z(x) = d - g(x). \tag{5.54}$$

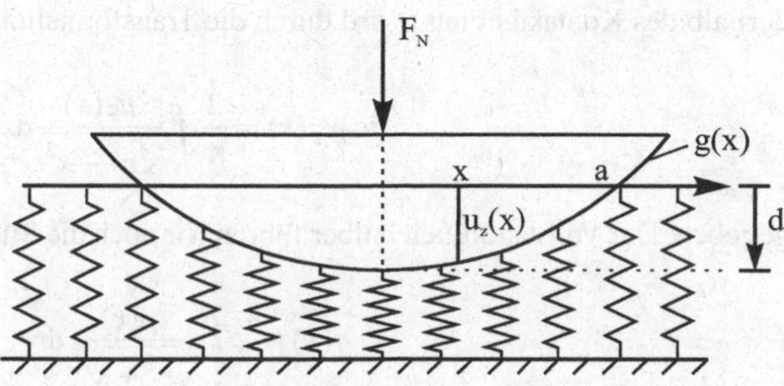

Abb. 5.12 MDR-Ersatzmodell für den Normalkontakt

Am Rand des nicht-adhäsiven Kontaktes $x = \pm a$ muss die Oberflächenverschiebung verschwinden

$$u_z(\pm a) = 0 \quad \Rightarrow \quad d = g(a). \tag{5.55}$$

Diese Gleichung bestimmt den Zusammenhang zwischen der Eindrucktiefe und dem Kontaktradius a. Zu bemerken ist, dass diese Beziehung von der Rheologie des Mediums nicht abhängt. Die Kraft einer Feder an der Stelle x ist proportional zur Verschiebung an dieser Stelle

$$\Delta F_z(x) = \Delta k_z u_z(x) = E^* u_z(x)\Delta x. \tag{5.56}$$

Die Summe aller Federkräfte muss im Gleichgewicht der Normalkraft entsprechen. Im Grenzfall sehr kleiner Federabstände $\Delta x \to \mathrm{d}x$ geht die Summe in ein Integral über:

$$F_N = E^* \int_{-a}^{a} u_z(x)\,\mathrm{d}x = 2E^* \int_0^a \left(d - g(x)\right)\mathrm{d}x. \tag{5.57}$$

Gleichung (5.57) liefert die Normalkraft in Abhängigkeit von dem Kontaktradius und, unter Berücksichtigung von (5.55), von der Eindrucktiefe.

Definieren wir jetzt die Streckenlast $q_z(x)$:

$$q_z(x) = \frac{\Delta F_z(x)}{\Delta x} = E^* u_z(x) = \begin{cases} E^*\left(d - g(x)\right), & |x| < a \\ 0, & |x| > a \end{cases}. \tag{5.58}$$

Wie im Anhang B gezeigt wird, lässt sich die Druckverteilung im ursprünglichen drei-dimensionalen System mithilfe der eindimensionalen Streckenlast durch die Integraltransformation

$$p(r) = -\frac{1}{\pi} \int_r^{\infty} \frac{q_z'(x)}{\sqrt{x^2 - r^2}}\,\mathrm{d}x \tag{5.59}$$

bestimmen. Die Oberflächennormalverschiebung $u_{3D,z}(r)$ (sowohl innerhalb als auch außerhalb des Kontaktgebiets) wird durch die Transformation

$$u_{3D,z}(r) = \frac{2}{\pi} \int_0^r \frac{u_z(x)}{\sqrt{r^2 - x^2}}\,\mathrm{d}x \tag{5.60}$$

gegeben. Der Vollständigkeit halber führen wir noch die Rücktransformation zu (5.59) ein:

$$q(x) = 2 \int_x^{\infty} \frac{r p(r)}{\sqrt{r^2 - x^2}}\,\mathrm{d}r. \tag{5.61}$$

Die Gln. (5.52), (5.55), (5.57), (5.59), (5.60) lösen das Normalkontaktproblem vollständig. In den Aufgaben zu diesem Kapitel werden mehrere Beispiele behandelt.

Aufgaben

Aufgabe 1: Abzuschätzen ist der maximale Druck und die Größe des Kontaktgebietes in einem Rad-Schiene-Kontakt. Die maximalen Lasten je Rad liegen bei den Güterzügen bei $F \approx 10^5$ N, der Radradius beträgt ca. $R = 0{,}5$ m.

Lösung: Der Rad-Schiene-Kontakt kann in erster Näherung als Kontakt zwischen zwei Zylindern mit zu einander senkrechten Achsen und ungefähr gleichen Krümmungsradien R betrachtet werden. Er ist somit äquivalent zu einem Kontakt zwischen einer elastischen Kugel mit dem Radius R und einem elastischen Halbraum. Der effektive Elastizitätsmodul beträgt $E^* \approx E/2(1-\nu^2) \approx 1{,}2 \cdot 10^{11}\,\mathrm{Pa}$. Für den Druck p_0 im Zentrum des Kontaktgebietes ergibt sich nach (5.24) $p_0 \approx 1{,}0$ GPa. Der Kontaktradius beträgt $a \approx 6{,}8\ mm$.

Aufgabe 2: Zwei Zylinder aus dem gleichen Material und mit gleichen Radien R werden so in Kontakt gebracht, dass ihre Achsen einen Winkel von $\pi/4$ bilden (Abb. 5.13). Zu bestimmen ist die Kraft-Eindrucktiefe-Relation.

Lösung: Die Kontaktebene nehmen wir als horizontal an. Der Abstand der Oberfläche des ersten Zylinders von dieser Fläche (im ersten Moment des Kontaktes) ist gleich $z_1 = \frac{x^2}{2R}$, die des zweiten $z_2 = -\frac{(x-y)^2}{4R}$. Der Abstand zwischen beiden Flächen ist gleich

$$h = \frac{x^2}{2R} + \frac{(x-y)^2}{4R} = \frac{1}{R}\left(\frac{3}{4}x^2 - \frac{1}{2}xy + \frac{1}{4}y^2\right).$$

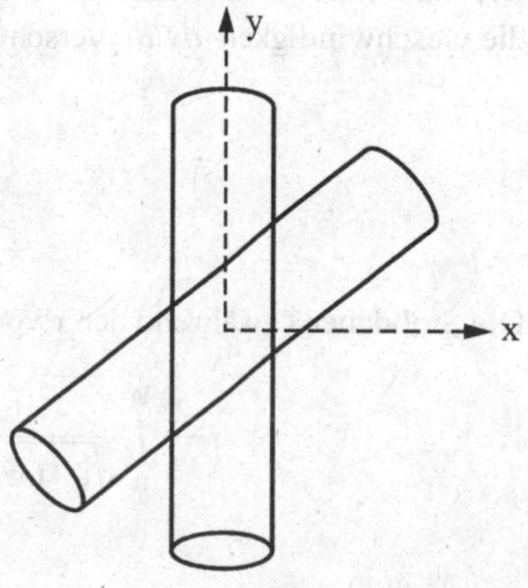

Abb. 5.13 Kontakt zwischen zwei gleichartigen Zylindern, deren Achsen einen Winkel von $\pi/4$ bilden (Draufsicht)

Die Hauptkrümmungen berechnen sich als Eigenwerte dieser quadratischen Form aus der Gleichung

$$\begin{vmatrix} \frac{3}{4R}-\kappa & -\frac{1}{4R} \\ -\frac{1}{4R} & \frac{1}{4R}-\kappa \end{vmatrix} = \kappa^2 - \frac{\kappa}{R} + \frac{1}{8R^2} = 0$$

zu $\kappa_{1,2} = \frac{1 \pm 1/\sqrt{2}}{2R}$. Die Hauptkrümmungsradien sind entsprechend gleich $R_{1,2} = \frac{2R}{1 \pm 1/\sqrt{2}}$. Für den Gauß'schen Krümmungsradius ergibt sich $\tilde{R} = \sqrt{R_1 R_2} = 2\sqrt{2}R$. Da die Stoffe beider Zylinder gleich sind, ergibt sich aus (5.26) $E^* = \frac{E}{2(1-\nu^2)}$. Die Kraft-Eindruck-Relation (5.23) wird in diesem Fall zu

$$F = \frac{2^{7/4}}{3} \frac{E}{(1-\nu^2)} R^{1/2} d^{3/2}.$$

Aufgabe 3: Man bestimme die Kontaktzeit, einer mit einer starren Wand zusammenstoßenden elastischen Kugel (Radius R) (Hertz, 1882).

Lösung: Die Annäherung der Kugel zur Wand ab dem ersten Kontakt bezeichnen wir mit x. Die potentielle Energie des Systems wird durch (5.25) gegeben mit $d = x$ und E^* nach (5.26). Während der Stoßzeit bleibt die Energie erhalten:

$$\frac{m}{2}\left(\frac{\mathrm{d}x}{\mathrm{d}t}\right)^2 + \frac{8}{15} E^* R^{1/2} x^{5/2} = \frac{m v_0^2}{2}.$$

Die maximale Annäherung der Kugel und der Wand x_0 entspricht dem Zeitpunkt, zu dem die Geschwindigkeit dx/dt verschwindet, und ist gleich

$$x_0 = \left(\frac{15}{16} \frac{m v_0^2}{E^* R^{1/2}}\right)^{2/5}.$$

Die Stoßdauer τ (während der x von 0 bis x_0 anwächst und dann wieder bis 0 abnimmt) ist

$$\tau = \frac{2}{v_0} \int_0^{x_0} \frac{\mathrm{d}x}{\sqrt{1-(x/x_0)^{5/2}}} = \frac{2x_0}{v_0} \int_0^1 \frac{\mathrm{d}\xi}{\sqrt{1-\xi^{5/2}}} = \frac{2{,}94 x_0}{v_0}.$$

Aufgabe 4: Man bestimme den maximalen Kontaktdruck bei einem Zusammenstoß zwischen einer Kugel und einer Wand.

Lösung: Die maximale Annäherung x_0 haben wir in der Aufgabe 3 berechnet. Der maximale Druck p_0 wird durch (5.22) gegeben und ist gleich

$$p_0 = \frac{2}{\pi} E^* \left(\frac{x_0}{R} \right)^{1/2} = \frac{2}{\pi} \left(\frac{15}{16} \frac{E^{*4} m v_0^2}{R^3} \right)^{1/5} = \frac{2}{\pi} \left(\frac{5}{4} \pi E^{*4} \rho v_0^2 \right)^{1/5},$$

wobei ρ die Dichte des Materials ist. Zum Beispiel bei einem Zusammenstoß einer stählernen Kugel mit einer stählernen Wand mit $v_0 = 1$ m/s hätten wir (unter der Annahme eines rein elastischen Verhaltens)

$$p_0 \approx \frac{2}{\pi} \left(\frac{5}{4} \pi \left(10^{11}\right)^4 \left(7{,}8 \cdot 10^3\right) \cdot 1 \right)^{1/5} = 3{,}2 \cdot 10^9 \,\text{Pa}.$$

Aufgabe 5: Zu bestimmen ist die differentielle Kontaktsteifigkeit $\mathrm{d}F_N/\mathrm{d}d$ für einen Kontakt zwischen einem elastischen rotationssymmetrischen Körper und einer starren Ebene bei einer Kontaktfläche A (Abb. 5.14).

Lösung: Betrachten wir einen runden Kontakt mit dem Radius a. Die Änderung der Konfiguration des Kontaktes infolge einer infinitesimal kleinen Vergrößerung der Indentierungstiefe um $\mathrm{d}d$ kann man in zwei Schritten herbeiführen:

Zunächst wird nur das bereits bestehende Kontaktgebiet starr um $\mathrm{d}d$ verschoben (Abb. 5.15b). Dabei ändert sich die Normalkraft gemäß (5.12) um $\mathrm{d}F_N = 2aE^* \mathrm{d}d$. Im zweiten Schritt müssen die durch starre Indentierung ausstehenden Ränder angehoben werden (Abb. 5.15c). Die sich dadurch ergebende Änderung der Normalkraft ist proportional zur Fläche $2\pi a \mathrm{d}a$, die angehoben werden soll, und zur Höhe des ausstehenden Materials. Sie ist somit eine infinitesimal kleine Größe höherer Ordnung und kann vernachlässigt werden. Die differentielle Steifigkeit

$$c = \frac{\mathrm{d}F_N}{\mathrm{d}d} = 2aE^*$$

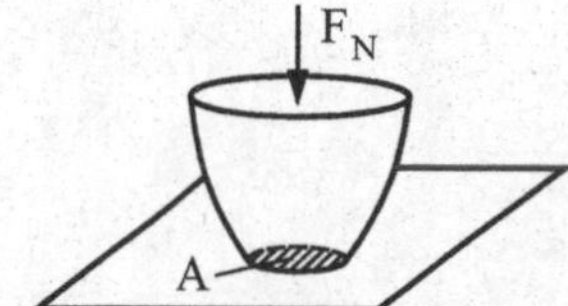

Abb. 5.14 Kontakt zwischen einem elastischen rotationssymmetrischen Körper und einer starren Ebene

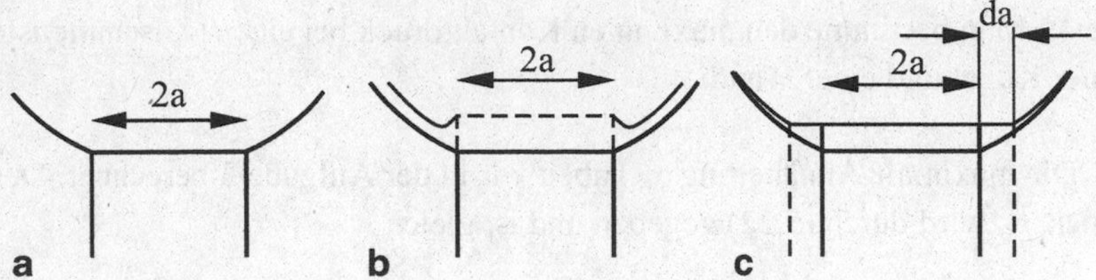

Abb. 5.15 Zur Berechnung der differentiellen Steifigkeit

hängt somit nur vom Kontaktradius ab, nicht aber von der genauen Form des rotationssymmetrischen Körpers. Für nicht rotationssymmetrische Körper gilt für die differentielle Steifigkeit die Gl. (5.13).

Aufgabe 6: Auf einem kreisförmigen Gebiet mit dem Radius a wirkt eine konstante Normalspannung p_0. Zu bestimmen ist die Verschiebung des Gebietes im Zentrum und am Rand des Kreises.

Lösung: Mit Hilfe der Gl. (5.7) erhalten wir für die Verschiebung im Zentrum des Kreises

$$u_z(0) = \frac{1}{\pi E^*} \int_0^a p_0 \frac{2\pi r}{r} \mathrm{d}r = \frac{2 p_0 a}{E^*}.$$

Für die Verschiebung am Rand ergibt sich

$$u_z(a) = \frac{1}{\pi E^*} \int_0^{2a} p_0 \frac{2\varphi(r) \cdot r}{r} \mathrm{d}r = \frac{p_0}{\pi E^*} \int_0^{2a} 2\varphi(r) \mathrm{d}r.$$

(Definition der Integrationsvariable r in diesem Fall siehe Abb. 5.16). Der Winkel φ berechnet sich zu $2\varphi = \pi - 2\arcsin\left(\frac{r}{2a}\right)$. Somit erhalten wir

$$u_z(a) = \frac{p_0}{\pi E^*} \int_0^{2a} \left(\pi - 2\arcsin\left(\frac{r}{2a}\right)\right) \mathrm{d}r = \frac{2ap_0}{\pi E^*} \int_0^1 (\pi - 2\arcsin(\xi)) \mathrm{d}\xi = \frac{4ap_0}{\pi E^*}.$$

Abb. 5.16 Zur Berechnung des Integrals in der Aufgabe 6

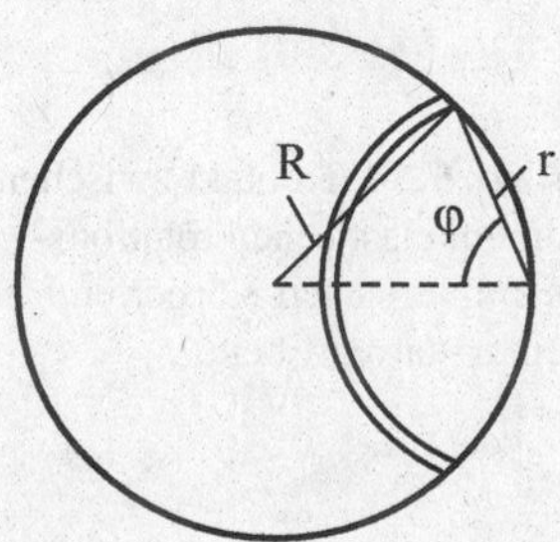

Aufgabe 7: Mittels der Methode der Dimensionsreduktion soll das Normalkontaktproblem zwischen einem elastischen Halbraum und einem starren Indenter für folgende Profile gelöst werden:

(a) flacher, zylindrischer Stempel mit dem Radius a: $f(r)=\begin{cases}0, & r<a\\ \infty, & r\geq a\end{cases}$,
(b) parabolisches Profil $f(r)=r^2/(2R)$,
(c) konisches Profil $f(r)=r\cdot\tan\theta$,
(d) Potenzprofil $f(r)=c_n r^n$ mit beliebiger Potenz n.

Lösung: Im Rahmen der Methode der Dimensionsreduktion müssen im ersten Schritt die Ersatzprofile mittels der Transformation (5.52) berechnet werden. Eine einfache Rechnung ergibt für die oben genannten Profile:

(a) $g(x)=\begin{cases}0, & |x|<a\\ \infty, & |x|\geq a\end{cases}$,

(b) $g(x)=x^2/R$,

(c) $g(x)=\dfrac{\pi}{2}|x|\tan\theta$,

(d) $g(x)=\kappa_n c_n |x|^n$

mit $\kappa_n=\dfrac{\sqrt{\pi}}{2}\dfrac{n\Gamma(\frac{n}{2})}{\Gamma(\frac{n}{2}+\frac{1}{2})}$, wobei $\Gamma(n)=\int\limits_0^\infty t^{n-1}e^{-t}\mathrm{d}t$ die Gamma-Funktion ist.

Der Kontaktradius ergibt sich aus der Gleichung $g(a)=d$, (5.55) zu:

(a) der Kontaktradius ist konstant und gleich a,

(b) $a=\sqrt{Rd}$,

(c) $a=\dfrac{2}{\pi}\dfrac{d}{\tan\theta}$,

(d) $a=\left(\dfrac{d}{\kappa_n c_n}\right)^{1/n}$.

Die Normalkraft bei gegebener Eindrucktiefe wird berechnet mittels der Gl. (5.57) und ist gleich:

(a) $F_N=2E^*ad$,

(b) $F_N=\dfrac{4}{3}E^*R^{1/2}d^{3/2}$,

(c) $F_N = \frac{2}{\pi} E^* \frac{d^2}{\tan\theta}$,

(d) $F_N = \frac{2nE^*}{n+1} (\kappa_n c_n)^{-\frac{1}{n}} d^{\frac{n+1}{n}}$.

Zur Berechnung der Druckverteilung im dreidimensionalen Originalproblem soll im Rahmen der MDR zunächst die Streckenlast gemäß der Definition (5.58) berechnet werden:

(a) $q_z(x) = \begin{cases} E^* d, & |x| < a \\ 0, & |x| > a \end{cases}$,

(b) $q_z(x) = \begin{cases} E^* (d - x^2/R), & |x| < a \\ 0, & |x| > a \end{cases}$,

(c) $q_z(x) = \begin{cases} E^* \left(d - \frac{\pi}{2} |x| \tan\theta \right), & |x| < a \\ 0, & |x| > a \end{cases}$,

(d) $q_z(x) = \begin{cases} E^* (d - \kappa_n c_n |x|^n), & |x| < a \\ 0, & |x| > a \end{cases}$.

Berechnung der Ableitung der Streckenlast nach x (für positive x) ergibt

(a) $q_z'(x) = -E^* d \cdot \delta(x - a)$, wobei $\delta(x)$ die Diracsche Delta-Funktion ist,

(b) $q_z'(x) = \begin{cases} -2E^* x/R, & x < a \\ 0, & x > a \end{cases}$,

(c) $q_z'(x) = \begin{cases} -\frac{\pi}{2} E^* \tan\theta, & x < a \\ 0, & x > a \end{cases}$,

(d) $q_z'(x) = \begin{cases} -E^* \kappa_n c_n n x^{n-1}, & x < a \\ 0, & x > a \end{cases}$.

Einsetzen der Ableitung in die Gl. (5.59) liefert die Druckverteilung im Kontaktgebiet:

(a) $p(r) = \frac{E^* d}{\pi} \int_r^\infty \frac{\delta(x-a)}{\sqrt{x^2 - r^2}} \mathrm{d}x = \begin{cases} \frac{E^* d}{\pi} \frac{1}{\sqrt{a^2 - r^2}}, & r < a \\ 0, & r > a \end{cases}$,

(b) $p(r) = \frac{2E^*}{\pi R} \int_r^\infty \frac{x}{\sqrt{x^2 - r^2}} \mathrm{d}x = \begin{cases} \frac{2E^*}{\pi R} \int_r^a \frac{x}{\sqrt{x^2 - r^2}} \mathrm{d}x = \frac{2E^*}{\pi R} \sqrt{a^2 - r^2}, & r < a \\ 0, & r > a \end{cases}$,

(c) $p(r)=\frac{E^*}{2}\tan\theta\int\limits_r^\infty\frac{\mathrm{d}x}{\sqrt{x^2-r^2}}=\frac{E^*}{2}\tan\theta\int\limits_r^a\frac{\mathrm{d}x}{\sqrt{x^2-r^2}}=\frac{E^*}{2}\tan\theta\cdot\ln\left(\frac{a}{r}+\sqrt{\left(\frac{a}{r}\right)^2-1}\right)$

für $r<a$ und $p(r)=0$ außerhalb des Kontaktgebietes,

(d) $p(r)=\kappa_n c_n n\frac{E^*}{\pi}\int\limits_r^\infty\frac{x^{n-1}}{\sqrt{x^2-r^2}}\mathrm{d}x=\begin{cases}\kappa_n c_n n\frac{E^*}{\pi}\int\limits_r^a\frac{x^{n-1}}{\sqrt{x^2-r^2}}\mathrm{d}x, & r<a\\ 0, & r>a\end{cases}.$

Wenn wir den Druck auf den mittleren Druck im Kontaktgebiet $\overline{p}=F_N/(\pi a^2)$ und den polaren Radius auf den Kontaktradius a normieren, $\tilde{r}=r/a$, können wir die Druckgleichung innerhalb des Kontaktgebietes in der Form

$$\frac{p(r)}{\overline{p}}=\frac{n+1}{2}\int\limits_{\tilde{r}}^1\frac{\xi^{n-1}}{\sqrt{\xi^2-\tilde{r}^2}}\mathrm{d}\xi$$

schreiben. Auch wenn dieses Integral für alle ganzzahligen n über elementare Funktionen darstellbar ist, ist es einfacher, es numerisch zu berechnen. In der Abb. 5.17 sind die Druckverteilungen für $n=1$ (Kegel), $n=2$ (Hertzscher Kontakt), $n=3$, $n=4$, $n=5$ und $n=\infty$ (flacher zylindrischer Stempel) im Vergleich dargestellt. Beim Kegel hat der Druck eine logarithmische Singularität an der Spitze des Kegels. Bei allen $n>1$ ist die Druckverteilung nicht singulär, das Druckmaximum bleibt aber im Zentrum des Kontaktes bis $n=2$ und beginnt sich dann bei höheren n zum Rande des Kontaktes zu verschieben. Im Grenzfall $n=\infty$, der einem flachen zylindrischen Stempel entspricht, wird die Druckverteilung am Rande des Kontaktgebietes singulär.

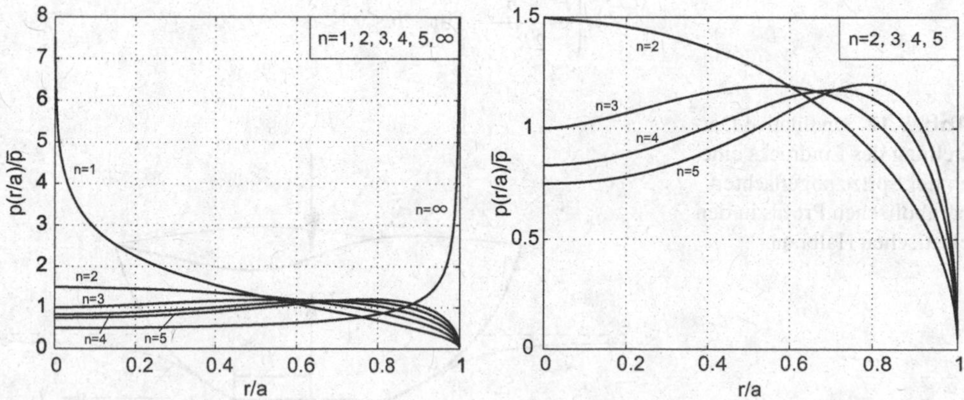

Abb. 5.17 Druckverteilungen für einfache Potenzprofile **a** für $n=1,2,3,4,5,\infty$. **b** ein Ausschnitt höherer Auflösung für $n=2,3,4,5$

Vertikale Verschiebungen außerhalb des Kontaktgebietes $(r > a)$ werden durch die Gl. (5.60) gegeben, die wir hier in der folgenden expliziten Form schreiben:

$$u_{3D,z}(r) = \frac{2}{\pi}\int_0^a \frac{u_z(x)}{\sqrt{r^2 - x^2}}\,\mathrm{d}x = \frac{2}{\pi}\int_0^a \frac{d - g(x)}{\sqrt{r^2 - x^2}}\,\mathrm{d}x, \text{ für } r > a.$$

Für die Sonderfälle (a)–(d) erhalten wir:

(a) $u_{3D,z}(r) = \frac{2d}{\pi}\arcsin\left(\frac{a}{r}\right)$,

(b) $u_{3D,z}(r) = \frac{d}{\pi}\left[\left(2 - \left(\frac{r}{a}\right)^2\right)\cdot\arcsin\left(\frac{a}{r}\right) + \sqrt{\left(\frac{r}{a}\right)^2 - 1}\right]$,

(c) $u_{3D,z}(r) = \frac{2d}{\pi}\left[\arcsin\left(\frac{a}{r}\right) - \left(\frac{r}{a} - \sqrt{\left(\frac{r}{a}\right)^2 - 1}\right)\right]$,

(d) $u_{3D,z}(r) = \kappa_n c_n \frac{2}{\pi}\int_0^a \frac{a^n - x^n}{\sqrt{r^2 - x^2}}\,\mathrm{d}x.$

Im Fall (d) führen wir die explizite Integration nicht durch.

Aufgabe 8: Mittels der Methode der Dimensionsreduktion sind die Zusammenhänge zwischen Normalkraft, Indentierungstiefe und Kontaktradius für ein abgeplattetes parabolisches Profil zu bestimmen (Abb. 5.18):

$$f(r) = \begin{cases} 0 & \text{für } 0 \le r < b \\ \dfrac{r^2 - b^2}{2R} & \text{für } b \le r \le a \end{cases}$$

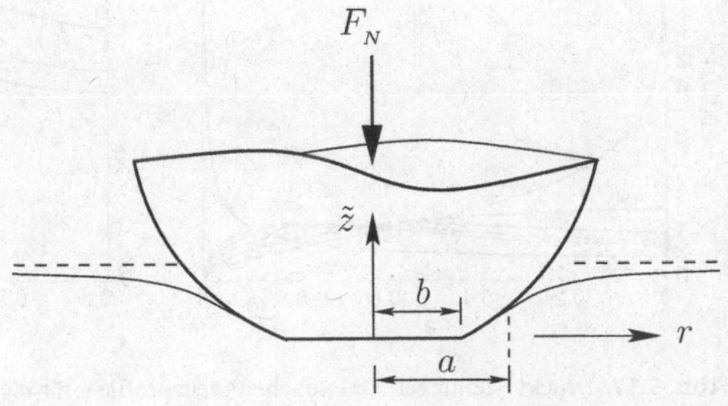

Abb. 5.18 Qualitative Darstellung des Eindrucks eines an der Spitze abgeflachten, parabolischen Profils in den elastischen Halbraum

Lösung: Zur Berechnung des MDR-transformierten Profils nach (5.52) berechnen wir zunächst die Ableitung des Originalprofils:

$$f'(r) = \begin{cases} 0 & \text{für} \quad 0 \le r < b \\ \dfrac{r}{R} & \text{für} \quad b \le r \le a \end{cases}.$$

Einsetzen in (5.52) und Integration ergibt

$$g(x) = \begin{cases} 0 & \text{für} \quad 0 \le |x| < b \\ \dfrac{|x|}{R}\sqrt{x^2 - b^2} & \text{für} \quad b \le |x| \le a \end{cases}.$$

Dieses Profil ist dem Original in Abb. 5.19 gegenübergestellt.

Die Eindrucktiefe als Funktion des Kontaktradius ergibt sich aus der Gl. (5.55)

$$d = g(a) = \frac{a}{R}\sqrt{a^2 - b^2}.$$

Die Normalkraft bilden wir aus der Summe aller Federkräfte

$$F_N = E^* \int_{-a}^{a} [d - g(x)]\,\mathrm{d}x = 2E^* \int_{0}^{a} d\,\mathrm{d}x - \frac{2E^*}{R} \int_{b}^{a} x\sqrt{x^2 - b^2}\,\mathrm{d}x,$$

was nach Integration und geeigneten Umformungen das folgende Ergebnis liefert:

$$F_N(a) = \frac{2E^*}{3R}(2a^2 + b^2) \cdot \sqrt{a^2 - b^2}.$$

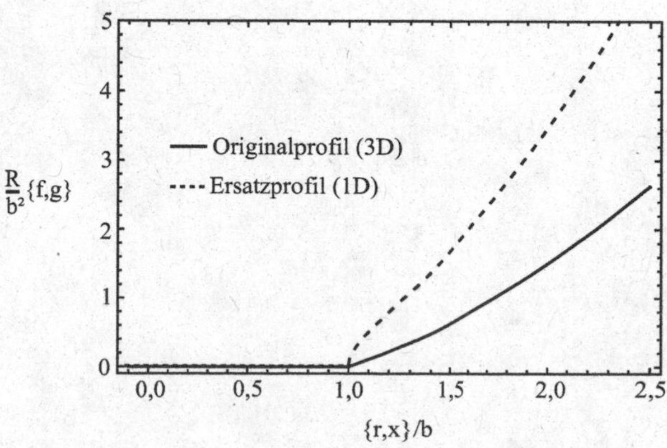

Abb. 5.19 Parabolischer Indenter mit „verschlissener" Spitze: Original- und Ersatzprofil im Vergleich

Der Vollständigkeit halber sei hier noch die Beziehung zwischen Normalkraft und Eindrucktiefe angegeben:

$$F_N(d) = \frac{\sqrt{2}E^*b^3}{3R}\left(2+\sqrt{1+\left(\frac{2R}{b^2}d\right)^2}\right)\cdot\sqrt{-1+\sqrt{1+\left(\frac{2R}{b^2}d\right)^2}}\,.$$

6 Rigorose Behandlung des Kontaktproblems – Adhäsiver Kontakt

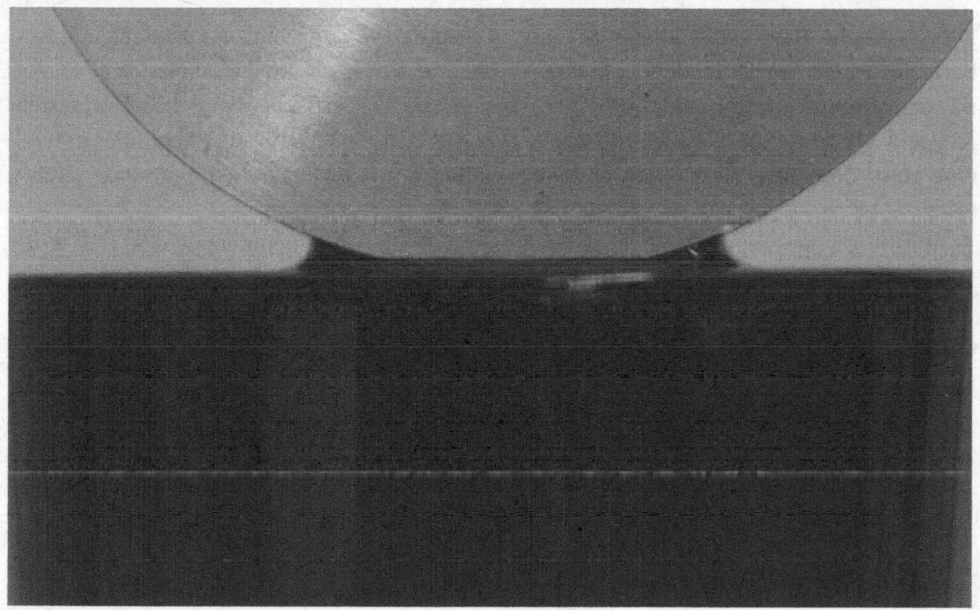

Das Problem des elastischen Normalkontakts (ohne Adhäsion) zwischen elastischen Körpern mit leicht gekrümmter Oberfläche wurde 1882 von Hertz gelöst. Bradley präsentierte 50 Jahre später die Lösung für den adhäsiven Normalkontakt zwischen einer starren Kugel und einer starren Ebene. Als Ergebnis erhielt er für die Adhäsionskraft $F_A = 4\pi\gamma R$, wobei γ die Oberflächenenergie ist. Die Lösung für den adhäsiven Kontakt zwischen elastischen Körpern wurde 1971 von Johnson, Kendall und Roberts (JKR-Theorie) präsentiert. Sie erhielten für die Adhäsionskraft $F_A = 3\pi\gamma R$. Derjagin, Müller und Toporov

V. L. Popov, *Kontaktmechanik und Reibung,* DOI 10.1007/978-3-662-45975-1_6

publizierten 1975 eine alternative Adhäsionstheorie, die als DMT-Theorie bekannt ist. Nach einer heftigen Diskussion ist Tabor 1976 zur Erkenntnis gekommen, dass JKR- und DMT-Theorien korrekte Spezialfälle des allgemeinen Problems sind. Für absolut starre Körper gilt die Theorie von Bradley, für kleine starre Kugeln die DMT-Theorie und für große weiche Kugeln die JKR-Theorie. Der Unterschied zwischen allen diesen Fällen ist aber gering und die JKR-Theorie beschreibt die Adhäsion selbst in dem Gültigkeitsbereich der DMT-Theorie relativ gut. Das mag der Grund sein, dass sich die JKR-Theorie bei der Beschreibung von adhäsiven Kontakten durchgesetzt hat. Aus diesem Grunde beschränken auch wir uns in diesem Kapitel auf die Darstellung der Theorie von Johnson, Kendall und Roberts.

6.1 JKR-Theorie

Die klassische Theorie der adhäsiven Kontakte wurde 1971 von Johnson, Kendall und Roberts geschaffen und trägt den Namen JKR-Theorie. Wir betrachten eine elastische Kugel mit dem Radius R im Kontakt mit einer starren ebenen Oberfläche. Zwischen zwei festen Körpern gibt es immer Anziehungskräfte (van-der-Waals- Kräfte), die dazu führen, dass eine elastische Kugel im Kontakt mit einer glatten Ebene einen charakteristischen „Hals“ bildet (Abb. 6.1).

Wir bezeichnen den Radius des Kontaktgebietes mit a und nehmen an, dass $d, a \ll R$, wobei $R - d$ der Abstand zwischen dem Zentrum der Kugel und der starren Unterlage ist.

Damit die Kugel die in der Abb. 6.1b gezeigte Form annehmen kann, müssen sich die Oberflächenpunkte der Kugel so verschieben, dass sie nach der Deformation auf der starren Ebene liegen.

Für die vertikale Verschiebung gilt offenbar (Abb. 6.2)

$$u_z = d - \frac{r^2}{2R}. \tag{6.1}$$

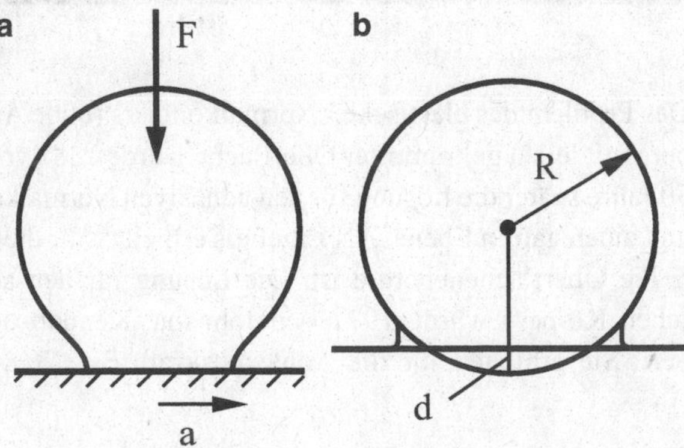

Abb. 6.1 Bei einem adhäsiven Kontakt bildet sich zwischen kontaktierenden Körpern ein „Hals“

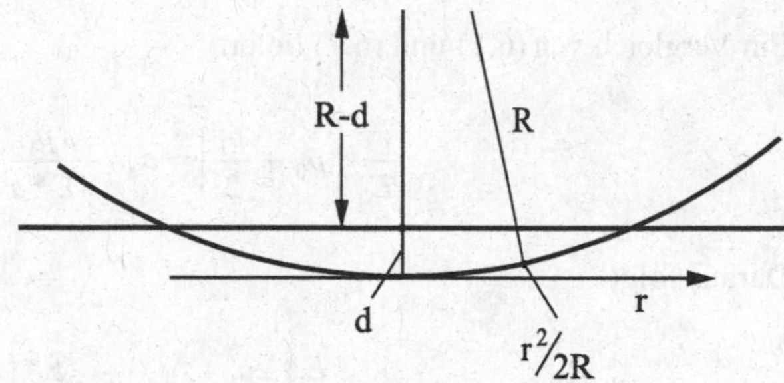

Abb. 6.2 Zur Kontaktgeometrie zwischen einer elastischen Kugel und einer ebenen, starren Unterlage

Aus den Ergebnissen des vorigen Kapitels wissen wir, dass die Druckverteilung der Form

$$p = p_0(1 - r^2 / a^2)^{-1/2} \tag{6.2}$$

zu einer vertikalen Verschiebung

$$u_z = \frac{\pi}{E^*} p_0 a \tag{6.3}$$

führt, während die Druckverteilung

$$p = p_0(1 - r^2 / a^2)^{1/2} \tag{6.4}$$

die Verschiebung

$$u_z = \frac{\pi}{4E^* a} p_0 (2a^2 - r^2) \tag{6.5}$$

verursacht. Eine gleichzeitige Anwendung beider Druckverteilungen führt offenbar zu einer quadratischen Verteilung der Verschiebungen im Kontaktgebiet, was mit der geometrischen Vorgabe (6.1) im Einklang steht.

Aus den genannten Gründen benutzen wir für die Druckverteilung im Kontaktgebiet den Ansatz

$$p = p_0(1 - r^2 / a^2)^{-1/2} + p_1(1 - r^2 / a^2)^{1/2}. \tag{6.6}$$

Die entsprechende Verschiebung ergibt sich nach dem Superpositionsprinzip zu

$$u_z = \frac{\pi a}{E^*}\left[p_0 + \frac{1}{2} p_1\left(1 - \frac{r^2}{2a^2}\right)\right]. \tag{6.7}$$

Ein Vergleich von (6.1) und (6.7) liefert

$$\frac{\pi a}{E^*}\left(p_0+\frac{p_1}{2}\right)=d,\quad \frac{\pi p_1}{4E^* a}=\frac{1}{2R}. \tag{6.8}$$

Daraus folgt

$$p_1=\frac{E^*}{\pi}\frac{2a}{R},\qquad p_0=\frac{E^*}{\pi}\left(\frac{d}{a}-\frac{a}{R}\right). \tag{6.9}$$

Die zwei Gln. (6.9) enthalten (bei gegebener Eindrucktiefe d) drei unbekannte Größen p_1, p_0 und a. Um den Deformations- und Spannungszustand bei der gegebenen Eindrucktiefe d eindeutig bestimmen zu können, ist eine weitere Bedingung notwendig. Hierfür benutzen wir die Forderung, dass die gesamte Energie des Systems bei konstantem d ein Minimum annimmt.

Die Energie der Kugel besteht aus einem elastischen und einem adhäsiven Anteil. Die elastische Deformationsenergie der Kugel kann mit der Gleichung

$$U_{el}=\frac{1}{2}\int\limits_{\substack{Kontakt-\\gebiet}} p(\mathbf{x})u_z(\mathbf{x})\,dxdy \tag{6.10}$$

berechnet werden, die für beliebige linear elastische Systeme gilt. Substitution von (6.6) und (6.1) in (6.10) ergibt

$$U_{el}=\pi d\int_0^a r[p_0(1-r^2/a^2)^{-1/2}+p_1(1-r^2/a^2)^{1/2}]\left(1-\frac{r^2}{2dR}\right)\mathrm{d}r. \tag{6.11}$$

Nach der Substitution $\xi=1-r^2/a^2,\;\; d\xi=-2rdr/a^2$ erhalten wir

$$U_{el}=\frac{\pi da^2}{2}\left[p_0\left(2-\frac{2}{3}\frac{a^2}{dR}\right)+p_1\left(\frac{2}{3}-\frac{2}{15}\frac{a^2}{dR}\right)\right] \tag{6.12}$$

und unter Berücksichtigung von (6.9)

$$U_{el}=E^*\left[d^2a-\frac{2}{3}\frac{da^3}{R}+\frac{a^5}{5R^2}\right]. \tag{6.13}$$

Die volle Energie ist gleich[1]

$$U_{tot}=E^*\left[d^2a-\frac{2}{3}\frac{da^3}{R}+\frac{a^5}{5R^2}\right]-\gamma_{12}\pi a^2. \tag{6.14}$$

[1] γ_{12} ist hier die relative Oberflächenenergie.

Den Gleichgewichtsradius a erhalten wir aus der Forderung, dass diese Energie ein Minimum annimmt:

$$\frac{\partial U_{tot}}{\partial a} = E^*\left[d^2 - 2\frac{da^2}{R} + \frac{a^4}{R^2}\right] - 2\gamma_{12}\pi a = E^*\left(d - \frac{a^2}{R}\right)^2 - 2\gamma_{12}\pi a = 0. \quad (6.15)$$

Daraus folgt

$$d = \frac{a^2}{R} \pm \sqrt{\frac{2\gamma_{12}\pi a}{E^*}}. \quad (6.16)$$

Einsetzen dieser Beziehung in (6.14) ergibt die Gesamtenergie als Funktion des Kontaktradius

$$U_{tot} = E^*\left[\frac{8}{15}\frac{a^5}{R^2} + \frac{\gamma_{12}\pi a^2}{E^*} \pm \frac{4}{3}\frac{a^3}{R}\sqrt{\frac{2\gamma_{12}\pi a}{E^*}}\right]. \quad (6.17)$$

Das Minuszeichen entspricht dem Zustand mit einer kleineren Energie.

Die auf die Kugel wirkende äußere Normalkraft erhalten wir aus der Ableitung der Energie nach der Verschiebung d des Mittelpunkts der Kugel:

$$F = -\frac{\mathrm{d}U_{tot}}{\mathrm{d}(d)} = -\frac{\partial U_{tot}}{\partial(d)} - \frac{\partial U_{tot}}{\partial a}\frac{\mathrm{d}a}{\mathrm{d}(d)}. \quad (6.18)$$

Dabei ist zu berücksichtigen, dass der Wert von a im Gleichgewichtszustand bei gegebenem d genommen werden muss. In diesem Zustand ist aber $\frac{\partial U_{tot}}{\partial a} = 0$, so dass wir statt (6.18) zu einer einfacheren Gleichung kommen:

$$F = \frac{\partial U_{tot}}{\partial(d)} = E^*\left[2da - \frac{2}{3}\frac{a^3}{R}\right]. \quad (6.19)$$

Indem wir hier (6.16) einsetzen, erhalten wir die Kraft als Funktion des Kontaktradius'

$$F = E^*\left[2\left(\frac{a^2}{R} - \sqrt{\frac{2\gamma_{12}\pi a}{E^*}}\right)a - \frac{2}{3}\frac{a^3}{R}\right] = E^*\left[\frac{4}{3}\frac{a^3}{R} - \left(\frac{8\gamma_{12}\pi a^3}{E^*}\right)^{1/2}\right]. \quad (6.20)$$

Der maximale negative Wert dieser Kraft wird erreicht bei

$$a = a_{crit} = \left(\frac{9}{8} \frac{\gamma_{12} \pi R^2}{E^*} \right)^{1/3} \tag{6.21}$$

und ist gleich

$$F_A = -\frac{3}{2} \gamma_{12} \pi R. \tag{6.22}$$

Der Betrag dieser Kraft wird *Adhäsionskraft* genannt.

In dimensionslosen Variablen $\tilde{F} = F / |F_A|$, $\tilde{a} = a / a_{crit}$ erhält (6.20) die folgende Form

$$\tilde{F} = \tilde{a}^3 - 2\tilde{a}^{3/2}. \tag{6.23}$$

Sie ist in der Abb. 6.3a graphisch dargestellt

Die Eindrucktiefe (Gl. (6.16) mit Minus-Vorzeichen) im kritischen Zustand (6.21) ist gleich

$$d_{crit} = -\left(\frac{3\pi^2 \gamma_{12}^2 R}{64 E^{*2}} \right)^{1/3}. \tag{6.24}$$

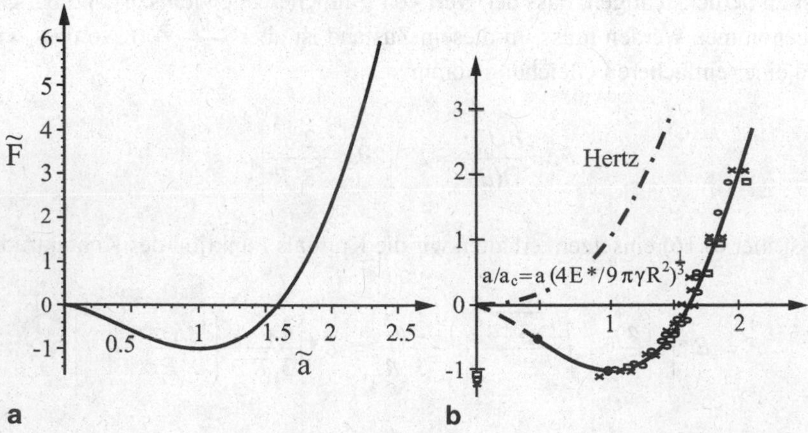

Abb. 6.3 **a** Abhängigkeit der normierten Kraft vom normierten Kontaktradius; **b** experimentelle Daten von Johnson für Gelatinekugeln mit verschiedenen Radien: 24.5, 79 und 255 mm (Johnson 2001)

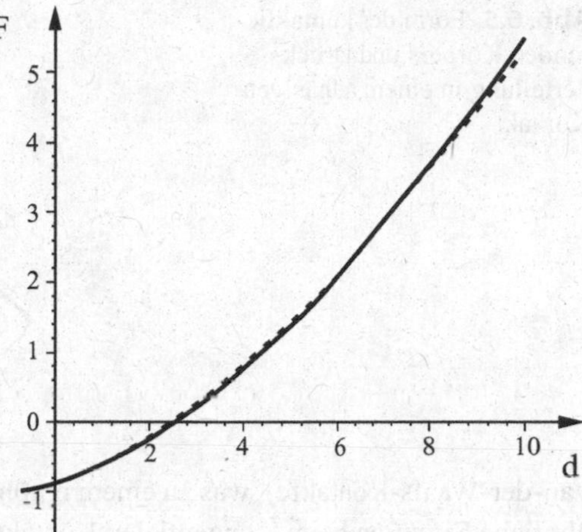

Abb. 6.4 Abhängigkeit der dimensionslosen Normalkraft von der dimensionslosen Eindrucktiefe

Indem wir die dimensionslose Eindrucktiefe $\tilde{d} = d\,/\left|d_{crit}\right|$ einführen, können wir die Gl. (6.16) in die dimensionslose Form

$$\tilde{d} = 3\tilde{a}^2 - 4\tilde{a}^{1/2} \tag{6.25}$$

überführen. Zusammen mit (6.23) bestimmt sie in parametrischer Form die Abhängigkeit der dimensionslosen Normalkraft von der dimensionslosen Eindrucktiefe (Abb. 6.4).

Diese Abhängigkeit ist in Abb. 6.4 (durchgezogene Linie) dargestellt. In dem für viele Adhäsionsprobleme interessanten Bereich, wenn die Eindrucktiefe von der gleichen Größenordnung wie d_{crit} ist, kann sie sehr gut durch die folgende Beziehung approximiert werden:

$$\tilde{F} \approx -1 + 0{,}12 \cdot (\tilde{d} + 1)^{5/3} \tag{6.26}$$

(gestrichelte Linie in der Abb. 6.4).

Wir diskutieren noch die Druckverteilung im adhäsiven Kontakt. Sie wird durch die Gln. (6.6) und (6.9) gegeben. Zu bemerken ist, dass p_1 immer positiv und $p_0 = \frac{E^*}{\pi}\left(\frac{d}{a} - \frac{a}{R}\right) = -\sqrt{\frac{2\gamma_{12}E^*}{\pi a}}$ immer negativ sind. Die resultierende Druckverteilung ist in Abb. 6.5 gezeigt. Der wesentliche Unterschied zum nichtadhäsiven Kontakt besteht darin, dass an den Rändern des Kontaktgebietes die Spannung nicht Null ist, sondern einen unendlich großen negativen Wert annimmt.

Die Berücksichtigung der endlichen Reichweite der Adhäsionskräfte beseitigt diese Singularität. Dennoch erreichen die Spannungen an den Rändern eines adhäsiven Kontaktgebietes sehr große Werte (von der Größenordnung der „theoretischen Festigkeit“ der

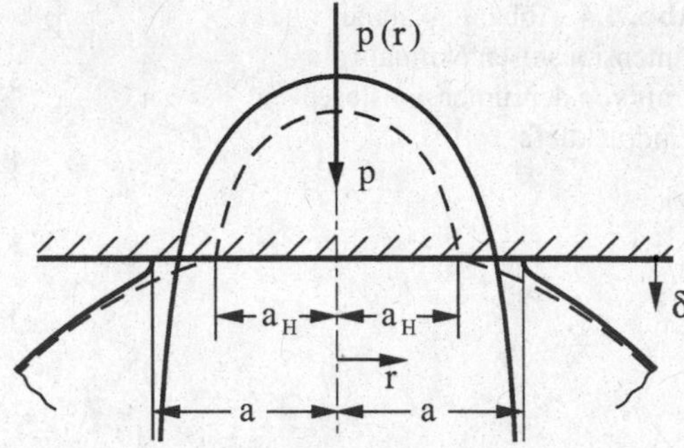

Abb. 6.5 Form des kontaktierenden Körpers und Druckverteilung in einem adhäsiven Kontakt

van-der-Waals-Kontakte), was zu einem erhöhten Verschleiß führen kann (vergleiche eine ähnliche Situation beim „tangentialen Kontakt" (siehe Kap. 8).

6.2 Adhäsiver Kontakt rotationssymmetrischer Körper

Im Abschn. 5.6 wurde eine einfache Methode beschrieben, mit welcher Normalkontaktprobleme von *beliebigen axialsymmetrischen* Körpern gelöst werden können (Methode der Dimensionsreduktion, MDR). Adhäsive Kontakte von axialsymmetrischen Indentern lassen sich mithilfe der MDR ebenfalls exakt beschreiben.

Unten beschreiben wir das Verfahren zur Berechnung eines adhäsiven Kontaktes mithilfe der MDR ohne Begründung. Der Beweis der Richtigkeit des beschriebenen Verfahrens ist im Anhang C gegeben. Das Berechnungsverfahren besteht aus folgenden Schritten:

- Im ersten Schritt wird das gegebene dreidimensionale Profil $z = f(r)$ mithilfe der Gl. (5.52) in ein äquivalentes ebenes Profil $g(x)$ transformiert.
- Das Profil $g(x)$ wird nun in die eindimensionale elastische Bettung nach der Definition (5.51) eingedrückt, so dass sich ein Kontaktradius a bildet. Dabei wird die Adhäsion zunächst nicht berücksichtigt. Dieser Vorgang ist in der Abb. 6.6 links gezeigt.
- Im dritten Schritt wird der Stempel nach oben gezogen und dabei angenommen, dass alle im Kontakt befindlichen Federn am Indenter adhieren – der Kontaktradius bleibt konstant. Bei fortschreitender Bewegung werden die Randfedern immer stärker auf Zug beansprucht. Erreicht die Längenänderung der äußeren Federn einen maximal zulässigen Wert

$$\Delta l_{\max}(a) = \sqrt{\frac{2\pi a \gamma_{12}}{E^*}}, \tag{6.27}$$

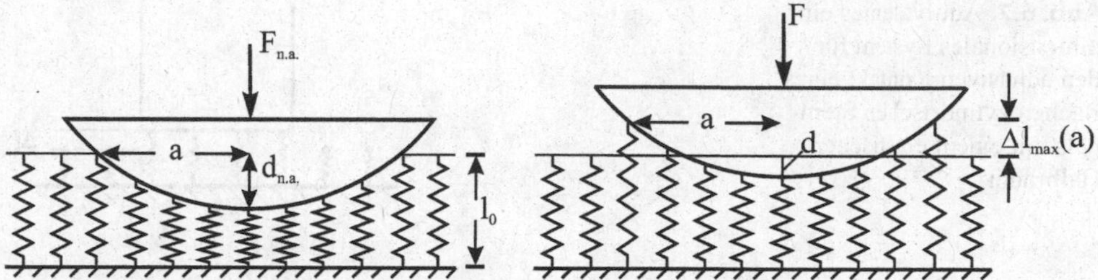

Abb. 6.6 Qualitative Darstellung des Andruck- und Abziehvorgangs eines sphärischen 1D-Indenters mit einer elastischen Bettung, welche die Eigenschaften des adhäsiven Kontaktes zwischen einem starren sphärischen Stempel und dem elastischen Halbraum exakt wiedergibt

so reißt sie ab. Das Abreißkriterium (6.27) wurde von M. Heß gefunden[2] und ist als *Regel von Heß* bekannt. Eine Herleitung dieses Kriteriums ist im Anhang C gegeben (Gleichung A.39). Es kann gezeigt werden, dass der zugehörige Gleichgewichtszustand, beschrieben durch die drei Größen $(F,\ d,\ a)$, mit dem des dreidimensionalen adhäsiven Kontaktes *exakt* übereinstimmt.

Im Unterschied zum im Abschn. 5.6 beschriebenen Algorithmus für den nicht-adhäsiven Kontakt muss lediglich die Formel zur Berechnung der Eindrucktiefe geändert werden: Die Verschiebung der Randfedern ist jetzt nicht Null sondern negativ und betragsmäßig gleich dem kritischen Wert: $u_z(a) = \Delta l_{\max}(a)$. Daraus folgt

$$d = g(a) - \Delta l_{\max}(a). \tag{6.28}$$

Die Normalkraft wird nach wie vor durch die Gl. (5.57) gegeben:

$$\begin{aligned} F_N &= 2E^* \int_0^a \left(d - g(x)\right) \mathrm{d}x = 2E^* \left[ad - \int_0^a g(x)\,\mathrm{d}x \right] \\ &= 2E^* \left[ag(a) - \int_0^a g(x)\,\mathrm{d}x - a\Delta l_{\max}(a) \right] \end{aligned} \tag{6.29}$$

oder

$$F_N = 2E^* \left[\int_0^a x g'(x)\,\mathrm{d}x - a\Delta l_{\max}(a) \right]. \tag{6.30}$$

[2] M. Heß, Über die exakte Abbildung ausgewählter dreidimensionaler Kontakte auf Systeme mit niedrigerer räumlicher Dimension, Dissertation an der Technischen Universität Berlin, 2010.

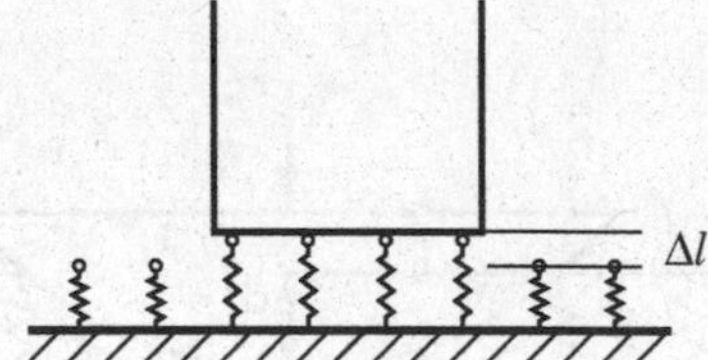

Abb. 6.7 Äquivalentes eindimensionales System für den adhäsiven Kontakt eines flachen zylindrischen Stempels mit einem elastischen Halbraum

Wird beim Abzugsversuch die Kraft kontrolliert, so bestimmt sich der kritische Wert a_c des Kontaktradius im Moment des Stabilitätsverlustes aus der Bedingung $\mathrm{d}F_N / \mathrm{d}a = 0$:

$$\left.\frac{\mathrm{d}g(a)}{\mathrm{d}a}\right|_{a_c} = \sqrt{\frac{9\pi\gamma_{12}}{2a_c E^*}}. \tag{6.31}$$

Einsetzen des kritischen Radius in (6.30) liefert die Adhäsionskraft:

$$F_A = -2E^* \left[\int_0^{a_c} xg'(x)\mathrm{d}x - a_c \Delta l_{\max}(a_c)\right]. \tag{6.32}$$

Transformationsregeln der MDR, z. B. (5.59) für die Druckverteilung und (5.60) für die Verschiebungen bleiben auch im Fall eines adhäsiven Kontaktes gültig.

Um die einfache Handhabung dieses Verfahrens zu illustrieren, betrachten wir den adhäsiven Kontakt zwischen einem flachen zylindrischen Stempel mit dem Radius a und einem elastischen Halbraum. Das MDR-transformierte Bild dieses Systems ist in Abb. 6.7 gezeigt.

In diesem Fall ist der kritische Radius trivialerweise gleich dem Radius des Zylinders: $a_c = a$. Da für einen flachen Zylinder $g'(x) = 0$ ist, verschwindet das erste Glied in der Gl. (6.32) und für die Adhäsionskraft ergibt sich

$$F_A = 2E^* a \Delta l_{\max}(a) = \sqrt{8\pi a^3 E^* \gamma_{12}}, \tag{6.33}$$

was exakt mit dem dreidimensionalen Ergebnis übereinstimmt[3].

Weitere Beispiele werden in den Aufgaben zu diesem Kapitel behandelt.

Aufgaben

Aufgabe 1: Wie lang darf der in der Abb. 6.8 skizzierte schlanke Balken höchstens sein, damit ein Kontakt (wie in der Skizze) verhindert wird? Die relative Oberflächenenergie zwischen Balken und Unterlage sei γ^*. Die Breite des Balkens (senkrecht zur Zeichenebene) sei a, die Dicke t.

[3] Kendall K.: The adhesion and surface energy of elastic solids. Journal of Physics D: Applied Physics. 1971, 4: 1186–1195.

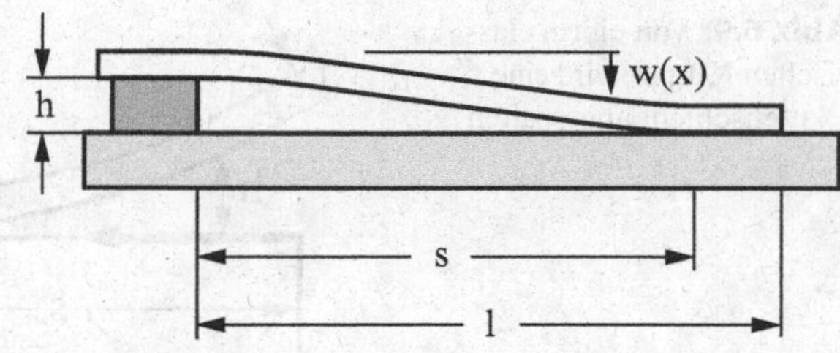

Abb. 6.8 Zum adhäsiven Kontakt für ein einfaches mikromechanisches Modell, bestehend aus einem schlanken elastischen Balken und einer Unterlage

Lösung: Die Balkendifferentialgleichung lautet in diesem Fall: $d^4w/dx^4 = 0$. Ihre Lösung, die den Randbedingungen $w(0) = 0, w(s) = h, w'(0) = 0, w'(s) = 0$ genügt, lautet

$$w(x) = \frac{h}{s^3}(3x^2 s - 2x^3).$$

Die elastische Energie eines gebogenen Balkens berechnet sich zu

$$U_{el} = \int_0^s \tfrac{1}{2} E\mathrm{I} w''(x)^2 \, dx = \frac{6E\mathrm{I}h^2}{s^3},$$

wobei

$$\mathrm{I} = \frac{at^3}{12}$$

das geometrische Flächenträgheitsmoment des Balkenquerschnittes ist.

Die gesamte Energie ist gleich

$$U = \frac{6E\mathrm{I}h^2}{s^3} - \gamma^*(l - s) \cdot a.$$

Sie nimmt ein Minimum bei

$$s = \left(\frac{3Eh^2 t^3}{2\gamma^*} \right)^{1/4}$$

an. Ist die Länge des Balkens kleiner als s, so kann er an der Unterlage nicht „kleben bleiben".

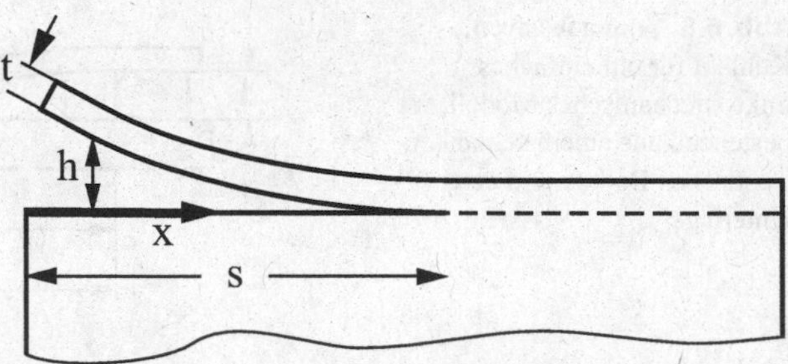

Abb. 6.9 Von einem elastischen Körper wird eine Plattenschicht abgespalten

Aufgabe 2: Durch äußere Kräfte werde unter Überwindung der Oberflächenspannung von einem Körper eine Schicht (von der Stärke t) abgespalten (Abb. 6.9). Man leite die Beziehung zwischen der Oberflächenspannung und der Form der sich abspaltenden Plattenschicht ab[4].

Lösung: Wir betrachten die sich abspaltende Schicht als eine Platte mit der Breite a (senkrecht zur Zeichenebene), die in einem Rand (Risslinie) horizontal eingebettet ist. Die Lösung der Plattendifferentialgleichung $d^4w/dx^4 = 0$, die den Randbedingungen $w(0) = h$, $w(s) = 0$, $w''(0) = 0$, $w'(s) = 0$ genügt, lautet

$$w(x) = \frac{h(x^3 - 3xs^2 + 2s^3)}{2s^3}.$$

Die elastische Energie ist gleich

$$U_{el} = \int_0^s \tfrac{1}{2} Daw''(x)^2 \,\mathrm{d}x = \frac{3Dah^2}{2s^3}$$

mit $D = \dfrac{Et^3}{12(1-\nu^2)}$. Die gesamte Energie ist gleich

$$U = \frac{3Dah^2}{2s^3} + 2\gamma sa.$$

Sie nimmt ein Minimum bei

$$s = \frac{\sqrt{6}}{2} D^{1/4} h^{1/2} \gamma^{-1/4}$$

an. Unter Berücksichtigung der Gleichung $w''(x) = \dfrac{3hx}{s^3}$ folgt daraus

---

[4] Dieses Problem untersuchte I.W. Obreimov (1930) im Zusammenhang mit der von ihm entwickelten Methode zur Messung der Oberflächenspannung von Glimmer; die so durchgeführten Messungen waren die ersten direkten Messungen zur Bestimmung der Oberflächenspannung fester Körper.

$$\gamma = \frac{D}{4} w''(s)^2 .$$

Aufgabe 3: Zu untersuchen ist der adhäsive Kontakt zwischen einem starren kegelförmigem Profil, $f(r) = \tan\theta \cdot r$, und einem elastischen Halbraum. Zu ermitteln sind die Eindrucktiefe und die Normalkraft in Abhängigkeit vom Kontaktradius sowie die Adhäsionskraft unter fixed-load Bedingungen.

Lösung: Im ersten Schritt bestimmen wir durch die Integraltransformation (5.52) das äquivalente eindimensionale Profil: $g(x) = (\pi / 2)\tan\theta \cdot |x|$. Der Zusammenhang zwischen der Eindrucktiefe und dem Kontaktradius wird durch die Gl. (6.28) gegeben:

$$d = \frac{\pi}{2} \tan\theta \cdot a - \sqrt{\frac{2\pi a \gamma_{12}}{E^*}}.$$

Die Gl. (6.30) für die Normalkraft nimmt die Form

$$F_N = 2E^* \left[\frac{\pi \tan\theta\, a^2}{4} - a\sqrt{\frac{2\pi a \gamma_{12}}{E^*}} \right]$$

an. Die betragsmäßig maximale negative Kraft wird erreicht bei $a_c = \frac{18\gamma_{12}}{\pi \tan^2\theta \cdot E^*}$ und ist gleich

$$F_c = -\frac{54\gamma_{12}{}^2}{\pi \tan^3\theta \cdot E^*}.$$

Die Eindrucktiefe in diesem kritischen Zustand beträgt $d_c = \frac{3\gamma_{12}}{\tan\theta \cdot E^*}$. Unter Einführung der normierten Größen $\tilde{F}_N := F_N / |F_c|$, $\tilde{d} := d / |d_c|$ und $\tilde{a} := a / a_c$ nehmen die Gleichungen für die Eindrucktiefe und Normalkraft die nachstehende dimensionslose Form an:

$$\tilde{F}_N(\tilde{a}) = 3\tilde{a}^2 - 4\tilde{a}^{3/2} \quad \text{und} \quad \tilde{d}(\tilde{a}) = 3\tilde{a} - 2\tilde{a}^{1/2}.$$

Aufgabe 4: Zu untersuchen ist der adhäsive Kontakt zwischen einem starren, axial-symmetrischen Indenter der Form $f(r) = c_n \cdot r^n$ und einem elastischen Halbraum.

Lösung: Diese Aufgabe wird besonders elegant mit Hilfe der MDR gelöst. Das äquivalente eindimensionale Ersatzprofil wurde bereits in der Aufgabe 7 aus Kap. 5 berechnet:

$$g(x) = \kappa_n c_n |x|^n \text{ mit } \kappa_n = \frac{\sqrt{\pi}}{2} \frac{n\Gamma(\frac{n}{2})}{\Gamma(\frac{n}{2}+\frac{1}{2})}.$$

Der Zusammenhang zwischen der Eindrucktiefe und dem Kontaktradius wird durch die Gl. (6.28) gegeben:

$$d = g(a) - \Delta\ell_{\max}(a) = \kappa_n c_n a^n - \sqrt{\frac{2\pi a \gamma_{12}}{E^*}}.$$

Die Gl. (6.30) für die Normalkraft lautet

$$F_N(a) = 2E^* \frac{n}{n+1}\kappa_n c_n a^{n+1} - \sqrt{8\pi a^3 E^* \gamma_{12}}.$$

Die Kraft erreicht den minimalen Wert

$$F_c = \frac{1-2n}{n+1}\left[\left(\frac{3}{2n\kappa_n c_n}\right)^3 (2\pi\gamma_{12})^{n+1} E^{*\,n-2}\right]^{\frac{1}{2n-1}}$$

bei

$$a_c = \left(\frac{9\pi\gamma_{12}}{2n^2\kappa_n^2 c_n^{\,2} E^*}\right)^{\frac{1}{2n-1}}.$$

Die Eindrucktiefe im Moment des Stabilitätsverlustes ist gleich

$$d_c = \left(1 - \frac{2}{3}n\right)\left[\frac{9\pi\gamma_{12}}{2n^2 E^*}\left(\frac{1}{\kappa_n c_n}\right)^{1/n}\right]^{\frac{n}{2n-1}}.$$

Normiert auf die Beträge der kritischen Größen $\tilde{F}_N = F_N / |F_c|$, $\tilde{d} = d / |d_c|$ und $\tilde{a} = a / a_c$ können die Gleichgewichtsrelationen in einer besonders einfachen Form geschrieben werden:

$$\tilde{F}_N(\tilde{a}) = \frac{1}{|1-2n|}[3\tilde{a}^{n+1} - 2(n+1)\tilde{a}^{3/2}] \quad \text{und} \quad \tilde{d}(\tilde{a}) = \frac{1}{|3-2n|}(3\tilde{a}^n - 2n\tilde{a}^{1/2}).$$

Für $n = 1$ stimmen die Ergebnisse mit denen von Aufgabe 3 überein, während $n = 2$ die klassische JKR-Theorie für parabolische Profile abbildet.

Kontakt zwischen rauen Oberflächen

7

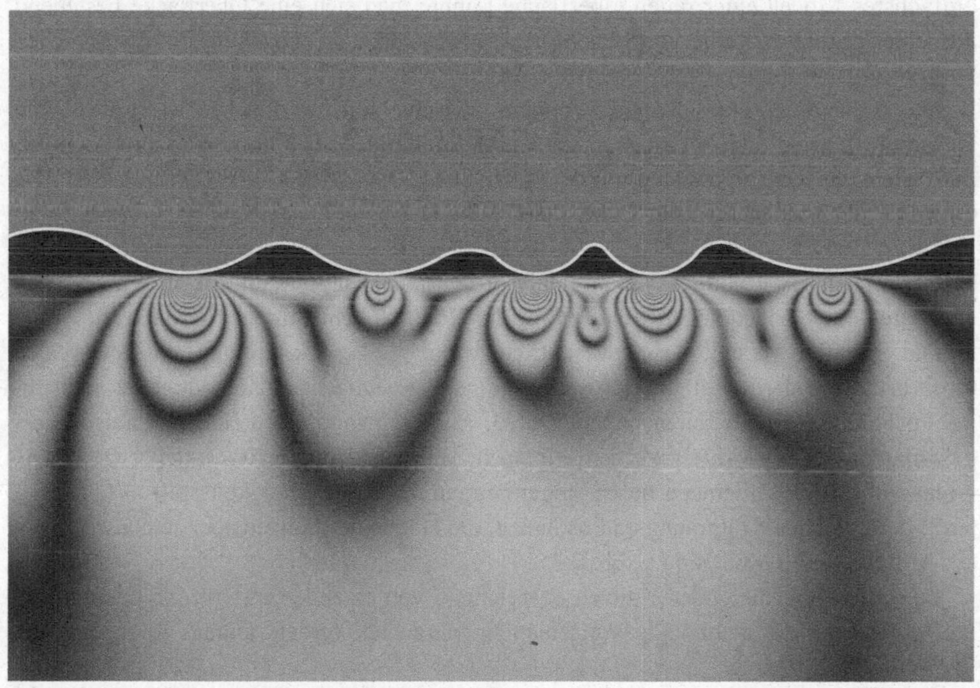

Die Oberflächenrauigkeit hat einen großen Einfluss auf viele physikalische Phänomene wie Reibung, Verschleiß, Abdichtungen, Adhäsion, selbstklebende Schichten, elektrische und thermische Kontakte. Wenn zwei Körper mit rauen Oberflächen aneinander gedrückt werden, so ist die „reale Kontaktfläche" zunächst sehr viel kleiner als die „scheinbare Fläche". Die Größe der „realen Kontaktfläche" bestimmt z. B. den elektrischen und den thermischen Widerstand zwischen den Körpern. Die Größe der Kontaktgebiete und der ma-

V. L. Popov, *Kontaktmechanik und Reibung,* DOI 10.1007/978-3-662-45975-1_7

ximalen Spannungen bestimmt letztendlich die Größe von Verschleißteilchen und somit die Verschleißgeschwindigkeit. Auch für die Reibungsprozesse ist die Größe des realen Kontaktgebietes von ausschlaggebender Bedeutung. Als mikroskopische Ursache für die Reibungskraft kann man sich den Bruch der mikroskopischen Bindungen zwischen den kontaktierenden Oberflächen vorstellen. Die Bruchfestigkeit und somit die Reibungskraft sollten nach diesen Vorstellungen etwa proportional zu der „realen Kontaktfläche" sein. In diesem Kapitel untersuchen wir Abhängigkeiten der realen Kontaktfläche, der Kontaktlänge und der gesamten Kontaktkonfiguration von der Anpresskraft.

7.1 Modell von Greenwood und Williamson

Wir beginnen mit einer Diskussion von rauen Oberflächen im *elastischen* Kontakt. Als einfachstes Modell einer rauen Oberfläche könnte man sich eine Oberfläche bestehend aus einer regulären Reihe von gleichförmigen Rauigkeiten vorstellen, die den gleichen Krümmungsradius und die gleiche Höhe haben[1] (Abb. 7.1).

Die Behandlung eines Kontaktproblems zwischen solchen Flächen ist einfach: Die Gesamtkraft ergibt sich bei nicht zu großen Normalkräften als Summe von für alle „Kappen" gleichen Kräften, die sich mit der Hertzschen Kontakttheorie berechnen lassen. Die einzelne „Mikrokontaktfläche", und somit die gesamte Kontaktfläche ist in diesem Fall $\Delta A \sim F^{2/3}$. Das widerspricht sowohl direkten Experimenten als auch dem Amontongesetz, nach dem die Reibungskraft ungefähr proportional zur Normalkraft ist. Wir erwarten deswegen einen ungefähr linearen Anstieg der Kontaktfläche mit der Normalkraft.

Die Situation verändert sich wesentlich, wenn wir berücksichtigen, dass die realen Oberflächen in der Regel stochastisch rau sind. Die einfachste Methode, eine nicht reguläre Fläche zu modellieren haben 1966 J. A. Greenwood and J.B.P. Williamson vorgeschlagen. Dieses Modell werden wir nach den Autoren als GW-Modell bezeichnen. Greenwood und Williamson haben angenommen, dass alle Rauigkeitsspitzen („Asperiten") den gleichen Krümmungsradius haben, die Höhen der Spitzen aber stochastisch um ein Mittelniveau verteilt sind (Abb. 7.2).

Sind die kontaktierenden Spitzen ausreichend von einander entfernt, so können ihre Deformationen als unabhängig von einander betrachtet werden. Daraus folgt, dass die

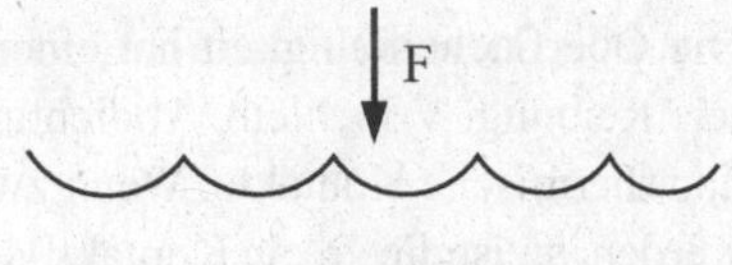

Abb. 7.1 Einfaches Modell einer rauen Oberfläche

[1] Solche regulären Oberflächen bezeichnet man allerdings nicht als „rau", sondern als „profiliert" oder „strukturiert".

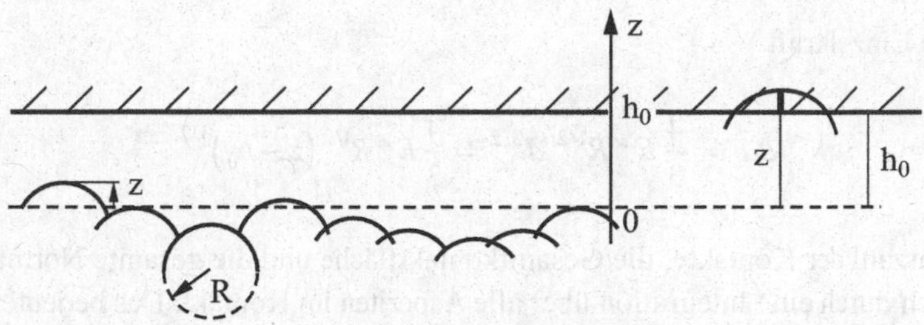

Abb. 7.2 Modell einer stochastischen Oberfläche nach Greenwood und Williamson

Position dieser Spitzen, und somit die genaue Konfiguration der Oberfläche, für das Kontaktproblem (unter der genannten Annahme) von keiner Bedeutung sind. Lediglich die Höhenverteilung der Spitzen ist von Bedeutung. Bezeichnen wir die Wahrscheinlichkeitsdichte, einen Asperiten mit der maximalen Höhe z zu treffen, durch $\Phi(z)$. Das bedeutet, dass die Wahrscheinlichkeit, einen Asperiten mit der maximalen Höhe im Intervall $[z, z+\mathrm{d}z]$ zu treffen gleich $\Phi(z)\mathrm{d}z$ ist. Ist die Gesamtzahl von Asperiten N_0, so ist die Zahl der Asperiten im Intervall $[z, z+\mathrm{d}z]$ gleich $N_0\Phi(z)\mathrm{d}z$.

Für viele technische und natürliche Oberflächen kann angenommen werden, dass die Höhen normal verteilt sind:

$$\Phi(z) = \left(\frac{1}{2\pi l^2}\right)^{1/2} e^{-\frac{z^2}{2l^2}}. \tag{7.1}$$

Die Größe l ist hier der quadratische Mittelwert der Höhenverteilung:

$$l = \sqrt{\langle z^2 \rangle}, \tag{7.2}$$

den wir *Rauigkeit* nennen.

Betrachten wir einen Kontakt zwischen einem elastischen Körper mit der beschriebenen Statistik von Rauigkeiten und einer starren Ebene im Abstand h_0 vom Mittelniveau, welches als Null der z-Achse angenommen wird (Abb. 7.2). Unter der Annahme, dass man die elastische Wechselwirkung zwischen den Asperiten vernachlässigen kann, sind alle Asperiten mit $z > h_0$ im Kontakt mit der starren Ebene. Die „Eindrucktiefe" eines Asperiten mit der Höhe z beträgt $d = z - h_0$. Für einen einzelnen Kontakt erhalten wir aufgrund der Hertzschen Theorie $a^2 = d \cdot R$ (Gl. (5.21)). Somit gilt für die Kontaktfläche eines einzelnen Asperiten

$$\Delta A = \pi a^2 = \pi d \cdot R = \pi(z - h_0)R \tag{7.3}$$

und für die Einzelkraft

$$\Delta F = \frac{4}{3} E^* R^{1/2} d^{3/2} = \frac{4}{3} E^* R^{1/2} \left(z - h_0\right)^{3/2}. \tag{7.4}$$

Die Gesamtzahl der Kontakte, die Gesamtkontaktfläche und die gesamte Normalkraft F_N ergeben sich durch eine Integration über alle Asperiten im Kontakt. Das bedeutet, dass die Integration über alle Höhen von $z = h_0$ bis unendlich erfolgen muss:

$$N = \int_{h_0}^{\infty} N_0 \Phi(z) \mathrm{d}z \tag{7.5}$$

$$A = \int_{h_0}^{\infty} N_0 \Phi(z) \pi R (z - h_0) \mathrm{d}z, \tag{7.6}$$

$$F_N = \int_{h_0}^{\infty} N_0 \Phi(z) \frac{4}{3} E^* R^{1/2} (z - h_0)^{3/2} \mathrm{d}z. \tag{7.7}$$

Während die Gesamtfläche, die Gesamtkraft und die Zahl der Kontakte beim Zusammendrücken der Körper (Verkleinerung von h_0) exponentiell schnell anwächst, ändern sich ihre Verhältnisse relativ schwach. Für die *mittlere Kontaktfläche eines Asperiten* erhalten wir z. B.

$$\langle \Delta A \rangle = \frac{A}{N} = \frac{\int_{h_0}^{\infty} \mathrm{d}z N_0 \Phi(z) \pi R \cdot (z - h_0)}{\int_{h_0}^{\infty} \mathrm{d}z N_0 \Phi(z)}. \tag{7.8}$$

Indem wir eine dimensionslose Variable $\xi = z / l$ und die Bezeichnung $\xi_0 = h_0 / l$ einführen, erhalten wir

$$\langle \Delta A \rangle = \pi R l \left[\frac{\int_{\xi_0}^{\infty} \mathrm{d}\xi \exp\left(-\xi^2 / 2\right) \cdot (\xi - \xi_0)}{\int_{\xi_0}^{\infty} \mathrm{d}\xi \exp\left(-\xi^2 / 2\right)} \right]. \tag{7.9}$$

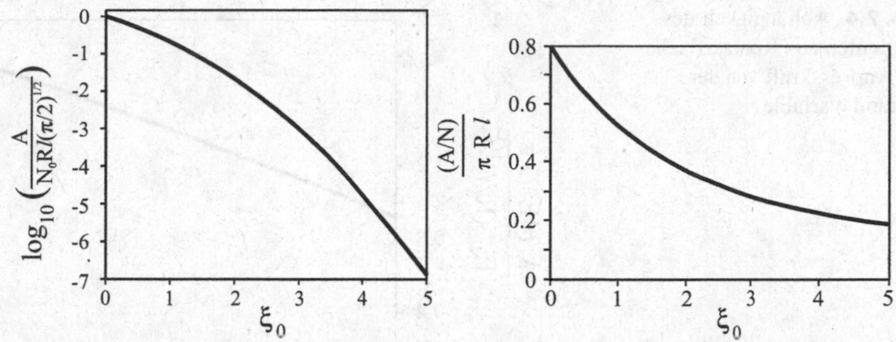

Abb. 7.3 Abhängigkeit der Kontaktfläche und der mittleren Kontaktfläche von der Abstandsvariable

Der Abb. 7.3 kann man entnehmen, dass sich die Kontaktfläche (7.6) bei der Änderung des relativen Abstandes zwischen zwei Flächen von $\xi_0 = 0$ bis 5 um 7 Dezimalgrößenordnungen ändert, während sich die mittlere Kontaktfläche $\langle \Delta A \rangle$ um weniger als das 3fache ändert. Der Wert $\xi_0 = 0$ entspricht einem sehr starken Zusammendrücken, bei dem die Kontaktfläche in etwa die Hälfte der scheinbaren Fläche beträgt. Die Werte $\xi_0 > 4$ sind nicht realistisch, da es sich dabei höchstens um einzelne Kontakte handeln kann. Der „typische" Bereich von mittleren Normalkräften, welcher den wahren Kontaktflächen zwischen 10^{-2} und 10^{-4} der scheinbaren Fläche entspricht, wird erreicht für $\xi_0 = 2{,}5$ bis 3,5. Das Verhältnis $\langle \Delta A / \pi R l \rangle$ ändert sich in diesem Bereich nur geringfügig um den Wert 0,3.

Für die mittlere Fläche eines Asperiten erhalten wir in guter Näherung

$$\langle \Delta A \rangle \approx Rl. \tag{7.10}$$

Die mittlere Größe eines mikroskopischen Kontaktgebietes bleibt praktisch konstant (oder ändert sich nur sehr langsam) bei Änderung der Kraft und der Kontaktfläche um einige Größenordnungen.

Ähnlich langsam ändert sich auch das Verhältnis der gesamten Kontaktfläche zur Kraft:

$$\frac{A}{F_N} = \frac{\int_{h_0}^{\infty} N_0 \Phi(z) \pi R (z - h_0) \mathrm{d}z}{\int_{h_0}^{\infty} N_0 \Phi(z) \frac{4}{3} E^* R^{1/2} (z - h_0)^{3/2} \, \mathrm{d}z} = \left(\frac{R}{l}\right)^{1/2} \frac{3\pi}{4E^*} \frac{\int_{\xi_0}^{\infty} \mathrm{d}\xi \exp\left(-\xi^2/2\right) \cdot (\xi - \xi_0)}{\int_{\xi_0}^{\infty} \mathrm{d}\xi \exp\left(-\xi^2/2\right) \cdot (\xi - \xi_0)^{3/2}} \tag{7.11}$$

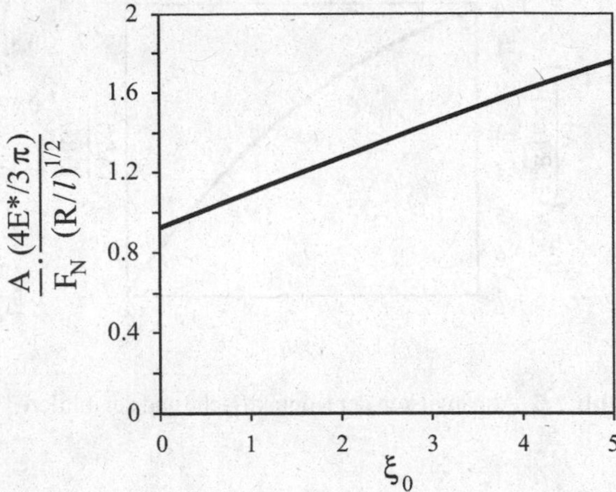

Abb. 7.4 Abhängigkeit des Quotienten aus Kontaktfläche und Anpresskraft von der Abstandsvariable

Der Abb. 7.4 kann man entnehmen, dass in dem für makroskopische Reibungsprobleme relevanten Bereich von $\xi_0 = 2{,}5$ bis 3,5 das Verhältnis $\dfrac{A}{F_N}\Big/\left(\dfrac{R}{l}\right)^{1/2}\dfrac{3\pi}{4E^*}$ sich nur geringfügig um den Wert 1,4 herum ändert.

Für das Verhältnis der realen Kontaktfläche zur Anpresskraft gilt in guter Näherung

$$\frac{A}{F_N} \approx \left(\frac{R}{l}\right)^{1/2} \frac{3{,}3}{E^*}. \tag{7.12}$$

Die Kontaktfläche ist bis auf einen schwachen logarithmischen Faktor proportional zur Normalkraft.

Der mittlere Druck ergibt sich aus derselben Gleichung durch Umkehren:

$$\langle\sigma\rangle \approx \frac{F_N}{A} \approx 0{,}3 \cdot E^* \left(\frac{l}{R}\right)^{1/2}. \tag{7.13}$$

In der modernen Literatur zur Kontaktmechanik findet man oft eine andere Form für das Verhältnis F_N / A für raue Oberflächen. Man kann diese Form qualitativ wie folgt „herleiten". Das Verhältnis F_N / A kann bis auf einen konstanten Koeffizienten als Mittelwert $\langle \Delta F / \Delta A \rangle$ für einzelne Mikrokontakte abgeschätzt werden und dieses wiederum bis auf ein Konstante der Größenordnung 1 als $\sqrt{\langle (\Delta F / \Delta A)^2 \rangle}$. Da das Verhältnis F_N / A von der Anpresskraft (bzw. Annäherung der Flächen) nur schwach abhängt, können wir es für

$h_0 = 0$ abschätzen: $\dfrac{F_N}{A} \sim \sqrt{\left\langle (\Delta F / \Delta A)^2 \right\rangle} \sim \sqrt{\left\langle \left(\dfrac{4E^*}{3\pi} \right)^2 \dfrac{z}{R} \right\rangle}$. Der Krümmungsradius eines Asperiten wird berechnet aus $1/R = -z''$. Somit bekommen wir für das Verhältnis F_N / A

$$\frac{F_N}{A} \sim \frac{4E^*}{3\pi} \sqrt{\left\langle -z \cdot z'' \right\rangle} = \frac{4E^*}{3\pi} \sqrt{\left\langle z'^2 \right\rangle}. \tag{7.14}$$

Bei der letzten Gleichung haben wir berücksichtigt, dass der Mittelwert $\left\langle -z \cdot z'' \right\rangle$ als Integral $-\frac{1}{L}\int_0^L z(x) \cdot z''(x) \mathrm{d}x$ über eine ausreichend große Strecke L definiert wird. Eine partielle Integration überführt es in $\frac{1}{L}\int_0^L z'(x) \cdot z'(x) \mathrm{d}x$ und somit $\left\langle z'^2 \right\rangle$.

Dies ist natürlich nur eine sehr grobe Abschätzung. Das Ergebnis (7.14) wird aber durch genaue numerische Berechnungen bestätigt. Mit der Bezeichnung $\nabla z = \sqrt{\left\langle z'^2 \right\rangle}$ für den quadratischen Mittelwert des Gradienten des Oberflächenprofils fasst man die Gl. (7.14) wie folgt zusammen

$$\frac{F_N}{A} = \kappa \;{}^{1} E^* \nabla z, \tag{7.15}$$

wobei κ ein Koeffizient ist, der nur schwach von statistischen Eigenschaften der Oberfläche abhängt und in der Regel die Größenordnung 2 hat. Diese Gleichung wurde für verschiedene raue, auch fraktale Oberflächen durch exakte numerische Lösung nachgewiesen[2].

Der mittlere Druck in der wahren Kontaktfläche berechnet sich demnach in guter Näherung als die Hälfte des effektiven elastischen Moduls E^* multipliziert mit dem mittleren Steigungsgradienten des Oberflächenprofils ∇z:

$$\langle \sigma \rangle = \frac{F_N}{A} \approx \frac{1}{2} E^* \nabla z. \tag{7.16}$$

Zum ähnlichen Ergebnis kann man durch folgende einfache qualitative Abschätzung gelangen: Wenn wir einen Körper mit dem Oberflächenprofil $z = \hat{h} \cdot \cos kx \cdot \cos ky$ betrachten, so ist der Krümmungsradius der Maxima dieser Oberfläche gleich $1/R = \hat{h}k^2$, der

[2] Es ist interessant zu bemerken, dass die Gl. (7.15) mit $\kappa = 2$ auch für abrasive Flächen mit scharfen Spitzen gilt (siehe Aufgabe 7 zu diesem Kapitel).

quadratische Mittelwert von z ist gleich $l = \hat{h}/2$, und der quadratische Mittelwert des Höhengradienten $\nabla z = \hat{h}k/\sqrt{2}$. Somit gilt:

$$\left(\frac{l}{R}\right)^{1/2} = \nabla z. \tag{7.17}$$

Einsetzen in (7.13) führt wieder zu einer Gleichung der Form (7.16).

Schätzen wir noch die Kraft F_0 ab, bei der die wahre Kontaktfläche A die Hälfte der scheinbaren Kontaktfläche A_0 erreicht:

$$F_0 \approx \frac{A_0}{4} E^* \nabla z. \tag{7.18}$$

Der dafür erforderliche scheinbare mittlere Druck $\hat{\sigma}$ ist dabei gleich

$$\hat{\sigma} \approx \frac{1}{4} E^* \nabla z. \tag{7.19}$$

7.2 Plastische Deformation von Kontaktspitzen

Ist der Druck (7.16) größer als die Härte σ_0 des Materials und somit

$$\Psi = \frac{E^* \nabla z}{\sigma_0} > 2, \tag{7.20}$$

so sind die Mikrorauigkeiten vollständig im plastischen Zustand. Die Größe Ψ wurde von Greenwood und Williamson eingeführt und wird *Plastizitätsindex* genannt. Für $\Psi < 2/3$ verhält sich die Oberfläche beim Kontakt *elastisch*. Die Tatsache, ob sich das System elastisch oder plastisch verhält, hängt nicht von der angelegten Normalkraft ab!

Als Beispiel schätzen wir die charakteristische Größe des Steigungsgradienten für einen Kontakt zwischen zwei stählernen Proben ab: Mit $E^* \approx 10^{11}\ Pa$ und $\sigma_0 \sim 10^9\ Pa$ bekommen wir heraus, dass zwei kontaktierende stählerne Proben sich rein elastisch deformieren, wenn $\nabla z < 2 \cdot 10^{-2}$ gilt. Bei „geschliffenen Oberflächen" ist der Steigungsgradient meistens größer und fast alle Bereiche des wahren Kontaktes werden sich im plastischen Zustand befinden. Hoch polierte Oberflächen mit $\nabla z \ll 2 \cdot 10^{-2}$ deformieren sich dagegen rein elastisch.

Die Steigung ∇z hängt im Allgemeinen davon ab, mit welcher Auflösung die Oberfläche gemessen wird – sie ist *skalenabhängig!* Ist die Steigung auf verschiedenen Betrachtungsskalen unterschiedlich, so wird sich die Fläche nur auf den Skalen plastisch deformieren, auf denen Bedingung $\nabla z > 2\sigma_0 / E^*$ erfüllt ist.

Sobald die Spannung in Kontaktgebieten größer wird, verliert die obige Theorie ihre Gültigkeit. Im plastischen Zustand können wir die Größe der Kontaktfläche abschätzen, indem wir bemerken, dass sich das Material in Kontaktgebieten solange deformiert, bis die Druckspannung die Härte des Materials erreicht. Zum Zwecke einer Abschätzung nehmen wir an, dass das Material elastisch-ideal plastisches Verhalten mit der Indentationshärte σ_0 hat und dass der Druck in allen Asperiten ungefähr gleich der Härte ist.

Die Kontaktfläche ist demnach auch im plastischen Bereich proportional zur Normalkraft:

$$A \approx F_N / \sigma_0. \tag{7.21}$$

Als ein numerisches Beispiel betrachten wir einen grob geschliffenen stählernen Würfel mit der Kantenlänge 10 cm, der auf einer stählernen Platte liegt. Für die Parameter $\sigma_0 \approx 10^9$ Pa, $F_N \approx 10^2$ N, erhalten wir $A = 10^2 / 10^9 \text{ m}^2 = 0{,}1 \text{ mm}^2$, $A / A_0 = 10^{-5}$. Beim typischen Durchmesser eines Kontaktes 10 µm beträgt die Zahl der Kontakte $N \approx 10^{-7} / \left(10^{-5}\right)^2 \approx 1000$.

7.3 Elektrische Kontakte

Bisher haben wir uns für die *Fläche* des wahren Kontaktes zwischen zwei rauen Oberflächen interessiert. Es gibt aber eine Reihe von Kontaktproblemen, bei denen nicht die Fläche, sondern die gesamte *Länge* des Kontaktes von Bedeutung ist. Dazu gehören elektrische und thermische Kontakte.

In einem elektrischen Kontakt wird elektrischer Strom von einem leitenden Körper zum anderen nur über die Bereiche übertragen, in welchen ein sehr enger Kontakt existiert - in der Regel ein „atomar dichter" Kontakt. Auf den ersten Blick wird das dazu führen, dass die Qualität eines elektrischen Kontaktes sehr stark von der Topographie der kontaktierenden Körper abhängt und darüber hinaus starke Fluktuationen aufweist. Wir diskutieren in diesem Abschnitt die Ursachen, warum elektrische Kontakte in den meisten Fällen doch sehr zuverlässig funktionieren, und wie man die zur Erzeugung eines gewünschten Kontaktes erforderliche Anpresskraft berechnet.

Ein passives leitendes Element kann durch seinen elektrischen Widerstand R charakterisiert werden. Die Größe $\Lambda = 1/R$ wird elektrische Leitfähigkeit genannt. Der elektrische Widerstand eines Stabes mit der Querschnittsfläche S und Länge L berechnet sich aus $R = \rho L / S$, wobei ρ der spezifische Widerstand des Stoffes ist. Aus der Elektrotechnik ist bekannt, dass sich bei einer Reihenschaltung die Widerstände und bei einer Parallelschaltung die Leitfähigkeiten summieren.

Sind zwei ausgedehnte leitende Körper mit spezifischem Widerstand ρ in einem engen Bereich mit Radius a in einem idealen Kontakt (Abb. 7.5), so wird der Widerstand über-

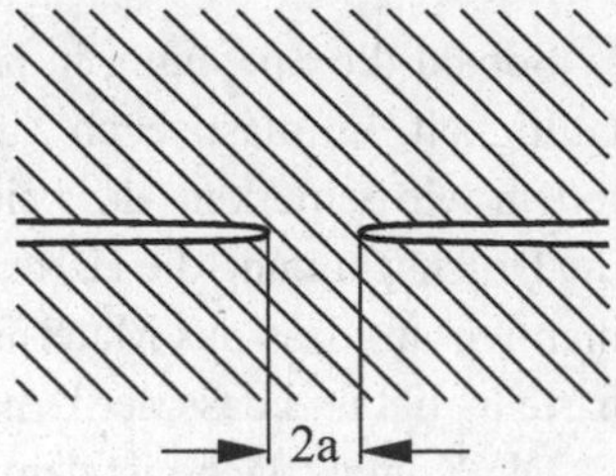

Abb. 7.5 Kontakt zwischen zwei leitenden Halbräumen

wiegend durch die Größe der Engstelle bestimmt. Er nennt sich daher *Engewiderstand* R_E und berechnet sich als[3]

$$\frac{1}{R_E} = \Lambda = \frac{2a}{\rho}. \tag{7.22}$$

Gibt es mehrere Mikrokontakte, deren Abstände voneinander viel größer sind als ihre Durchmesser $2a_i$, so werden die Leitfähigkeiten aller Engstellen summiert. Für die gesamte Leitfähigkeit des Kontaktes ist daher die Summe der Kontaktdurchmesser aller Mikrokontakte von Bedeutung:

$$\Lambda_{ges} = \frac{\sum 2a_i}{\rho} = \frac{L}{\rho}. \tag{7.23}$$

Die Summe aller Durchmesser haben wir mit L bezeichnet

$$L := \sum 2a_i. \tag{7.24}$$

Der Kürze halber nennen wir diese Größe im Weiteren *Kontaktlänge*. Bei der Berechnung der Kontaktlänge benutzen wir die Erläuterungen am Anfang des Kapitels und stützen uns auf die Abb. 7.2. Der Kontaktradius eines Mikrokontaktes berechnet sich als

$$a = \sqrt{\frac{\Delta A}{\pi}} = \sqrt{R(z - h_0)}. \tag{7.25}$$

Ähnlich wie die Kontaktfläche (7.6) können wir auch die Kontaktlänge berechnen

$$L = \sum 2a_i = \int_{h_0}^{\infty} 2N_0 \Phi(z) \sqrt{R(z - h_0)} \mathrm{d}z. \tag{7.26}$$

[3] Dieses Ergebnis wurde bereits von J.C. Maxwell hergeleitet: J.C. Maxwell. A Treatise on Elektricity and Magnetism. Oxford Press, 1891.

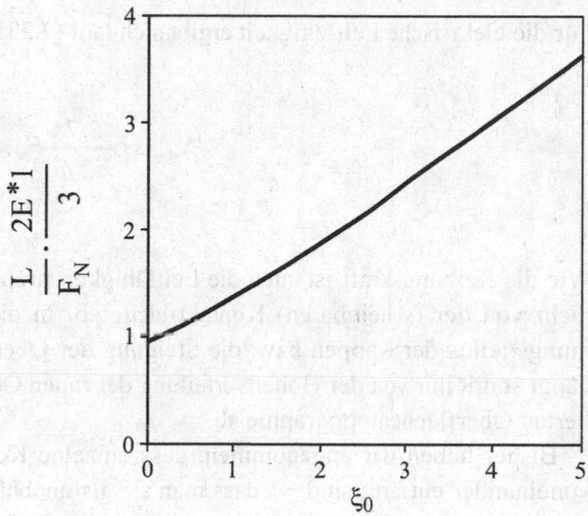

Abb. 7.6 Abhängigkeit des Quotienten aus Kontaktlänge und Normalkraft von der Abstandsvariable ξ_0

Das Verhältnis der Kontaktlänge zur Normalkraft ist gleich

$$\frac{L}{F_N} = \frac{3}{2E^*} \frac{\int_{h_0}^{\infty} \Phi(z)(z-h_0)^{1/2} \mathrm{d}z}{\int_{h_0}^{\infty} \Phi(z)(z-h_0)^{3/2} \mathrm{d}z} = \frac{3}{2E^*l} \left[\frac{\int_{\xi_0}^{\infty} \mathrm{d}\xi \exp\left(-\xi^2/2\right) \cdot (\xi-\xi_0)^{1/2}}{\int_{\xi_0}^{\infty} \mathrm{d}\xi \exp\left(-\xi^2/2\right) \cdot (\xi-\xi_0)^{3/2}} \right]. \tag{7.27}$$

Die Größe $\frac{L}{F_N} \cdot \frac{2E^*l}{3}$ als Funktion der Variable ξ_0 ist in der Abb. 7.6 gezeigt.

In dem für „typische Kontaktbedingungen" relevanten Bereich $\xi_0 = 2,5$ bis 3,5 ändert sich dieses Verhältnis nur geringfügig um den Wert 2,5 herum.

Somit gilt für die Kontaktlänge in guter Näherung

$$\frac{L}{F_N} \approx \frac{3,7}{E^*l}. \tag{7.28}$$

Die Kontaktlänge ist bis auf schwache logarithmische Faktoren proportional zur Normalkraft.

Für die elektrische Leitfähigkeit ergibt sich laut (7.23)

$$\Lambda_{ges} \approx \frac{3,7}{E^* \rho l} F_N. \tag{7.29}$$

Wie die Reibungskraft ist auch die Leitfähigkeit proportional zur Normalkraft und hängt nicht von der (scheinbaren) Kontaktfläche ab. In dieser Gleichung kommt der Krümmungsradius der Kappen bzw. die Steigung der Oberfläche nicht vor. Die Leitfähigkeit hängt somit nur von der Höhenverteilung der rauen Oberfläche, nicht aber von der detaillierten Oberflächentopographie ab.

Bisher haben wir angenommen, dass einzelne Kontakte ausreichend klein und weit voneinander entfernt sind, so dass man sie als unabhängig voneinander betrachten kann. Sobald die Kontaktlänge L den Durchmesser D der kontaktierenden Körper erreicht, steigt die Leitfähigkeit nicht weiter. Sie erreicht ihren Sättigungswert, wenn die Kontaktlänge die Größenordnung der linearen Abmessungen der Körper erreicht:

$$L \approx \frac{3,7}{E^* l} F_N \approx D. \tag{7.30}$$

Die dafür erforderliche Kraft ist gleich

$$F_{N,c} \approx \frac{DE^* l}{3,7}. \tag{7.31}$$

Das kann man mit der Kraft (7.18) vergleichen, bei der die Oberflächenrauigkeit bis zur Hälfte „zerquetscht" wird: $F_0 \approx \frac{D^2}{4} E^* \nabla z$. Ihr Verhältnis ist gleich

$$\frac{F_{N,c}}{F_0} \approx \frac{4E^* l}{3,7 DE^* \nabla z} \approx \frac{l}{D \nabla z}. \tag{7.32}$$

Bei den Leitern mit linearen Abmessungen $D > l / \nabla z$ wird ein idealer elektrischer Kontakt schneller erreicht, als ein idealer „Materialkontakt". Das ist bei den meisten Kontakten mit Abmessungen größer als 0,1 mm der Fall.

7.4 Thermische Kontakte

Auch die thermische Leitfähigkeit eines runden Kontaktes und seine mechanische Steifigkeit sind proportional zum Radius des Kontaktes. Auf diese beiden Größen ist die oben skizzierte Theorie von elektrischen Kontakten unmittelbar übertragbar.

Der Wärmewiderstand ist bei der Dimensionierung von Kühlkörpern für Halbleiter oder anderen Schaltungselementen in elektronischen Schaltungen die maßgebliche Kenngröße. Er wird definiert als $R_W = \Delta T / \dot{Q}$, wobei ΔT die Temperaturdifferenz an den Enden des Elementes und $\dot{Q}$ die durch das Element durchströmende Wärme pro Sekunde ist. Die Wärmeleitfähigkeit wird als $\Lambda_W = 1/R_W$ definiert. Der Wärmewiderstand eines Stabes der Länge L und Querschnittsfläche S ist gleich $R_W = L/S\lambda$, wobei λ die spezifische Wärmeleitfähigkeit ist. Es besteht eine direkte Analogie zu elektrischen Kontakten, nur der spezifische Widerstand ρ muss durch $1/\lambda$ ersetzt werden. In Analogie zu (7.29) können wir daher sofort schreiben

$$\Lambda_W \approx \frac{3,7\lambda}{E^* l} F_N. \tag{7.33}$$

Die Wärmeleitfähigkeit eines rauen Kontaktes ist direkt proportional zur Anpresskraft

7.5 Mechanische Steifigkeit von Kontakten

Besteht zwischen einem elastischen und einem starren Körper ein runder Kontakt mit dem Radius a, so ist seine Steifigkeit bei Bewegungen senkrecht zur Oberfläche gleich $c_\perp = 2aE^*$ und bei Bewegungen parallel zur Oberfläche $c_\parallel = \dfrac{8Ga}{2-\nu}$, wobei G der Schubmodul ist (s. nächstes Kapitel). Beide Steifigkeiten sind proportional zum Kontaktdurchmesser. Bei mehreren unabhängigen Kontaktbereichen summieren sich die Steifigkeiten:

$$c_{\perp,\,ges} = E^* \sum 2a_i = E^* L, \tag{7.34}$$

$$c_{\parallel,\,\mathrm{ges}} = \frac{4G}{2-\nu} \sum 2a_i = \frac{4GL}{2-\nu}. \tag{7.35}$$

Mit (7.28) erhalten wir für die normale und die transversale Steifigkeit eines rauen Kontaktes

$$c_{\perp,\,ges} = 3,7 \frac{F_N}{l}, \tag{7.36}$$

$$c_{\parallel,\,\mathrm{ges}} = \frac{2(1-\nu)}{(2-\nu)} \frac{3,7}{l} F_N \approx 3 \frac{F_N}{l}. \tag{7.37}$$

7.6 Dichtungen

Als Dichtung bezeichnet man in der Technik Elemente oder Konstruktionen, die die Aufgabe haben, ungewollte Stoffübergänge von einem Raum in einen anderen zu verhindern bzw. zu begrenzen. Die größte Gruppe der Dichtungen stellen die Berührungsdichtungen dar, bei denen die Dichtungselemente aneinander gedrückt werden (Abb. 7.7).

Wegen der immer vorhandenen Rauigkeit der kontaktierenden Flächen müssen sie mit einer bestimmten minimalen Kraft zusammengedrückt werden, damit der Kontakt „dicht" wird. Dies wird in der Abb. 7.8 illustriert. Bei kleinen Anpresskräften sind die Oberflächen nur in kleinen Gebieten im wahren Kontakt. Flüssigkeiten oder Gase können zwischen diesen Gebieten durchsickern. Bei Vergrößerung der Anpresskraft werden die Kontaktgebiete größer, bis sie bei einer bestimmten kritischen Kraft einen kontinuierlichen, durchgehenden Cluster bilden. Alle Wege durch das gesamte Kontaktgebiet werden dadurch unterbrochen.

In der Regel wird diese *Perkolationsgrenze* erreicht, wenn die Oberflächenrauigkeiten etwa bis zur Hälfte „gequetscht" sind. Dafür ist die Spannung der Größenordnung (7.19) erforderlich:

$$\sigma_{Dicht} \approx \frac{1}{4} E^* \nabla z. \tag{7.38}$$

Zu bemerken ist, dass diese Spannung zusammen mit ∇z skalenabhängig ist. Das bedeutet, dass ein Kontakt, dessen Rauigkeit mit einer geringen Auflösung gemessen wurde, als dicht angesehen werden kann, während es bei einer genaueren Betrachtung (auf einer kleineren Skala) immer noch durchgehende Wege durch das Kontaktgebiet gibt. Eine ausführlichere Analyse dieses Sachverhalts führt zu der Erkenntnis, dass die Geschwindigkeit des Durchsickerns eines Stoffes durch eine Dichtung auch nach dem Erreichen der „makroskopischen" kritischen Anpressspannung (7.38) nicht verschwindet, sondern mit der Anpresskraft exponentiell stark abnimmt (um einige Dezimalgrößenordnungen bei der Vergrößerung der Anpresskraft um eine Größenordnung).

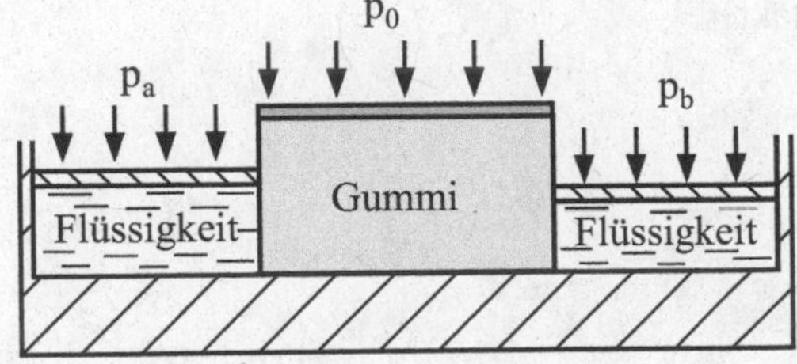

Abb. 7.7 Schematische Darstellung der Wirkungsweise einer Dichtung

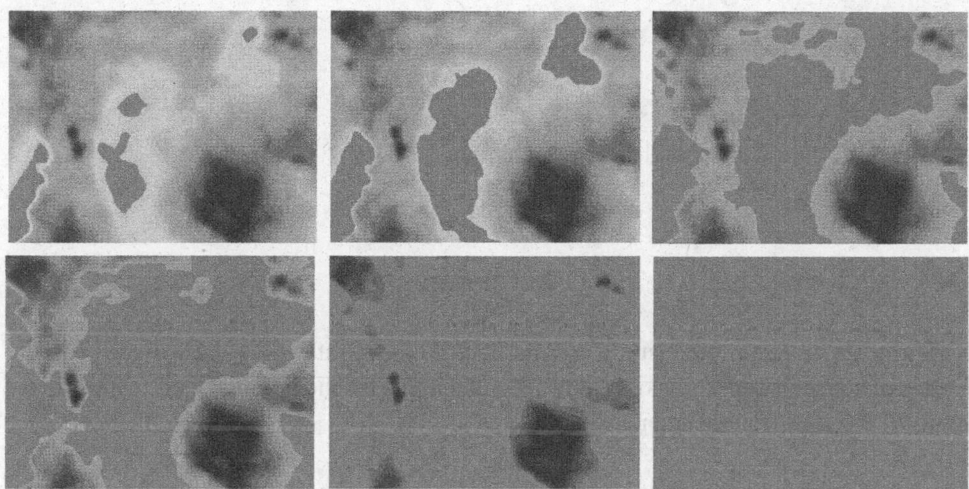

Abb. 7.8 Kontaktfläche bei verschiedenen Anpresskräften. Der Kontakt wird dicht, wenn die reale Kontaktfläche einen kontinuierlichen Cluster bildet

7.7 Rauheit und Adhäsion

Rauheit kann Adhäsion drastisch vermindern. Im vorigen Kapitel haben wir „die negative kritische Eindrucktiefe" $d_{crit} = -\left(\frac{3\pi^2\gamma^2 R}{16E^{*2}}\right)^{1/3}$ eingeführt. Es ist intuitiv klar, dass das Adhäsionsverhalten von rauen Oberflächen durch das Verhältnis $|d_{crit}|/l$ bestimmt wird. Ist $|d_{crit}| \gg l$:

$$\left(\frac{3\pi^2\gamma^2 R}{16E^{*2}}\right)^{1/3} \gg l, \tag{7.39}$$

so spielt die Rauigkeit keine Rolle. Unter Berücksichtigung der Abschätzung (7.17) kann man diese Gleichung auch in der Form

$$\frac{3^{1/2}\pi\gamma}{4E^*} \gg l \cdot \nabla z \tag{7.40}$$

darstellen. Im entgegengesetzten Fall verschwindet die Adhäsionskraft praktisch vollständig. Numerische Simulationen zeigen, dass es einen kritischen Wert des Produktes $l \cdot \nabla z$ gibt, bei dem die makroskopische Adhäsionskraft zu Null wird:

$$[l \cdot \nabla z]_{crit} = \Upsilon \frac{\gamma}{E^*}, \tag{7.41}$$

Wobei Υ eine Konstante der Größenordnung 1 ist.

Aufgaben

Aufgabe 1: Zu bestimmen ist die erforderliche Anpresskraft, um zwischen zwei ebenen Kupferplatten mit der Rauigkeit $l = 1\ \mu m$ einen elektrischen Kontakt mit dem Widerstand $R = 0{,}1\ m\Omega$ zu erzeugen.

Lösung: Der Elastizitätsmodul von Kupfer ist etwa $E \approx 10^{11}\ Pa$, die Poisson-Zahl $\nu \approx 0{,}33$, der spezifische Widerstand $\rho \approx 1.8 \cdot 10^{-8}\ \Omega \cdot m$. Für den effektiven elastischen Modul E^* ergibt sich

$E^* = \dfrac{E}{2\left(1-\nu^2\right)} \approx \dfrac{10^{11}}{2(1-0.1)}$ Pa $\approx 0{,}56 \cdot 10^{11}\ Pa$. Aus der Gl. (7.29), die wir in der Form $\dfrac{1}{R} = \dfrac{3{,}7}{E^* \rho l} F_N$ umschreiben, folgt

$$F_N = \frac{E^* \rho l}{3{,}7R} \approx \frac{0{,}56 \cdot 10^{11}\, Pa \cdot 1{,}8 \cdot 10^{-8}\, \Omega \cdot m \cdot 10^{-6}\, m}{3{,}7 \cdot 0{,}1 \cdot 10^{-3}\, \Omega} \approx 2{,}7\ \text{N}.$$

Aufgabe 2: Zu bestimmen ist der Anpressdruck, der erforderlich ist, um einen idealen Kontakt zwischen einem elastischen Körper mit einer gewellten Oberfläche $z = \hat{h}\cos(kx)$ und einer starren Ebene zu erzeugen.

Lösung: Wären die Flächen ohne äußere Spannung zusammengeklebt, so wäre die Normalspannung an der Oberfläche gleich

$$\sigma_{zz} = \tfrac{1}{2} E^* \hat{h} k \cos kx$$

(s. Aufgabe 1 im Kap. 3). Anlegen einer homogenen Normalspannung $-\sigma_0$ führt aufgrund der Linearität zu folgender Normalspannung auf der Grenzfläche:

$$\sigma_{zz} = \tfrac{1}{2} E^* \hat{h} k \cos kx - \sigma_0 .$$

Sie kann auch ohne Zusammenkleben durch reines Anpressen realisiert werden, wenn überall $\sigma_{zz} < 0$ ist, d. h.

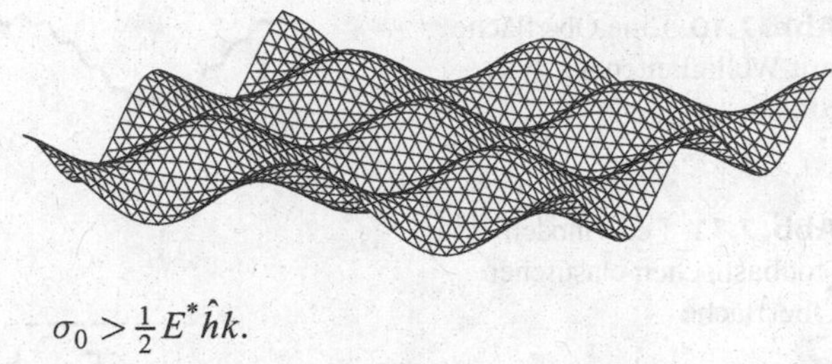

Abb. 7.9 Zweidimensionale gewellte Oberfläche eines elastischen Körpers

$$\sigma_0 > \tfrac{1}{2} E^* \hat{h} k.$$

Wir bemerken noch, dass in diesem Fall $\nabla z = \hat{h} k / \sqrt{2}$ ist, so dass man diese Gleichung auch in der Form $\sigma_0 > \frac{1}{\sqrt{2}} E^* \nabla z$ umschreiben kann (man vergleiche diese Spannung mit der Spannung (7.38), die zur Erzeugung eines dichten Kontaktes erforderlich ist).

Aufgabe 3: Zu bestimmen ist der Anpressdruck, der erforderlich ist, um einen idealen Kontakt zwischen einem elastischen Körper mit einer gewellten Oberfläche $z = \hat{h} \cos(kx) \cos(ky)$ (Abb. 7.9) und einer starren Ebene zu erzeugen.

Lösung: In der Aufgabe 1 zum Kap. 3 haben wir gefunden, dass die Oberflächendeformation $u_z = \hat{h} \cos kx$ zur Normalspannungsverteilung $\sigma_{zz} = \frac{1}{2} E^* \hat{h} k \cos kx$ führt. Dieses Ergebnis kann man auch in einer richtungsunabhängigen Form darstellen: Eine Cosinusförmige Oberflächendeformation $u_z(\vec{r})$ (wobei $\vec{r}$ ein zweidimensionaler Vektor ist) führt zur Spannungsverteilung $\sigma_{zz} = \frac{1}{2} E^* \left|\vec{k}\right| u_z(\vec{r})$. Die in der Aufgabenstellung gegebene Welligkeit lässt sich als Summe von zwei Cosinus-Funktionen darstellen:

$$z = \hat{h} \cos(kx) \cos(ky) = \tfrac{1}{2} \hat{h} \big(\cos k(x+y) + \cos k(x-y) \big).$$

Diese Deformation führt zur Normalspannung

$$\sigma_{zz} = \tfrac{\sqrt{2}}{2} E^* k u_z(\vec{r}) = \tfrac{\sqrt{2}}{2} E^* k \hat{h} \cos(kx) \cos(ky).$$

Die zur Erzeugung eines vollständigen Kontaktes erforderliche Spannung ist somit gleich

$$\hat{\sigma} = \tfrac{1}{\sqrt{2}} E^* \hat{h} k.$$

Der quadratische Mittelwert des Gradienten ist gleich $\nabla z = \hat{h} k / \sqrt{2}$. Somit gilt $\hat{\sigma} = E^* \nabla z$.

Aufgabe 4: Zu bestimmen ist der Anpressdruck, der erforderlich ist, um einen idealen Kontakt zwischen einer starren Ebene und einem elastischen Körper mit einer gewellten Oberfläche $z = \hat{h} \cos(kx) + \hat{h}_1 \cos(k_1 x)$ mit $k_1 \gg k$ und $\hat{h}_1 \ll \hat{h}$ (Abb. 7.10) zu erzeugen.

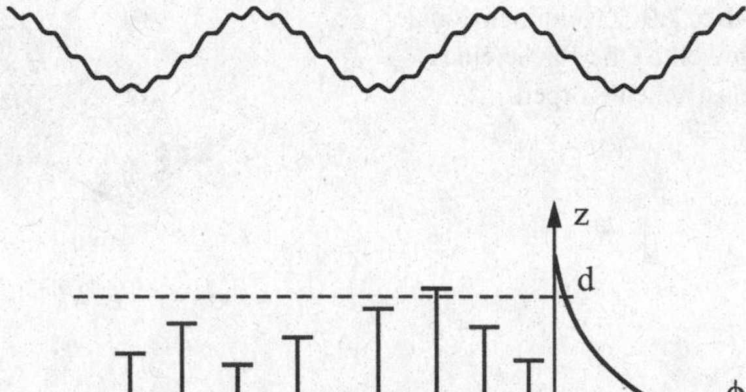

Abb. 7.10 Eine Oberfläche mit Welligkeiten auf zwei Skalen

Abb. 7.11 Federmodell einer stochastischen elastischen Oberfläche

Lösung: Die kurzwelligen Unebenheiten werden vollständig „zerquetscht", wenn der Druck in den tiefsten Bereichen der langwelligen Unebenheiten $\sigma_{0,1} > \frac{1}{2}E^*\hat{h}_1 k_1$ ist (s. vorige Aufgabe). Indem wir den Ausdruck für den Druck aus der Aufgabe 2 benutzen, erhalten wir mittels Superposition für den kritischen Druck

$$\sigma_c = \tfrac{1}{2}E^*\left(\hat{h}k + \hat{h}_1 k_1\right) .$$

Aufgabe 5: Das in der Abb. 7.11 skizzierte System besteht aus Federn (Gesamtzahl N_0) gleicher Steifigkeit c, die beim Kontakt adhieren können. Ihre Adhäsionseigenschaften werden charakterisiert durch die Länge Δd_{crit}, um die sich eine Feder dehnen kann, bevor sie von der Oberfläche abplatzt. Die Höhenverteilung der Federn sei $\Phi(z) = \frac{1}{l}e^{-\frac{z}{l}}$.

Eine starre Ebene wird an das System zunächst mit der Kraft F_N gedrückt und dann bis auf den Abstand d weggezogen. Zu bestimmen ist die Adhäsionskraft als Funktion der Anpresskraft.

Lösung: Beim Anpressen mit der Kraft F_N werden diejenigen Federn in Kontakt mit der Ebene kommen, bei denen $z > \tilde{d}$ ist, wobei $\tilde{d}$ sich aus der folgenden Gleichung bestimmt:

$$F_N = \int_{\tilde{d}}^{\infty} \frac{N_0}{l} e^{-\frac{z}{l}} c\left(z - \tilde{d}\right) \mathrm{d}z = N_0 c e^{\frac{-\tilde{d}}{l}} l .$$

Wird nun die starre Ebene auf die Höhe d gebracht, so werden im Kontakt alle Federn bleiben, deren Höhe im nicht deformierten Zustand kleiner $d - \Delta d_{crit}$ aber nicht kleiner $\tilde{d}$ ist: Die auf die Ebene wirkende Kraft ist gleich

$$F = \begin{cases} \int\limits_{\tilde{d}}^{\infty} \frac{N_0}{l} e^{-\frac{z}{l}} c(z-d)\,\mathrm{d}z = N_0 c e^{\frac{-\tilde{d}}{l}} (l + \tilde{d} - d), & \text{für} \quad d - \Delta d_{crit} < \tilde{d} \\ \int\limits_{d-\Delta d_{crit}}^{\infty} \frac{N_0}{l} e^{-\frac{z}{l}} c(z-d)\,\mathrm{d}z = N_0 c e^{\frac{\Delta d_{crit} - d}{l}} (l - \Delta d_{crit}), & \text{für} \quad d - \Delta d_{crit} > \tilde{d} \end{cases}$$

Für $l > \Delta d_{crit}$ ist die auf die Ebene wirkende Kraft *immer positiv*, d. h. es gibt *keine makroskopische Adhäsion*. Für $l < \Delta d_{crit}$ erreicht die Kraft den betragsmäßig größten negativen Wert für $d = \tilde{d} + \Delta d_{crit}$. Dieser Wert ist die Adhäsionskraft:

$$|F_A| = N_0 c e^{-\frac{\tilde{d}}{l}} (\Delta d_{crit} - l).$$

Das Verhältnis der Adhäsionskraft zur Anpresskraft

$$\frac{|F_A|}{F_N} = \frac{\Delta d_{crit} - l}{l}$$

hängt in diesem Modell nicht von der Anpresskraft ab und wird *Adhäsionskoeffizient* genannt. Für $l = \Delta d_{crit}$ wird die Adhäsionskraft zu Null.

Aufgabe 6: In Anlehnung an die Fragestellung der Aufgabe 5 soll wieder die Kraft auf die Ebene ermittelt werden allerdings mit der Höhenverteilung

$$\Phi(z) = \left(\frac{1}{2\pi l^2}\right)^{1/2} e^{-\frac{z^2}{2l^2}}.$$

Lösung: Die Kraft berechnet sich aus

$$F_N = \int\limits_{d-\Delta d_{crit}}^{\infty} N_0 \left(\frac{1}{2\pi l^2}\right)^{1/2} e^{-\frac{z^2}{2l^2}} c(z-d)\,\mathrm{d}z.$$

Ergebnisse der numerischen Integration sind in der Abb. 7.12 als $F_N(d)$ -Plots dargestellt. Für $\Delta d_{crit} < 0{,}3l$ gibt es keinen Abstand, bei dem F_N negative Werte annimmt (keine makroskopische Adhäsion).

Aufgabe 7: Abzuschätzen ist der mittlere Druck in der wahren Kontaktfläche zwischen einem elastischen Halbraum und einer rauen Oberfläche bestehend aus kegelförmigen Spitzen mit gleichem Steigungswinkel θ (Abb. 7.13)

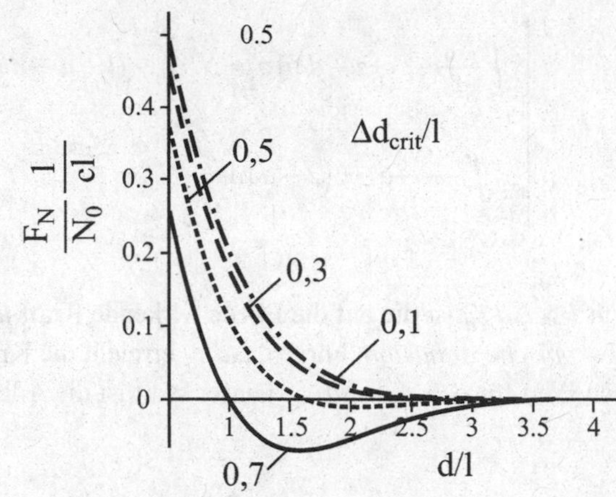

Abb. 7.12 Abhängigkeit der Normalkraft vom Abstand in normierter Darstellung parametrisiert durch $\frac{\Delta d_{crit}}{l}$

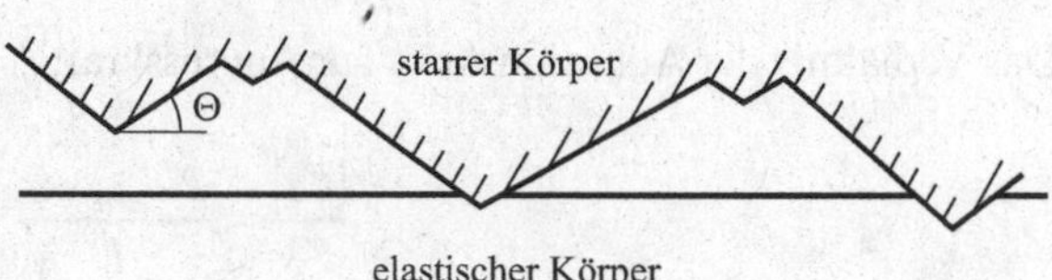

Abb. 7.13 Kontakt zwischen einer rauen Fläche bestehend aus kegelförmigen Spitzen und einem elastischen Körper

Lösung: Aus den Gln. (5.37) und (5.39) folgt, dass beim Eindruck *einer* starren, kegelförmigen Spitze in einen elastischen Halbraum zwischen der Normalkraft F_N und dem Kontaktradius a der folgende Zusammenhang besteht:

$$F_N = \frac{1}{2} E^* \pi a^2 \tan\theta.$$

Für den mittleren Druck in *einem* Mikrokontakt folgt daher

$$\langle\sigma\rangle = \frac{F_N}{\pi a^2} = \frac{1}{2} E^* \tan\theta = \frac{1}{2} E^* \nabla z,$$

wobei $\nabla z = \tan\theta$ die (in diesem Fall konstante) Steigung des Oberflächenprofils ist. Dieser Druck hängt von der Eindrucktiefe nicht ab und gilt somit auch für den mittleren Druck in der gesamten Kontaktfläche. Wir kommen zum Schluss, dass auch für solche „abrasiven" Flächen mit scharfen Spitzen dasselbe Ergebnis (7.16) gilt wie für einen Kontakt zwischen zufällig rauen Oberflächen.

Tangentiales Kontaktproblem

8

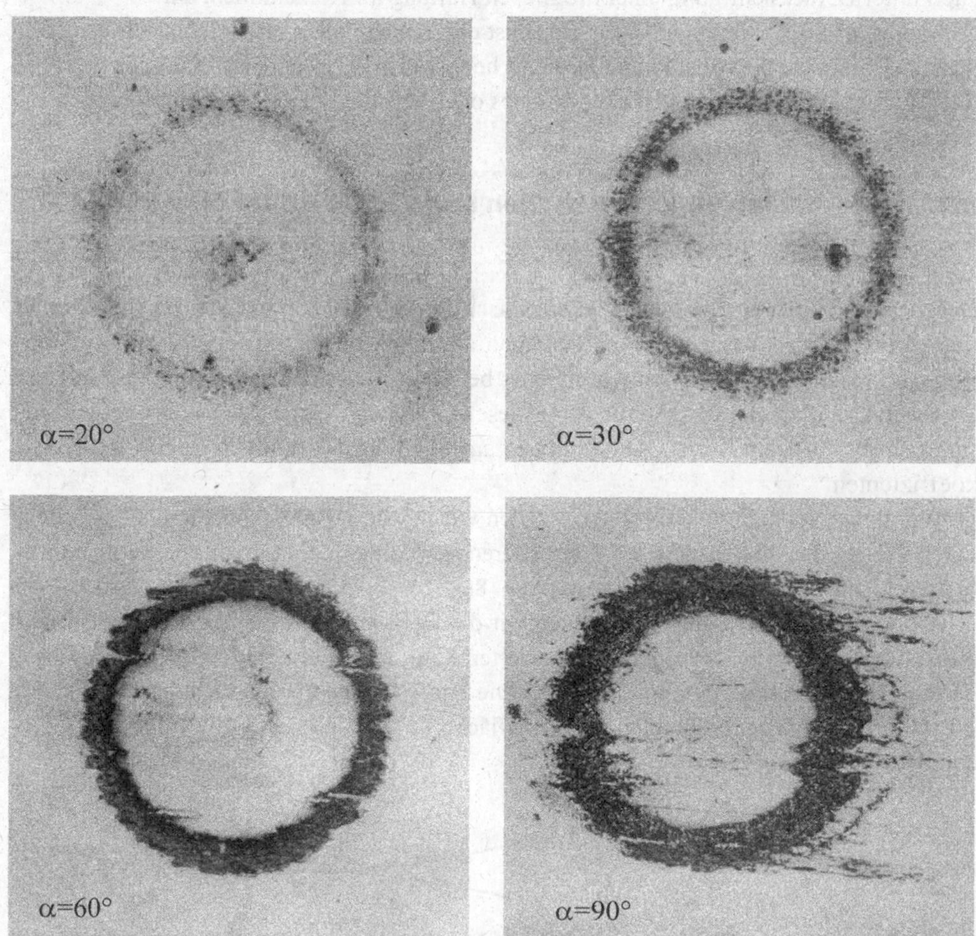

V. L. Popov, *Kontaktmechanik und Reibung*, DOI 10.1007/978-3-662-45975-1_8

Bisher haben wir bei Kontaktproblemen angenommen, dass die kontaktierenden Körper absolut glatte und reibungsfreie Oberflächen haben. Dementsprechend entstehen im Kontaktgebiet keine Schubspannungen. Wird die Kontaktstelle auch in tangentialer Richtung beansprucht, so werden Haft- und Reibungskräfte im Kontakt von Interesse. In diesem Kapitel untersuchen wir Schubspannungen in tangential beanspruchten Kontakten.

Zu bemerken ist, dass die Schubspannungen im Allgemeinen auch bei einem reibungsbehafteten Normalkontakt entstehen. Werden zwei Körper mit verschiedenen elastischen Eigenschaften in Kontakt gebracht, so entsteht im Kontakt infolge der Querkontraktion eine relative Verschiebung in tangentialer Richtung. Somit kommen die Reibungsspannungen in Kontaktflächen ins Spiel. Nur bei einem Normalkontaktproblem von zwei Körpern mit gleichen elastischen Eigenschaften spielen die Schubspannungen keine Rolle, da beide Körper sich seitlich auf die gleiche Weise dehnen. Schubspannungen treten daher auch unter Berücksichtigung einer möglichen Haftung im Kontakt nicht auf.

In diesem Kapitel betrachten wir zunächst das Tangentialkontaktproblem für den Fall, dass im Kontakt eine vollständige Haftung herrscht und erweitern dann unsere Betrachtung auf die Kontakte, in denen ein partielles oder vollständiges Gleiten stattfindet.

8.1 Deformation eines elastischen Halbraumes unter Einwirkung von Tangentialkräften

Der zu untersuchende Kontakt ist schematisch in der Abb. 8.1 gezeigt: Zwei elastische Festkörper werden aneinander gedrückt und anschließend in tangentialer Richtung bewegt. Im ersten Schritt nehmen wir an, dass bei tangentialer Beanspruchung kein Gleiten im Kontakt auftritt. Es wird somit vorausgesetzt, dass die Körper im Kontaktgebiet „zusammengeklebt" sind. Kein Gleiten gibt es auch bei einem unendlich großen Reibungskoeffizienten.

Wie beim Normalkontaktproblem werden wir mit der „Halbraumnäherung" arbeiten: Die Steigung der Oberflächen der kontaktierenden Körper soll in der für das Kontaktproblem relevanten Umgebung klein sein (Abb. 8.2).

Als vorbereitenden Schritt betrachten wir die Deformation eines elastischen Halbraumes unter der Einwirkung einer konzentrierten Kraft in einem Punkt auf der Oberfläche, den wir als Koordinatenursprung wählen. Die Kraft $\vec{F}$ habe nur eine Komponente in der x-Richtung. Die Verschiebungen der Oberfläche ($z=0$) sind durch die folgenden Gleichungen gegeben[1]

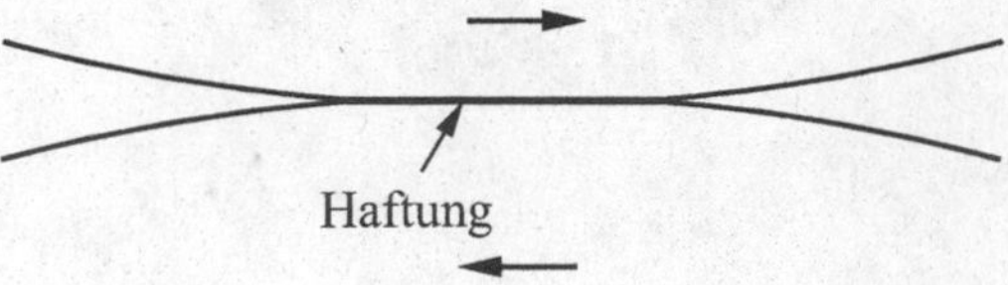

Abb. 8.1 Tangentialkontakt zweier elastischer Festkörper

[1] L.D. Landau, E.M. Lifschitz. Elastizitätstheorie, Akademie-Verlag, Berlin, 1991.

Abb. 8.2 Tangentiale Einzelkraft an der Oberfläche eines Halbraums

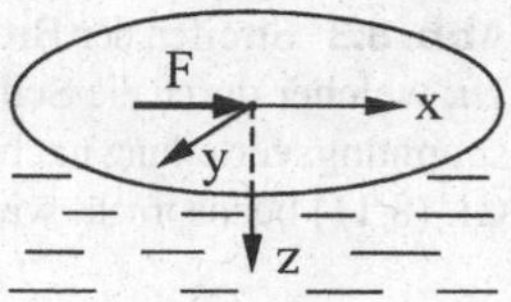

$$u_x = F_x \frac{1}{4\pi G}\left\{2(1-\nu)+\frac{2\nu x^2}{r^2}\right\}\frac{1}{r}$$
$$u_y = F_x \frac{1}{4\pi G}\cdot\frac{2\nu}{r^3}xy \tag{8.1}$$
$$u_z = F_x \frac{1}{4\pi G}\cdot\frac{(1-2\nu)}{r^2}x\,,$$

wobei G der Schubmodul ist.

8.2 Deformation eines elastischen Halbraumes unter Einwirkung von Tangentialspannungsverteilungen

1. Betrachten wir jetzt die Verschiebungen der Oberfläche unter der Wirkung der folgenden Verteilung tangentialer Kräfte (in Richtung der x-Achse)

$$\sigma_{zx}(x,y)=\tau(x,y)=\tau_0(1-r^2/a^2)^{-1/2}, \tag{8.2}$$

mit $r^2 = x^2+y^2 \le a^2$. Die tangentiale Verschiebung in der x-Richtung berechnet sich als

$$u_x = \frac{1}{4\pi G}\cdot 2\iint_A \left\{\frac{1-\nu}{s}+\nu\frac{(x-x')^2}{s^3}\right\}\tau(x',y')\mathrm{d}x'\mathrm{d}y' \tag{8.3}$$

mit

$$s^2 = (x-x')^2+(y-y')^2. \tag{8.4}$$

Die Integration ergibt für die Verschiebungen innerhalb des beanspruchten Gebietes[2] $(r\le a)$

$$u_x = \frac{\pi(2-\nu)}{4G}\tau_0 a = konst. \tag{8.5}$$

[2] Einzelheiten können in: K. Johnson. Contact mechanics Cambridge University Press, 6. Nachdruck der 1. Auflage, 2001, gefunden werden.

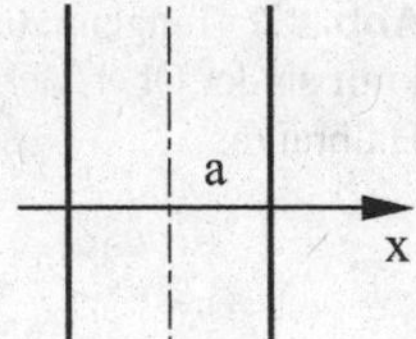

Abb. 8.3 Streifen der Breite $2a$, welcher durch die Schubspannungsverteilung nach der Gl. (8.11) beansprucht wird

Einfache Symmetrieüberlegungen führen zum Schluss, dass

$$u_y = 0 \tag{8.6}$$

gilt. u_z ist dagegen nicht Null und ist eine ungerade Funktion der Koordinate x. Für eine konzentrierte Kraft folgt das unmittelbar aus (8.1). Diese Eigenschaft gilt aber auch für jede symmetrische Spannungsverteilung. Die in der Kontaktfläche wirkende Gesamtkraft berechnet sich zu

$$F_x = \int_0^a \tau(r) 2\pi r dr = 2\pi \tau_0 a^2. \tag{8.7}$$

2. Auf ähnliche Weise lässt sich zeigen, dass die Spannungsverteilung

$$\tau(x,y) = \tau_0 (1 - r^2 / a^2)^{1/2} \tag{8.8}$$

zu einer Verschiebung der Oberflächenpunkte innerhalb des beanspruchten Gebietes ($r \leq$a)

$$u_x = \frac{\tau_0 \pi}{32Ga}\left[4(2-\nu)a^2 - (4-3\nu)x^2 - (4-\nu)y^2\right] \tag{8.9}$$

führt. Die gesamte Kraft ist dabei

$$F_x = \tfrac{2}{3}\pi \tau_0 a^2. \tag{8.10}$$

3. Wird ein elastischer Körper innerhalb eines Streifens der Breite $2a$ (Abb. 8.3) in Richtung x mit der Schubspannung

$$\tau(x,y) = \tau_0 (1 - x^2 / a^2)^{1/2} \tag{8.11}$$

beansprucht, so wird die Verschiebung der Oberflächenpunkte durch

$$u_x = konst - \tau_0 \frac{x^2}{aE^*} \tag{8.12}$$

gegeben.

4. Ein besonderer Fall einer Tangentialbeanspruchung stellt die *Torsion* dar. Sind die Tangentialkräfte in einem runden Kontaktgebiet mit dem Radius a in jedem Punkt senkrecht zum polaren Radius gerichtet und durch

$$\sigma_{zx} = -\tau(r)\sin\varphi,\ \sigma_{zy} = \tau(r)\cos\varphi \tag{8.13}$$

mit

$$\tau(r) = \tau_0 \frac{r}{a}\left(1-\left(\frac{r}{a}\right)^2\right)^{-1/2} \tag{8.14}$$

gegeben, so sind die polaren Komponenten der Verschiebung der Oberflächenpunkte gleich[3]

$$u_\varphi = \frac{\pi\tau_0 r}{4G},\ \ u_r = 0,\ \ u_z = 0. \tag{8.15}$$

Das gesamte Kontaktgebiet dreht sich somit starr um den Winkel $\pi\tau_0/4G$. Die Spannungsverteilung entsteht daher bei einer Torsion eines an die Oberfläche geklebten starren Stempels. Das gesamte Torsionsmoment ist gleich

$$M_z = \tfrac{4}{3}\pi a^3 \tau_0. \tag{8.16}$$

8.3 Tangentiales Kontaktproblem ohne Gleiten

Wir gehen jetzt zur Diskussion des tangentialen Kontaktproblems über. Stellen wir uns vor, dass wir in zwei gegenüberliegenden Körpern jeweils in einem Kreis mit dem Radius a eine konstante Verschiebung u_x in einem und $-u_x$ im anderen erzeugt haben. Dafür ist die Spannungsverteilung (8.2) auf der einen Seite, und dieselbe mit negativem Vorzeichen auf der anderen Seite erforderlich. Wenn wir jetzt die beiden Spannungsgebiete zusammenkleben würden, so würden sie aufgrund des *actio gleich reactio*-Gesetzes im Gleichgewicht bleiben. Wichtig ist dabei, dass wegen der Antisymmetrie der Verschiebungen in der z-Richtung bezüglich x die „zu klebenden" Flächen auch in der z-Richtung zueinander genau passen würden. Diese Überlegungen zeigen, dass bei einer relativen tangentialen Bewegung von zwei Körpern *mit gleichen elastischen Eigenschaften* um $2u_x$ genau die Spannungsverteilung (8.2) entsteht:

$$\tau(x,y) = \tau_0(1-r^2/a^2)^{-1/2}. \tag{8.17}$$

[3] K. Johnson. Contact Mechanics. Cambridge University Press, 6. Nachdruck der 1. Auflage, 2001.

Zu bemerken ist, dass die Schubspannung am Rande des Haftgebietes gegen unendlich strebt, während der Normaldruck gegen Null geht. Das bedeutet, dass in den meisten Fällen die Haftbedingung in der Nähe des Randes nicht erfüllt ist und relatives Gleiten entsteht. Diese partielle Bewegung – Schlupf – werden wir im nächsten Abschnitt diskutieren.

Definieren wir die *Schubsteifigkeit* $c_{\|}$ eines Kontaktes zwischen zwei elastischen Körpern als Verhältnis der tangentialen Kraft zur relativen tangentialen Verschiebung beider Körper. Aus den Gl. (8.5) und (8.7) folgt für die Schubsteifigkeit

$$c_{\|} = \frac{F_x}{2u_x} = \frac{4Ga}{(2-\nu)} = 2G^* a, \tag{8.18}$$

wobei wir den effektiven Schubmodul $G^* = \frac{2G}{(2-\nu)}$ eingeführt haben. Genauso wie die Normalsteifigkeit ist die Schubsteifigkeit (8.18) proportional zum *Durchmesser* des Kontaktes.

Abschließend bemerken wir noch, dass die angeführten Gleichungen im Kontakt zwischen einem elastischen Halbraum und einem starren Körper *nicht exakt* anwendbar sind, da in diesem Fall die Verschiebungen in der vertikalen Richtung verschwinden, was bei der Spannungsverteilung (8.2) nicht der Fall ist. Sie stellen aber eine gute Näherung dar. Für einen Kontakt zwischen zwei elastischen Körpern mit den elastischen Konstanten G_1, G_2, ν_1, ν_2 gilt für die Schubsteifigkeit in guter Näherung

$$c_{\|} = \frac{F_x}{u_{rel}} \approx 2G^* a \tag{8.19}$$

mit

$$\frac{1}{G^*} = \frac{2-\nu_1}{4G_1} + \frac{2-\nu_2}{4G_2}. \tag{8.20}$$

u_{rel} in (8.19) ist die relative Verschiebung beider Körper. Die Gl. (8.5) nimmt im Fall von zwei Körpern mit verschiedenen elastischen Eigenschaften die Form

$$u_{rel} \approx \frac{\pi \tau_0 a}{G^*} \tag{8.21}$$

an.

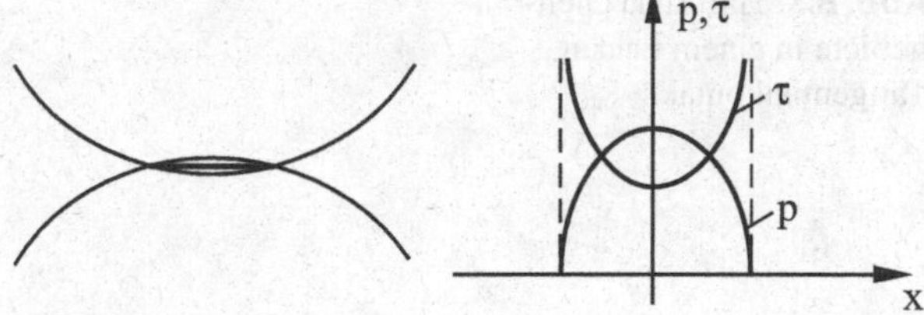

Abb. 8.4 Normal- und Tangentialspannungen in einem Kontakt

8.4 Tangentiales Kontaktproblem unter Berücksichtigung des Schlupfes

Betrachten wir jetzt ein kombiniertes Kontaktproblem charakterisiert durch gleichzeitige Wirkung von Tangential- und Normalkräften. Stellen wir uns zum Beispiel vor, dass zwei Kugeln zunächst mit einer Normalkraft F_N aneinander gedrückt und anschließend in tangentialer Richtung mit einer Kraft F_x gezogen werden. Zwischen den beiden Körpern wird trockene Reibung nach dem Coulombschen Reibgesetz angenommen: Die maximale Haftreibungsspannung τ_{max} ist gleich der Gleitspannung und diese wiederum gleich der Normalspannung p multipliziert mit einem konstanten Reibungskoeffizienten μ

$$\tau_{\text{max}} = \mu p, \tau_{\text{gleit}} = \mu p. \tag{8.22}$$

Dic Haftbedingung lautet

$$\tau \leq \mu p. \tag{8.23}$$

Wenn wir annehmen würden, dass die Körper im Kontaktgebiet vollständig haften, so würden wir für die Verteilungen von Normal- und Tangentialspannungen die folgenden Gleichungen bekommen

$$p = p_0 \left(1-(r/a)^2\right)^{1/2}, \quad F_N = \frac{2}{3} p_0 \pi a^2, \tag{8.24}$$

$$\tau = \tau_0 \left(1-(r/a)^2\right)^{-1/2}, F_x = 2\pi \tau_0 a^2. \tag{8.25}$$

Diese Verteilungen sind in der Abb. 8.4 gezeigt. Da die Normalspannung am Rande des Haftgebietes gegen Null und die Tangentialspannung gegen Unendlich streben, ist die Bedingung (8.23) in der Nähe des Randes *immer verletzt*: Am Rande des Kontaktgebietes gibt es immer Gleiten, auch bei kleinen tangentialen Beanspruchungen. In inneren Bereichen dagegen ist die Bedingung (8.23) bei ausreichend kleinen Tangentialkräften immer erfüllt. Im Allgemeinen wird das gesamte Kontaktgebiet in einen inneren Haft- und einen äußeren Gleitbereich geteilt (Abb. 8.5). Der Radius c der Grenze zwischen dem Haft- und Gleitgebiet bestimmt sich aus der Bedingung $\tau = \mu p$.

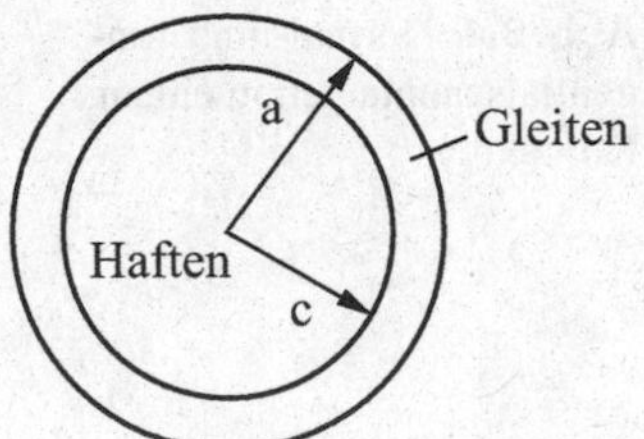

Abb. 8.5 Haft- und Gleitgebiete in einem runden Tangentialkontakt

Die Verteilung (8.25) der Schubspannungen im Kontakt gilt natürlich nur unter der Annahme, dass es im Kontakt kein Gleiten gibt. Mit dieser Verteilung können wir zwar beweisen, dass diese Annahme widersprüchlich ist und somit das Gleiten am Rande des Kontaktes immer einsetzt, können aber nicht die neue Spannungsverteilung und den Radius des Haftgebietes berechnen.

Wie auch bei vielen anderen „klassischen Kontaktproblemen", erweist es sich aber als möglich, eine korrekte Spannungsverteilung als Kombination von bekannten Verteilungen zu konstruieren. In diesem Fall gelingt es, alle Kontaktbedingungen durch eine Superposition von zwei Spannungsverteilungen vom „Hertzschen Typ" (8.8) zu erfüllen. Die Spannungsverteilungen vom Hertzschen Typ zusammen mit der Spannungsverteilung vom Typ (8.25) erweisen sich somit als universelle „Bausteine" der Kontaktmechanik, mit dessen Hilfe sich alle klassischen Aufgaben der Kontaktmechanik lösen lassen. Wir suchen eine Verteilung der Tangentialspannung im Kontakt in der Form

$$\tau = \tau^{(1)} + \tau^{(2)} \tag{8.26}$$

mit

$$\tau^{(1)} = \tau_1 (1 - r^2 / a^2)^{1/2} \tag{8.27}$$

und

$$\tau^{(2)} = -\tau_2 (1 - r^2 / c^2)^{1/2}, \tag{8.28}$$

(Abb. 8.6). Die durch diese Spannung verursachte Oberflächenverschiebung ist laut (8.9) gleich

$$\begin{aligned} u_x = {} & \frac{\tau_1 \pi}{32Ga}[4(2-\nu)a^2 - (4-3\nu)x^2 - (4-\nu)y^2] \\ & - \frac{\tau_2 \pi}{32Gc}[4(2-\nu)c^2 - (4-3\nu)x^2 - (4-\nu)y^2]. \end{aligned} \tag{8.29}$$

Die Druckverteilung ist dabei durch die Hertzsche Gl. (8.24) gegeben.

Das Haften innerhalb des Kreises mit dem Radius c bedeutet, dass in diesem Bereich die Verschiebung *konstant* ist:

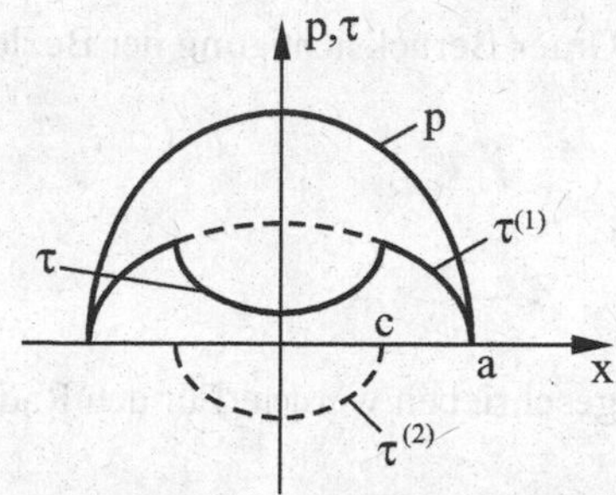

Abb. 8.6 Normal- und Tangentialspannung in einem Tangentialkontakt

$$u_x(r) = konst, \text{ wenn } r < c. \tag{8.30}$$

Das Gleiten im übrigen Bereich bedeutet, dass dort das Coulombsche Reibungsgesetz erfüllt ist:

$$\tau(r) = \mu p(r), \text{ wenn } c < r < a. \tag{8.31}$$

Die zweite Bedingung führt zur Forderung

$$\tau_1 = \mu p_0. \tag{8.32}$$

Aus der Bedingung (8.30) folgt dann

$$\tau_2 = \mu p_0 \frac{c}{a}. \tag{8.33}$$

Die Verschiebung im Haftgebiet ist dabei gleich

$$u_x = \frac{(2-\nu)\pi\mu p_0}{8Ga}(a^2 - c^2). \tag{8.34}$$

Bevor das vollständige Gleiten einsetzt ($c = 0$), können die Körper in tangentialer Richtung maximal um

$$u_x = \frac{(2-\nu)\pi\mu p_0 a}{8G} = \frac{3(2-\nu)\mu F_N}{16Ga} \tag{8.35}$$

verschoben werden.

Die gesamte Tangentialkraft im Kontaktgebiet berechnet sich aus (8.26), (8.27) und (8.28) zu

$$F_x = \frac{2}{3}\pi(\tau_1 a^2 - \tau_2 c^2) = \frac{2\pi}{3a}\mu p_0(a^3 - c^3). \tag{8.36}$$

Unter Berücksichtigung der Beziehung $F_N = \frac{2}{3} p_0 \pi a^2$ kann sie in der Form

$$F_x = \mu F_N \left(1 - \left(\frac{c}{a} \right)^3 \right) \tag{8.37}$$

geschrieben werden. Für den Radius des Haftgebietes erhalten wir somit

$$\frac{c}{a} = \left(1 - \frac{F_x}{\mu F_N} \right)^{1/3}. \tag{8.38}$$

Die Tangentialkraft, bei der vollständiges Gleiten einsetzt, ist erwartungsgemäß gleich $F_x = \mu F_N$. Wir unterstreichen jedoch, dass unmittelbar vor dem Erreichen dieser Kraft das Gleiten bereits im größten Teil des Kontaktgebietes herrscht. Beim Erreichen der Kraft $F_x = \mu F_N$ haben wir es daher *nicht* mit einem Übergang vom Haften zum Gleiten zu tun, sondern mit einem Übergang vom partiellen Gleiten zum vollständigen Gleiten.

Wir haben gezeigt, dass beim Anlegen einer beliebig kleinen Tangentialkraft auf einen zuvor durch Normalkraft erzeugten Hertzschen Kontakt am Rande des Kontaktes ein ringförmiger Gleitbereich entsteht. Bei periodischer Beanspruchung wird Material dementsprechend nur in diesem Gebiet verschlissen. Diese Erscheinung ist als *Fretting* bekannt.

8.5 Abwesenheit des Schlupfes bei einem starren zylindrischen Stempel

Wird an einen elastischen Halbraum ein starrer, flacher, zylindrischer Stempel gedrückt, so ist die Verteilung der Normalspannung durch $p = p_0 (1 - r^2 / a^2)^{-1/2}$ gegeben. Beim anschließenden Anlegen einer Tangentialkraft entsteht die Schubspannungsverteilung $\tau = \tau_0 (1 - r^2 / a^2)^{-1/2}$. Die Haftbedingung $\tau < \mu p$ ist daher im gesamten Kontaktgebiet entweder erfüllt oder nicht erfüllt. In diesem Fall gibt es kein Schlupfgebiet.

8.6 Tangentialkontakt axial-symmetrischer Körper

In dem Abschn. 5.6 des Kap. 5 wurde eine Methode zur Reduktion von beliebigen axialsymmetrischen Normalkontaktproblemen auf Kontakte mit einer eindimensionalen Winklerschen Bettung vorgestellt (Methode der Dimensionsreduktion, MDR). Die Grundeigenschaft, welche diese Reduktion ermöglicht, ist die Proportionalität der inkrementellen Steifigkeit zum Durchmesser des Kontaktgebietes. Diese Eigenschaft ist sowohl für Normalkontakte als auch für Tangentialkontakte gegeben. Die Ideen der Dimensionsreduktion können daher auch auf Tangentialkontakte unmittelbar übertragen werden. In diesem Kapitel werden wir annehmen, dass es sich um sogenannte „elastisch ähnliche" Materialien handelt, für welche die Bedingung

$$\frac{1-2\nu_1}{G_1} = \frac{1-2\nu_2}{G_2} \tag{8.39}$$

erfüllt ist. Diese Bedingung garantiert eine Entkopplung des Tangential- und Normalkontaktproblems[4].

Die tangentiale Steifigkeit eines runden Kontaktes mit dem Durchmesser D zwischen zwei elastischen Halbräumen ist durch die Gl. (8.19) gegeben:

$$k_x = DG^*, \tag{8.40}$$

wobei G^* durch die Gl. (8.20) definiert wird. Diese Steifigkeit wird mit einer Bettung bestehend aus Federn der Tangentialsteifigkeit

$$\Delta k_x = G^* \Delta x, \tag{8.41}$$

wobei Δx der Abstand zwischen den Federn ist, trivialerweise nachgebildet. In diesem Paragraphen werden wir zeigen, wie Tangentialkontaktprobleme mit Coulombscher Reibung zwischen *beliebigen rotationssymmetrischen* Profilen mittels der Winklerschen Bettung mit der im Kap. 5 definierten Normalsteifigkeit (5.51) und der Tangentialsteifigkeit (8.41) *exakt* beschrieben werden können. Im Weiteren beschreiben wir nur das Berechnungsverfahren. Der Beweis der Korrektheit des Verfahrens wird im Anhang D gegeben.

Betrachten wir einen axialsymmetrischen Indenter mit dem Profil $z = f(r)$, der zunächst mit einer Normalkraft F_N in den elastischen Halbraum gedrückt und anschließend durch eine Tangentialkraft F_x in x-Richtung beansprucht wird. Wir nehmen an, dass im Kontakt das Coulombsche Reibgesetz in seiner einfachsten Form gilt: Solange die Tangentialspannung τ kleiner als Produkt aus Reibungskoeffizient μ und Normalspannung p ist, sind die Oberflächen im Haftzustand. Nach dem Einsetzen des Gleitens bleibt die Tangentialspannung konstant und gleich μp:

$$\tau(r) \le \mu p(r), \text{ für Haften,} \tag{8.42}$$

$$\tau(r) = \mu p(r), \text{ für Gleiten.} \tag{8.43}$$

Beim Anlegen einer Tangentialkraft entsteht am Rande des Kontaktgebietes ein ringförmiges Gleitgebiet, welches sich bei steigender Kraft nach Innen ausbreitet, bis das voll-

[4] K. Johnson. Contact Mechanics. Cambridge University Press, 6. Nachdruck der 1. Auflage, 2001.

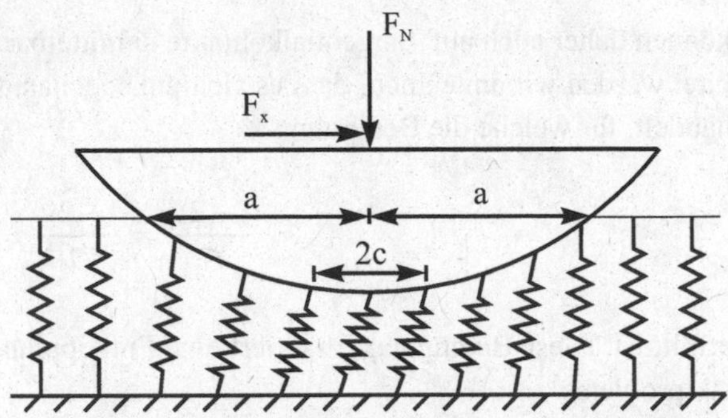

Abb. 8.7 Ersatzmodell für den Tangentialkontakt

ständige Gleiten einsetzt. Den inneren Radius des Gleitgebietes (bzw. Radius des Haftgebietes) bezeichnen wir durch c.

Die MDR wird auf den Tangentialkontakt wie folgt angewendet: Zunächst wird mithilfe der Transformation (5.52) das modifizierte Profil $g(x)$ berechnet. Dieses wird im zweiten Schritt in die Winklersche Bettung, gekennzeichnet durch die Steifigkeiten gemäß (5.51) und (8.41), mit der Normalkraft F_N eingedrückt und dann tangential um $u_x^{(0)}$ verschoben (Abb. 8.7). Jede Feder haftet am Indenter und verschiebt sich zusammen mit ihm solange die Tangentialkraft $\Delta F_x = k_x u_x^{(0)}$ in der betrachteten Feder kleiner $\mu \Delta F_z$ ist. Nachdem die Haftkraft erreicht ist, beginnt die Feder zu gleiten und die Kraft bleibt konstant und gleich $\mu \Delta F_z$. Die Regel kann auch inkrementell formuliert werden, sodass sie für beliebige Beanspruchungsgeschichten anwendbar ist: Bei einer kleinen Verschiebung des Indenters um $\Delta u_x^{(0)}$ gilt

$$\begin{aligned} \Delta u_x(x) &= \Delta u_x^{(0)}, \text{ wenn} \left| k_x u_x(x) \right| < \mu \Delta F_z \\ u_x(x) &= \pm \frac{\mu \Delta F_z(x)}{k_x}, \text{ im Gleitzustand} \end{aligned} \quad (8.44)$$

Das Vorzeichen in der letzten Gleichung hängt von der Bewegungsrichtung des Indenters ab. Indem wir inkrementelle Änderungen der Lage des Indenters verfolgen, bestimmen wir eindeutig die Verschiebungen aller Federn im Kontaktgebiet; somit sind auch alle Tangentialkräfte

$$\Delta F_x = k_x u_x(x) = G^* \Delta x \cdot u_x(x) \quad (8.45)$$

und die lineare Kraftdichte (Streckenlast)

$$q_x(x) = \frac{\Delta F_x}{\Delta x} = G^* u_x(x) \quad (8.46)$$

bekannt. Die Verteilung der Tangentialspannung $\tau(r)$ sowie der Verschiebungen $u_x(r)$ im ursprünglichen dreidimensionalen Kontakt werden durch Regeln bestimmt, die absolut analog zu den Gl. (5.59) und (5.60) sind[5]:

$$\tau(r) = -\frac{1}{\pi}\int_r^\infty \frac{q_x{}'(x)\mathrm{d}x}{\sqrt{x^2-r^2}}, \tag{8.47}$$

$$u_x(r) = \frac{2}{\pi}\int_0^r \frac{u_x(x)\mathrm{d}x}{\sqrt{r^2-x^2}}. \tag{8.48}$$

Illustrieren wir die Anwendung dieses Verfahrens für den Fall, wenn der Indenter aus der Gleichgewichtsposition in eine Richtung verschoben wird. Der Radius c des Haftgebietes bestimmt sich aus der Bedingung, dass die Tangentialkraft $k_x u_x^{(0)}$ gleich μ mal der Normalkraft $k_z u_z(c)$ ist:

$$G^* u_x^{(0)} = \mu E^*(d - g(c)). \tag{8.49}$$

Die Tangentialverschiebung ist gleich

$$u_x(x) = \begin{cases} u_x^{(0)}, & \text{für } x < c \\ \mu\left(\dfrac{E^*}{G^*}\right)(d - g(x)), & \text{für } c < x < a \end{cases}, \tag{8.50}$$

die Streckenlast ist gleich

$$q_x(x) = \begin{cases} G^* u_x^{(0)}, & \text{für } x < c \\ \mu E^*(d - g(x)), & \text{für } c < x < a \end{cases} \tag{8.51}$$

und für die Tangentialkraft ergibt sich

$$F_x = 2\int_0^a q_x(x)\mathrm{d}x = 2\mu E^*\left[c(d-g(c)) + \int_c^a (d-g(x))\mathrm{d}x\right] = 2\mu E^* \int_c^a x g'(x)\mathrm{d}x \tag{8.52}$$

Die Normalkraft wird weiterhin durch die Gl. (5.57),

[5] Wir betonen, dass alle mithilfe des oben beschriebenen Verfahrens gewonnenen makroskopischen Größen die dreidimensionalen Lösungen von Cattaneo, Mindlin, Jäger und Ciavarella exakt wiedergeben.

$$F_N = 2E^* \int_0^a (d - g(x))\mathrm{d}x, \tag{8.53}$$

und das Verhältnis $F_x / (\mu F_N)$ durch die Gleichung

$$\frac{F_x}{\mu F_N} = \frac{\int_c^a xg'(x)\mathrm{d}x}{\int_0^a xg'(x)\mathrm{d}x} \tag{8.54}$$

gegeben. Diese Gleichung bestimmt den Zusammenhang zwischen dem Verhältnis $F_x / (\mu F_N)$ und dem Haftradius c (Verallgemeinerung der Gl. (8.37) für einen beliebigen axial-symmetrischen Indenter).

Aus der Gl. (8.49) folgt eine interessante und sehr allgemeine Schlussfolgerung. Die maximale tangentiale Verschiebung $u_{x,\max}^{(0)}$, für die das Haftgebiet *gerade verschwindet* (bzw. die minimale Verschiebung, bei der zum ersten Mal vollständiges Gleiten einsetzt) erhalten wir, indem wir in (8.49) $c = 0$ (und somit auch $g(c) = 0$) einsetzen:

$$u_x^{(0)} = \mu \frac{E^*}{G^*} d \cdot \tag{8.55}$$

Die Verschiebung bis zum Einsetzen des Vollgleitens hängt demnach alleine von der Eindrucktiefe ab (und nicht von der Form des Indenters).

Aufgaben

Aufgabe 1 Betrachten wir zwei elastische Körper, die entsprechend die Halbräume $z > 0$ und $z < 0$ ausfüllen (Abb. 8.7). Der obere Körper bewege sich in horizontaler Richtung mit der Geschwindigkeit $\mathrm{d}u_{rel} / \mathrm{d}t = v_c$. Die Körper haften in einem kreisförmigen Gebiet mit einem mit der Zeit steigenden Radius $a(t) = a_0 + v_1 t$; im übrigen Gebiet ist die Tangentialspannung gleich Null. Zu bestimmen ist die Tangentialspannungsverteilung im Kontaktgebiet.

Lösung Aus den Gleichungen $\mathrm{d}u_{rel} / \mathrm{d}t = v_c$ und $\mathrm{d}a / \mathrm{d}t = v_1$ erhalten wir

$$\mathrm{d}u_{rel} = \frac{v_c}{v_1} \mathrm{d}a \cdot$$

Die *Änderung* der Schubspannung im Kontaktbereich $r < a(t)$ bei einer tangentialen Bewegung um du_{rel} berechnet sich laut (8.17) und (8.5) zu

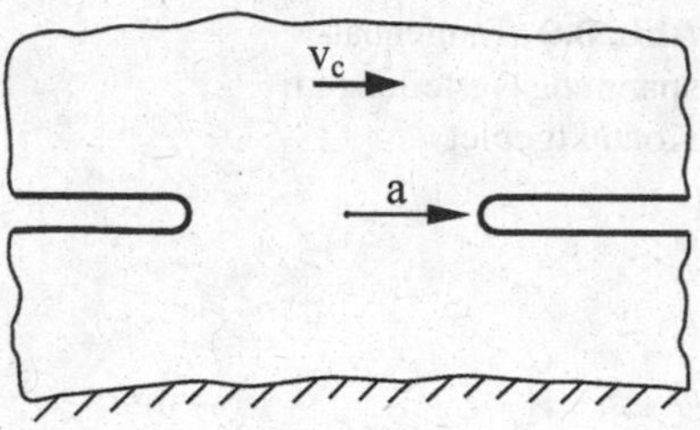

Abb. 8.8 Zwei elastische Festkörper im Kontakt, wobei sich der obere mit der konstanten Geschwindigkeit v_c relativ zum unteren Körper bewegt

$$d\tau(r) = \frac{G^*}{\pi a} du_{rel} \left(1 - \left(\frac{r}{a}\right)^2\right)^{-1/2} = \frac{G^*}{\pi a}\frac{v_c}{v_1} \left(1 - \left(\frac{r}{a}\right)^2\right)^{-1/2} da, \; r < a,$$

wobei G^* durch (8.20) definiert ist. Zu dem Zeitpunkt, bei welchem die „Kontaktfront" vom anfänglichen Radius a_0 bis zum Radius a_1 fortgeschritten ist, berechnet sich die Spannung wie folgt:

$$\tau = \frac{G^*}{\pi}\frac{v_c}{v_1} \int_{a_0}^{a_1} \frac{1}{a} \left(1 - \left(\frac{r}{a}\right)^2\right)^{-1/2} da, \quad \text{für } r < a_0,$$

$$\tau = \frac{G^*}{\pi}\frac{v_c}{v_1} \int_{r}^{a_1} \frac{1}{a} \left(1 - \left(\frac{r}{a}\right)^2\right)^{-1/2} da, \quad \text{für } a_0 < r < a_1.$$

Berechnung der Integrale ergibt

$$\tau = \frac{G^*}{\pi}\frac{v_c}{v_1} \ln \frac{a_1 + \sqrt{a_1^2 - r^2}}{a_0 + \sqrt{a_0^2 - r^2}}, \quad \text{für } r < a_0,$$

$$\tau = \frac{G^*}{\pi}\frac{v_c}{v_1} \ln \frac{a_1 + \sqrt{a_1^2 - r^2}}{r}, \quad \text{für } a_0 < r < a_1.$$

Diese Abhängigkeit ist in der Abb. 8.8 für $a_0 / a_1 = 0{,}1$ gezeigt.

Aufgabe 2 Eine elastische Kugel wird an eine starre Ebene gedrückt, wobei die Richtung der Anpresskraft immer dieselbe bleibt (Abb. 8.9). Zu bestimmen sind die Bedingungen, unter denen das gesamte Kontaktgebiet immer haftet (Abb. 8.10).

Lösung Wir gehen von der Annahme aus, dass es im Kontaktgebiet kein Gleiten gibt und überprüfen anschließend die Gültigkeit dieser Annahme. Das kontinuierliche Anwachsen der Kraft können wir in infinitesimal kleine Schritte aufteilen, wobei in jedem Schritt die Normalkraft um dF_N und die Tangentialkraft um dF_x erhöht wird. Zwischen den Inkrementen dF_N und dF_x besteht die geometrische Beziehung $dF_x / dF_N = \tan\alpha$. Ein Zuwachs der Tangentialkraft um dF_x unter Haftbedingung bringt einen Zuwachs in der Schubspannung

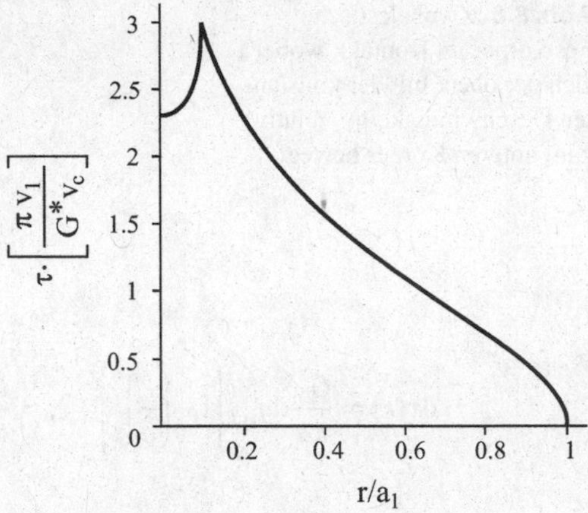

Abb. 8.9 Tangentialspannungsverteilung im Kontaktgebiet

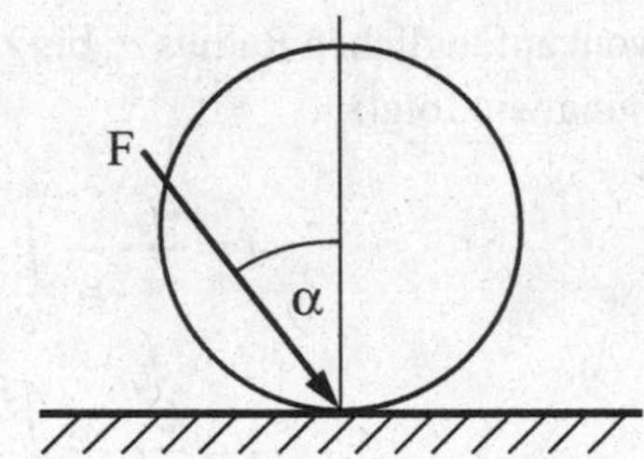

Abb. 8.10 Elastische Kugel, welche durch eine schräge Anpresskraft an eine starre Ebene gedrückt wird

$$\mathrm{d}\tau(r) = \frac{\mathrm{d}F_x}{2\pi a^2}\left(1-\frac{r^2}{a^2}\right)^{-1/2} = \frac{\mathrm{d}F_N \tan\alpha}{2\pi a^2}\left(1-\frac{r^2}{a^2}\right)^{-1/2}, \quad r < a$$

mit sich. Aus der Beziehung $F_N = \frac{4}{3}\frac{E^* a^3}{R}$ zwischen der Normalkraft und dem Kontaktradius erhalten wir $\mathrm{d}F_N = 4\frac{E^* a^2 \mathrm{d}a}{R}$. Der Spannungszuwachs kann daher in der Form

$$\mathrm{d}\tau(r) = \frac{2E^*}{\pi R}\tan\alpha\left(1-\frac{r^2}{a^2}\right)^{-1/2}\mathrm{d}a, \quad r < a$$

geschrieben werden. Wächst der Radius des Kontaktgebietes infolge der angebrachten Kraft von a_0 bis a_1, so erfährt die Tangentialspannung einen Gesamtzuwachs

$$\tau(r) = \frac{2E^*}{\pi R}\tan\alpha\int_{a_0}^{a_1}\left(1-\frac{r^2}{a^2}\right)^{-1/2}\mathrm{d}a, \quad r < a_0,$$

$$\tau(r) = \frac{2E^*}{\pi R}\tan\alpha\int_{r}^{a_1}\left(1-\frac{r^2}{a^2}\right)^{-1/2}\mathrm{d}a, \quad a_0 < r < a_1 .$$

Berechnung der Integrale ergibt

$$\tau(r) = \frac{2E^*}{\pi R}\tan\alpha \cdot \left[\left(a_1^2 - r^2\right)^{1/2} - \left(a_0^2 - r^2\right)^{1/2}\right], \quad r < a_0,$$

$$\tau(r) = \frac{2E^*}{\pi R}\tan\alpha \cdot \left(a_1^2 - r^2\right)^{1/2}, \qquad a_0 < r < a_1 .$$

Die Hertzsche Druckverteilung berechnet sich zu

$$p(r) = \frac{p_0}{a_1}\left(a_1^2 - r^2\right)^{1/2} = \frac{3F_N}{2\pi a_1^3}\left(a_1^2 - r^2\right)^{1/2} = \frac{2E^*}{\pi R}\left(a_1^2 - r^2\right)^{1/2} .$$

Im Kontaktgebiet gibt es kein Gleiten, wenn überall die Bedingung $\tau(r) \le \mu p(r)$ erfüllt ist. Das ist der Fall wenn

$$\tan\alpha \le \mu.$$

Ist der Wirkungswinkel einer Kraft kleiner als der kritische Winkel, so gibt es im Kontakt kein Gleiten. Der kritische Winkel ist übrigens gleich dem *Reibungswinkel* (siehe Kap. 10), somit fällt dieses Ergebnis mit dem rein makroskopischen Ergebnis überein, dass bei einem Wirkungswinkel kleiner Reibungswinkel kein Gleiten stattfindet.

Aufgabe 3 Die Aufgabe 2 ist mithilfe der Dimensionsreduktionsmethode zu lösen.

Lösung Die Lösung dieser Aufgabe in der MRD ist trivial. Da jede haftende Feder mit der Kraft unter dem Winkel α belastet wird, gibt es kein Gleiten, wenn der Winkel α kleiner als der Reibungswinkel ist (s. Gl. (10.5) im Kap. 10):

$$\tan\alpha \le \mu.$$

Aufgabe 4 Ein starres, axial-symmetrisches Profil der Form $z = Ar^n$ wird in einen elastischen Halbraum zunächst mit der Kraft F_N eingedrückt und anschließend mit der tangentialen Kraft F_x belastet. Zu bestimmen ist der Zusammenhang zwischen der Tangentialkraft, der tangentialen Verschiebung und dem Radius c des Haftgebietes.

Lösung Das MDR-transformierte Profil hat in diesem Fall die Form $g(x) = A\kappa_n|x|^n$ (s. Kap. 5, Aufgabe 7). Einsetzen von $g(x)$ in die Gl. (8.54) ergibt

$$\frac{F_x}{\mu F_N} = 1 - \left(\frac{c}{a}\right)^{n+1},$$

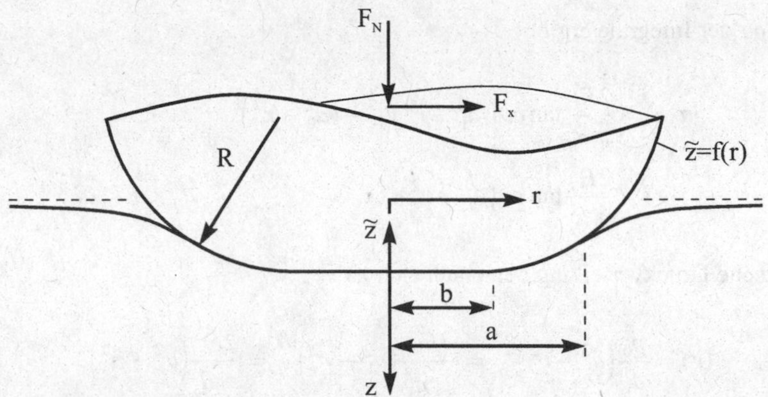

Abb. 8.11 Tangentialkontakt eines flachen Stempels mit abgerundeten Ecken (Radius R)

wobei a der Kontaktradius ist. Den Zusammenhang zwischen der Tangentialverschiebung des Indenters und dem Radius des Haftgebietes erhalten wir, indem wir die Funktion $g(x)$ in die Gl. (8.49) einsetzen:

$$G^* u_x^{(0)} = \mu E^* (d - A\kappa_n c^n).$$

Aufgabe 5 Ein flacher zylindrischer Stempel mit abgerundeten Ecken (Abb. 8.11) wird zunächst durch eine Normalkraft F_N in einen elastischen Halbraum gedrückt und anschließend mit einer Tangentialkraft F_x beansprucht, die eine tangentiale Relativverschiebung $u_x^{(0)}$ der beiden Körper hervorruft. Es seien elastisch ähnliche Materialien vorausgesetzt und das Profil des Indenters durch

$$f(r) = \begin{cases} 0 & \text{für} \quad 0 \le r < b \\ \dfrac{1}{2R}(r-b)^2 & \text{für} \quad b \le r \le a \end{cases}$$

gegeben (Abb. 8.11). Mithilfe der Reduktionsmethode sollen die Eindrucktiefe und die Normalkraft in Abhängigkeit des Kontaktradius ermittelt werden. Ferner sind die Tangentialverschiebung und die Tangentialkraft als Funktion des Haftradius zu berechnen.

Lösung In einem ersten Schritt muss das eindimensionale Ersatzprofil mittels (5.52) bestimmt werden:

$$g(x) = x\int_0^x \frac{f'(r)}{\sqrt{x^2-r^2}}\,\mathrm{d}r = \begin{cases} 0 & \text{für} \quad 0 \le x < b \\ \dfrac{x}{R}\displaystyle\int_b^x \frac{r-b}{\sqrt{x^2-r^2}}\,\mathrm{d}r & \text{für} \quad b \le x \le a \end{cases}.$$

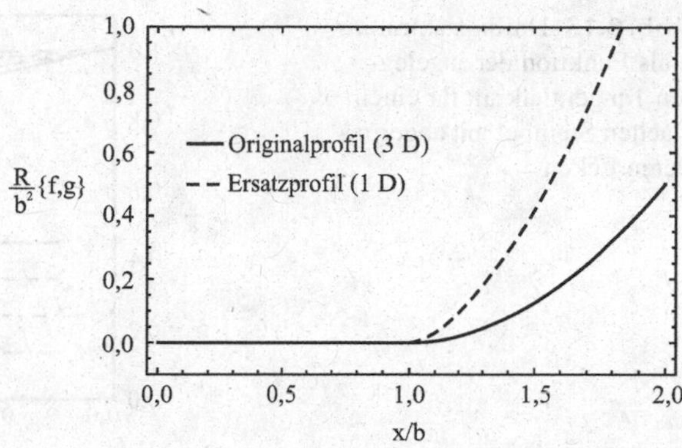

Abb. 8.12 Flacher Stempel mit abgerundeten Ecken: Dreidimensionales und eindimensionales MDR-transformiertes Profil im Vergleich

Die Berechnung des Integrals ergibt

$$\int_b^x \frac{r-b}{\sqrt{x^2-r^2}}\mathrm{d}r = \sqrt{x^2-b^2} - b\arccos\left(\frac{b}{x}\right),$$

sodass

$$g(x) = \begin{cases} 0 & \text{für} \quad |x| < b \\ \dfrac{|x|}{R}\sqrt{x^2-b^2} - \dfrac{b|x|}{R}\arccos\left(\dfrac{b}{|x|}\right) & \text{für} \quad b \leq |x| \leq a \end{cases}.$$

In normierter Darstellung sind das Original- und das Ersatzprofil in Abb. 8.12 gegenübergestellt.

Die Eindrucktiefe als Funktion des Kontaktradius ergibt sich aus dem eindimensionalen Profil durch

$$d = g(a) = \frac{a}{R}\sqrt{a^2-b^2} - \frac{ba}{R}\arccos\left(\frac{b}{a}\right)$$

und die Abhängigkeit der Normalkraft vom Kontaktradius durch

$$\begin{aligned} F_N &= 2E^* \int_0^a [d - g(x)]\mathrm{d}x \\ &= 2E^* \int_0^b d \,\,\mathrm{d}x + 2E^* \int_b^a \left[d - \left(\frac{x}{R}\sqrt{x^2-b^2} - \frac{bx}{R}\arccos\left(\frac{b}{x}\right)\right)\right]\mathrm{d}x. \end{aligned}$$

Ausführung der Integration und Berücksichtigung des Zusammenhangs zwischen der Eindrucktiefe und dem Kontaktradius liefert

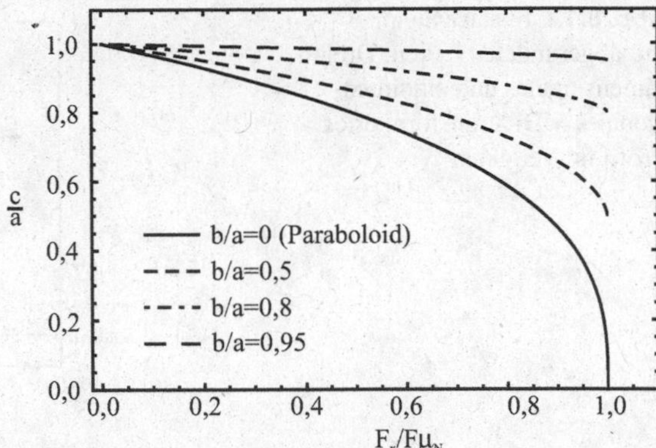

Abb. 8.13 Haftkontaktradius c als Funktion der angelegten Tangentialkraft für einen flachen Stempel mit abgerundeten Ecken

$$F_N = \frac{4}{3}E^*\frac{a^3}{R}\left[\left(1-\frac{1}{4}\left(\frac{b}{a}\right)^2\right)\sqrt{1-\left(\frac{b}{a}\right)^2} - \frac{3}{4}\frac{b}{a}\arccos\left(\frac{b}{a}\right)\right].$$

Der Grenzfall $b=0$ entspricht einem parabolischen Profil. Erwartungsgemäß geben die gefundenen Gleichungen dann die Hertzschen Relationen wieder.

Die Grenze zwischen Haften und Gleiten bestimmen wir aus (8.49)

$$u_x^{(0)} = \mu\frac{E^*}{G^*}\frac{a}{R}\left[\sqrt{a^2-b^2} - b\arccos\left(\frac{b}{a}\right) - \frac{c}{a}\left(\sqrt{c^2-b^2} - b\arccos\left(\frac{b}{c}\right)\right)\right].$$

Die Tangentialkraft berechnet sich mit (8.52) zu

$$\begin{aligned} F_x = {} & \mu\frac{E^*}{3R}\left[(4a^2-b^2)\sqrt{a^2-b^2} - 3a^2 b\arccos\left(\frac{b}{a}\right)\right] \\ & -\mu\frac{E^*}{3R}\left[(4c^2-b^2)\sqrt{c^2-b^2} - 3c^2 b\arccos\left(\frac{b}{c}\right)\right]. \end{aligned}$$

In normierter Darstellung zeigt Abb. 8.13 die Abhängigkeit des Haftradius von der Tangentialkraft für verschiedene Werte des geometrischen Faktors b/a. Der Grenzfall $b=0$ liefert das klassische Ergebnis von Cattaneo und Mindlin für einen parabolischen Indenter. Geht der Kontaktbereich hingegen nur wenig über den flachen Abschnitt hinaus ($b=0.95a$), so nähert sich die Kurve dem Flachstempelkontakt an.

Rollkontakt 9

Mit Rollkontakten haben wir es in unzähligen technischen Anwendungen zu tun. Rad-Schiene- und Reifen-Straße-Kontakte, Rolllager, Zahnräder, diverse Einzugs- und Beförderungsmechanismen (z. B. in einem Drucker) sind die bekanntesten Beispiele.

V. L. Popov, *Kontaktmechanik und Reibung*, DOI 10.1007/978-3-662-45975-1_9

Mit der Rollkontaktmechanik hat sich bereits Reynolds beschäftigt[1]. Er stellte bei experimentellen Untersuchungen mit Gummiwalzen fest, dass bei einem Rollkontakt in der Kontaktfläche Haft- und Gleitgebiete auftreten. Mit einem anwachsenden Antriebs- oder Bremsmoment wird das Gleitgebiet immer größer, bis letztendlich das ganze Kontaktgebiet gleitet. Das Gleiten führt dazu, dass die Translationsgeschwindigkeit des Rades nicht gleich seiner Umfangsgeschwindigkeit ΩR ist. Die Differenz beider Geschwindigkeiten nennt man die *Schlupfgeschwindigkeit*. Sie spielt eine wichtige Rolle in der Kontaktmechanik.

Gleiten im Kontaktgebiet ist aber nicht die einzige Ursache für den Unterschied zwischen der Fahr- und Rotationsgeschwindigkeit. Bei kleinen Antriebs- bzw. Bremsmomenten gibt es im Kontaktgebiet fast kein Gleiten. Die Differenz zwischen der Fahr- und Umfangsgeschwindigkeit besteht dennoch und ist proportional zum Antriebsmoment. Diesen Zusammenhang hat als erster Carter in seiner Rechnung aus dem Jahre 1916 gefunden[2]. Diese kleinen Schlüpfe sind auf die elastischen Deformationen im Rad zurückzuführen.

Von besonderem Interesse für technische Anwendungen ist das in dem Kontaktgebiet auftretende Gleiten, da es auch unter den Bedingungen, bei denen noch kein vollständiges Gleiten einsetzt, zum Verschleiß führt.

9.1 Qualitative Diskussion der Vorgänge in einem Rollkontakt

Die Tatsache, dass es in einem angetriebenen oder gebremsten Rad Haft- und Gleitgebiete geben muss, kann man bereits aus der Analogie zwischen Roll- und Tangentialkontakt ableiten. Bringen wir ein Rad mit einer starren Ebene in Kontakt und legen ein Kraftmoment an, so wird das Kontaktgebiet in tangentialer Richtung beansprucht. Im vorigen Kapitel haben wir aber gesehen, dass bei einer Beanspruchung eines Hertzschen Kontaktes in tangentialer Richtung immer ein Gleitgebiet entsteht. Das gilt auch für den Kontakt eines angetriebenen rollenden Rades. Wie bei einem Tangentialkontakt wird sich auch bei einem Rollkontakt bei einem geringen Antriebsmoment zunächst ein kleines Gleitgebiet bilden, welches sich mit zunehmendem Antriebsmoment vergrößert, bis ein Gleiten im gesamten Kontaktgebiet einsetzt.

Diskutieren wir qualitativ die Prozesse, die in einem rollenden Rad ablaufen. Zum besseren Verständnis dieser Prozesse betrachten wir ein in der Abb. 9.1a skizziertes vereinfachtes Modell eines elastischen Rades bestehend aus einem inneren starren Ring und einer Reihe von mit diesem Ring sowie untereinander linear elastisch verbundenen Elementen. Zwischen den Elementen und der Unterlage soll es Reibung mit dem Reibungskoeffizienten μ geben. Drücken wir das Rad zunächst an eine starre Unterlage (Abb. 9.1b)

[1] O. Reynolds. On rolling friction. Philosophical Transactions of the Royal Society of London, 166 (I): 155–174, 1876.

[2] F. W. Carter. The electric locomotive. Proc. Inst. Civil Engn., 201: 221–252, 1916. Discussion pages 253–289.

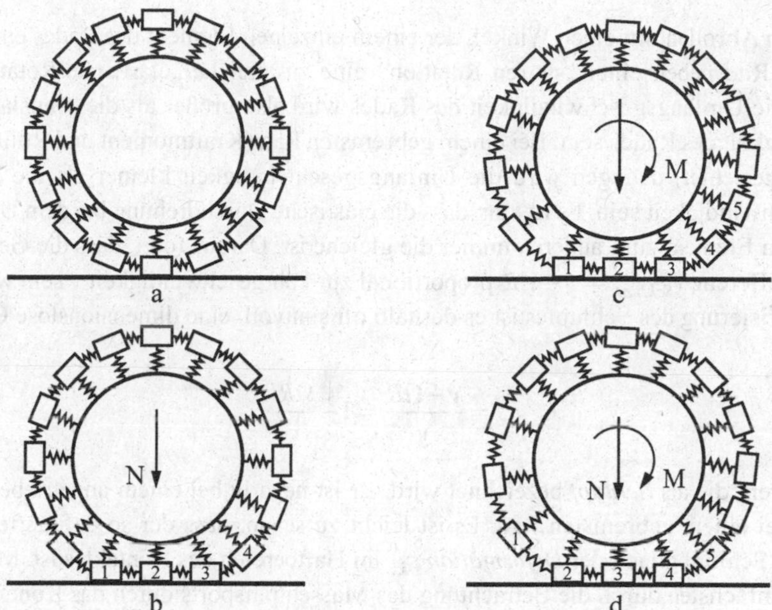

Abb. 9.1 Vereinfachtes Modell eines angetriebenen Rades

und legen anschließend ein Kraftmoment an (Abb. 9.1c), so werden die Federn rechts vom Kontaktbereich auf Druck und links davon auf Zug beansprucht. Dadurch dreht sich das starre Innere des Rades um einen bestimmten Winkel, der von der Zahl und Steifigkeit der Federn abhängt. Lassen wir jetzt das Rad nach rechts abrollen (Abb. 9.1d). Die auf Druck beanspruchten, aber sich auch schon ohne Kontakt zur festen Oberfläche im Gleichgewicht befindlichen Elemente werden in das Kontaktgebiet einlaufen, ohne dass es etwas an dessen Gleichgewicht oder Abstand ändert. Im Kontaktgebiet werden die Elemente also im auf Druck beanspruchten Zustand von der starren Unterlage mitgeführt. Kommen sie zum Auslaufrand, wo der Zugzustand herrscht und der Normaldruck abnimmt, so werden sie entspannt. Dadurch dreht sich das Rad noch etwas weiter durch.

Bei einem gebremsten Rad sind die Federn am Einlaufrand auf Zug und am Auslaufrand auf Druck beansprucht. Die einlaufenden Federn sind aber bereits vor dem Einlaufen im Gleichgewicht und bleiben in diesem Zustand bis sie zum Auslaufrand kommen. Wir kommen daher zur folgenden Erkenntnis:

> Bei einem angetriebenen oder gebremsten Rad gibt es im Kontaktgebiet immer einen Haftbereich, der sich am Einlaufrand befindet und einen Gleitbereich, der sich am Auslaufrand befindet.

Bei jedem Abrollen um einen Winkel, der einem einzelnen Element des Rades entspricht, wird das Rad neben einer „starren Rotation“ eine zusätzliche „elastische Rotation“ erfahren. Die Umfangsgeschwindigkeit des Rades wird also größer als die Translationsgeschwindigkeit des Rades sein. Bei einem gebremsten Rad (Kraftmoment und Rollrichtung entgegengerichtet) dagegen wird die Umfangsgeschwindigkeit kleiner als die Translationsgeschwindigkeit sein. Es ist klar, dass die elastische Durchdrehung bei dem Übergang von einem Element zum anderen immer die gleiche ist. Daraus folgt, dass die Geschwindigkeitsdifferenz $v_{Schlupf} = v - \Omega R$ proportional zur Fahrgeschwindigkeit v sein wird. Zur Charakterisierung des Schlupfes ist es deshalb oft sinnvoll, eine dimensionslose Größe

$$s = \frac{v - \Omega R}{v} = 1 - \frac{\Omega R}{v} \tag{9.1}$$

einzuführen, die als *Schlupf* bezeichnet wird. Er ist negativ bei einem angetriebenen und positiv bei einem gebremsten Rad. Es ist leicht zu sehen, dass der so definierte dimensionslose Schlupf gleich der *Deformation* ε_{xx} im Haftbereich des Kontaktes ist. Man kann das am einfachsten durch die Betrachtung des Massentransports durch das Kontaktgebiet feststellen. Die Dichte des Materials im Haftgebiet ist gleich $\rho_0 / (1+\varepsilon_{xx})$. Das Kontaktgebiet bewegt sich mit der Translationsgeschwindigkeit v. Die Massenstromdichte über das Kontaktgebiet ist gleich $v\rho_0 / (1+\varepsilon_{xx})$. Andererseits ist sie definitionsgemäß gleich $\rho_0 \Omega R$. Daraus folgt

$$\Omega R = \frac{v}{(1+\varepsilon_{xx})}. \tag{9.2}$$

Für den Schlupf ergibt sich

$$s = \frac{\varepsilon_{xx}}{1+\varepsilon_{xx}} \approx \varepsilon_{xx}. \tag{9.3}$$

9.2 Spannungsverteilung im stationären Rollkontakt

A. Vorbereitende Schritte Im Weiteren benutzen wir die uns bereits bekannten Ergebnisse aus der Elastizitätstheorie (s. Abschn 8.2). Ist in einem kreisförmigen Gebiet eine Tangentialspannung

$$\tau(r) = \sigma_{zx}(r) = \tau_0 \sqrt{1 - r^2 / a^2} \tag{9.4}$$

angebracht (Abb. 9.2a), so führt sie zu einer Verschiebung

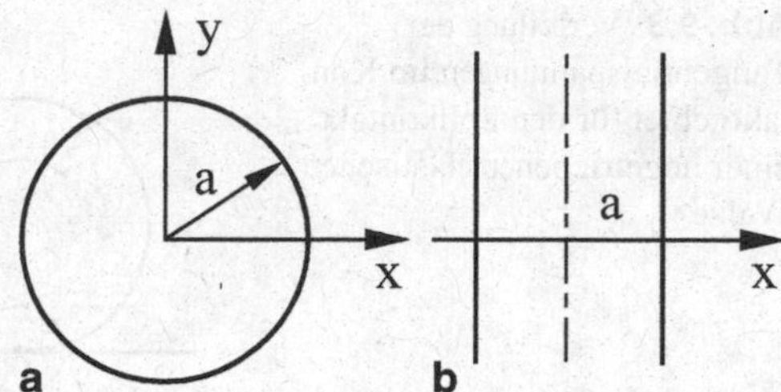

Abb. 9.2 Verschiedene durch Tangentialspannungen beanspruchte Kontaktgebiete: **a** kreisförmig, **b** streifenförmig

$$u_x = \frac{\pi \tau_0}{32Ga}[4(2-\nu)a^2 - (4-3\nu)x^2 - (4-\nu)y^2] \tag{9.5}$$

in tangentialer Richtung. Eine Spannungsverteilung

$$\tau = \sigma_{zx}(x) = \tau_0 \sqrt{1 - x^2 / a^2} \tag{9.6}$$

in einem Streifen mit der Breite $2a$ (Abb. 9.2b) verursacht eine Verschiebung

$$u_x = \boldsymbol{konst} - \tau_0 \frac{x^2}{aE^*}. \tag{9.7}$$

Mit diesen Spannungsverteilungen lässt sich die Spannungsverteilung in einem rollenden Rad konstruieren.

B. Theorie von Carter Das zweidimensionale Rollkontaktproblem, d. h. Abrollen einer Walze auf einer Ebene, hat Carter im Jahre 1926 gelöst. Wie viele Lösungen von Normal- oder Tangentialkontaktproblemen beruht seine Lösung auf der Hypothese, dass man die Spannungsverteilung in einem rollenden Kontakt als Superposition von zwei Spannungsverteilungen vom Hertzschen Typ „konstruieren" kann, für die es analytische Lösungen für die Verschiebungen an der Oberfläche des Kontinuums gibt. Suchen wir die Spannungsverteilung in einem angetriebenen Rad in der Form

$$\tau = \tau^{(1)}(x) + \tau^{(2)}(x) \tag{9.8}$$

mit

$$\tau^{(1)}(x) = \tau_1 \left(1 - \frac{x^2}{a^2}\right)^{\frac{1}{2}} \tag{9.9}$$

und

$$\tau^{(2)}(x) = -\,\tau_2 \left(1 - \frac{(x-d)^2}{c^2}\right)^{\frac{1}{2}}, \tag{9.10}$$

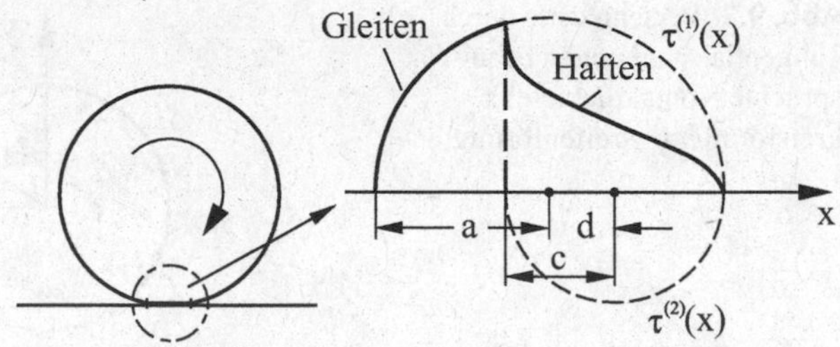

Abb. 9.3 Verteilung der Tangentialspannungen im Kontaktgebiet für den Rollkontakt einer angetriebenen elastischen Walze

wobei a die halbe Breite des gesamten Kontaktes und c die halbe Breite des Haftgebietes am Einlaufrand ist. Die Definition der Größe d kann der Abb. 9.3 entnommen werden: $d = a - c$. Die Druckverteilung ist im gesamten Kontakt durch den Hertzschen Ausdruck

$$p(x) = p_0 \left(1 - \frac{x^2}{a^2}\right)^{\frac{1}{2}} \tag{9.11}$$

gegeben.

Damit die angegebene Spannungsverteilung tatsächlich einem *Rollkontakt* entspricht, müssen bestimmte kinematische und dynamische Beziehungen erfüllt sein. Als Erstes bemerken wir, dass sich die einlaufenden Bereiche des Rades vor dem Einlaufen im deformierten Zustand befinden. Sobald sie mit der Unterlage in Kontakt kommen, können sie sich nicht mehr relativ zueinander bewegen, bis sie das Haftgebiet verlassen. Daraus folgt:

1. *Im Haftgebiet ist die Deformation konstant.* (9.12)

Unter der Annahme, dass im Gleitgebiet das einfache Coulombsche Reibungsgesetz gilt, folgt weiterhin:

2. Im gesamten Gleitgebiet muss die Bedingung

$$\tau(x) = \mu p(x) \tag{9.13}$$

erfüllt sein.

Diese zwei Bedingungen garantieren, dass wir es mit einem stationären Rollkontakt zu tun haben. Unsere Aufgabe ist es, nun zu zeigen, dass diese zwei Bedingungen durch die Annahme der Spannungsverteilung (9.8) erfüllt werden können.

Die durch die Spannungen $\tau^{(1)}(x)$ und $\tau^{(2)}(x)$ verursachten Verschiebungen sind entsprechend gleich $u_x^{(1)} = C^{(1)} - \tau_1 \frac{x^2}{aE^*}$ und $u_x^{(2)} = C^{(2)} + \tau_2 \frac{(x-d)^2}{cE^*}$. Für die gesamte Verschiebung ergibt sich

$$u_x = konst - \tau_1 \frac{x^2}{aE^*} + \tau_2 \frac{(x-d)^2}{cE^*} \tag{9.14}$$

und für die Deformation

$$\frac{\partial u_x}{\partial x} = -\tau_1 \frac{2x}{aE^*} + \tau_2 \frac{2(x-d)}{cE^*}. \tag{9.15}$$

Damit die Bedingung (9.12) erfüllt ist, muss

$$\tau_2 = \frac{c}{a}\tau_1 \tag{9.16}$$

gelten. Aus der Bedingung (9.13) folgt

$$\tau_1 = \mu p_0. \tag{9.17}$$

Die Deformation ist im Haftgebiet konstant und gleich

$$\frac{\partial u_x}{\partial x} = -\frac{2\mu p_0 d}{aE^*}. \tag{9.18}$$

Die gesamte Querkraft im Kontaktgebiet berechnet sich zu

$$F_x = \int_{-a}^{a} L \cdot \tau(x)\,\mathrm{d}x = \left(\frac{\pi}{2} a\mu p_0 - \frac{c}{a}\frac{\pi}{2} c\mu p_0\right) L = \mu F_N \left(1 - \frac{c^2}{a^2}\right). \tag{9.19}$$

Für den Radius des Haftgebietes ergibt sich

$$\frac{c}{a} = 1 - \frac{d}{a} = \left(1 - \frac{F_x}{\mu F_N}\right)^{1/2}. \tag{9.20}$$

Für den Schlupf bekommen wir laut (9.3) und (9.18)

$$s = \frac{\partial u_x}{\partial x} = -\frac{2\mu p_0}{E^*}\left[1 - \left(1 - \frac{F_x}{\mu F_N}\right)^{1/2}\right]. \tag{9.21}$$

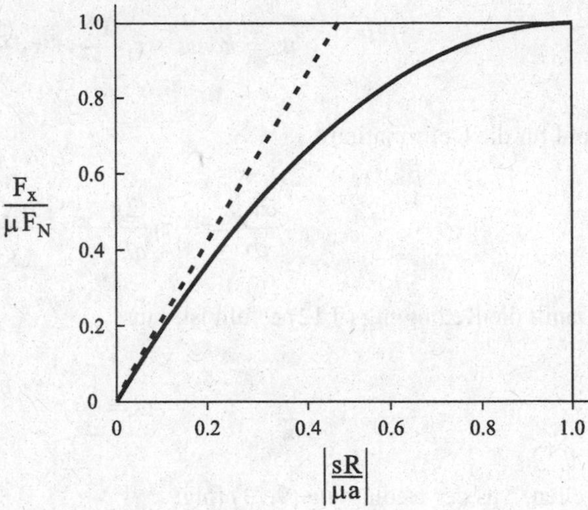

Abb. 9.4 Kraftschlussdiagramm

Unter Berücksichtigung der Beziehungen $F_N = \frac{\pi a p_0}{2} L$ und $F_N = \frac{\pi E^* L a^2}{4R}$ (siehe Gl. 5.34) kann man die Gleichung für den Schlupf auch in der folgenden Form darstellen:

$$s = -\frac{\mu a}{R}\left[1 - \sqrt{1 - \frac{F_x}{\mu F_N}}\right]. \tag{9.22}$$

Diese Beziehung ist in der Abb. 9.4 dargestellt. Sie wird *Kraftschlusscharakteristik* genannt.

Bei kleinen Tangentialkräften kann der Schlupf in eine Taylorreihe nach $F_x / \mu F_N$ entwickelt werden. In erster Ordnung gilt

$$s \approx -\frac{aF_x}{2RF_N} \quad \text{für} \quad F_x << \mu F_N. \tag{9.23}$$

Der Schlupf hängt demnach bei kleinen Tangentialkräften nicht vom Reibungskoeffizienten μ ab, was auch nicht verwunderlich ist, da es in diesem Grenzfall im gesamten Kontaktgebiet kein Gleiten gibt. Die Gerade $|s| = \frac{aF_x}{2RF_N}$ ist in der Abb. 9.4 mit gepunkteter Linie gezeigt. Die Abweichung des tatsächlichen Schlupfes von der gepunkteten Linie zeigt den Anteil des „echten Gleitens" im Kontaktgebiet. Das Gleiten setzt im gesamten Kontaktgebiet ein, wenn $F_x = \mu F_N$ ist. In diesem Moment ist der Schlupf gleich $s = -\frac{\mu a}{R}$.

Dieser betragsmäßig maximale Schlupf ist gleich dem zweifachen „elastischen Schlupf" (9.23) bei der gleichen Kraft. Die Differenz zwischen beiden

$$s_{Gleit} = -\frac{\mu a}{2R} \tag{9.24}$$

gibt den Anteil eines durch Gleiten verursachten Schlupfes wieder. Die charakteristische Größe der Gleitgeschwindigkeit im Rollkontakt beim „kritischen Antrieb" (direkt vor dem Beginn des vollen Gleitens) beträgt somit

$$v_{Gleit} \approx \frac{\mu a}{2R} v, \tag{9.25}$$

wobei v die Fahrgeschwindigkeit ist. Bei kleineren Antriebskräften kann der Schlupf als Differenz zwischen dem vollen Schlupf (9.22) und dem elastischen Anteil (9.23) zu

$$s_{Gleit} = -\frac{\mu a}{8R}\left(\frac{F_x}{\mu F_N}\right)^2 . \tag{9.26}$$

abgeschätzt werden.

C. Dreidimensionales Rollkontaktproblem Auch im dreidimensionalen Fall kann man die Spannungsverteilung im Rollkontaktgebiet mit einem ähnlichen Verfahren wie bei Carter bestimmen, wobei man zwei Spannungsverteilungen der Form

$$\tau^{(1)}(x,y) = \tau_1 \sqrt{1 - \frac{x^2 + y^2}{a^2}} \tag{9.27}$$

und

$$\tau^{(2)}(x,y) = -\tau_2 \sqrt{1 - \frac{(x-d)^2 + y^2}{c^2}} \tag{9.28}$$

superponiert. Das Definitionsgebiet der Spannungsverteilung (9.28) ist dabei das Haftgebiet. Die durch die Summe dieser Spannungsverteilungen bedingte Verschiebung der Oberflächenpunkte ist gemäß (9.5) gleich

$$u_x = \frac{\pi}{32G} \left\{ \begin{array}{l} \frac{\tau_1}{a}[4(2-\nu)a^2 - (4-3\nu)x^2 - (4-\nu)y^2] \\ -\frac{\tau_2}{c}[4(2-\nu)c^2 - (4-3\nu)(x-d)^2 - (4-\nu)y^2] \end{array} \right\} . \tag{9.29}$$

Die Deformationskomponente $\varepsilon_{xx} = \partial u_x / \partial x$ ist gleich

$$\frac{\partial u_x}{\partial x} = \frac{\pi(4-3\nu)}{16G}\left\{-\frac{\tau_1}{a}x + \frac{\tau_2}{c}x - \frac{\tau_2}{c}d\right\}. \tag{9.30}$$

Aus den Forderungen (9.12) und (9.13) folgen dieselben Bedingungen (9.16) und (9.17) wie in einem Walzkontakt. Die Deformation und somit der Schlupf sind daher gleich

$$\frac{\partial u_x}{\partial x} = -\frac{\pi(4-3\nu)}{16G}\mu p_0 \frac{d}{a}. \tag{9.31}$$

Für die Tangentialkraft ergibt sich

$$F_x = \frac{2}{3}\pi a^2 \tau_1 - \frac{2}{3}\pi c^2 \tau_2 = \mu F_N \left(1 - \left(\frac{c}{a}\right)^3\right). \tag{9.32}$$

Für den Radius des Haftgebietes ergibt sich die gleiche Formel, wie bei einem reinen Tangentialkontakt:

$$\frac{c}{a} = \left(1 - \frac{F_x}{\mu F_N}\right)^{1/3} \tag{9.33}$$

und für den Schlupf[3]

$$s = \frac{\partial u_x}{\partial x} = -\frac{3(4-3\nu)\mu F_N}{32Ga^2}\left[1 - \left(1 - \frac{F_x}{\mu F_N}\right)^{1/3}\right]. \tag{9.34}$$

Unter Berücksichtigung der Beziehung $F_N = \frac{4}{3}E^* \frac{a^3}{R}$ kann sie auch in der Form

[3] Diese Gleichung gilt für ein elastisches Rad auf einer starren Ebene. Beim Kontakt zwischen gleichen Materialien beträgt der Schlupf das Zweifache von (9.34).

$$s = -\frac{(4-3\nu)\mu}{4(1-\nu)}\frac{a}{R}\left[1-\left(1-\frac{F_x}{\mu F_N}\right)^{1/3}\right] \tag{9.35}$$

umgeschrieben werden. Bei kleinen Antriebkräften erhalten wir in erster Ordnung

$$s \approx -\frac{(4-3\nu)F_x}{32Ga^2}. \tag{9.36}$$

Aufgaben

Aufgabe 1 Abzuschätzen ist die Gleitgeschwindigkeit (a) in einem angetriebenen Eisenbahnrad, (b) in einem Autoreifen.

Lösung (a) Bei einem Einsenbahnrad berechnet sich der Schlupf nach (9.35):

$$s = -\frac{(4-3\nu)\mu}{4(1-\nu)}\frac{a}{R}\left[1-\left(1-\frac{F_x}{\mu F_N}\right)^{1/3}\right].$$

Den Schlupf beim kritisch angetriebenen Rad erhalten wir durch Einsetzen von $F_x = \mu F_N$:

$$|s| = \frac{(4-3\nu)\mu}{4(1-\nu)}\frac{a}{R}.$$

Die Gleitgeschwindigkeit berechnet sich durch Multiplizieren des Schlupfes mit der Fahrgeschwindigkeit v. Mit $\mu \approx 0,3$, $a \approx 7$ mm, $R = 0,5$ m und $\nu = 1/3$ ergibt sich für die Gleitgeschwindigkeit $v_{Gleit} \approx 5 \cdot 10^{-3} v$. Bei einer Fahrgeschwindigkeit von 30 m/s (108 km/h) hat sie die charakteristische Größe $v_{Gleit} \approx 0,14$ m/s.

(b) Für einen „kritisch angetriebenen" Autoreifen erhalten wir mit $\mu \approx 1$, $a \approx 5$ cm, $R = 0,3$ m und $\nu = 1/2$ $v_{Gleit} \approx 0,2v$.. Bei einer Fahrgeschwindigkeit von 15 m/s (54 km/h) hat die Gleitgeschwindigkeit die Größenordnung von 3 m/s.

Bei „normalen Betriebsbedingungen" (gleichmäßiges Fahren mit einer Geschwindigkeit von 15 m/s) ist die Gleitgeschwindigkeit im Rollkontakt zwischen einem Gummireifen und der Straße viel kleiner und hat in der Regel die Größenordnung 1 cm/s.

Aufgabe 2 Abzuschätzen sind die Energieverluste in einem angetriebenen oder einem gebremsten Rad.

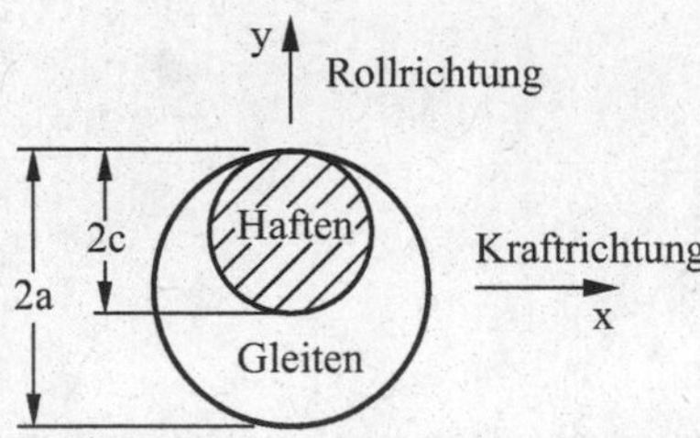

Abb. 9.5 Haft- und Gleitgebiet bei einem abrollenden elastischen Rad, welches senkrecht zur Rollrichtung durch eine Kraft beansprucht wird

Lösung Eine Abschätzung der Reibungsleistung $\dot{W}$ im Kontakt erhalten wir, indem wir die im Kontakt herrschende Tangentialkraft mit der mittleren Gleitgeschwindigkeit multiplizieren:

$$\dot{W} \approx |s| F_x v = |s| \dot{W}_0,$$

wobei $\dot{W}_0 = F_x v$ die „Fahrleistung" der Reibkraft ist.

Aufgabe 3 Wird auf ein rollendes, elastisches Rad eine Kraft senkrecht zur Rollrichtung angelegt, so bekommt es aufgrund von elastischen Deformationen und partiellem Gleiten eine Geschwindigkeitskomponente in der Kraftrichtung (*Querschlupf*). Zu berechnen ist der Querschlupf bei einer rollenden elastischen Kugel.

Lösung Die Drehachse der Kugel soll parallel zur x-Achse sein; ohne Querkraft würde die Kugel daher genau in der y-Richtung abrollen. Das Haftgebiet befindet sich unabhängig von der Art der Beanspruchung immer am Einlaufrand (Abb. 9.5).

Die Spannung suchen wir in der Form

$$\tau(x, y) = \mu p_0 \sqrt{1 - \frac{x^2 + y^2}{a^2}} - \mu p_0 \frac{c}{a} \sqrt{1 - \frac{x^2 + (y-d)^2}{c^2}}.$$

Das dazugehörige Verschiebungsfeld ergibt sich aufgrund von (9.5) zu

$$u_x = \frac{\pi}{32G} \left\{ \begin{array}{l} \frac{\mu p_0}{a}[4(2-\nu)a^2 - (4-3\nu)x^2 - (4-\nu)y^2] \\ -\frac{\mu p_0}{a}[4(2-\nu)c^2 - (4-3\nu)x^2 - (4-\nu)(y-d)^2] \end{array} \right\}$$

und die relevante Komponente des Deformationstensors zu

$$\varepsilon_{xy} = \frac{\partial u_x}{\partial y} = -\frac{\pi \mu p_0 (4-\nu)}{16G} \frac{d}{a}.$$

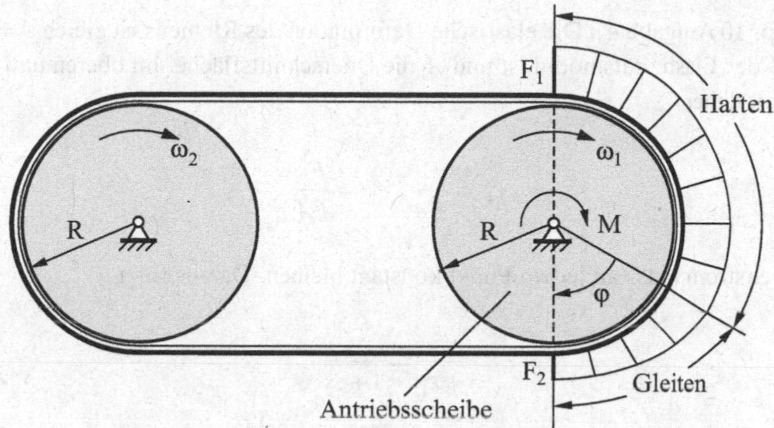

Abb. 9.6 Elastischer Riemen, welcher ein Moment M zwischen zwei rotierenden Scheiben überträgt

Diese Größe gibt den Winkel an, unter dem die Kugel relativ zur Richtung eines idealen Rollens tatsächlich rollen wird. Analog zur Vorgehensweise bei der Herleitung der Gl. (9.32)–(9.35) erhalten wir für den Querschlupf

$$s_{\perp} = \varepsilon_{xy} = -\frac{3\mu(4-\nu)}{32Ga^2}\mu F_N\left[1-\left(1-\frac{F_x}{\mu F_N}\right)^{1/3}\right] = -\frac{(4-\nu)\mu}{4(1-\nu)}\frac{a}{R}\left[1-\left(1-\frac{F_x}{\mu F_N}\right)^{1/3}\right].$$

Aufgabe 4 Der in der Abb. 9.6 gezeigte Riemenantrieb soll im Folgenden näher untersucht werden. Die rechte Scheibe wird durch ein Moment M angetrieben, wodurch sie mit der konstanten Winkelgeschwindigkeit ω_1 rotiert. Die angetriebene (linke) Scheibe dreht sich hingegen nur mit einer Winkelgeschwindigkeit $\omega_2 < \omega_1$. Sowohl das Haftgebiet, in welchem die Kraft im Riemen konstant gleich F_1 ist, als auch das Gleitgebiet, in welchem die Riemenkraft auf F_2 abnimmt, sind für das Antriebsrad aufgezeigt. Ein entsprechender Wechsel von Haften zu Gleiten besteht auch am angetriebenen Rad. Zu bestimmen sind der Schlupf s und der Verlust an mechanischer Leistung.

Lösung Das durch den Riemenantrieb übertragene Kraftmoment ist gleich

$$M = (F_1 - F_2)R.$$

Da die Dehnung des Riemens im Haftgebiet konstant bleibt, ist auch die Spannkraft im gesamten Haftgebiet konstant und gleich F_1. Im Gleitgebiet nimmt die Kraft bis zum Wert F_2 ab, dabei gilt die Beziehung

$$F_1 / F_2 = e^{\mu\varphi}$$

(siehe Kap. 10 Aufgabe 4). Die elastische Deformation des Riemens ist gleich $\varepsilon = F / EA$, wobei E der Elastizitätsmodul ist und A die Querschnittsfläche. Im oberen und unteren Bereich gilt daher

$$\varepsilon_1 = \frac{F_1}{EA}, \ \varepsilon_2 = \frac{F_2}{EA}.$$

Der Massenstrom muss an jedem Punkt konstant bleiben. Daraus folgt

$$\frac{v_1}{1+\varepsilon_1} = \frac{v_2}{1+\varepsilon_2}.$$

Der dimensionslose Schlupf ist gleich

$$s = 2\frac{v_1 - v_2}{v_1 + v_2} \approx \varepsilon_1 - \varepsilon_2 = \frac{F_1 - F_2}{EA} = \frac{M}{REA}.$$

Die Verlustleistung ist gleich

$$\dot{W} = M(\omega_1 - \omega_2),$$

mit

$$\omega_1 = \frac{v_1}{R}, \ \omega_2 = \frac{v_2}{R}.$$

Bei kleinem Unterschied in den Rotationsgeschwindigkeiten der Scheiben gilt somit

$$\dot{W} \approx \frac{M^2 \overline{\omega}}{REA}.$$

$\overline{\omega} = \frac{1}{2}(\omega_1 + \omega_2)$ ist hier die mittlere Rotationsgeschwindigkeit.

Aufgabe 5 Ein Rad rollt mit der Winkelgeschwindigkeit ω und wird gleichzeitig um die vertikale Achse mit der Winkelgeschwindigkeit Ω gedreht[4] (als Beispiel denke man an das Lenken eines Autos). Zu bestimmen ist der *Torsionsschlupf*, den wir als Verhältnis $s = \Omega / \omega$ definieren, als Funktion des Torsionsmomentes unter der Annahme eines unendlich großen Reibungskoeffizienten.

Lösung Die Spannungsverteilungen

[4] Die Rotation um eine Achse senkrecht zur Unterlage nennt man *Spin*.

$$\tau_x = \frac{8G(3-\nu)}{3\pi(3-2\nu)} \frac{s}{R} \frac{(a+x)y}{(a^2-r^2)^{1/2}},$$

$$\tau_y = \frac{8G(1-\nu)}{3\pi(3-2\nu)} \frac{s}{R} \frac{(a^2-2x^2-ax-y^2)}{(a^2-r^2)^{1/2}}$$

führen zu einer Oberflächenverschiebung, die die Haftbedingung erfüllt (konstante Deformation im gesamten Kontaktgebiet)[5]. Die Tangentialkraft verschwindet dabei ($F_x = F_y = 0$), während das Torsionsmoment gleich

$$M_z = \frac{32(2-\nu)}{9(3-2\nu)} \cdot \frac{a^4}{R} \cdot Gs$$

ist. Daraus folgt für den Schlupf

$$s = \frac{9(3-2\nu)}{32(2-\nu)} \frac{R}{a^4} \frac{M_z}{G}.$$

[5] Johnson, K.L. The effect of spin upon the rolling motion of an elastic sphere on a plane. Transactions ASME, Journal of Applied Mechanics, 1958, v. 25, p. 332.

Das Coulombsche Reibungsgesetz 10

10.1 Einführung

In diesem Kapitel untersuchen wir nur die *trockene* oder *Coulombsche Reibung* zwischen festen Körpern. Festkörperreibung ist ein außerordentlich kompliziertes physikalisches Phänomen. Es umfasst elastische und plastische Deformationen von Oberflächenbereichen der kontaktierenden Körper, Wechselwirkungen mit einer Zwischenschicht, Mikrobrüche

V. L. Popov, *Kontaktmechanik und Reibung*, DOI 10.1007/978-3-662-45975-1_10

Abb. 10.1 Zeichnung aus einer Schrift von Leonardo da Vinci, die die Unabhängigkeit der Reibungskraft von der Aufstellfläche illustriert

und die Wiederherstellung der Kontinuität des Materials, Anregung von Elektronen und Phononen, chemische Reaktionen und Übertragung von Teilchen von einem Körper zum anderen. Umso erstaunlicher ist es, dass sich ein sehr einfaches Reibungsgesetz formulieren lässt, das für viele Ingenieuranwendungen in erster Näherung ausreicht: Die Reibungskraft ist proportional zur Normalkraft und so gut wie unabhängig von der Geschwindigkeit. Die erstaunlichste Eigenschaft der trockenen Reibung besteht darin, dass sie – in erster Näherung – weder von der scheinbaren Kontaktfläche noch von der Rauigkeit abhängt. Diese Eigenschaften erlauben uns, den Begriff des Reibungskoeffizienten zu benutzen. Der Reibungskoeffizient gibt aber nur eine sehr grobe erste Näherung des Quotienten aus Reibungskraft und Normalkraft an.

Leonardo da Vinci hat als erster die Reibungsgesetze experimentell untersucht und die wichtigsten Gesetzmäßigkeiten formuliert, z. B. dass der Reibwiderstand proportional zum Gewicht und unabhängig von der Kontaktfläche ist. Die letztere Eigenschaft hat er mit Hilfe der in der Abb. 10.1 gezeigten Experimente abgeleitet.

10.2 Haftreibung und Gleitreibung

Durch ausführliche experimentelle Untersuchungen hat Coulomb (1736–1806) festgestellt, dass die Reibungskraft F_R zwischen zwei Körpern, die mit der Normalkraft F_N aneinander gedrückt werden (Abb. 10.2), in erster, grober Näherung folgende einfache Eigenschaften besitzt:

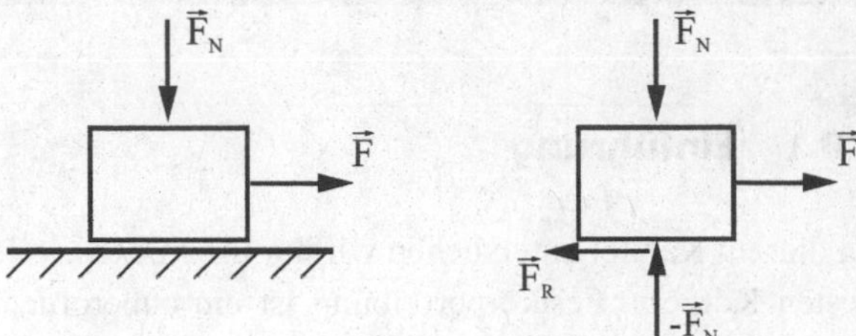

Abb. 10.2 Ein durch Normal- und Tangentialkraft beanspruchter Klotz auf einer Ebene; im zugehörigen Freischnitt sind die Reaktionskraft und die Reibungskraft zu sehen

a. *Die Haftreibung.* Um einen auf einer ebenen Unterlage liegenden Körper aus dem Ruhezustand zu bringen, muss eine kritische Kraft – die *statische Reibungskraft* F_s – überwunden werden. Diese Kraft ist in grober Näherung der Anpresskraft F_N proportional[1]:

$$F_s = \mu_s F_N. \tag{10.1}$$

Der Koeffizient μ_s heißt *statischer Reibungskoeffizient* (auch *statischer Reibbeiwert*). Er hängt von der Materialpaarung ab, weist aber dagegen fast keine Abhängigkeit von der Kontaktfläche und der Rauigkeit der Oberflächen auf.

b. *Die Gleitreibung* (auch *kinetische Reibungskraft*) F_R ist die Widerstandskraft, die nach Überwindung der Haftung wirkt. Coulomb hat experimentell folgende Eigenschaften der Gleitreibungskraft festgestellt:

- Die Gleitreibung ist proportional zur Anpresskraft F_N:

$$F_R = \mu_k F_N. \tag{10.2}$$

  Sie weist keine wesentliche Abhängigkeit von der Kontaktfläche und Rauigkeit der Oberflächen auf.
- Der *kinetische Reibungskoeffizient* (auch *Gleitreibungskoeffizient*) ist näherungsweise gleich dem statischen Reibungskoeffizienten:

$$\mu_k \approx \mu_s. \tag{10.3}$$

- Die Gleitreibung hängt nicht (bzw. nur sehr schwach) von der Gleitgeschwindigkeit ab.

Die genannten Gesetze geben nur einen ersten groben Umriss der Eigenschaften der trockenen Reibung. Eine ausführlichere Analyse zeigt, dass die statischen und kinetischen Reibungskräfte die gleiche physikalische Herkunft haben und in vielen mechanischen Aufgaben nicht getrennt betrachtet werden können. So haben wir schon gesehen, dass bei einer tangentialen Beanspruchung eines Kontaktes in der Regel ein partielles Gleiten auch dann auftritt, wenn das „makroskopische Gleiten" noch nicht eingesetzt hat. Daher erweist sich auch der Unterschied zwischen dem statischen und kinetischen Reibungskoeffizienten als relativ: Oft passiert der Übergang vom statischen zum Gleitkontakt kontinuierlich (das ist der Fall in einem angetriebenen Rad), oder die „Haftreibung" entpuppt sich in Wirklichkeit als Gleitreibung bei sehr kleinen Geschwindigkeiten (das ist der Fall bei Gummireibung, z. B. bei einem Gummireifen auf der Straße).

[1] Diese Proportionalität ist als Amonton's-Gesetz bekannt.

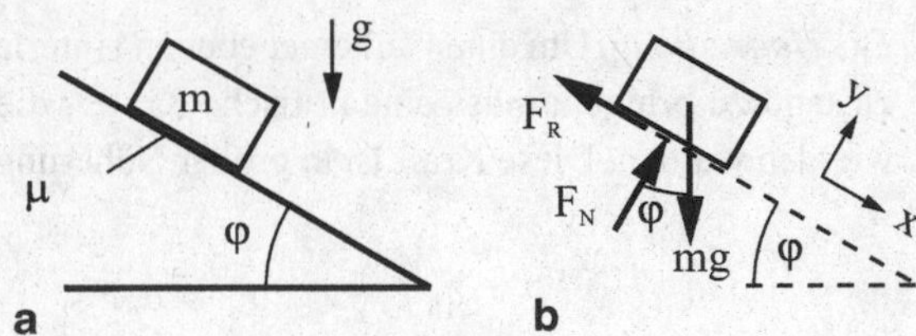

Abb. 10.3 Ein Körper auf geneigter Ebene

10.3 Reibungswinkel

Die einfachste experimentelle Methode zur Bestimmung des Reibungskoeffizienten, die praktisch immer zur Hand ist, ist die Messung des Neigungswinkels, bei dem ein auf einer geneigten Ebene liegender Körper zu rutschen beginnt. Dieser Winkel wird *Reibungswinkel* genannt. Die dabei auf den Körper wirkenden Kräfte sind in der Abb. 10.3b gezeigt.

Beim Erreichen des Reibungswinkels erreicht die Haftkraft ihren maximalen Wert $F_s = \mu_s F_N$. Das Kräftegleichgewicht in diesem kritischen Zustand (in dem in der Abb. 10.3b gezeigten Koordinatensystem) lautet:

$$\begin{aligned} \text{x:} \quad & mg\sin\varphi - \mu_s F_N = 0 \\ y: \quad & \mathrm{F}_N - mg\cos\varphi = 0. \end{aligned} \tag{10.4}$$

Daraus folgt

$$\tan\varphi = \mu_s. \tag{10.5}$$

Der Tangens des Reibungswinkels ist demnach gleich dem statischen Reibungskoeffizienten.

10.4 Abhängigkeit des Reibungskoeffizienten von der Kontaktzeit[2]

Es war ebenfalls Coulomb, der Abweichungen von dem einfachen Reibungsgesetz festgestellt hat. Er hat unter anderem entdeckt, dass die Haftreibungskraft nach dem Stillstand mit der Zeit wächst. In der Tab. 10.1 sind die experimentellen Daten von Coulomb aufgeführt. In der Abb. 10.4 ist die Reibkraft über den Logarithmus der Zeit aufgetragen. In diesen Koordinaten ist dies eine Gerade: Die Haftreibungskraft steigt logarithmisch mit der Zeit.

Physikalische Gründe für diese Zeitabhängigkeit können sehr verschieden sein. Bei metallischen Werkstoffen wächst die wahre Kontaktfläche in Mikrokontakten mit der Zeit dank der immer vorhandenen Kriechprozesse. Bei höheren Temperaturen ist dieses

[2] Siehe auch den Abschn. 20.3.

Tab. 10.1 Statische Reibungskraft für Eiche gegen Eiche geschmiert durch Talg als Funktion der Standzeit

t, min	F_s, arb. units
0	5,02
2	7,90
4	8,66
9	9,25
26	10,36
60	11,86
960	15,35

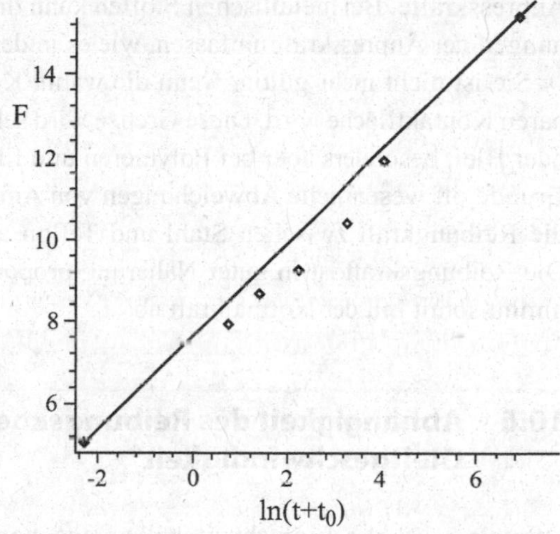

Abb. 10.4 Die Daten von Coulomb aus der Tab. 10.1: Die statische Reibungskraft ist als Funktion des Logarithmus der Zeit aufgetragen: $F = a + b \ln(t + t_0)$ mit $a = 7{,}28$, $b = 1{,}10$, und $t_0 = 0{,}101\,\text{min}$

Wachstum schneller. Mit der steigenden Kontaktfläche verlangsamt sich dieser Prozess, was zu einer logarithmischen Abhängigkeit der Kontaktfläche und dadurch bedingt zur logarithmischen Abhängigkeit der statischen Reibungskraft führt. Dieses Wachstum beginnt bei der ersten Berührung der Körper auf atomarer Skala – zeitlich im Subnanosekundenbereich – und hört auch nach sehr langer Zeit nicht auf. Bei Elastomeren ist dieser Effekt mit der Zunahme der Kontaktfläche infolge der Viskoelastizität des Materials verbunden. Auch Kapillarkräfte tragen zur Reibungskraft bei und führen nach den heutigen Erkenntnissen zu einer annähernd logarithmischen zeitlichen Abhängigkeit der statischen Reibkraft.

Es ist zu bemerken, dass die zeitliche Abhängigkeit des „statischen" Reibungskoeffizienten die statische Reibungskraft zu einem dynamischen Prozess macht. Wenn der Reibungskoeffizient von der Kontaktzeit abhängt, so wird das auch für einen Rollkontakt richtig sein, denn „Rollen" kann man als kontinuierliches Aufstellen von neuen Oberflächenbereichen betrachten. Bei großer Rollgeschwindigkeit ist die Kontaktzeit klein, und man kann eine kleinere „statische" Reibungskraft im Kontakt erwarten.

Auch bei der Gleitreibung kommt es zwischen den Mikrorauigkeiten zu Kontakten, die abhängig von der Gleitgeschwindigkeit, verschiedene Zeit andauern, was zu einer geschwindigkeitsabhängigen Gleitreibungskraft führt. Diese Beispiele zeigen, dass die Unterscheidung der „statischen" und der „kinetischen" Reibungskraft relativ ist und nur ein sehr grobes Bild liefert. In Wirklichkeit sind sie bei vielen Prozessen auf verschiedene Art eng miteinander und mit der Kontaktdynamik verflochten.

10.5 Abhängigkeit des Reibungskoeffizienten von der Normalkraft

Auch die lineare Abhängigkeit (10.1) oder (10.2) der Reibungskraft von der Anpresskraft ist nur in einem bestimmten Kraftbereich erfüllt – für nicht zu kleine und nicht zu große Anpresskräfte. Bei metallischen Stoffen kann dieser Bereich mehrere Dezimalgrößenordnungen der Anpresskraft umfassen, wie es in der Abb. 10.5 illustriert wird[3].

Sie ist nicht mehr gültig, wenn die wahre Kontaktfläche vergleichbar mit der scheinbaren Kontaktfläche wird. Diese Grenze wird sehr leicht bei weichen Metallen wie Indium oder Blei, besonders aber bei Polymeren und Elastomeren erreicht, bei denen aus diesem Grunde oft wesentliche Abweichungen von Amonton's Gesetz auftreten. In Abb. 10.6 ist die Reibungkraft zwischen Stahl und Teflon als Funktion der Normalkraft dargestellt. Die Reibungskraft ist in guter Näherung proportional zu $F_N^{0,85}$. Der Reibungskoeffizient nimmt somit mit der Normalkraft ab.

10.6 Abhängigkeit des Reibungskoeffizienten von der Gleitgeschwindigkeit[4]

Oftmals wird der Einfachheit halber angenommen, dass der Gleitreibungskoeffizient von der Geschwindigkeit nicht abhängt. Auch das ist eine gute, aber grobe Näherung, die bei nicht zu großen und nicht zu kleinen Geschwindigkeiten gültig ist. Die genaue

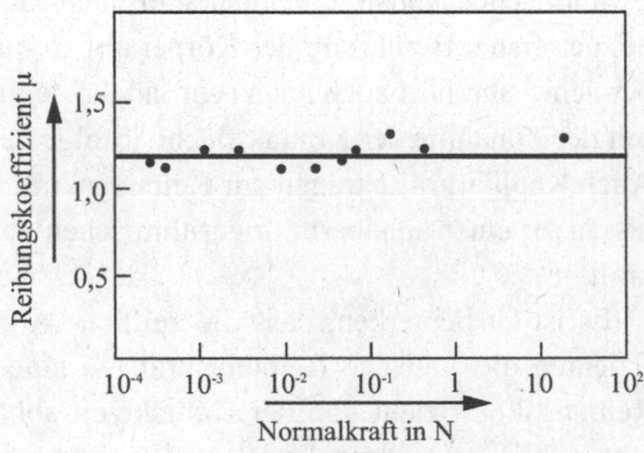

Abb. 10.5 Reibungskoeffizient von Stahl auf elektrolytisch poliertem Aluminium. Der Reibungskoeffizient bleibt konstant für Belastungen von 10 mg bis 10 kg, d. h. bei einer Änderung der Belastung um den Faktor 10^6

[3] F.P. Bowden, D. Tabor: The Friction and Lubrication of Solids. Clarendon Press,, 2001.

[4] Siehe auch den Abschn. 20.3.

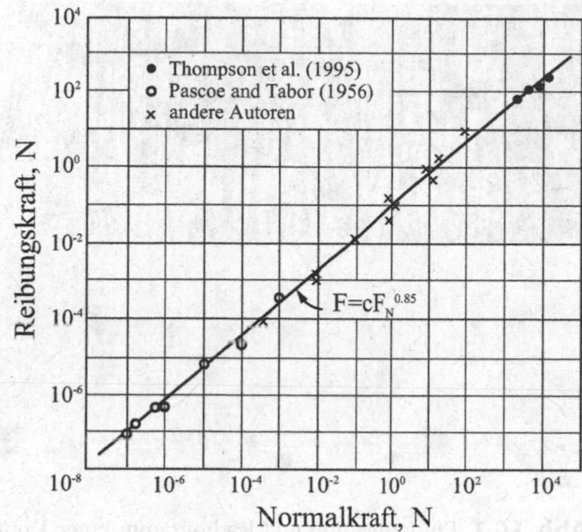

Abb. 10.6 Abhängigkeit des Reibungskoeffizienten zwischen Stahl und Teflon von der Normalkraft. (Quelle: Rabinowicz 1995)

Abhängigkeit der Reibungskraft von der Geschwindigkeit ist für viele Anwendungen wichtig. Nimmt die Reibungskraft mit der Geschwindigkeit ab, so ist das stationäre Gleiten in der Regel nicht stabil, und es entwickeln sich Reibungsinstabilitäten[5].

10.7 Abhängigkeit des Reibungskoeffizienten von der Oberflächenrauheit

Oft wird die Herkunft der Reibung mit der Rauheit der Oberflächen in Verbindung gebracht. In der Technischen Mechanik bezeichnet man sogar die Flächen, in denen es Reibung bzw. Haftung gibt, als „rau“, während „glatte“ Oberflächen als reibungslos eingestuft werden. Jeder Tribologe weiß, dass diese Bezeichnungen nicht zutreffen: In großen Bereichen der Rauheit von Oberflächen hängt die Reibungskraft nicht bzw. nur sehr gering von der Rauigkeit ab. Entgegen der Erwartung kann der Reibungskoeffizient für besonders glatte metallische Oberflächen sogar größer sein als bei rauen Oberflächen. Der Einfluss der Rauigkeit auf die Reibung hängt von vielen Faktoren ab, unter anderem von der Anwesenheit von Verunreinigungen oder flüssigen Zwischenschichten im tribologischen Kontakt.

Einen beeindruckenden Nachweis für die schwache Abhängigkeit der Reibungskraft (und des Verschleißes) von der Oberflächenrauheit liefern Experimente mit der Übertragung von radioaktiven Elementen zwischen zwei Kontaktpartnern.

In der Abb. 10.7 sind Ergebnisse eines Experimentes dargestellt, in dem ein radioaktiver Kupferklotz über eine Kupferplatte gezogen wurde, die in einem Teil eine Rauigkeit von 25 nm, und im anderen Teil eine zwanzigmal größere Rauigkeit von 500 nm

[5] Reibungsinstabilitäten werden ausführlich im Kap. 12 diskutiert.

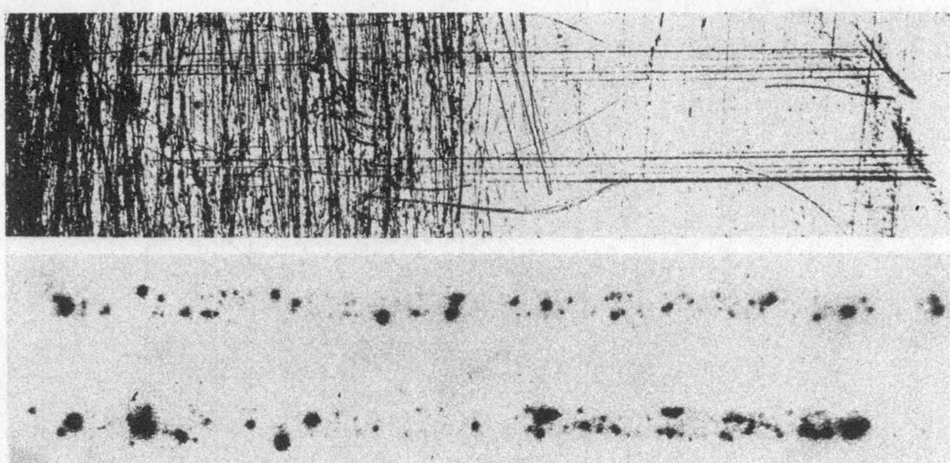

Abb. 10.7 Fotoaufnahme und Radiogramm einer Kupfer-Oberfläche, die in einem Teil eine Rauigkeit von 25 nm und im anderen Teil eine 20 mal größere Rauigkeit von 500 nm hat, nach einem Reibexperiment mit einer Belastung von 40 N und einer Gleitgeschwindigkeit von 0,01 cm/s. Sowohl die Reibungskraft als auch der Verschleiß sind beinahe unabhängig von der Rauigkeit. (Quelle: Rabinowicz 1995)

hatte. Der große Unterschied in der Rauigkeit hat aber beinahe keinen Einfluss auf die Reibungskraft und den Materialtransfer von einem Körper zum anderen (was sich durch die anschließende Messung der Radioaktivität veranschaulichen lässt). Die Rauigkeit hat nicht einmal einen Einfluss auf die Größe der Kontaktgebiete.

10.8 Vorstellungen von Coulomb über die Herkunft des Reibungsgesetzes

Coulomb hat die ersten Modellvorstellungen über die physikalische Herkunft der Reibung aufgestellt, die einige wichtige Eigenschaften der trockenen Reibung auf eine einfache Weise erklären. Nach seinen Vorstellungen ist für die Reibungskraft die Verzahnung von Mikrorauigkeiten beider kontaktierender Oberflächen verantwortlich, wie schematisch in seiner Skizze (Abb. 10.8) gezeigt ist. Wie bereits erwähnt, ist der Einfluss der Rauheit von

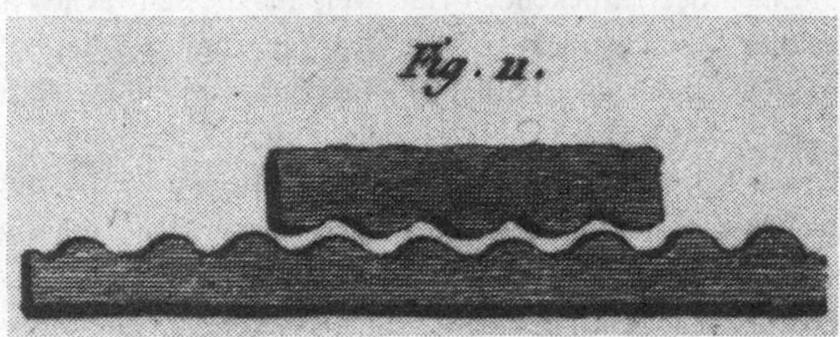

Abb. 10.8 Verzahnung von Rauigkeiten als Ursache für die Reibungskraft (Skizze von Coulomb)

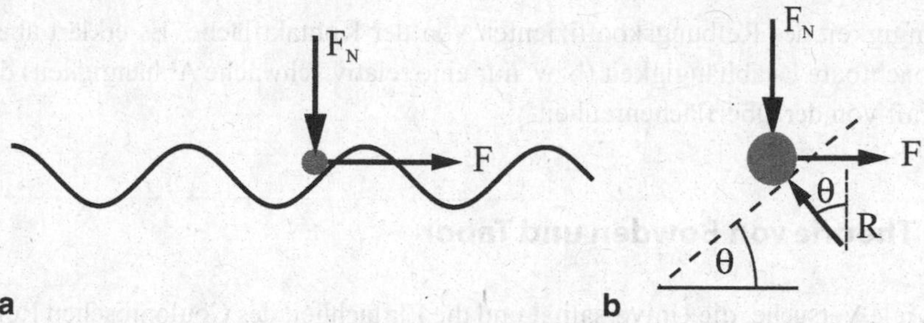

Abb. 10.9 Vereinfachtes Modell von Coulomb für trockene Reibung

Oberflächen auf die Reibung in der Realität viel komplizierter. Dennoch führen auch ganz komplizierte moderne Analysen der Reibung immer wieder zu den einfachsten Ideen, die bereits von Coulomb vorgeschlagen wurden. Wir diskutieren daher kurz diese Ideen.

Betrachten wir nach Coulomb als Modell für die trockene Reibung einen Körper, welcher auf eine gewellte Oberfläche gedrückt wird. Zur weiteren Vereinfachung reduzieren wir den Körper zu einem Massenpunkt. Das sich ergebende einfache Modell ist in der Abb. 10.9a dargestellt.

Zwischen der gewellten Oberfläche und dem Massenpunkt soll es keine weitere statische Reibung geben. Aus dem in der Abb. 10.9b gezeigten Freischnitt folgen die Gleichgewichtsbedingungen

$$R\cos\theta = F_N, \quad R\sin\theta = F. \tag{10.6}$$

Daraus folgt

$$F = F_N \tan\theta. \tag{10.7}$$

Die statische Reibungskraft F_s ist definitionsgemäß gleich der maximalen Kraft F, bei der ein Gleichgewicht noch möglich ist:

$$F_s = F_{\max} = F_N \tan\theta_{\max}. \tag{10.8}$$

Somit ist der statische Reibungskoeffizient gleich der maximalen Steigung der Oberfläche:

$$\mu_s = \tan\theta_{\max}. \tag{10.9}$$

Dieses Modell liefert auf einfache Weise eine der wichtigsten Eigenschaften der trockenen Reibung – ihre Proportionalität zur Normalkraft – und gibt für den Reibungskoeffizienten eine einfache geometrische Erklärung. Angewendet auf ausgedehnte Körper mit periodischer „Verzahnung" – wie in den Skizzen von Coulomb – erklärt dieses Modell auch die

Unabhängigkeit des Reibungskoeffizienten von der Kontaktfläche. Es erklärt aber nicht die beobachtbare Unabhängigkeit (bzw. nur eine relativ schwache Abhängigkeit) der Reibungskraft von der Oberflächenrauheit.

10.9 Theorie von Bowden und Tabor

Es gab viele Versuche, die Universalität und die Einfachheit des Coulombschen Reibungsgesetzes zu erklären. Es scheint, dass die Robustheit des Coulombschen Reibungsgesetzes gleichzeitig mehrere Ursachen hat. Ein wichtiger Grund für die Proportionalität der Reibungskraft zur Normalkraft liegt in den Kontakteigenschaften von rauen Oberflächen. Wir haben im Kap. 7 gesehen, dass solche Kontakteigenschaften wie die wahre Kontaktfläche und die Kontaktlänge annähernd linear mit der Anpresskraft steigen und von der scheinbaren Kontaktfläche nicht abhängen. Der Steigungswinkel der Oberfläche in Mikrokontakten dagegen hängt von der Anpresskraft nicht (bzw. nur sehr schwach) ab. Würden wir die Reibungskraft nach den Vorstellungen von Coulomb mit dem Steigungswinkel der Oberflächen im Kontakt in Zusammenhang bringen, so würde der Reibungskoeffizient unabhängig von der Anpresskraft sein. Der Reibungskoeffizient wäre aber sehr verschieden für geschliffene und polierte Oberflächen, was meistens nicht der Fall ist.

1949 haben Bowden und Tabor eine einfache Theorie vorgeschlagen, welche die Herkunft der Gleitreibung zwischen reinen metallischen Oberflächen durch Bildung von Schweißbrücken erklärt. Wenn zwei Körper zusammengedrückt werden, so kommen sie in einigen Bereichen so nahe aneinander, dass die Atome eines Körpers in Kontakt mit den Atomen des zweiten Körpers kommen, während es erhebliche Bereiche gibt, in denen die Entfernung so groß ist, dass jegliche interatomare Wechselwirkungen vernachlässigt werden können. Die Kontaktbereiche nennen wir Brücken; die Gesamtfläche aller Brücken ist die reale Kontaktfläche A. Die restliche Fläche ist meistens viel größer als die reale Kontaktfläche, gibt aber beinahe keinen Beitrag zur Gleitreibungskraft.

Bei Metallen kann die reale Kontaktfläche in den meisten praktischen Fällen in guter Näherung abgeschätzt werden, indem wir annehmen, dass alle Mikrokontakte plastisch deformiert sind und dic Spannung gleich der Eindruckhärte σ_0 des Materials ist. Diese Annahme liefert für die reale Kontaktfläche

$$A \approx F_N / \sigma_0. \tag{10.10}$$

Ist zum Scheren einer Schweißbrücke eine Tangentialspannung τ_c erforderlich, so ist die maximale Haftreibung gleich

$$F_s = F_N \frac{\tau_c}{\sigma_0}. \tag{10.11}$$

Da die Scherfestigkeit für isotrope plastische Körper ca. $1/\sqrt{3}$ der Zugfestigkeit beträgt und diese wiederum ca. 1/3 der Eindringhärte ist, sollte sich in der Regel eine universelle Abhängigkeit $F_s \approx \left(\frac{1}{6} \div \frac{1}{5}\right) F_N$ ergeben mit einem Reibungskoeffizienten $\mu \approx \frac{1}{6} \div \frac{1}{5}$. Für viele nicht geschmierte metallische Paarungen (z. B. Stahl gegen Stahl, Stahl gegen Bronze, Stahl gegen Grauguss u. a.) hat der Reibungskoeffizient tatsächlich die Größenordnung $\mu \sim 0.16 - 0.2$. Bei großen Druckkräften kann der Reibungskoeffizient zwischen reinen Metallen höhere Werte erreichen, was vermutlich mit großer plastischer Deformation und der dadurch verursachten wesentlichen Veränderung der Oberflächentopographie zusammenhängt.

Reibungskoeffizienten zwischen verschiedenen Materialien hängen von vielen Parametern ab. In Anlehnung an Ideen von Bowden und Tabor lässt sich jedoch eine grobe Klassifikation erstellen. Bemerken wir zunächst, dass es bei starker Adhäsion in einem tribologischen Kontakt im Allgemeinen sowohl Kontaktgebiete gibt, die auf Druck beansprucht sind (Kontaktfläche A_{Druck}) als auch Kontaktgebiete, die auf Zug beansprucht sind (Kontaktfläche A_{Zug}). Die Spannung in den Druckgebieten ist ungefähr gleich der Härte $\sigma_0 \approx 3\sigma_c$. In den Zuggebieten gilt $\sigma \approx \zeta\sigma_c$, wobei ζ im Allgemeinen kleiner 3 ist. Die Normalkraft ist daher gleich

$$F_N = \sigma_c \left(3A_{Druck} - \zeta A_{Zug}\right). \tag{10.12}$$

Geschert werden alle Schweißbrücken, daher gilt für die statische Reibungskraft

$$F_s \approx \tau_c \left(A_{Druck} + A_{Zug}\right). \tag{10.13}$$

Für den Reibungskoeffizienten ergibt sich die Abschätzung

$$\mu \approx \frac{\tau_c \left(A_{Druck} + A_{Zug}\right)}{\sigma_c \left(3A_{Druck} - \zeta A_{Zug}\right)}. \tag{10.14}$$

Unter Annahme $\tau_c \approx \sigma_c/\sqrt{3}$, die für plastisch isotrope Medien gilt, erhalten wir die Abschätzung

$$\mu \approx \frac{1}{\sqrt{3}} \left(\frac{A_{Druck} + A_{Zug}}{3A_{Druck} - \zeta A_{Zug}} \right). \tag{10.15}$$

Betrachten wir jetzt die folgenden Fälle:

1. *Reine Metalle in Anwesenheit von kleinsten Resten von Schmiermitteln, die keinen eigenen Schmiereffekt haben, jedoch die starke metallische Adhäsion verhindern.* In diesem Fall ist $A_{Zug} = 0$ und der Reibungskoeffizient hat den oben erwähnten universellen Wert von der Größenordnung

$$\mu \approx \frac{1}{3\sqrt{3}} \approx 0{,}19. \tag{10.16}$$

Dieser Reibungskoeffizient ist demnach charakteristisch für trockene Reibung von Metallen unter „normalen Bedingungen", bei denen die Oberfläche mit Oxiden sowie weiteren Verunreinigungen in kleinen Mengen bedeckt ist.

2. *Reine Metalle mit der Oberfläche, die von Schmiermitteln befreit ist, jedoch eine Oxidschicht aufweist.* In diesem Fall kann man davon ausgehen, dass die Adhäsion stark ist und die auf Druck und Zug beanspruchten Flächen in etwa gleich sind. Die tragende Funktion der Mikrokontakte bleibt erhalten aufgrund des Unterschieds der plastischen Eigenschaften auf Zug und Druck. Für den Reibungskoeffizienten ergibt sich die Abschätzung

$$\mu \approx \frac{1}{\sqrt{3}}\left(\frac{2}{3-\zeta}\right). \tag{15.17}$$

Für $\zeta = 1 \div 2$ ergeben sich Reibungskoeffizienten im Intervall $\mu \approx 0{,}6 \div 1{,}2$. Solche Reibungskoeffizienten haben reine Metalle mit dem kubischen Kristallgitter (z. B. Fe, Al, Cu, Ni, Pb, Sn). Bei Metallen mit hexagonalem Gitter (Mg, Ti, Zn, Cd) liegt der Reibungskoeffizient bei 0,6.

3. *Reine Metalle mit einer dünnen Schicht eines weicheren* Metalls (z. B. Blei oder Zinn auf Stahl, Kupfer, Silber,...). Solange die Schicht ausreichend dünn ist (ca. 100 Nanometer), gilt die Gl. (10.11), wobei σ_0 die Härte des härteren Werkstoffes und τ_c die Schubfestigkeit des weicheren Metalls sind. Der Reibungskoeffizient ist in diesem Fall kleiner als bei reinen Metallen und kann 0,1 und kleiner werden.
4. *Mehrphasige Stoffe.* Die meisten Materialien, die in tribologischen Anwendungen eingesetzt werden, sind keine reinen Metalle, sondern mehrphasige Legierungen, die in der Regel aus einer härteren Matrix und weicheren Einschlüssen bestehen. Diese Struktur haben zum Beispiel Zinn- und Bleibronzen, die als Lagerwerkstoffe eingesetzt werden. Man geht davon aus, dass die Funktion dieser Legierungen auf der Extrusion des weicheren Metalls basiert, der auf der Gleitoberfläche eine dünne Schicht bildet und nach dem im Fall 3 beschriebenen Mechanismus die Reibung reduziert.
5. *Oberflächen, die nur elastisch deformiert werden.* Im Fall von Diamant oder amorphen Kohlenstoffbeschichtungen ist die Gl. (10.11) nicht anwendbar, da die Oberflächen rein elastisch deformiert werden.

10.10 Abhängigkeit des Reibungskoeffizienten von der Temperatur

Da das Verhältnis der Scherfestigkeit zur Härte von der Temperatur nicht abhängt, hängt auch der Reibungskoeffizient zwischen reinen Metallen nicht von der Temperatur ab. Das gilt solange sich die Bedingungen nicht so ändern, dass ein Übergang zwischen den oben

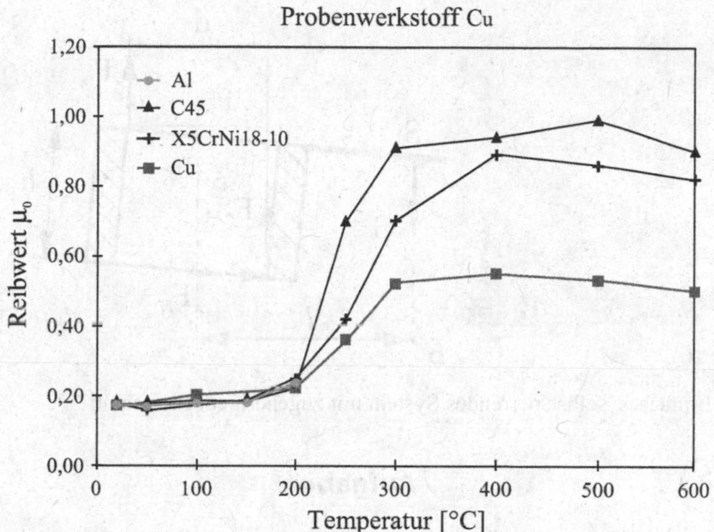

Abb. 10.10 Haftreibungskoeffizient als Funktion der Temperatur für Proben aus Kupfer gegen Aluminium, Stahl und Kupfer. Daten aus: Martin Köhler. Beitrag zur Bestimmung des Coulombschen Haftreibungskoeffizienten zwischen zwei metallischen Festkörpern. Cuvillier Verlag Göttingen, 2005

beschriebenen Kategorien stattfindet. In Anwesenheit von dünnen, weichen Schichten auf der harten Grundfläche steigt der Reibungskoeffizient schnell, wenn die Schmelztemperatur der Schicht erreicht wird. Bei metallischen Schichten geschieht das abrupt bei der Schmelztemperatur des weicheren Metalls. Bei Schmierfetten oder den auf der Gleitoberfläche gebildeten Metallseifen ist das die Erweichungstemperatur des Schmierfettes oder der Metallseife.

Unter den „normalen Bedingungen", die im vorigen Abschnitt unter „Fall 1" beschrieben sind, hängt der Reibungskoeffizient bei vielen metallischen Reibpaarungen bis ca. 150 °C nur schwach von der Temperatur ab. Zwischen 200 °C und 300 °C tritt ein Steilanstieg auf. Dabei kann der Reibungskoeffizient auf den doppelten oder dreifachen Wert steigen. Bei noch höheren Temperaturen bleibt er fast konstant oder steigt mit einer kleineren Steigung an. Ein typischer Temperaturverlauf ist in Abb. 10.10 gezeigt. Offenbar handelt es sich dabei um Erweichung oder Zerlegung der Fremdschichten, typischerweise Reste von Fetten.

Für den Tieftemperaturbereich ist ein konstanter, relativ kleiner und von der Werkstoffkombination nur schwach abhängender Reibungskoeffizient in der Größenordnung 0,16–0,22 charakteristisch. Dieser Bereich wird durch die Bedingungen gekennzeichnet, bei denen die Oxidschicht bzw. weitere Fremdschichten an der Oberfläche des Metalls im Reibungsprozess erhalten bleiben. Der Bereich der höheren Reibungskoeffizienten ist für die Bedingungen charakteristisch, bei denen Metallkontakt auftritt.

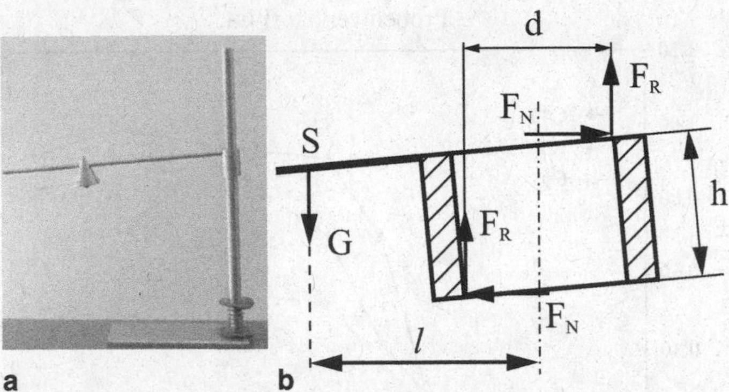

Abb. 10.11 Einfaches, selbstsperrendes System mit zugehörigem Freischnitt

Aufgaben[6]

Aufgabe 1: Selbstsperrung An einer auf einer vertikalen Stange verschiebbaren Führungsbuchse ist ein Arm befestigt, an dem ein Gewicht verschiebbar angeordnet ist (Abb. 10.11a). Solange sich das Gewicht weit genug außen befindet, wird es durch die Reibungskräfte, die in den Eckpunkten der Führungsbuchse auftreten, gehalten (Selbstsperrung). Zu bestimmen ist die Bedingung für die Selbstsperrung.

Lösung Aus dem Kräftegleichgewicht in horizontaler Richtung folgt, dass beide Reaktionskräfte F_N in den Eckpunkten betragsmäßig gleich groß sind (so sind sie in der Abb. 10.11b eingezeichnet). An der Grenze zwischen Gleiten und Selbstsperrung erreicht die Reibungskraft ihren maximalen Wert $F_s = \mu_s F_N$. Aus dem Kräftegleichgewicht in vertikaler Richtung

$$2\mu_s F_N - G = 0$$

und dem Momentengleichgewicht bezüglich des Zentrums der Buchse

$$Gl - 2F_N \frac{h}{2} = 0$$

folgt für die kritische Länge:

$$l_c = \frac{h}{2\mu_s}.$$

[6] In den Aufgaben zu diesem Kapitel wird das Coulombsche Reibungsgesetz in seinen einfachsten Formen und benutzt.

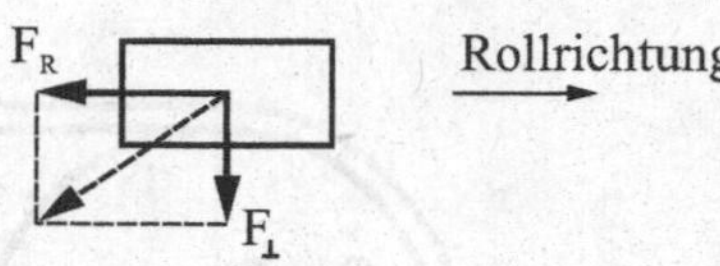

Abb. 10.12 Resultierende Reibungskraft im Rollkontakt

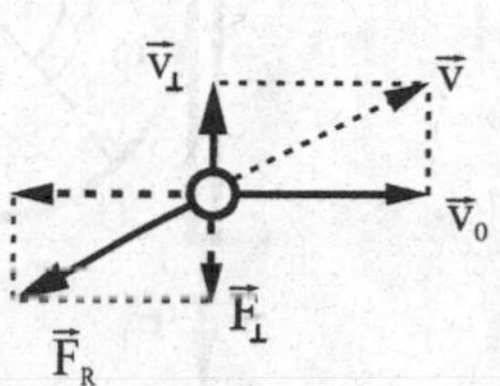

Abb. 10.13 Kraft- und Geschwindigkeitskomponenten eines gleitenden Rades, welches durch eine kleine seitlich wirkende Kraft $F_\perp$ beansprucht wird

Aufgabe 2: Seitliche Kraft Ein Auto wird durch die Reibungskraft zwischen den Rädern und der Straße beschleunigt oder abgebremst. Die Reibungskraft F_R soll dabei kleiner sein als die maximale Haftreibung[7]: $F_R < F_s = \mu_k F_N$. Zu bestimmen ist die seitliche Kraft $F_\perp$, bei der das Auto seitlich zu rutschen beginnt.

Lösung Sowohl die abbremsende Kraft als auch die seitliche Kraft sind Komponenten der Reibungskraft im Rollkontakt. Volles Gleiten setzt ein, wenn $F_R^2 + F_\perp^2 > F_s^2$. Daraus folgt (Abb. 10.12)

$$F_\perp > \sqrt{(\mu_k F_N)^2 - F_R^2}\,.$$

Aufgabe 3 Bei Vollbremsung eines Autos blockieren die Räder und gleiten mit einer Geschwindigkeit v_0 über die Straße. Welche seitliche Geschwindigkeit wird eine kleine seitlich wirkende Kraft $F_\perp$ verursachen?

Lösung Der Betrag der Gleitreibungskraft hängt von der Geschwindigkeit nicht ab, ihre Richtung ist aber genau entgegengesetzt zur Gleitrichtung. Daraus folgt: $\dfrac{v_\perp}{v_0} \approx \dfrac{F_\perp}{\mu_k F_N}$ und

$$v_\perp \approx F_\perp \left(\frac{v_0}{\mu_k F_N} \right).$$

Die seitliche Geschwindigkeit ist proportional zur seitlichen Kraft (Abb. 10.13).

Aufgabe 4: Seilreibung Ein Seil wird um einen kreisförmigen Poller geschlungen (Abb. 10.14a). Der Kontaktwinkel zwischen Seil und Poller betrage $\alpha = \varphi_2 - \varphi_1$. Das

[7] Beim Rollen wird die maximale Reibungskraft durch den *Gleit*reibungskoeffizienten bestimmt, da es sich hier um einen Übergang von partiellem zum vollständigen Gleiten handelt.

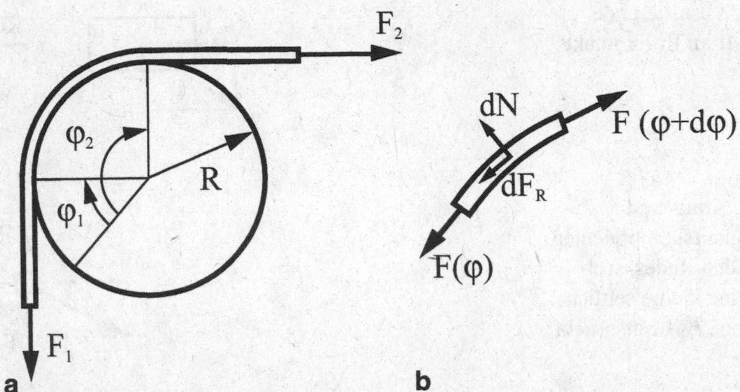

Abb. 10.14 Ein um einen Poller geschlungenes Seil, sowie Freischnitt eines infinitesimalen Seilstücks

Seil wird an einem Ende mit der Kraft $\vec{F}_2$ gezogen. Zu bestimmen ist die Kraft F_1, die notwendig ist, um es von der Bewegung abzuhalten.

Lösung Betrachten wir ein infinitesimal kleines Element des Seils (Abb. 10.14b). Das Kräftegleichgewicht in der Längsrichtung des Elementes lautet

$$F(\varphi + d\varphi) - F(\varphi) - dF_R = 0$$

oder

$$\frac{dF}{d\varphi} d\varphi - dF_R = 0.$$

In der senkrechten Richtung gilt

$$dN - F d\varphi = 0.$$

Hier sind: dN - die auf das Element wirkende Reaktionskraft; dF_R – die auf das Element wirkende Reibungskraft. Das Seil gleitet gerade noch nicht, wenn die Reibungskraft ihren Maximalwert $dF_R = \mu dN$ erreicht. Aus diesen drei Gleichungen ergibt sich

$$\frac{dF}{d\varphi} = \mu F.$$

Nach der Trennung der Variablen $dF/F = \mu d\varphi$ und Integration erhalten wir ln $F\Big|_{F_1}^{F_2} = \mu(\varphi_2 - \varphi_1) = \mu\alpha$. Daraus folgt

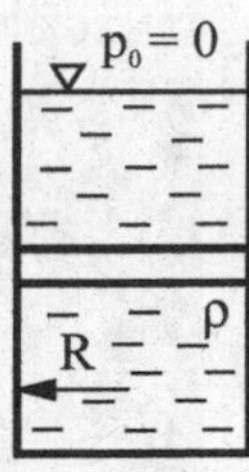

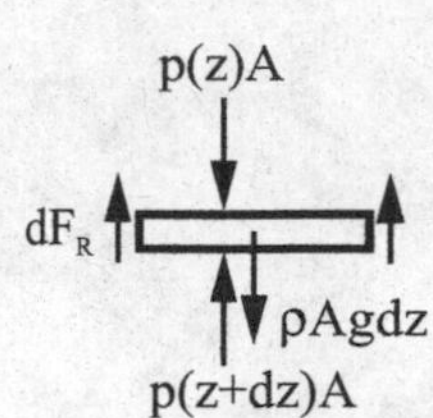

Abb. 10.15 Infinitesimaler Ausschnitt aus der Sandsäule

$$F_2 = F_1 e^{\mu\alpha} \text{ bzw. } F_1 = F_2 e^{-\mu\alpha}.$$

Numerisches Beispiel: Für $\mu = 0{,}4$, $\alpha = 2\pi$ (eine volle Schleife) ergibt sich $F_2 \approx 12 \cdot F_1$. Für zwei Umwindungen hätten wir $F_2 \approx 152 \cdot F_1$.

Aufgabe 5 Ein zylindrisches Gefäß (Radius R) ist mit Sand gefüllt. Der Reibungskoeffizient des Sandes mit der Wand sei μ. Zu bestimmen ist der Druck im Sand als Funktion der Höhe.

Lösung Falls der Reibungskoeffizient nicht zu groß ist, ist der Druck im Sand „fast isotrop" (wie in einer Flüssigkeit). Betrachten wir in dieser Näherung das Kräftegleichgewicht an einem infinitesimalen Ausschnitt aus der Sandsäule (Abb. 10.15):

$$\rho g \pi R^2 dz + \big(p(z) - p(z+dz)\big)\pi R^2 - dF_R = 0$$

oder

$$\rho g \pi R^2 dz - \frac{dp}{dz} dz \cdot \pi R^2 - dF_R = 0.$$

Die Reibungskraft ergibt sich aus dem Coulombschen Gesetz zu $dF_R = \mu p 2\pi R dz$. Aus den beiden Gleichungen erhält man

$$\rho g - \frac{dp}{dz} - 2\frac{\mu p}{R} = 0.$$

Trennung der Variablen $dz = \dfrac{dp}{(\rho g - 2\mu p/R)}$ und Integration ergeben

$$p = \frac{\rho g R}{2\mu}\left(1 - e^{-\frac{2\mu z}{R}}\right).$$

Bei großen z erreicht der Druck den Sättigungswert $p_\infty = \rho g R/2\mu$.

Abb. 10.16 **a** Querlenker mit Blechdurchzug. **b** Einseitig geschlitztes Gummi-Metall-Lager. **c** Fertiger Querlenker mit eingepresstem Lager

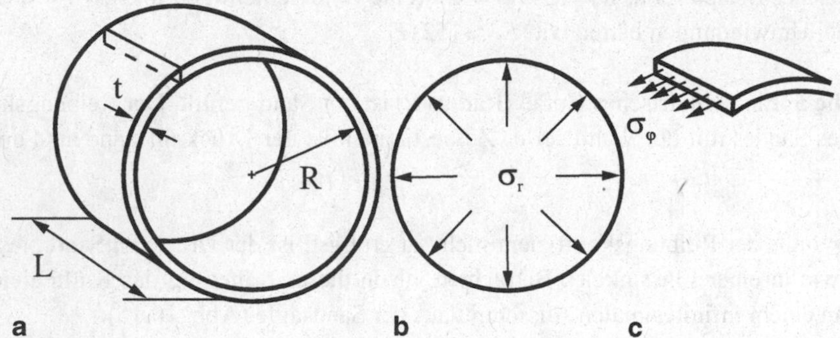

Abb. 10.17 **a** Dünnwandiger Zylinder. **b** konstante Radialspannungen verursacht durch die Flächenpressung. **c** Umfangsspannung σ_φ durch einen geeigneten Schnitt sichtbar gemacht

Aufgabe 6 Zur Steuerung der Vorderräder eines Autos werden Querlenker eingesetzt. Im ersten Schritt wird der Querlenker durch Tiefziehen aus einem Blech hergestellt (Abb. 10.16a). Das Gummimetall-Lager (Abb. 10.16b) wird im zweiten Schritt in den Querlenker eingepresst (Abb. 10.16c). Der Automobilhersteller verlangt für seine Qualitätssicherung eine Mindestauspresskraft von 5,5 kN. Zu berechnen ist die Auspresskraft. Welche Faktoren beeinflussen die Auspresskraft? Benutzen Sie die folgenden Daten: die Höhe der zylindrischen Öse $L = 2$ cm, Radius der Öse $R = 1{,}6$ cm, Dicke des Blechs $t = 1{,}6$ mm, Fließgrenze des Blechs $\sigma_c = 300$ MPa, Reibungskoeffizient $\mu = 0{,}16$.

Lösung Die radiale, auf die zylindrische Öse des Querlenkers wirkende Spannung σ_r verursacht eine Zugspannung σ_φ im Blech (Abb. 10.17). Den Zusammenhang zwischen diesen Spannungen gibt die *Kesselformel* $\sigma_\varphi = \sigma_r R/t$ an. Beim Einpressen des Lagers wird sich das Blech plastisch deformieren: $\sigma_\varphi = \sigma_c$.

Für die radiale Spannung ergibt sich daher

$$\sigma_r = \sigma_c \frac{t}{R}.$$

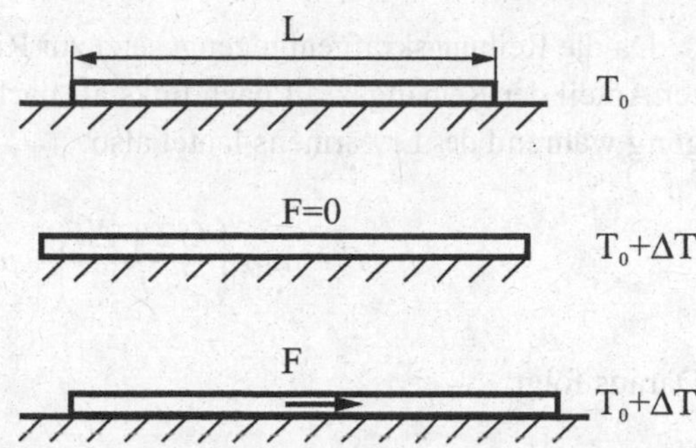

Abb. 10.18 Thermischer Kriechprozess einer Platte auf einem Untergrund mit dem Reibungskoeffizienten μ

Die maximale Haftreibung berechnet sich durch Multiplikationen dieser Spannung mit der Fläche $2\pi RL$ der Öse und mit dem Reibungskoeffizienten:

$$F_{Auspress} = 2\pi L\mu\sigma_c t.$$

Für die in der Aufgabenstellung angegebenen Parameterwerte ergibt sich für die Auspresskraft $F_{Auspress} \approx 9{,}6$ kN.

Aufgabe 7: Thermisches Kriechen Auf eine auf einem Untergrund mit dem Reibungskoeffizienten μ liegende Platte der Länge L wirkt in horizontaler Richtung eine Kraft F, die kleiner ist als die Gleitreibungskraft. Wird die Platte erwärmt, so dehnt sie sich aufgrund der angelegten Kraft F relativ zum Untergrund nicht symmetrisch. Wird die Temperatur wieder auf den ursprünglichen Wert gebracht, so zieht sie sich wieder zusammen. Zu bestimmen ist die Verschiebung der Platte nach einem vollen thermischen Zyklus (Abb. 10.18).

Lösung Wir nehmen an, dass die Platte ausreichend starr ist. Wird die Platte erwärmt, so dehnt sie sich relativ zum Untergrund um den Betrag $\Delta L = \alpha\Delta TL$ aus, und zwar symmetrisch in beide Richtungen, so dass ihr Schwerpunkt an der gleichen Stelle bleibt. Wirkt auf die Platte während der Erwärmung eine Kraft F in horizontaler Richtung, so wird sich die Platte asymmetrisch bewegen. Statt des Schwerpunktes wird jetzt der Punkt ruhen, der sich im Abstand Δl *links* davon befindet, denn der Anteil der Reibungskraft, der nach rechts wirkt, muss kleiner sein als der Anteil, der nach links wirkt, damit die Resultierende mit F gerade im Gleichgewicht ist (Abb. 10.19).

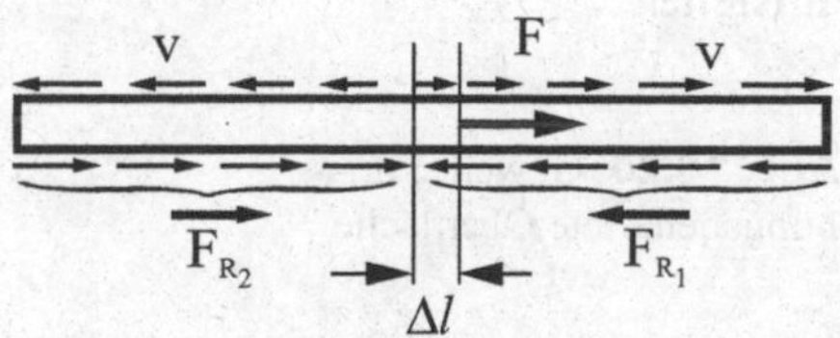

Abb. 10.19 Dynamik des Kriechprozesses

Da die Reibungskraft entgegengesetzt zur Richtung der Bewegung ist, muss ein größerer Anteil der Reibungskraft nach links als nach rechts zeigen. Die Gleichgewichtsbedingung während des Erwärmens lautet also:

$$F - \mu mg\left(\frac{L/2+\Delta l}{L}\right) + \mu mg\left(\frac{L/2-\Delta l}{L}\right) = 0.$$

Daraus folgt

$$\Delta l = \frac{F}{\mu mg}\frac{L}{2}.$$

Der Schwerpunkt verschiebt sich somit während der Erwärmung um

$$u_S = \varepsilon_{th}\Delta l = \frac{FL}{2\mu mg}\alpha\Delta T.$$

Während der Abkühlung bewegt sich der Schwerpunkt in der *gleichen* Richtung um den *gleichen* Betrag: Der ruhende Punkt muss nun *rechts* vom Schwerpunkt liegen, da Ausdehnungsrichtung und Richtungen der Reibungskräfte sich gerade umkehren. Die gesamte Verschiebung während des ganzen Zyklus' ist somit gleich

$$u_{ges} = \frac{FL}{\mu mg}\alpha\Delta T.$$

Die Verschiebung ist proportional zur Kraft – auch bei sehr kleinen Kräften. Ähnliche Prozesse an den Grenzen zwischen Phasen mit verschiedenen thermischen Ausdehnungskoeffizienten sind die Ursache für das *thermozyklische Kriechen* von mehrphasigen Werkstoffen und Verbundwerkstoffen.

Aufgabe 8 Zu bestimmen ist der statische Reibungskoeffizient auf einer gewellten Oberfläche mit der maximalen Steigung $\mu_1 = \tan\theta_1$ (Abb. 10.20) in Anwesenheit einer „mikroskopischen" Reibung, die durch den Reibungskoeffizienten μ_0 charakterisiert wird.

Lösung Aufgrund des in Abb. 10.20 gezeigten Freischnitts können wir für den kritischen Zustand die folgenden Gleichgewichtsgleichungen (für die Richtungen x' und z') aufstellen:

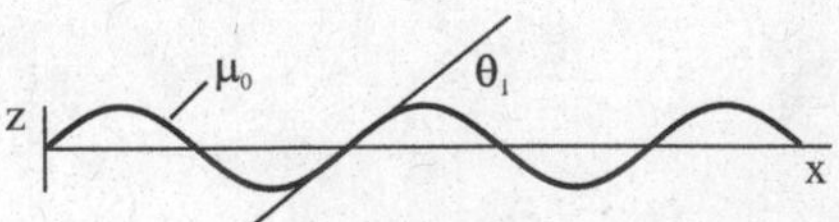

Abb. 10.20 Gewellte, reibungsbehaftete Oberfläche

$$F_N \cos\theta_1 + F \sin\theta_1 = R,$$

$$F_N \sin\theta_1 + \mu_0 R = F \cos\theta_1.$$

Daraus folgt

$$\mu = \frac{F}{F_N} = \frac{\mu_0 + \mu_1}{1 - \mu_0\mu_1}.$$

Zu bemerken ist, dass diese „Superpositionsregel" für die Reibungskoeffizienten verschiedener Skalen eine einfache geometrische Interpretation hat und bedeutet, dass die Reibungswinkel auf verschiedenen Skalen summiert werden. In der Tat, indem wir $\mu_1 = \tan\theta_1$, $\mu_0 = \tan\theta_0$ und $\mu = \tan\theta$ mit $\theta = \theta_1 + \theta_2$ schreiben, kommen wir zu dem gleichen Ergebnis

$$\mu = \tan\theta = \frac{\sin(\theta_0 + \theta_1)}{\cos(\theta_0 + \theta_1)} = \frac{\sin\theta_0 \cos\theta_1 + \cos\theta_0 \sin\theta_1}{\cos\theta_0 \cos\theta_1 - \sin\theta_0 \sin\theta_1} = \frac{\tan\theta_0 + \tan\theta_1}{1 - \tan\theta_0 \cdot \tan\theta_1} = \frac{\mu_0 + \mu_1}{1 - \mu_0\mu_1}.$$

Wir können daher die folgende allgemeine Regel für die Superposition der Reibungskoeffizienten verschiedener Skalen formulieren.

$$\mu_{gesamt} = \tan\left(\sum_i \arctan\mu_i\right),$$

wobei μ_i die Reibungskoeffizienten auf verschiedenen räumlichen Skalen sind (Abb. 10.21).

Aufgabe 9 Zwei Scheiben mit Massen m_1 und m_2 und Gleitreibungskoeffizienten μ_1 und μ_2 sind mit einem masselosen starren Stab der Länge l verbunden (Abb. 10.22). Zu bestimmen sind die Bedingungen, unter denen das Gleiten des Systems in der Stabrichtung stabil ist.

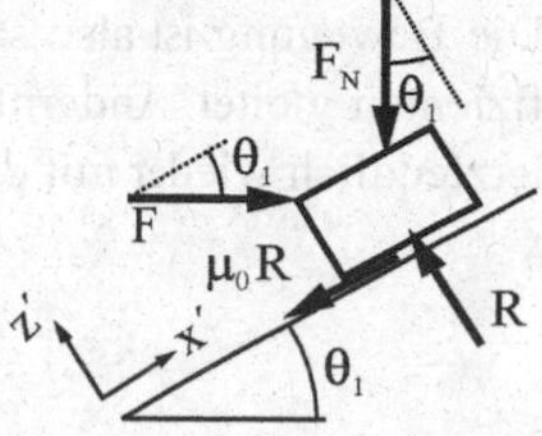

Abb. 10.21 Freischnitt eines Körpers auf einer reibungsbehafteten gewellten Oberfläche

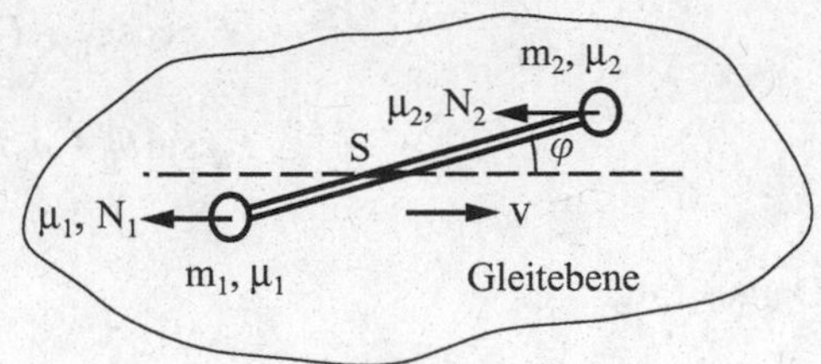

Abb. 10.22 Zwei Scheiben, verbunden mit einem leichten starren Stab

Lösung Wir nehmen an, dass die Orientierung des Stabes von der Gleitrichtung um einen kleinen Winkel φ abweicht (Abb. 10.22) und berechnen die Komponente des Kraftmomentes, die versucht, den Stab in der Gleitebene zu drehen. Die Bewegung ist stabil, wenn das Moment negativ ist, so dass sich der Winkel φ verkleinert, während ein positives Moment dazu führt, dass sich der Winkel vergrößert. Die Abstände von den Scheiben bis zum Schwerpunkt bezeichnen wir a_1 und a_2:

$$a_1 = \frac{m_2}{m_1 + m_2} l, \quad a_2 = \frac{m_1}{m_1 + m_2} l.$$

Die Normalkräfte N_1 und N_2 bestimmen sich gemäß

$$N_1 = m_1 g, \quad N_2 = m_2 g.$$

Zur Projektion des Momentes auf die Normale zur Gleitebene tragen nur die Reibungskräfte bei. Das Gesamtmoment der Reibungskräfte bezüglich des Schwerpunkts S ist gleich:

$$M^{(s)} = (-\mu_1 N_1 a_1 + \mu_2 N_2 a_2) \sin\varphi = (-\mu_1 + \mu_2) \frac{m_1 m_2}{m_1 + m_2} g l \sin\varphi.$$

Das Moment ist negativ und die Bewegung stabil, wenn

$$\mu_1 > \mu_2.$$

Die Bewegung ist also stabil, wenn vorne die Scheibe mit dem kleineren Reibungskoeffizienten gleitet. Andernfalls ist das Gleiten instabil: Der Stab dreht sich um und gleitet letztendlich wieder mit der Scheibe mit dem kleineren Reibungskoeffizienten vorne.

11 Das Prandtl-Tomlinson-Modell für trockene Reibung

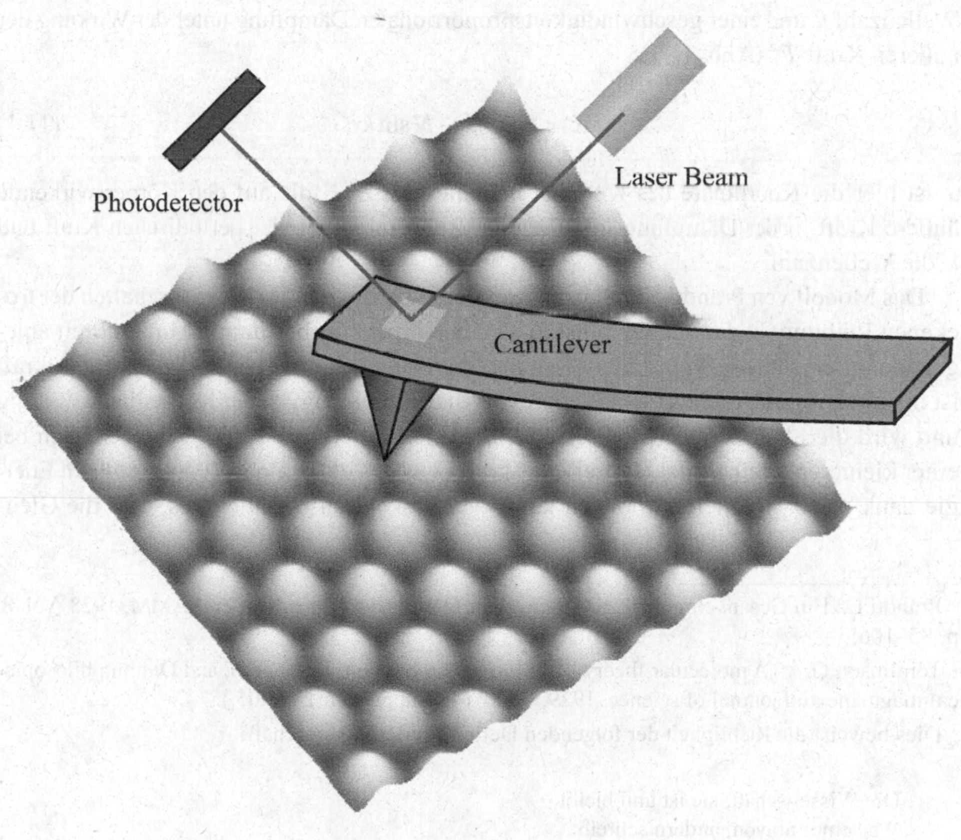

V. L. Popov, *Kontaktmechanik und Reibung*, DOI 10.1007/978-3-662-45975-1_11

11.1 Einführung

Die Entwicklung experimenteller Methoden zur Untersuchung von Reibungsprozessen auf atomarer Ebene und numerischer Simulationsmethoden haben in den letzten Jahrzehnten ein schnelles Anwachsen der Anzahl von Forschungsarbeiten im Bereich der Reibung von Festkörpern auf atomarer Skala hervorgerufen. Als Grundlage für viele Untersuchungen der Reibungsmechanismen auf atomarer Skala kann das als „Tomlinson-Modell" bekannte einfache Modell benutzt werden. Es wurde von Prandtl 1928 zur Beschreibung plastischer Deformation in Kristallen vorgeschlagen[1]. Das in diesem Zusammenhang oft zitierte Paper von Tomlinson[2] enthält das „Tomlinson-Modell" nicht[3] und ist einer Begründung für den adhäsiven Beitrag zur Reibung gewidmet. Wir werden dieses Modell im Weiteren als „Prandtl-Tomlinson-Modell" bezeichnen. Prandtl betrachtete eine eindimensionale Bewegung eines Massenpunktes in einem periodischen Potential mit der Wellenzahl k und einer geschwindigkeitsproportionalen Dämpfung unter der Wirkung der äußeren Kraft F[4] (Abb. 11.1):

$$m\ddot{x} = F - \eta\dot{x} - N\sin kx. \tag{11.1}$$

x ist hier die Koordinate des Körpers, m seine Masse, F die auf den Körper wirkende äußere Kraft, η der Dämpfungskoeffizient, N die Amplitude der periodischen Kraft und k die Wellenzahl.

Das Modell von Prandtl-Tomlinson beschreibt viele wesentliche Eigenschaften der trockenen Reibung. In der Tat, wir müssen an den Körper eine bestimmte Mindestkraft anlegen, damit eine makroskopische Bewegung überhaupt beginnen kann. Diese Mindestkraft ist makroskopisch gesehen nichts anderes als die Haftreibung. Ist der Körper in Bewegung und wird die Kraft zurückgenommen, so wird sich der Körper im Allgemeinen auch bei einer kleineren Kraft als der Haftreibungskraft bewegen, da er einen Teil der nötigen Energie dank seiner Trägheit aufbringen kann. Makroskopisch bedeutet dies, dass die Gleit-

[1] Prandtl L.: Ein Gedankenmodell zur kinetischen Theorie der festen Körper. ZAMM, 1928, Vol. 8, p. 85–106.

[2] Tomlinson G.A.: A molecular theory of friction. The London, Edinburgh, and Dublin philosophical magazine and journal of science, 1929, Vol. 7 (46 Supplement), p. 905.).

[3] Dies beweist die Richtigkeit der folgenden Definition der Wissenschaft:

Die Wissenschaft, sie ist und bleibt,
Was einer ab vom andern schreibt.
Doch trotzdem ist, ganz unbestritten,
Sie immer weiter fortgeschritten…
Eugen Roth.

[4] Auf diese Weise lässt sich z. B. die Bewegung der Spitze eines Atomkraftmikroskops über eine kristalline Oberfläche beschreiben.

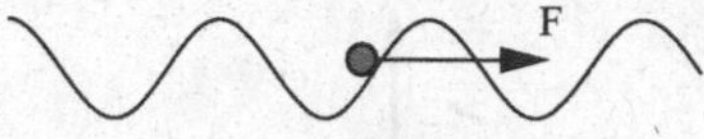

Abb. 11.1 Prandtl-Tomlinson-Modell: Ein Massenpunkt in einem periodischen Potential

reibung kleiner als die Haftreibung sein kann, was ebenfalls ein oft auftretendes Merkmal der trockenen Reibung ist. Die statische Reibungskraft im Modell (11.1) ist gleich N.

Der Erfolg des Modells, das in verschiedenen Variationen und Verallgemeinerungen in unzähligen Publikationen untersucht und zur Interpretation von zahlreichen tribologischen Vorgängen herangezogen wurde, beruht darauf, dass es ein minimalistisches Modell ist, welches die zwei wichtigsten Grundeigenschaften eines beliebigen Reibungssystems abbildet. Es beschreibt einen Körper unter der Wirkung einer periodischen konservativen Kraft mit einem Mittelwert Null in Kombination mit einer geschwindigkeitsproportionalen dissipativen Kraft. Ohne die konservative Kraft könnte es keine Haftung geben, ohne die Dämpfung kann sich keine makroskopische Reibungskraft ergeben. Die makroskopische Reibungskraft zu modellieren, ist aber das Hauptanliegen des Modells. Diese beiden notwendigen Eigenschaften sind im Prandtl-Tomlinson-Modell vorhanden. Das Prandtl-Tomlinson-Modell ist in diesem Sinne das einfachste brauchbare Modell eines tribologischen Systems. Im Grunde genommen ist das Prandtl-Tomlinson-Modell eine Umformulierung und eine weitere Vereinfachung der Vorstellungen von Coulomb über „Verzahnung" von Oberflächen als Ursache für die Reibung.

Selbstverständlich kann das Modell nicht alle Feinheiten eines realen tribologischen Systems abbilden. Zum Beispiel gibt es in diesem Modell keine Änderung des Oberflächenpotentials, die durch Verschleiß verursacht wird. Zu bemerken ist aber, dass es grundsätzlich möglich ist, durch Erweiterung des Modells auch plastische Deformationen in Betracht zu ziehen. In diesem Zusammenhang soll noch einmal erwähnt werden, dass das Modell 1928 von L. Prandtl gerade zur Beschreibung plastischer Deformation in Kristallen vorgeschlagen wurde.

In diesem Kapitel untersuchen wir das Prandtl-Tomlinson-Modell sowie einige seiner Anwendungen und Verallgemeinerungen.

11.2 Grundeigenschaften des Prandtl-Tomlinson-Modells

Befindet sich der Körper in Ruhe, und wird an ihn eine Kraft F angelegt, so verschiebt sich sein Gleichgewicht in den Punkt x, der der Gleichung

$$F = N \sin kx \tag{11.2}$$

genügt. Diese Gleichung hat eine Lösung nur wenn $F < N$ ist. Die statische Reibungskraft in diesem Modell ist daher gleich

$$F_s = N. \tag{11.3}$$

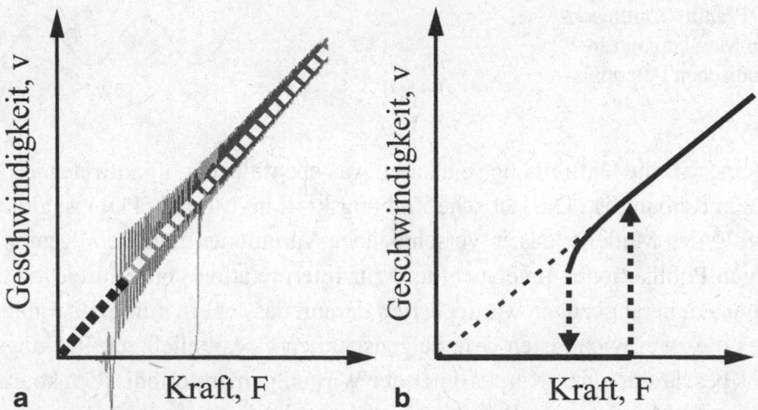

Abb. 11.2 **a** Abhängigkeit der momentanen Geschwindigkeit von der (linear mit der Zeit steigenden) Kraft im Prandtl-Tomlinson-Modell. **b** Makroskopisches Reibungsgesetz: Abhängigkeit der mittleren Geschwindigkeit von der Kraft

Bei einer größeren Kraft ist kein Gleichgewicht möglich, und der Körper versetzt sich in eine makroskopische Bewegung[5]. Jede makroskopische Bewegung des Körpers in diesem Modell ist vom mikroskopischen Gesichtspunkt die Superposition einer Bewegung mit einer konstanten Geschwindigkeit und von periodischen Schwingungen, wie in der Abb. 11.2a gezeigt. Auf diesem Bild sind Ergebnisse einer numerischen Integration der Gl. (11.1) dargestellt. Die tangentiale Kraft änderte sich langsam von Null bis zu einem maximalen Wert größer als die statische Reibungskraft und nahm danach ab. Die Kurve zeigt die momentane Geschwindigkeit als Funktion der momentanen Kraft. Nachdem die kritische Kraft erreicht wird, beginnt sich der Körper mit einer endlichen makroskopischen Geschwindigkeit zu bewegen. Bei der Abnahme der Kraft bleibt der Körper in Bewegung auch bei Kräften kleiner als die Haftreibungskraft. Bei einer bestimmten kritischen Geschwindigkeit hört die makroskopische Bewegung auf, der Körper macht einige Schwingungen in einem Potentialminimum und kommt zum Stillstand.

Auf der makroskopischen Skala empfinden wir die mikroskopischen Schwingungen nicht. Die oben beschriebene Bewegung stellt vom makroskopischen Gesichtspunkt einen quasistationären Reibungsprozess dar. Die Abhängigkeit der mittleren Geschwindigkeit von der angelegten Kraft wird vom makroskopischen Beobachter als *makroskopisches Reibungsgesetz* empfunden (Abb. 11.2b).

Grenzfall kleiner Dämpfung Ist die Dämpfung $\eta = 0$, und wurde der Körper einmal in Bewegung gesetzt, so wird er sich unbegrenzt auch in Abwesenheit der äußeren Kraft ($F = 0$) weiter bewegen. Dabei gilt der Energieerhaltungssatz

[5] Als „makroskopisch" bezeichnen wir hier die Bewegung eines Körpers auf der räumlichen Skala viel größer als die Potentialperiode. Die durch die Potentialperiode bestimmte räumliche Skala bezeichnen wir dagegen als „mikroskopisch".

$$E_0 = \frac{mv^2}{2} - \frac{N}{k}\cos kx = konst, \text{ für } \eta = 0,\ F = 0. \tag{11.4}$$

Für die Geschwindigkeit als Funktion der Koordinate folgt in diesem Fall

$$v = \sqrt{\frac{2}{m}\left(E_0 + \frac{N}{k}\cos kx\right)}, \text{ für } \eta = 0,\ F = 0. \tag{11.5}$$

In Anwesenheit einer kleinen Dämpfung muss eine kleine Kraft angelegt werden, um eine stationäre Bewegung aufrechterhalten zu können. Die Bewegung ist stationär, wenn die durch die äußere Kraft F auf einer Periode $a = 2\pi / k$ geleistete Arbeit Fa gleich dem Energieverlust $\int_0^T \eta v^2(t)dt$ ist:

$$\frac{2\pi F}{k} = \int_0^T \eta v^2(t)dt = \int_0^a \eta v(x)dx = \eta \int_0^a \sqrt{\frac{2}{m}\left(E_0 + \frac{N}{k}\cos kx\right)}dx. \tag{11.6}$$

Die kleinste Kraft F_1, bei der eine makroskopische Bewegung noch besteht, wird durch (11.6) mit $E_0 = N / k$ gegeben:

$$\frac{F_1}{N} = \frac{4}{\pi}\frac{\eta}{\sqrt{mkN}}. \tag{11.7}$$

Die Dämpfung, bei der die Gleitreibungskraft gleich der Haftreibungskraft wird, hat die Größenordnung

$$\frac{\eta}{\sqrt{mkN}} \approx 1 \tag{11.8}$$

und kennzeichnet die Grenze zwischen dem betrachteten Fall der kleinen Dämpfung (*untergedämpftes* System) und dem Fall der großen Dämpfung (*übergedämpftes* System).

Grenzfall großer Dämpfung Bei großer Dämpfung kann man den Trägheitsterm in (11.1) vernachlässigen:

$$0 = F - \eta\dot{x} - N\sin kx. \tag{11.9}$$

Man spricht von einer *übergedämpften* Bewegung. Die Bewegungsgleichung ist in diesem Fall eine Differentialgleichung erster Ordnung; sie kann in der Form

$$\dot{x} = \frac{dx}{dt} = \frac{F}{\eta} - \frac{N}{\eta}\sin kx \tag{11.10}$$

umgeschrieben werden. Eine räumliche Periode wird in der Zeit

$$T = \int_0^{2\pi/k} \frac{dx}{\frac{F}{\eta} - \frac{N}{\eta}\sin kx} = \frac{\eta}{kN}\int_0^{2\pi} \frac{dz}{\frac{F}{N} - \sin z} = \frac{\eta}{kN}\frac{2\pi}{\sqrt{\left(\frac{F}{N}\right)^2 - 1}} \tag{11.11}$$

durchlaufen. Die mittlere Gleitgeschwindigkeit ist daher gleich

$$\bar{v} = \frac{a}{T} = \frac{\sqrt{F^2 - N^2}}{\eta}. \tag{11.12}$$

Für die Kraft als Funktion der mittleren Geschwindigkeit ergibt sich

$$F = \sqrt{N^2 + (\eta\bar{v})^2}. \tag{11.13}$$

Diese Abhängigkeit ist in der Abb. 11.3 dargestellt.

Das „Phasendiagramm" für das Prandtl-Tomlinson-Modell Um die Eigenschaften der Prandtl-Tomlinson-Gleichung bei beliebigen Parametern zu untersuchen, führen wir in (11.1) die dimensionslosen Variablen

$$x = \xi\tilde{x},\ t = \tau\tilde{t} \tag{11.14}$$

ein. Die Bewegungsgleichung nimmt daraufhin die Form

$$\frac{m\xi}{N}\frac{\tilde{x}''}{\tau^2} = \frac{F}{N} - \frac{\eta\xi}{N}\frac{\tilde{x}'}{\tau} - \sin(k\xi\tilde{x}) \tag{11.15}$$

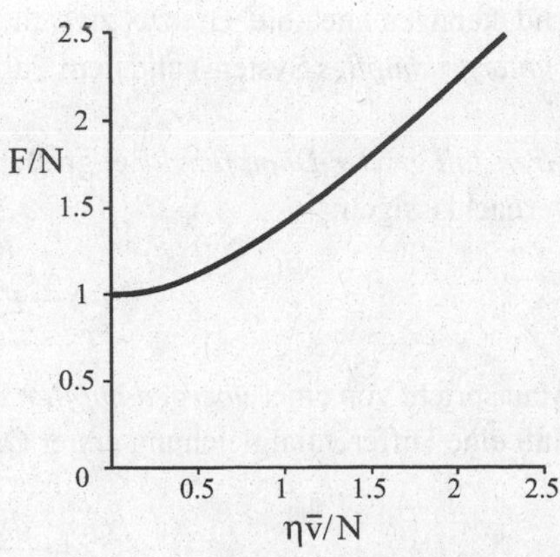

Abb. 11.3 Das Reibungsgesetz für das Prandtl-Tomlinson-Modell im übergedämpften Fall

an, wobei mit dem Strich die Ableitung $\partial / \partial \tilde{t}$ bezeichnet wird. Wir wählen

$$k\xi = 1, \quad \tau^2 \frac{N}{m\xi} = 1. \tag{11.16}$$

und bringen die Gl. (11.15) in die Form

$$\tilde{x}'' + \frac{\eta}{\sqrt{mkN}} \tilde{x}' + \sin \tilde{x} = \frac{F}{N}. \tag{11.17}$$

In den neuen Variablen enthält sie nur zwei dimensionslose Parameter

$$\kappa_1 = \frac{\eta}{\sqrt{mkN}}, \quad \kappa_2 = \frac{F}{N}. \tag{11.18}$$

Der Charakter der Bewegung in den dimensionslosen Koordinaten $\tilde{x}, \tilde{t}$ hängt nur von der Lage des Systems auf der Parameterebene (κ_1, κ_2) ab. In der Abb. 11.4 ist das „Phasenportrait" des Systems dargestellt.

Für $\kappa_1 = \frac{\eta}{\sqrt{mkN}} < 1{,}193$ gibt es drei Kraftbereiche I, II und III, die durch die kritischen Kräfte F_1 und F_2 getrennt sind. Für $F > F_2$ gibt es keine Gleichgewichtslösungen und der Körper bewegt sich unbeschränkt. Nimmt aber die Kraft ab, so kommt der Körper zum Stillstand wenn $F < F_1$ wird. Zwischen den Bereichen, in denen entweder nur Ruhezustand ($F < F_1$) oder nur Bewegung ($F > F_2$) herrscht, gibt es einen Bereich der

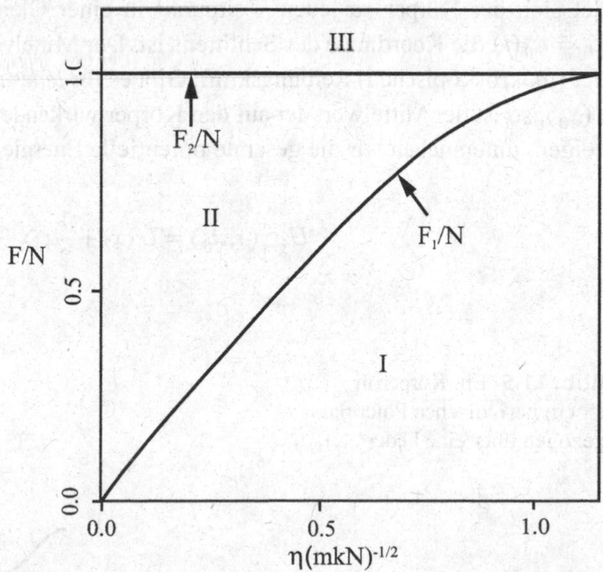

Abb. 11.4 Zwei kritische Kräfte F_1 und F_2 als Funktion der Dämpfungskonstante

Bistabilität, in dem sich der Körper abhängig von der Vorgeschichte entweder im Ruhe- oder im Bewegungszustand befinden kann. Diesen Bereich der Bistabilität gibt es nicht, wenn die Dämpfung größer als ein kritischer Wert ist:

$$\frac{\eta}{\sqrt{mkN}} > 1{,}193. \tag{11.19}$$

Bei kleinen Dämpfungen ist die kritische Kraft F_1 durch (11.7) gegeben.

11.3 Elastische Instabilität

Die einfachste Verallgemeinerung des Prandtl-Tomlinson-Modells ist in der Abb. 11.5 dargestellt: Der Körper wird statt mit einer konstanten Kraft mit einer Feder (Steifigkeit c) verbunden, die an einem Gleitschlitten befestigt ist, welcher in horizontale Richtung bewegt wird. Dieses Modell eignet sich besser zur Beschreibung der Bewegung einer Spitze eines Atomkraftmikroskops als das ursprüngliche Modell von Prandtl-Tomlinson, denn es berücksichtigt auf die einfachste Weise die Steifigkeit des Armes des Atomkraftmikroskops.

Die Bewegungsgleichung lautet in diesem Fall

$$m\ddot{x} + \eta\dot{x} + \frac{\partial U}{\partial x} = c(x_0 - x). \tag{11.20}$$

Wird der Schlitten langsam mit einer konstanten Geschwindigkeit gezogen, so befindet sich der Körper zu jedem Zeitpunkt in einer Gleichgewichtsposition $x(x_0)$, wobei $x_0 = x_0(t)$ die Koordinate des Schlittens ist. Der Mittelwert der Federkraft ist dabei gleich der (makroskopischen) Reibungskraft. Gibt es für *jedes* x_0 nur *einen* Gleichgewichtspunkt $x(x_0)$, so ist der Mittelwert der auf den Körper wirkenden Kraft *identisch Null*. Um das zu zeigen, untersuchen wir die gesamte potentielle Energie des Körpers

$$U_{ges}(x, x_0) = U(x) + \frac{1}{2}c(x - x_0)^2. \tag{11.21}$$

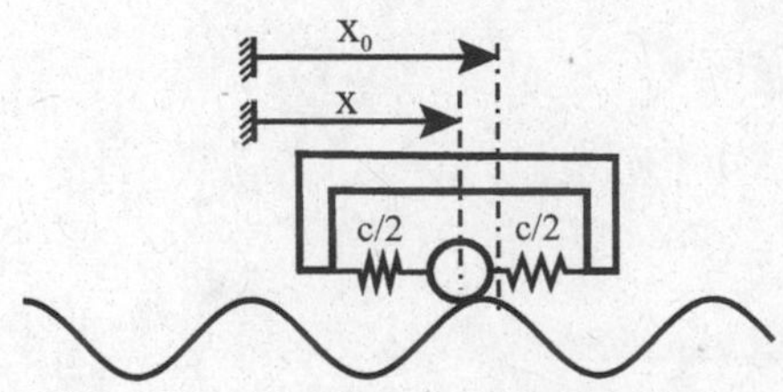

Abb. 11.5 Ein Körper in einem periodischen Potential gezogen über eine Feder

Die Gleichgewichtsposition bestimmt sich aus der Bedingung

$$U'_{ges}(x,x_0) = U'(x) + c(x - x_0) = 0, \tag{11.22}$$

wobei mit dem Strich die Ableitung $\partial / \partial x$ bezeichnet wird. Der Mittelwert dieser Kraft (über der Zeit, oder – was in diesem Fall dasselbe ist – über x_0) ist gleich

$$\overline{F}_{Unterlage} = -\frac{1}{L}\int_0^L U' dx_0. \tag{11.23}$$

L ist hier eine räumliche Periode des Potentials. Indem wir die Gl. (11.22) differenzieren, erhalten wir

$$(U''(x) + c)dx = cdx_0. \tag{11.24}$$

Damit kann man in (11.23) die Integration über dx_0 durch die Integration über dx ersetzen:

$$\overline{F}_{Unterlage} = -\frac{1}{L}\int_0^L U'\left(1 + \frac{U''}{c}\right)dx = -\frac{1}{L}\left[U(x) + \frac{U'^2(x)}{2c}\right]_0^L = 0. \tag{11.25}$$

Für die mittlere Kraft ergibt sich Null, da sowohl $U(x)$ als auch $U'^2(x)$ periodische Funktionen des Argumentes x sind. Daraus folgt, dass *die Reibungskraft unter diesen Bedingungen identisch Null* ist. Das gilt für beliebige periodische Potentiale.

Die Situation verändert sich wesentlich, wenn die Gleichgewichtskoordinate x eine nicht stetige Funktion von x_0 ist, so dass in einigen Punkten die Gl. (11.24) nicht erfüllt ist. Als Beispiel untersuchen wir das in der Abb. 11.5 gezeigte System mit einem Potential der Form

$$U(x) = -\frac{N}{k}\cos kx. \tag{11.26}$$

Die Gleichgewichtsbedingung (11.22) nimmt die Form

$$-\sin kx = \frac{c}{N}(x - x_0) \tag{11.27}$$

an. Die Funktionen $-\sin kx$ und $\frac{c}{N}(x - x_0)$ sind in der Abb. 11.6 für verschiedene x_0 gezeigt. Ihr Schnittpunkt gibt die Gleichgewichtskoordinate des Körpers an. Ist $c / Nk > 1$, so ist x eine stetige Funktion der Koordinate x_0 des Schlittens, was in der Abb. 11.6b durch eine Beispielrechnung mit $c / Nk = 1{,}5$ illustriert wird. Ist dagegen die Steifigkeit der Feder kleiner als ein kritischer Wert:

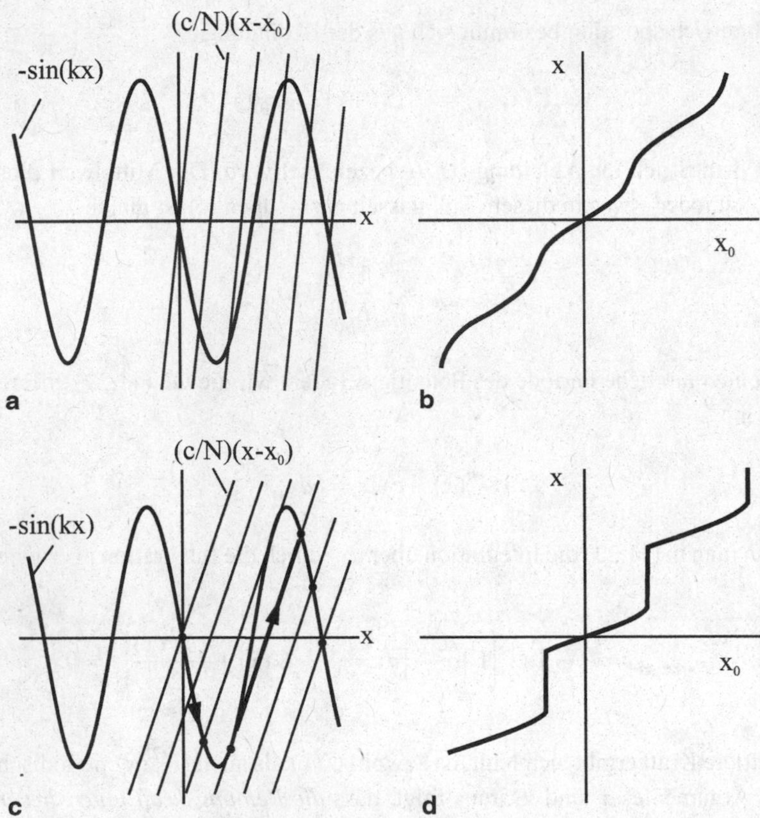

Abb. 11.6 Die Funktionen $-\sin kx$ und $\frac{c}{N}(x-x_0)$ sind in, **a** für $c\,/\,Nk=1{,}5$ und in, **c** für $c\,/\,Nk=0{,}5$ aufgetragen. Wenn x_0 steigt, verschiebt sich die Gerade nach *rechts*. Die Gleichgewichtskoordinate hängt von x_0 stetig ab, wenn $c\,/\,Nk>1$ ist

$$c\,/\,Nk<1 \tag{11.28}$$

so weist die Abhängigkeit der Gleichgewichtskoordinate von x_0 Sprünge auf (Abb. 11.6d). In diesem Fall ist die zeitlich gemittelte Kraft nicht gleich Null. Die Abhängigkeit der Federkraft von der Koordinate x_0 für den Fall einer weichen Feder ($c\,/\,Nk=0{,}1$) ist in Abb. 11.7 dargestellt.

Abb. 11.7 Abhängigkeit der auf den Körper im Modell (11.20) wirkenden Kraft als Funktion der Koordinate des Gleitschlittens x_0 für den Fall $c / Nk = 0{,}1$. Wegen den auftretenden elastischen Instabilitäten ist der Mittelwert der Kraft nicht gleich Null

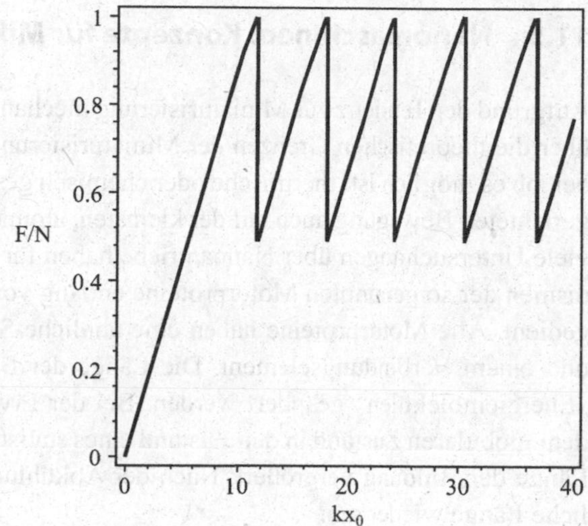

11.4 Supergleiten

Experimentelle und theoretische Untersuchungen der letzten Jahre haben zur Schlussfolgerung geführt, dass es in einem „atomar dichten" Kontakt zwischen zwei kristallinen Festkörpern keine Haftreibung geben kann, vorausgesetzt, dass die Perioden der Kristallgitter inkompatibel sind (wie in der Abb. 11.8 gezeigt). Eine zusätzliche Voraussetzung ist, dass keine elastischen Instabilitäten im Kontakt der beiden Körper vorkommen. Die Ursache für die Abwesenheit der statischen Reibung besteht darin, dass sich die Atome eines der Kristallgitter aufgrund der Periodendifferenz in allen möglichen energetischen Zuständen relativ zu den Atomen des anderen Gitters befinden. Die Bewegung eines Körpers führt darum lediglich zu einer anderen Verteilung der Atome, die in den niedrig- und hochenergetischen Stellen sitzen, verursacht aber keine Veränderung der mittleren (makroskopischen) Energie des Körpers. Aus diesem Grunde kann bereits eine infinitesimale Kraft den Körper in Bewegung setzen.

Diese Überlegungen hängen natürlich nicht von der Skala ab. Sie gelten auch für einen Kontakt zwischen zwei makroskopisch strukturierten Flächen, z. B. zwischen einer gewellten Gummisohle und einer gewellten stählernen Platte. *Solange die Perioden der Strukturen an beiden Flächen verschieden sind und keine elastischen Instabilitäten auftreten, geben diese Strukturen keinen Beitrag zur Haftreibung.*

Abb. 11.8 Kontakt von zwei periodischen Oberflächen (z. B. zwei Kristalle) mit verschiedenen Gitterperioden

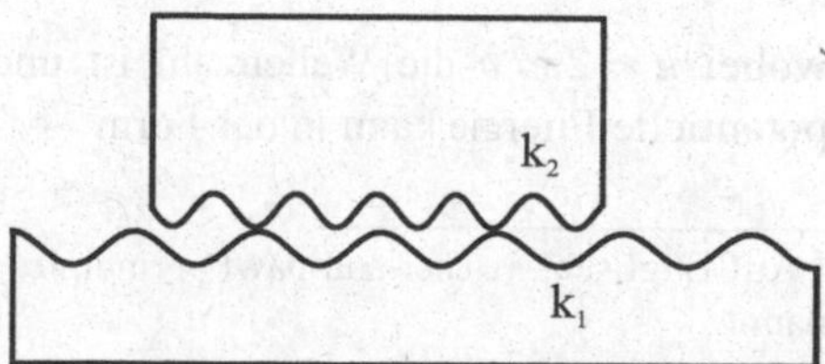

11.5 Nanomaschinen: Konzepte für Mikro- und Nanoantriebe

Aufgrund der Tendenz zur Miniaturisierung mechanischer Geräte muss man sich die Frage über die theoretischen Grenzen der Miniaturisierung stellen. Ein wichtiger Aspekt ist dabei, ob es möglich ist, thermische oder chemisch gespeicherte Energie in die Energie einer gerichteten Bewegung auch auf der kleinsten, atomaren Skala umzusetzen. Als Vorbild für viele Untersuchungen über Nanoantriebe haben für viele Forscher die Bewegungsmechanismen der so genannten Motorproteine entlang von periodisch aufgebauten Mikrofasern gedient. Alle Motorproteine haben eine ähnliche Struktur bestehend aus zwei „Köpfen" und einem Verbindungselement. Die Länge der Bindung kann durch Verbrennung von „Energiemolekülen" geändert werden. Bei der Erwärmung geht das Eiweißmolekül aus dem globularen Zustand in den Zustand eines statistischen Knäuels über, wodurch sich die Länge der Bindung vergrößert. Nach der Abkühlung nimmt die Bindung ihre ursprüngliche Länge wieder ein.

Ausgehend von diesem Bild basieren die meisten in der Literatur diskutierten Methoden zur Anregung einer gerichteten Bewegung von mikroskopischen oder molekularen Objekten auf einer Wechselwirkung zwischen einem zu bewegenden Objekt und einer heterogenen, in den meisten Fällen periodischen Unterlage. Das angetriebene Objekt kann aus einem oder mehreren Körpern bestehen, deren Abstände steuerbar sind. Die Unterlage kann sowohl asymmetrisch als auch symmetrisch sein. Bei nicht symmetrischen Unterlagen benutzt man das Prinzip „Knarre und Sperrhaken"[6]. Eine gerichtete Bewegung ist aber auch in symmetrischen Potentialen möglich.

Wir illustrieren in diesem Abschnitt die Ideen für Nanoantriebe am Beispiel einer „Dreikörpermaschine". Aus mathematischer Sicht handelt es sich dabei um die Bewegung eines Mehrkörpersystems in einem (räumlich) periodischen Potential, was eine einfache Verallgemeinerung des Prandtl-Tomslinson-Modells darstellt.

Unten zeigen wir, dass eine gezielte Steuerung der Verbindungslängen zwischen den Körpern in einem periodischen Potential zu einer gerichteten Bewegung des Systems führt, bei der sowohl die Bewegungsrichtung, als auch die Bewegungsgeschwindigkeit, beliebig steuerbar sind.

Singuläre Punkte und Bifurkationsmengeeiner Dreikörpermaschine Betrachten wir drei Massenpunkte in einem periodischen Potential (Abb. 11.9), die mit zwei masselosen Stäben der Längen l_1 und l_2 verbunden sind. Die potentielle Energie des Systems ist gleich

$$U = U_0 \left(\cos(k(x - l_1)) + \cos(kx) + \cos(k(x + l_2))\right), \tag{11.29}$$

wobei $k = 2\pi / a$ die Wellenzahl ist und a die räumliche Periode des Potentials. Die potentielle Energie kann in der Form

[6] Auf Englisch „ratchet-and-pawl" principle. Diese „Maschinen" werden daher oft „Ratchets" genannt.

Abb. 11.9 Dreikörpermaschine

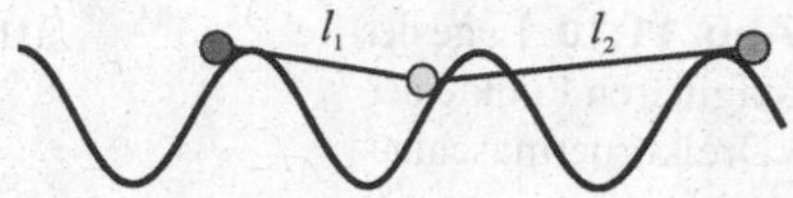

$$U = U_0\sqrt{(\sin kl_1 - \sin kl_2)^2 + (1+\cos kl_1 + \cos kl_2)^2}\,\cos(kx-\varphi) \tag{11.30}$$

umgeschrieben werden, wobei

$$\tan\varphi = \frac{\sin kl_1 - \sin kl_2}{1+\cos kl_1 + \cos kl_2}. \tag{11.31}$$

Die Phase φ ist eine stetige und eindeutige Funktion der Parameter l_1 und l_2 auf einem beliebigen Weg in der Parameterebene (l_1, l_2), solange dieser Weg nicht über *die singulären Punkte* geht, in denen die Amplitude des Potentials (11.30) zu Null wird und die Phase (11.31) nicht bestimmt ist. Die Lage dieser Punkte bestimmt sich aus den Bedingungen

$$\sin kl_1 - \sin kl_2 = 0 \tag{11.32}$$

und

$$1+\cos kl_1 + \cos kl_2 = 0. \tag{11.33}$$

Daraus folgt

$$kl_1 = \pi \pm \pi/3 + 2\pi n,\quad kl_2 = \pi \pm \pi/3 + 2\pi m, \tag{11.34}$$

wobei m und n ganze Zahlen sind. Die Lage der singulären Punkte auf der (l_1, l_2)-Ebene ist in der Abb. 11.10 gezeigt. Alle diese Punkte kann man durch periodische Wiederholung von zwei Punkten $(kl_1, kl_2) = (2\pi/3, 2\pi/3)$ und $(kl_1, kl_2) = (4\pi/3, 4\pi/3)$ erhalten.

Bedingungen für eine gerichtete Bewegung Nehmen wir jetzt an, dass die Längen l_1 und l_2 beliebig steuerbar sind. Wenn sie sich so ändern, dass der erste singuläre Punkt in der Abb. 11.10 auf einem geschlossenen Weg umkreist wird, vermindert sich die Phase um 2π. Beim Umkreisen des zweiten Punktes vergrößert sie sich um 2π. Wir schreiben dem ersten Punkt den topologischen Index -1 und dem zweiten den Index $+1$ zu. Im allgemeinen Fall wird sich die Phase auf einem geschlossenen Weg in der (l_1, l_2)-Ebene um $2\pi i$ ändern, wobei i die Summe der Indizes aller von dem Weg umschlossenen Punkte ist. Der Weg 2 in der Abb. 11.10 umkreist zum Beispiel keinen singulären Punkt, die Phase ändert sich daher bei der Umkreisung nicht. Der Weg 4 umschließt zwei Punkte mit dem Index -1, die Phase wird sich bei dem vollen Umlauf um -4π ändern. Eine Phasenänderung um 2π bedeutet eine Bewegung des Dreikörpersystems um eine räumliche Periode.

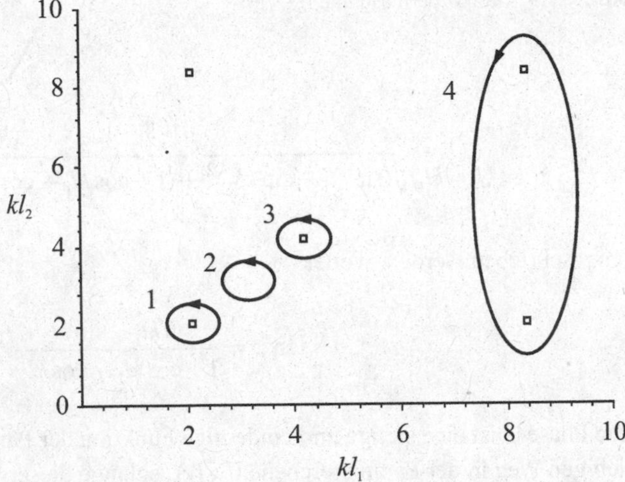

Abb. 11.10 Lage der singulären Punkte der „Dreikörpermaschine"

Eine periodische Änderung der Stablängen l_1 und l_2 auf einem Weg, der singuläre Punkte mit einer nicht verschwindenden topologischen Summe umschließt, wird zu einer gerichteten Bewegung des Systems führen. Wird ein Weg in der (l_1, l_2)-Ebene periodisch mit der Kreisfrequenz ω umlaufen, so wird sich das System mit einer makroskopischen (mittleren) Geschwindigkeit $v = \frac{\omega i}{k}$ bewegen.

Eine interessante Frage ist, ob sich diese „Maschine" auch gegen eine von außen wirkende Kraft bewegen kann und daher zum Transport von Lasten geeignet ist. Um diese Frage zu beantworten, lassen wir auf das System eine äußere Kraft $-F$ wirken. Sie führt zu einem zusätzlichen Term Fx in der potentiellen Energie, so dass die gesamte potentielle Energie die Form

$$U_{ges} = U_0 \left(\cos(k(x - l_1)) + \cos(kx) + \cos(k(x + l_2))\right) + Fx \tag{11.35}$$

annimmt. Bestimmen wir die *Bifurkationsmenge* (auch „*Katastrophenmenge*" genannt) für dieses Potential. Unter Bifurkationsmenge versteht man die Parametermenge, bei der sich die Zahl der Gleichgewichtspunkte des Potentials ändert und somit im Allgemeinen die Gleichgewichtsposition nicht mehr stetig von den Parametern l_1 und l_2 abhängt. Sie wird durch zwei Bedingungen bestimmt:

$$\frac{\partial U_{ges}}{\partial x} = 0 \tag{11.36}$$

und

$$\frac{\partial^2 U_{ges}}{\partial x^2} = 0. \tag{11.37}$$

Die erste Bedingung bedeutet, dass es sich um Gleichgewichtspositionen handelt, die zweite besagt, dass dies ein Moment ist, in dem das Gleichgewicht gerade seine Stabilität verliert. In unserem Fall lautet (11.36)

$$\frac{\partial U_{ges}}{\partial x} = U_0 k\big(-\sin(k(x-l_1)) - \sin(kx) - \sin(k(x+l_2))\big) + F = 0 \tag{11.38}$$

und (11.37)

$$\frac{\partial^2 U_{ges}}{\partial x^2} = U_0 k^2 \big(-\cos(k(x-l_1)) - \cos(kx) - \cos(k(x+l_2))\big) = 0. \tag{11.39}$$

Durch Anwendung trigonometrischer Additionstheoreme mit anschließendem Quadrieren und Summieren lassen sich diese Gleichungen auf die Form

$$(1+\cos kl_1 + \cos kl_2)^2 + (\sin kl_1 - \sin kl_2)^2 = (F/U_0 k)^2 \tag{11.40}$$

bringen. Die durch diese Gleichung bestimmte Bifurkationsmenge ist in der Abb. 11.11 für 4 verschiedene Werte des Parameters $f = F/U_0 k$ gezeigt. Eine Translationsbewegung wird induziert, wenn sich die Längen l_1 und l_2 auf einem geschlossenen Weg ändern, der eine geschlossene Bifurkationsmenge vollständig umschließt, so dass die Phase in jedem Punkt stetig bleibt. Offensichtlich ist das nur für $f < 1$ möglich. Die maximale Antriebskraft ist daher gleich $F_{\max} = U_0 k$.

Eine gerichtete Bewegung des Systems kann besonders eindrucksvoll bei einer speziellen zeitlichen Änderung der Längen l_1 und l_2 gezeigt werden. Bei der Wahl

$$l_1 = (4/3)\pi/k + l_0\cos(\omega t), \quad l_2 = (4/3)\pi/k + l_0\cos(\omega t + \varphi) \tag{11.41}$$

mit

$$\varphi = (2/3)\pi \tag{11.42}$$

und $l_0 \ll 1/k$ nimmt die potentielle Energie (11.29) die Form

$$\begin{aligned} &U_0 k l_0 \left[\sin(kx+\pi/3)\cos(\omega t + 2\pi/3) - \sin(kx-\pi/3)\cos\omega t\right] \\ &= U_0 k l_0 (\sqrt{3}/2)\cos(kx+\omega t+\pi/3) \end{aligned} \tag{11.43}$$

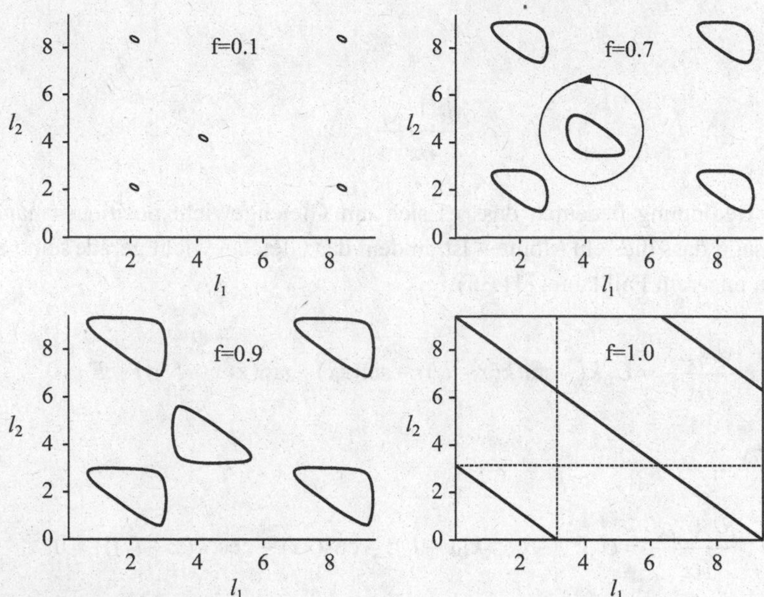

Abb. 11.11 Bifurkationsmengen des Potentials (11.35) für verschiedene Werte der äußeren Kraft $f = F / U_0 k$. Eine gerichtete Bewegung ist möglich, solange die Bifurkationsmengen geschlossene Gebilde bilden, die umkreist werden können, ohne sie zu berühren

an. Das ist ein periodisches Profil, das sich mit konstanter Geschwindigkeit ω / k in der negativen x-Richtung ausbreitet. Das System wird zusammen mit dieser Welle in einem ihrer Minima mitwandern.

Die in diesem Abschnitt diskutierten Ideen werden in der Nanotribologie aktiv benutzt, unter anderem zur Beschreibung von Molekularmotoren in Zellen, Muskelkontraktion oder zur Konzipierung von Nanomotoren.

Aufgaben

Aufgabe 1 Untersuchen Sie ein etwas abgeändertes Prandtl-Tomlinson-Modell: Ein Massenpunkt (Masse m) bewegt sich unter einer angelegten Kraft F in einem periodischen Potential, das sich aus einzelnen Parabelstücken zusammensetzt:

$$U(x) = \frac{1}{2} c x^2 \text{ für } -\frac{a}{2} \leq x \leq \frac{a}{2}$$

mit

$$U(x + a) = U(x).$$

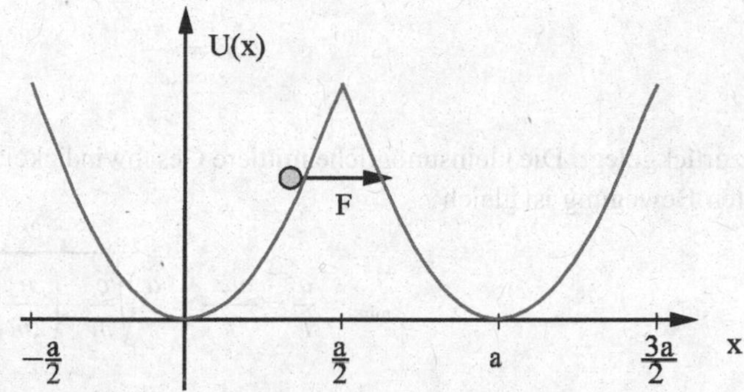

Abb. 11.12 Abgeändertes Prandtl-Tomlinson-Modell mit parabolischen Potentialen

(Abb. 11.12). Außerdem soll eine geschwindigkeitsproportionale Dämpfung mit der Dämpfungskonstante η vorhanden sein. Zu bestimmen sind: a) die Haftreibungskraft, b) die minimale Geschwindigkeit, bei der eine makroskopische Bewegung aufhört, c) die Gleitreibungskraft als Funktion der mittleren Gleitgeschwindigkeit und der Dämpfung, d) das „Phasenportrait" des Systems ähnlich zum klassischen Prandtl-Tomlinson-Modell.

Lösung Die Haftreibungskraft ist gleich der maximalen Steigung des Potentials, die am Ende jeder Periode erreicht wird, z. B. für $x = a/2$:

$$F_s = \frac{ca}{2}.$$

Die Bewegungsgleichung innerhalb einer Periode des Potentials lautet

$$m\ddot{x} + \eta\dot{x} + cx = F.$$

Der minimalen Kraft, bei der eine makroskopische Bewegung noch möglich ist, entspricht offenbar der Situation, bei der der Körper bei $x = -a/2$ mit der Geschwindigkeit $\dot{x} = 0$ startet und bei $x = a/2$ wieder mit der Geschwindigkeit $\dot{x} = 0$ ankommt. Dies ist genau die Hälfte der gedämpften Schwingungsperiode in einem parabolischen Potential. Die Schwingungsfrequenz von gedämpften Schwingungen ist bekanntlich gleich

$$\omega^* = \sqrt{\omega_0^2 - \delta^2}$$

mit $\omega_0^2 = c/m$ und $\delta = \eta/2m$. Eine räumliche Periode des Potentials wird demnach in der Zeit

$$T = \frac{\pi}{\omega^*}$$

zurückgelegt. Die kleinstmögliche mittlere Geschwindigkeit einer stationären unbegrenzten Bewegung ist gleich

$$v_{\min} = \frac{a}{T} = \frac{a\omega^*}{\pi} = \frac{a}{\pi}\sqrt{\frac{c}{m} - \left(\frac{\eta}{2m}\right)^2}.$$

Die minimale Kraft, bei der eine makroskopische Bewegung noch möglich ist, kann man am einfachsten durch folgende Überlegungen ermitteln. Die gesamte potentielle Energie des Körpers unter Berücksichtigung der äußeren Kraft F ist gleich

$$U = \frac{cx^2}{2} - Fx = \frac{c}{2}\left[\left(x - \frac{F}{c}\right)^2 - \left(\frac{F}{c}\right)^2\right].$$

Die Änderung der potentiellen Energie vom Punkt $x = -a/2$ bis zum Minimum dieser potentiellen Energie ist gleich $\Delta U_0 = \frac{c}{2}\left(\frac{a}{2} + \frac{F}{c}\right)^2$, und die Änderung der potentiellen Energie vom Minimum bis zum Punkt $x = a/2$ ist gleich $\Delta U_1 = -\frac{c}{2}\left(\frac{a}{2} - \frac{F}{c}\right)^2$. Bei der minimalen Kraft durchläuft der Körper von $-a/2$ bis $a/2$ genau die Hälfte der Schwingungsperiode der gedämpften Schwingung. Aus der Schwingungstheorie ist bekannt, dass die Energie einer gedämpften Schwingung nach dem Gesetz $e^{-2\delta t}$ abnimmt. Das Verhältnis der oben erwähnten Energien ist daher gleich $e^{-2\delta T}$:

$$\left(\frac{a - 2F/c}{a + 2F/c}\right)^2 = e^{-2\delta T}.$$

Daraus folgt

$$F = \frac{ac}{2}\frac{1 - e^{-\delta T}}{1 + e^{-\delta T}} = F_s \frac{1 - e^{-\delta T}}{1 + e^{-\delta T}}$$

mit

$$\delta T = \frac{\pi\eta}{\sqrt{4mc - \eta^2}} = \frac{\pi}{\sqrt{\frac{4mc}{\eta^2} - 1}}.$$

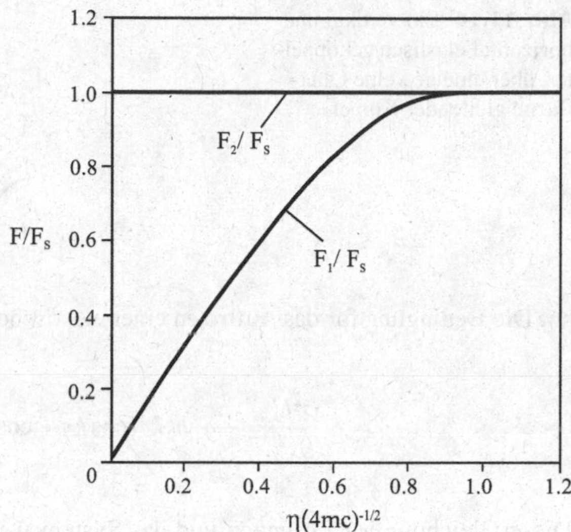

Abb. 11.13 Phasendiagramm des abgeänderten Prandtl-Tomlinson-Modells mit parabolischen Potentialabschnitten für zwei kritische Kräfte F_1 und F_2

Die Abhängigkeit der normierten Kraft F / F_s vom dimensionslosen Parameter $\eta / \sqrt{4mc}$ ist in Abb. 11.13 gezeigt.

Aufgabe 2 Ein Massenpunkt ist mit einem starren Schlitten mit einer „vertikalen Steifigkeit" $c_\perp$ und einer „tangentialen Steifigkeit" $c_\parallel$ gekoppelt[7]. Er wird wie in Abb. 11.14 gezeigt in ein sinusförmiges Profil ($y = h_0 \cos kx$) eingeführt. Danach bewegt sich der Schlitten nach rechts. Zu bestimmen ist die Bedingung für das Auftreten von elastischen Instabilitäten in diesem System.

Lösung Die potentielle Energie des Systems ist gleich

$$U(x, y, x_0, y_0) = \frac{c_\perp}{2}(y - y_0)^2 + \frac{c_\parallel}{2}(x - x_0)^2.$$

Für das in der Aufgabenstellung beschriebene System gilt $y = h_0 \cos kx$ und $y_0 = -h_0$. Die potentielle Energie nimmt die Form

$$U(x, x_0) = \frac{c_\perp}{2}(h_0 \cos kx + h_0)^2 + \frac{c_\parallel}{2}(x - x_0)^2$$

[7] Dieses Modell kann z. B. ein Element eines elastischen Profils einer Gummisohle beschreiben.

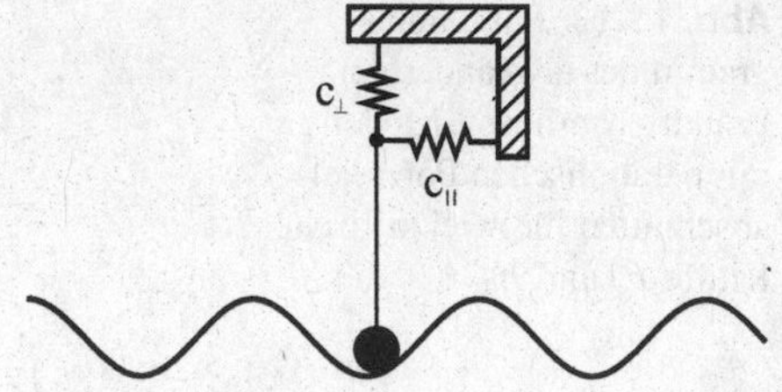

Abb. 11.14 Ein vertikal und horizontal elastisch gekoppelter, über eine gewellte Oberfläche gleitender Körper

an. Die Bedingung für das Auftreten einer elastischen Instabilität lautet

$$\frac{\partial^2 U}{\partial x^2} = -c_\perp h_0^2 k^2 [\cos kx + \cos 2kx] + c_\| = 0.$$

Diese Gleichung hat Lösungen und das System weist somit elastische Instabilitäten auf wenn

$$c_\| < 2c_\perp h_0^2 k^2.$$

12 Reiberregte Schwingungen

V. L. Popov, *Kontaktmechanik und Reibung*, DOI 10.1007/978-3-662-45975-1_12

Technische Systeme mit Reibung sind vom Gesichtspunkt der Systemdynamik nichtlineare dissipative offene Systeme. Auch wenn ein solches System eine stationäre Bewegung ausführen kann, kann diese nur dann realisiert werden, wenn sie stabil relativ zu kleinen Störungen ist. Anderenfalls schaukelt sich das System auf – das Ergebnis ist eine periodische oder chaotische Schwingung. Ist die Schwingungsamplitude so groß, dass die relative Geschwindigkeit der reibenden Oberflächen zeitweise Null wird, so besteht die Bewegung aus wechselnden Phasen von Ruhe (Stick) und Gleiten (Slip) und wird als *Stick-Slip-Bewegung* bezeichnet.

Instabilität einer gleichmäßigen stationären Bewegung ist aber nicht der einzige Mechanismus von reiberregten Schwingungen. Unter bestimmten Bedingungen kann es passieren, dass eine stationäre Bewegung des Tribosystems überhaupt nicht existiert. In diesem Fall ist nur eine oszillierende Bewegung möglich. Ein Beispiel dafür stellt die so genannte *Sprag-Slip* Bewegung dar.

Die in vielen technischen Reibungssystemen (Bremsen, Gleitlager, Rad-Schiene-Kontakte usw.) auftretenden reiberregten Schwingungen können einerseits zu erhöhtem Verschleiß und zur Bildung von unerwünschten Strukturen auf den Reiboberflächen (Riffeln auf den Schienen, Rissbildung, Polygonisierung der Bahnräder, Waschbrettmuster), andererseits zu subjektiv unangenehmem Vibrieren oder Geräuschen verschiedener Natur (Rattern, Heulen, Pfeifen, Quietschen) führen. Für das Problem der Bekämpfung von Bremsenquietschen oder Kurvenquietschen gibt es in vielen Bereichen bis heute noch keine Lösungen, die zuverlässig und preisgünstig technisch umgesetzt werden könnten. Auch in den Anwendungen, wo Quietschen den technischen Vorgang an sich nicht beeinträchtigt, können technische Lösungen manchmal alleine aufgrund des Quietschens und der damit verbundenen Komfortstörung nicht benutzt werden. So können in vielen Bereichen der Gleitlagertechnik die Gleitlager aus Manganhartstahl trotz ihrer hervorragenden Verschleißbeständigkeit nicht eingesetzt werden, da sie Quietsch-Geräusche verursachen.

In diesem Kapitel untersuchen wir einige Modelle der reiberregten Schwingungen, die es erlauben, ein besseres Verständnis der Bedingungen einer stabilen oder instabilen Bewegung zu gewinnen und praktische Empfehlungen zur Vermeidung der reiberregten Schwingungen zu erarbeiten.

12.1 Reibungsinstabilität bei abfallender Abhängigkeit der Reibungskraft von der Geschwindigkeit

Als erstes betrachten wir das einfachste Ersatzmodell einer Reibpaarung, in dem einer der Reibpartner als eine starre Ebene und der andere als ein starrer Block der Masse m modelliert wird. Die ganze Elastizität des Systems wird in einer Feder mit der Steifigkeit c zusammengefasst. Der Block wird über eine Feder-Dämpfer-Kombination mit der Geschwindigkeit v_0 über die starre Oberfläche gezogen. Es wird angenommen, dass die Reibungskraft in der Kontaktfläche eine für alle Gleitgeschwindigkeiten definierte Funk-

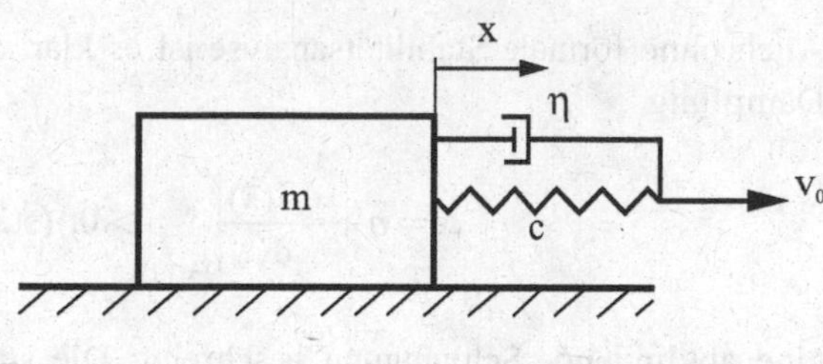

Abb. 12.1 Ein Block wird auf einer Oberfläche mit einer Feder-Dämpfer-Kombination gezogen

tion $F(\dot{x})$ der Gleitgeschwindigkeit ist. Die Bewegungsgleichung für den Block lautet (Abb. 12.1):

$$m\ddot{x} + F(\dot{x}) + \eta\dot{x} + cx = cv_0t + \eta v_0, \tag{12.1}$$

wobei $F(\dot{x})$ die geschwindigkeitsabhängige Gleitreibungskraft ist.

Die Gl. (12.1) hat eine stationäre Lösung

$$x = x_0 + v_0t \tag{12.2}$$

mit

$$x_0 = -\frac{F(v_0)}{c}. \tag{12.3}$$

Ob die stationäre Lösung in einem realen Vorgang realisiert werden kann, hängt von der Stabilität dieser Lösung bezüglich immer vorhandener Störungen ab. Zur Untersuchung der Stabilität nehmen wir an, dass die stationäre Lösung (12.2) schwach gestört wird:

$$x = x_0 + v_0t + \delta x \tag{12.4}$$

mit $\delta\dot{x} \ll v_0$. Nach Einsetzen von (12.4) in die Bewegungsgleichung (12.1) und Linearisierung bezüglich δx erhalten wir für die Störung:

$$m\delta\ddot{x} + \left(\eta + \left.\frac{\mathrm{d}F(\dot{x})}{\mathrm{d}\dot{x}}\right|_{\dot{x}=v_0}\right)\delta\dot{x} + c\delta x = 0. \tag{12.5}$$

Diese Gleichung beschreibt die Schwingung eines Körpers mit der Masse m an einer Feder mit der Steifigkeit c in Anwesenheit einer geschwindigkeitsproportionalen Dämpfung mit der Dämpfungskonstante

$$\alpha = \eta + \left.\frac{\mathrm{d}F(\dot{x})}{\mathrm{d}\dot{x}}\right|_{\dot{x}=v_0}. \tag{12.6}$$

Auch ohne formale Stabilitätsanalyse ist es klar, dass die Gl. (12.5) bei einer positiven Dämpfung

$$\alpha = \eta + \left.\frac{\mathrm{d}F(\dot{x})}{\mathrm{d}\dot{x}}\right|_{\dot{x}=v_0} > 0, \text{ (stabile Bewegung)} \tag{12.7}$$

eine abklingende Schwingung beschreibt: Die stationäre Bewegung ist stabil. Im entgegengesetzten Fall

$$\alpha = \eta + \left.\frac{dF(\dot{x})}{d\dot{x}}\right|_{\dot{x}=v_0} < 0, \text{ (instabile Bewegung)} \tag{12.8}$$

hätten wir es mit einer *negativen Dämpfung* und einer *aufklingenden* Schwingung zu tun: Die stationäre Lösung ist instabil.

Die Frequenz der schwach gedämpften Schwingungen ist gleich

$$\omega^* = \sqrt{\omega_0^2 - (\alpha/2)^2}, \tag{12.9}$$

wobei $\omega_0 = \sqrt{c/m}$ die Frequenz der nicht gedämpften Eigenschwingungen des Körpers ist. Bei schwacher Dämpfung gilt $\omega^* \approx \omega_0$.

Aus dem Gesagten lassen sich die folgenden Schlussfolgerungen ziehen:

I. In einem System ohne Dämpfung ($\eta = 0$) hängt die Stabilitätsbedingung nur von der Geschwindigkeitsabhängigkeit der Reibungskraft ab:
   - Nimmt die Reibungskraft mit der Gleitgeschwindigkeit zu, so ist die Gleitbewegung stabil.
   - Nimmt die Reibungskraft mit der Geschwindigkeit ab, so tritt eine Instabilität auf.

Wenn die Reibungskraft bei kleinen Geschwindigkeiten mit der Geschwindigkeit abnimmt und bei größeren Geschwindigkeiten wieder steigt[1], wie es schematisch in Abb. 12.2 dargestellt ist, so ist die Bewegung bei kleinen Geschwindigkeiten $v < v_{\min}$ instabil und bei größeren Geschwindigkeiten stabil.

II. Die charakteristische Frequenz der nach diesem Mechanismus erregten Schwingungen wird praktisch nur durch die Eigenfrequenz des „Resonators" (des Tribosystems als Ganzes) bestimmt. Dies wird in vielen tribologischen Systemen und bei der Metallbearbeitung experimentell bestätigt. So beeinflussen in vielen Fällen praktisch alle Parameter des Tribosystems wie seine Zusammensetzung, die relative Geschwindigkeit der Körper und die Rauheit der Oberflächen zwar die Intensität der akustischen Emission bei Reibung, nicht aber deren Frequenzspektrum.

[1] Ein solcher Verlauf ist zum Beispiel für geschmierte Systeme beim Übergang von Mischreibung zur hydrodynamischen Reibung (Stribeck-Kurve) typisch.

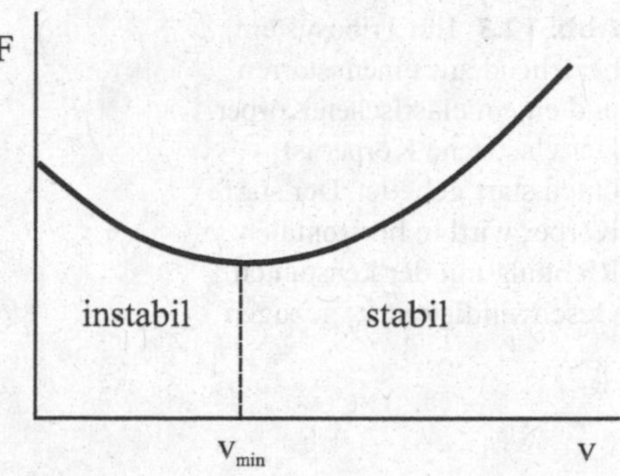

Abb. 12.2 In vielen tribologischen Systemen nimmt die Reibungskraft mit der Geschwindigkeit zunächst ab und nimmt bei größeren Geschwindigkeiten wieder zu

III. Die betrachtete Art der Instabilität lässt sich beheben, indem im System eine ausreichend große Dämpfung eingeführt wird: Die Stabilitätsbedingung (12.7) ist bei ausreichend großer Dämpfung auch dann erfüllt, wenn die Ableitung $dF/d\dot{x}$ einen negativen Wert hat.

12.2 Instabilität in einem System mit verteilter Elastizität

Die im vorigen Abschnitt untersuchte Modellierung eines gleitenden Körpers mittels einer über eine Feder gezogenen starren Masse ist eine starke Vereinfachung der Realität. Es stellt sich die Frage, welche Auswirkung die verteilte Elastizität von Tribopartnern hat. Insbesondere ist es von Interesse nachzuprüfen, ob die Einführung einer Dämpfung in das System die Entwicklung der Instabilität auch dann verhindern kann, wenn diese Dämpfung „weit entfernt" von der Reiboberfläche eingeführt wird.

Als eine erste Verallgemeinerung des einfachen Modells untersuchen wir ein System bestehend aus einem starren und einem elastischen Körper[2] (Abb. 12.3). Der starre Körper sei in horizontaler Richtung mit konstanter Geschwindigkeit geführt. Die elastische Schicht sei unten starr gebettet. Der Einfachheit halber untersuchen wir nur Schubschwingungen in der elastischen Schicht, d. h. wir nehmen an, dass das Verschiebungsfeld nur eine x-Komponente hat und diese nur von der z-Koordinate abhängt. Die Bewegungsgleichung lautet

$$\frac{\partial^2 u}{\partial t^2} = \frac{G}{\rho}\frac{\partial^2 u}{\partial z^2} \tag{12.10}$$

[2] Eine Verallgemeinerung auf den Kontakt zweier elastischer Körper ist problemlos möglich, würde aber unsere Betrachtung unnötig verkomplizieren.

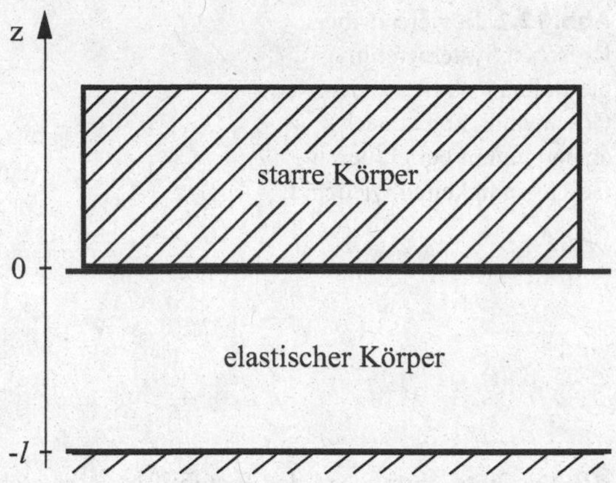

Abb. 12.3 Ein Tribosystem bestehend aus einem starren und einem elastischen Körper. Der elastische Körper ist unten starr gebettet. Der starre Körper wird in horizontaler Richtung mit der konstanten Geschwindigkeit v_0 gezogen

mit den Randbedingungen

$$G\left.\frac{\partial u}{\partial z}\right|_{z=0} = \sigma_{Reib}(v_0 - \dot{u}|_{z=0}) \tag{12.11}$$

und

$$u(z=-l)=0. \tag{12.12}$$

$\sigma_{Reib}(v)$ ist die geschwindigkeitsabhängige Reibspannung – die auf die Fläche bezogene Reibungskraft. Bei schwacher Geschwindigkeitsabhängigkeit der Reibspannung können wir sie bis zu den Gliedern erster Ordnung in $\dot{u}$ entwickeln:

$$\sigma_{Reib}(v_0 - \dot{u}|_{z=0}) = \sigma_{Reib}(v_0) - \left.\frac{\mathrm{d}\sigma_{Reib}}{\mathrm{d}v}\right|_{v=v_0} \cdot \dot{u}(z=0) \tag{12.13}$$

Die Randbedingung (12.11) nimmt dann die Form

$$G\left.\frac{\partial u}{\partial z}\right|_{z=0} = \sigma_{Reib}(v_0) - \left.\frac{\mathrm{d}\sigma_{Reib}}{\mathrm{d}v}\right|_{v=v_0} \cdot \dot{u}(z=0) \tag{12.14}$$

an. Die Lösung der Wellengleichung (12.10) mit den Randbedingungen (12.12) und (12.14) kann als Summe

$$u(z,t) = u^{(0)}(z,t) + u^{(1)}(z,t), \tag{12.15}$$

geschrieben werden, wobei

$$u^{(0)}(z,t) = \frac{\sigma_{Reib}(v_0)}{G}(z+l) \tag{12.16}$$

die statische Lösung der Bewegungsgleichung ist, die die Randbedingungen $u^{(0)}(-l) = 0$ und $G \left.\frac{\partial u^{(0)}}{\partial z}\right|_{z=0} = \sigma_{Reib}(v_0)$ erfüllt und $u^{(1)}(z,t)$ Lösung der Wellengleichung

$$\frac{\partial^2 u^{(1)}}{\partial t^2} = \frac{G}{\rho} \frac{\partial^2 u^{(1)}}{\partial z^2} \tag{12.17}$$

mit den Randbedingungen

$$G \left.\frac{\partial u^{(1)}}{\partial z}\right|_{z=0} = -\left.\frac{d\sigma_{Reib}}{dv}\right|_{v=v_0} \cdot \dot{u}^{(1)}(0) \mathit{und}\, u^{(1)}(-l) = 0 \tag{12.18}$$

ist. Die Summe $u^{(0)}(z,t) + u^{(1)}(z,t)$ erfüllt sowohl die Wellengleichung als auch die Randbedingungen (12.12), (12.14) und ist somit die Lösung unserer Aufgabe.

Gäbe es keine Abhängigkeit der Reibspannung von der Geschwindigkeit ($d\sigma_{Reib} \,/\, dv = 0$), so wäre $u^{(1)}$ die Lösung der Wellengleichung für freie Schwingungen einer Schicht mit fester Einspannung an einem Ende und freien Randbedingungen am anderen. In Anwesenheit einer schwachen Geschwindigkeitsabhängigkeit mit $d\sigma_{Reib} \,/\, dv > 0$ hätten wir es mit freien Schwingungen einer Schicht zu tun, die an einer Fläche schwach geschwindigkeitsproportional gedämpft ist. Auch ohne formale Lösung der Bewegungsgleichung ist es intuitiv klar, dass wir es in diesem Fall mit gedämpften Schwingungen der Schicht zu tun hätten. Nimmt dagegen die Kraft mit der Geschwindigkeit ab, so bedeutet das die Einführung einer schwachen *negativen Dämpfung* an der Oberfläche. In diesem Fall würden wir es mit einer angefachten Schwingung zu tun haben. Aus diesen Überlegungen folgt, dass die Stabilitätsbedingungen in diesem verteilten System dieselben sind, wie im einfachen System mit einer Masse und Feder. Es ist ferner klar, dass die Instabilität durch Einführung einer Dämpfung an einer *beliebigen* Stelle des Systems bekämpft werden kann. Wichtig ist nur, dass bei gegebener Schwingungsform der Energiezuwachs durch alle negativen Dämpfungen (die sich aus der negativen Geschwindigkeitsabhängigkeit der Reibungskraft ergeben) mittels Energiedissipation über positive Dämpfungen kompensiert wird.

Bei schwacher Geschwindigkeitsabhängigkeit haben wir es in erster Näherung mit einer Eigenschwingung des Systems zu tun, deren Amplitude sich nur langsam mit der Zeit ändert (also entweder steigt oder abnimmt, abhängig davon, welche Dämpfung – positive oder negative – im System überwiegt). Diese Schwingungen kann man im „d'Alembertschen Bild" der Eigenschwingungen als Fortpflanzung einer elastischen Welle betrachten, die mehrmalig von den Grenzen des Mediums zurückgespiegelt wird, wobei sie bei jeder Abspiegelung einen gewissen Anteil der Energie verliert (positive Dämpfung) oder bekommt (negative Dämpfung). Es ist klar, dass es bei der Dämpfung darauf ankommt, wie groß der Energieverlust bei der Reflexion der Welle an der Grenze des Mediums ist.

12.3 Kritische Dämpfung und optimale Unterdrückung des Quietschens

Ausgehend von der d'Alembertschen Sicht auf die Eigenschwingungen können wir behaupten, dass wir eine „ideale Dämpfung" in dem Fall hätten, wenn eine Welle beim Eintreffen an einer Grenze *vollständig absorbiert wird*. Untersuchen wir Bedingungen, unter denen das möglich ist.

Betrachten wir eine elastische Schicht, die auf der unteren Grenzfläche mit einer starren Unterlage über eine dämpfende Schicht gekoppelt ist (Abb. 12.4). Die Spannung in dieser Schicht soll proportional zur relativen Geschwindigkeit zwischen dem elastischen Körper und der starren Unterlage sein. Daraus ergibt sich die Randbedingung für die elastische Schicht am unteren Rand:

$$G\left.\frac{\partial u}{\partial z}\right|_{z=-l} = \beta\left.\frac{\partial u}{\partial t}\right|_{z=-l}, \tag{12.19}$$

wobei β die Dämpfungskonstante ist.

Die Forderung nach einer vollständigen Absorption einer Welle am unteren Rand bedeutet, dass die Bewegungsgleichung (12.10) mit der Randbedingung (12.19) eine Lösung in Form einer sich in negativer z-Richtung ausbreitenden Welle hat:

$$u(z,t) = f(z+ct), \tag{12.20}$$

wobei $c = \sqrt{G/\rho}$ die Transversalgeschwindigkeit elastischer Wellen ist. Indem wir diese spezielle Lösung der Wellengleichung in die Randbedingung (12.19) einsetzen, erhalten wir

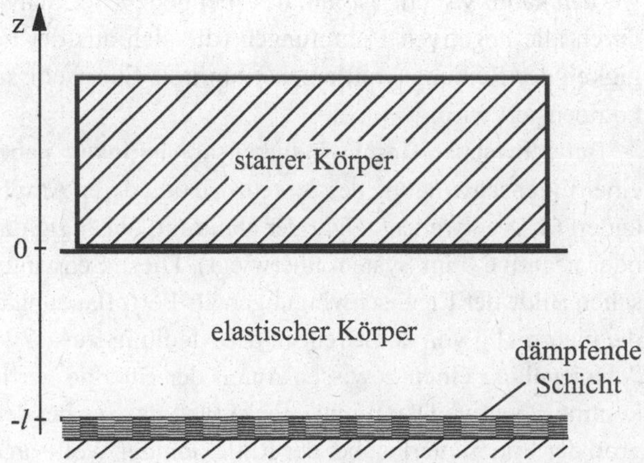

Abb. 12.4 Elastische Schicht, die mit einer starren Unterlage über eine dämpfende dünne Schicht gekoppelt ist

$$\beta = \sqrt{G\rho}. \tag{12.21}$$

Bei dieser Dämpfung gibt es keine Rückstrahlung der von oben ankommenden Welle: Wir haben somit eine perfekte Dämpfung. Zu bemerken ist, dass es sowohl bei einem kleineren Dämpfungskoeffizienten als auch bei einem größeren Dämpfungskoeffizienten eine Rückspiegelung gibt[3]. In den beiden Grenzfällen $\beta \to 0$ und $\beta \to \infty$ hätten wir es sogar mit dissipationsfreien Systemen zu tun.

Der Effekt der vollständigen Absorption hat in der Physik und der Technik viele Anwendungen, von denen wir hier die wichtigsten auflisten:

1. Unterdrückung des Quietschens.
2. Abschirmung akustischer Abstrahlung: Ein so genannter „Schalltoter Raum" soll an den Wänden genau die kritische Dämpfung aufweisen.
3. Bei molekulardynamischen und anderen numerischen Simulationen muss an den Grenzen des Simulationsbereiches die kritische Dämpfung eingeführt werden, um die nicht physikalische, durch die Größe des simulierenden Bereichs bedingte Rückstrahlung zu unterdrücken.
4. In der Hochfrequenztechnik wird dieselbe Idee zur Unterdrückung der Abspiegelung in Wellenleitern benutzt.

Schätzen wir die nötigen Parameter der dämpfenden Schicht ab, die zur Unterdrückung der Quietschgeräusche in einem stählernen Lager erforderlich sind. Für Stahl ($G \approx 78$ GPa, $\rho \approx 7{,}8 \cdot 10^3$ kg/m^3) wird eine vollständige Dämpfung laut (12.21) bei $\beta \approx 2{,}5 \cdot 10^7$ Pa·s/m erreicht. Einen solchen Dämpfungskoeffizienten hat z. B. eine 1 cm dicke Schicht aus einem Polymer mit einer Viskosität, die in etwa einem dicken Honig entspricht. Experimentelle Untersuchungen zeigen, dass das Anbringen von richtig dimensionierten Polymerschichten tatsächlich zu einer praktisch vollständigen Unterdrückung des Quietschens führt (Abb. 12.5).

[3] Siehe Aufgabe 2 zu diesem Kapitel.

Abb. 12.5 Teile eines Gleitlagers aus Manganhartstahl, bei denen zur Unterdrückung der Quietschgeräusche eine passend dimensionierte Polymerbeschichtung angebracht wurde

12.4 Aktive Unterdrückung des Quietschens

Neben der passiven Unterdrückung des Quietschens durch Einführung einer Dämpfung in das tribologische System ist es möglich, die Instabilitäten durch Design passender Regelungskreise *aktiv* zu unterdrücken. Zur Erläuterung der Grundidee einer aktiven Unterdrückung von Instabilitäten untersuchen wir das einfache Modell in Abb. 12.6.

Wir nehmen an, dass die Normalkraft eine periodische Funktion der Zeit ist mit der selben Frequenz ω_0 wie die Eigenfrequenz des Systems:

$$N = N_0 + N_1 \cos(\omega_0 t + \varphi) \tag{12.22}$$

mit $N_1 \ll N_0$. Bei schwacher Dämpfung führt der Körper in erster Näherung freie ungedämpfte Schwingungen mit der Geschwindigkeit

$$v = v_0 + v_1 \cos \omega_0 t \tag{12.23}$$

Abb. 12.6 Einfaches Modell zur Erläuterung der Grundidee einer aktiven Unterdrückung von Instabilitäten

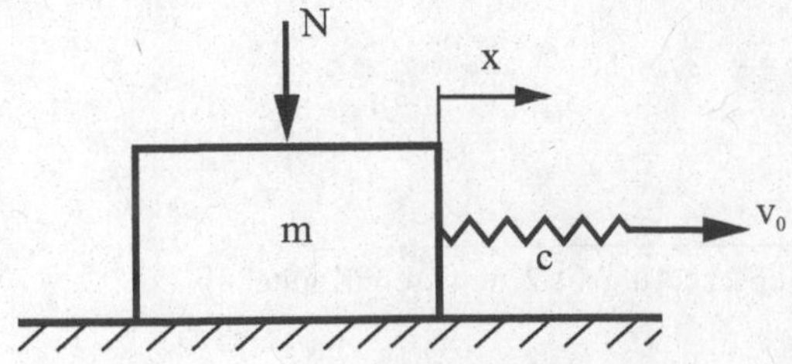

aus. Zur qualitativen Stabilitätsuntersuchung berechnen wir die Änderung der Energie der oszillierenden Bewegung des Körpers über eine Schwingungsperiode. Dabei nehmen wir an, dass die Reibungskraft als Produkt aus der Normalkraft und einem geschwindigkeitsabhängigen Reibungskoeffizienten dargestellt werden kann:

$$F_{Reib} = N\mu(v) \tag{12.24}$$

Die Änderung der Schwingungsenergie wird bestimmt durch die mittlere Leistung der Reibungskraft im Bezugssystem, das sich mit der mittleren Geschwindigkeit v_0 bewegt:

$$W = -\overline{F_R \cdot (v - v_0)} = -\overline{N\left(\mu_0 + \frac{\mathrm{d}\mu}{\mathrm{d}v}v\right) \cdot (v - v_0)}. \tag{12.25}$$

Einsetzen von (12.22) und (12.23) in (12.25) ergibt

$$\begin{aligned} W &= -\overline{(N_0 + N_1\cos(\omega_0 t + \varphi))\left(\mu_0 v_1 \cos\omega_0 t + \frac{\mathrm{d}\mu}{\mathrm{d}v}(v_0 + v_1\cos\omega_0 t)v_1\cos\omega_0 t\right)} \\ &= -\frac{1}{2}v_1\left(N_0 v_1 \frac{\mathrm{d}\mu}{\mathrm{d}v} + N_1\left(\mu_0 + \frac{\mathrm{d}\mu}{\mathrm{d}v}v_0\right)\cos\varphi\right) \end{aligned} \tag{12.26}$$

oder für schwache Dämpfung

$$W \approx -\frac{1}{2}v_1\left(N_0 v_1 \frac{\mathrm{d}\mu}{\mathrm{d}v} + N_1\mu_0\cos\varphi\right). \tag{12.27}$$

Gäbe es keine Schwingungen der Normalkraft, so wäre die mittlere Leistung gleich $-\frac{1}{2}N_0 v_1^2 \frac{\mathrm{d}\mu}{\mathrm{d}v}$. Wir würden dann zu dem bereits bekannten Ergebnis kommen: Bei fallender Reibungskraft als Funktion der Geschwindigkeit ($\mathrm{d}\mu/\mathrm{d}v < 0$) steigt die Energie und der Prozess ist instabil. Durch Änderung der Normalkraft kann aber die Leistung negativ gemacht werden und so die Schwingungen gedämpft. Dafür muss die folgende Bedingung gelten:

$$N_0 v_1 \frac{\mathrm{d}\mu}{\mathrm{d}v} + N_1\mu_0\cos\varphi > 0. \tag{12.28}$$

Sie kann nur erfüllt werden, wenn $\cos\varphi > 0$ ist – am besten $\cos\varphi = 1$ und folglich $\varphi = 0$. Mit anderen Worten: Die Normalkraft (12.22) soll nach Möglichkeit in der gleichen Phase wie die Geschwindigkeit (12.23) oszillieren. Dies kann mittels eines Regelungskreises realisiert werden, in dem die Geschwindigkeit gemessen und eine zur Geschwindigkeit proportionale Änderung der Normalkraft $\Delta N = \xi(\dot{x} - v_0)$ erzeugt wird. Die Bewegungsgleichung würde in diesem Fall lauten:

$$m\ddot{x} + \big(N_0 + \xi(\dot{x} - v_0)\big)\mu(\dot{x}) + \eta\dot{x} + cx = cv_0 t + \eta v_0. \tag{12.29}$$

Die um die stationäre Lösung (12.2) linearisierte Gleichung ist

$$m\delta\ddot{x} + \left(N_0 \frac{\mathrm{d}\mu}{\mathrm{d}v} + \mu_0\xi + \eta\right)\delta\dot{x} + c\delta x = 0. \tag{12.30}$$

Damit das stationäre Gleiten stabil bleibt, muss die gesamte Dämpfung in (12.30) positiv sein:

$$N_0 \frac{\mathrm{d}\mu}{\mathrm{d}v} + \mu_0\xi + \eta > 0 \tag{12.31}$$

Bei abfallender Reibungskraft als Funktion der Gleitgeschwindigkeit kann das entweder durch eine ausreichend große Dämpfung η oder durch eine ausreichend starke Kopplung $\mu_0\xi$ zwischen Geschwindigkeit und Normalkraft realisiert werden. Wie man aus der Gl. (12.31) sieht, hat der beschriebene Regelungskreis die gleiche Wirkung, wie eine Dämpfung. Der Vorteil einer aktiven Unterdrückung liegt in einfacherer Steuerbarkeit eines Regelungskreises verglichen mit einer passiven Dämpfung, deren Parameter nur durch Materialwahl und Dimensionierung eingestellt werden können.

12.5 Festigkeitsaspekte beim Quietschen

Wir wollen die in einem quietschenden System auftretenden Spannungen abschätzen, um festzustellen, unter welchen Bedingungen diese die Festigkeit des Systems beeinträchtigen können. Untersuchen wir das in Abb. 12.3 gezeigte System. Bei schwacher Dämpfung können wir die Lösung der Störungsgleichung (12.17) in erster Näherung mit den Randbedingungen

$$G\left.\frac{\partial u^{(1)}}{\partial z}\right|_{z=0} = 0 \text{ und } u^{(1)}(-l) = 0 \tag{12.32}$$

lösen. Die Lösung für die Eigenschwingung mit der kleinsten Eigenfrequenz lautet

$$u(z,t) = A\sin\left(\frac{\pi}{2l}(z+l)\right)\cdot\sin\frac{\pi c}{2l}t, \tag{12.33}$$

wobei $c = \sqrt{G/\rho}$ die Transversalgeschwindigkeit elastischer Wellen ist. Die Schwingungsamplitude der Geschwindigkeit $\dot{u}$ ist dabei gleich $\overline{v} = A\frac{\pi c}{2l}$, die der Spannungen $G\frac{\partial u}{\partial z}$ gleich $\overline{\sigma} = AG\frac{\pi}{2l}$. Zwischen der Amplitude der Spannung und der Amplitude der Geschwindigkeit besteht demnach das folgende Verhältnis:

$$\overline{\sigma} = G\frac{\overline{v}}{c} = \overline{v}\sqrt{G\rho}. \tag{12.34}$$

In der Regel wird die Schwingungsamplitude der Geschwindigkeit im stationären Zyklus dieselbe Größenordnung haben wie die Gleitgeschwindigkeit v_0. Die Größenordnung der Spannungen in einem quietschenden System kann daher mit

$$\overline{\sigma} = G\frac{\overline{v_0}}{c} = \overline{v_0}\sqrt{G\rho} \tag{12.35}$$

abgeschätzt werden.

Dies ist ein sehr allgemeines Ergebnis, welches auch für Eigenschwingungen mit höheren Frequenzen gültig bleibt: Die Spannungen im stationären Zyklus hängen im Wesentlichen nur von der Gleitgeschwindigkeit ab! Die kritische Geschwindigkeit, bei der die Spannungen die Festigkeitsgrenze σ_F des Materials erreichen, ist gegeben durch

$$v_c = \frac{\sigma_F}{\sqrt{\rho G}}. \tag{12.36}$$

Für einen Stahl mit $\sigma_F = 300\ MPa$ (was einer Zugfestigkeit von ca. 500 MPa entspricht) erhalten wir für die kritische Geschwindigkeit $v_0 \approx 12$ m/s. Bei größeren Gleitgeschwindigkeiten würde Quietschen zur Zerstörung von Bauteilen aus solchem Stahl führen!

12.6 Abhängigkeit der Stabilitätsbedingungen von der Steifigkeit des Systems

Der in vorigen Abschnitten untersuchte Mechanismus zur Entwicklung einer Instabilität wird nur durch die Abnahme der Reibungskraft mit der Geschwindigkeit bedingt. Die Stabilitätsbedingung hängt somit nicht von der Steifigkeit des Systems ab. In dem in Abb. 12.2 gezeigten Beispiel ist die Bewegung bei einer mittleren Gleitgeschwindigkeit unterhalb der Geschwindigkeit $v_{\min}$ immer instabil. Die Steifigkeit des Systems beeinflusst die Frequenz der reiberregten Schwingungen, nicht aber die Instabilitätsbedingung. In der Praxis zeigt sich allerdings, dass sich viele Systeme durch Änderung der Steifigkeit des Systems stabilisieren lassen. Diese in zahlreichen experimentellen Untersuchungen festgestellte Eigenschaft bedeutet, dass die einfache Erklärung der Instabilität durch die abfallende Abhängigkeit der Reibungskraft von der Geschwindigkeit nicht immer zutrifft.

Der Grund dafür liegt aus mathematischer Sicht in der Ungültigkeit der Annahme, dass die Reibungskraft nur durch den momentanen Zustand des Reibkontaktes – im Wesentlichen durch die Normalkraft und die Gleitgeschwindigkeit – bedingt wird. Für die statische Reibungskraft würde diese Annahme bedeuten, dass sie immer konstant bleibt. Seit Coulomb ist es aber bekannt, dass dies nicht ganz genau stimmt. Auch wenn sich die Normalkraft nicht ändert und die „Gleitgeschwindigkeit" konstant bleibt (gleich Null), ändert sich die statische Reibungskraft mit der Zeit. Diese Änderung kann verschiedene physikalische Ursachen haben. In metallischen Stoffen sind es Kriechprozesse, die zu einer zeitlichen Änderung der realen Kontaktfläche und dadurch bedingt der Reibungskraft führen. In Elastomeren ist es ihre Viskosität, die für die verzögerte Reaktion sorgt. In geschmierten Systemen ändert sich die Schichtdicke mit der Zeit auch ohne Änderungen der Normalkraft. Darüber hinaus ändert sich die Temperatur der Kontaktpartner und des Schmieröls, was ebenfalls eine Auswirkung auf die Reibungskraft hat. Auch bei der Grenzschichtschmierung hat die statische Reibungskraft eine Eigendynamik durch „Verknoten" von hydrophoben Enden der Moleküle des Schmiermittels. Der durch Bildung von Kapillarbrücken verursachte Beitrag zu den Reibungskräften ist ebenfalls explizit zeitlich abhängig.

Alle diese Prozesse könnte man in jedem Einzelfall durch Einführung passender zusätzlicher Variablen beschreiben, die man als „interne Variablen" bezeichnet, die den Zustand der Reibschicht und des Zwischenstoffs ausreichend charakterisieren. Die Idee von internen Variablen wurde ursprünglich von A. Ruina[4] auf Erdbebendynamik angewendet. In manchen Fällen haben diese Variablen klare physikalische Bedeutungen (wie z. B. die Temperatur), in anderen Fällen werden in den internen Variablen phänomenologische Erfahrungen zusammengefasst.

Untersuchen wir das einfachste phänomenologische Modell, das eine typische Eigendynamik des „Kontaktzustandes" beschreibt[5]. Wir betrachten wieder das in Abb. 12.1 gezeigte Modell, das durch die Bewegungsgleichung

$$m\ddot{x} + F(\dot{x}, \theta) + \eta\dot{x} + cx = cv_0 t + \eta v_0 \tag{12.37}$$

[4] A. Ruina, Slip Instability and State Variable Friction Laws. – Journal of Geophysical Research, 1983, v. 88, N. B12, pp. 10359–10370.

[5] Ein komplizierteres und realistischeres Gesetz für geschwindigkeits- und zustandsabhängige Reibung wird im Kap. 20 diskutiert.

beschrieben wird, wobei die Reibungskraft $F(\dot{x},\theta)$ jetzt nicht nur von der Geschwindigkeit, sondern auch von einer internen Zustandsvariablen θ abhängt. Für diese Abhängigkeit nehmen wir

$$F(\dot{x},\theta) = F_k + (F_s - F_k)\theta \tag{12.38}$$

an. θ ist hier eine interne Variable, die den Zustand der Kontaktzone beschreibt und sich von $\theta = 0$ im ersten Zeitpunkt des Kontaktes bis $\theta = 1$ nach einem langen Stillstand ändert. F_s ist somit die statische und F_k die kinetische Reibungskraft. Die Zustandsvariable θ soll der folgenden kinetischen Gleichung genügen

$$\dot{\theta} = \left(\frac{1}{\tau}(1-\theta) - \frac{1}{D}\dot{x}\right),\ 0 < \theta < 1. \tag{12.39}$$

Bei verschwindender Geschwindigkeit $\dot{x} = 0$ steigt θ mit der Zeit bis zum Sättigungswert $\theta = 1$. Setzt sich der Körper in Bewegung, so nimmt die Zustandsvariable θ ab, und zwar desto schneller, je schneller die Geschwindigkeit ist. Physikalischer Sinn von τ in (12.39) ist die charakteristische Relaxationszeit des Parameters θ beim Stillstand, während D die charakteristische „Relaxationslänge" von diesem Parameter beim Einsetzen der Bewegung ist. In einem physikalischen Bild eines Kontaktes zwischen rauen Oberflächen könnte man sich unter τ die charakteristische Zeit der Kriechprozesse und unter D eine Strecke von der Größenordnung der Kontaktlänge zwischen zwei Mikrokontakten vorstellen, wobei abhängig vom System auch andere Interpretationen möglich sind.

Das Gleichungssystem (12.37, 12.38, 12.39) hat eine stationäre Lösung mit

$$\dot{x} = v_0, \tag{12.40}$$

$$\theta = \theta_0 = \begin{cases} 1 - v_0 / v_c, & \text{für } v_0 < v_c \\ 0, & \text{für } v_0 > v_c \end{cases}, \tag{12.41}$$

$$F = \begin{cases} F_k + (F_s - F_k)(1 - v_0/v_c), & \text{für } v_0 < v_c \\ F & ,\ \text{für } v_0 > v_c \end{cases}, \tag{12.42}$$

wobei

$$v_c = D/\tau. \tag{12.43}$$

Die Abhängigkeit der stationären Reibungskraft (12.41) von der Geschwindigkeit ist in Abb. 12.7 dargestellt.

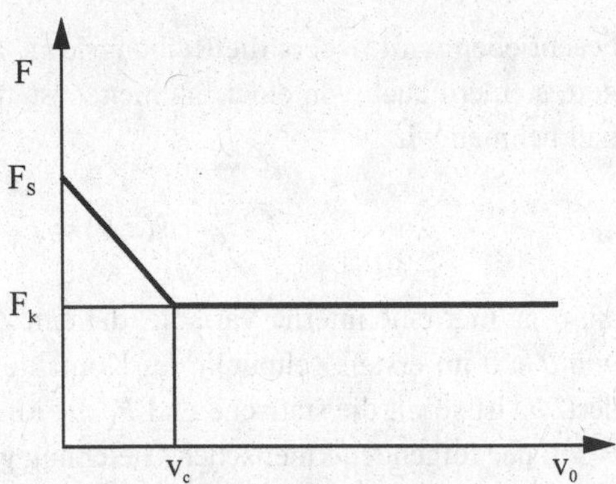

Abb. 12.7 Stationäre Reibungskraft als Funktion der Gleitgeschwindigkeit nach Gl. (12.42)

Das Gleichungssystem (12.37)–(12.39) gibt somit die bekannten Eigenschaften der Reibung qualitativ richtig wieder. Dazu zählt die Abnahme der Reibungskraft vom statischen Wert zum Gleitwert innerhalb eines gewissen Geschwindigkeitsintervalls sowie das Wachstum der statischen Reibungskraft mit der Zeit nach dem Stillstand.

Würden wir die Abhängigkeit (12.42) der Reibungskraft von der Gleitgeschwindigkeit in einem stationären Gleitvorgang zur Stabilitätsanalyse benutzen, so würden wir zum Schluss kommen, dass das Gleiten bei $v_0 < v_c$ instabil ist. In Wirklichkeit ist diese Schlussfolgerung nur dann berechtigt, wenn die Schwingungszeit viel größer ist als die charakteristische Relaxationszeit τ, denn nur unter dieser Voraussetzung kann man die Abhängigkeit (12.42) auch für dynamische Vorgänge benutzen. Daraus folgt, dass bei *ausreichend kleiner Steifigkeit* und daraus folgender großer Schwingungsperiode das Gleiten tatsächlich *instabil* wird. Bei großen Steifigkeiten und folgend kleinen Schwingungszeiten dagegen hat der Parameter θ keine Zeit, sich zu verändern. Die Reibungskraft hängt dann von der Geschwindigkeit laut (12.38) überhaupt nicht ab, und die Instabilität tritt nicht auf.

Um die Stabilität der stationären Lösung (12.40)–(12.42) im allgemeinen Fall zu untersuchen und die Stabilitätsgrenze in Abhängigkeit von der Gleitgeschwindigkeit und der Steifigkeit des Systems zu bekommen, betrachten wir eine kleine Störung der stationären Lösung:

$$x = x_0 + v_0 t + \delta x, \theta = \theta_0 + \delta\theta. \tag{12.44}$$

Die linearisierten Gleichungen lauten

$$m\delta\ddot{x} + \eta\delta\dot{x} + c\delta x + (F_s - F_k)\delta\theta = 0, \tag{12.45}$$

$$\delta\dot{\theta} = -\frac{1}{\tau}\delta\theta - \frac{1}{D}\delta\dot{x}. \tag{12.46}$$

Wir suchen eine Lösung von diesem Gleichungssystem in der Exponentialform

$$\delta x = Ae^{\lambda t}, \qquad \delta\theta = Be^{\lambda t}. \tag{12.47}$$

Einsetzen in (12.45) und (12.46) liefert

$$(\lambda^2 m + \eta\lambda + c)A + (F_s - F_k)B = 0, \tag{12.48}$$

$$\frac{1}{D}\lambda A + \left(\lambda + \frac{1}{\tau}\right)B = 0, \tag{12.49}$$

Dieses lineare Gleichungssystem hat eine nicht triviale Lösung, wenn ihre Hauptdeterminante verschwindet:

$$\begin{vmatrix} \left(\lambda^2 + \frac{\eta}{m}\lambda + \frac{c}{m}\right) & \frac{(F_s - F_k)}{m} \\ \frac{1}{D}\lambda & \left(\lambda + \frac{1}{\tau}\right) \end{vmatrix} = 0 \tag{12.50}$$

oder

$$\lambda^3 + \lambda^2 P + \lambda Q + R = 0 \tag{12.51}$$

mit

$$P = \left(\frac{1}{\tau} + \frac{\eta}{m}\right), \quad Q = \left(\frac{c}{m} + \frac{\eta}{\tau m} - \frac{(F_s - F_k)}{Dm}\right), \quad R = \frac{c}{\tau m}. \tag{12.52}$$

An der Stabilitätsgrenze führt das System nicht gedämpfte Schwingungen aus. Das bedeutet, dass zwei der insgesamt drei Lösungen dieser algebraischen Gleichung dritter Ordnung bezüglich λ rein imaginär und komplex konjugiert sind und die dritte reell und negativ:

$$\lambda_1 = -\Lambda, \ \lambda_2 = +i\omega_c, \ \lambda_3 = -i\omega_c. \tag{12.53}$$

Die allgemeine Lösung lautet in diesem Fall

$$\delta x = x_1 e^{-\Lambda t} + x_2^* e^{i\omega_c t} + x_3^* e^{-i\omega_c t} = x_1 e^{-\Lambda t} + x_2 \cos\omega_c t + x_3 \sin\omega_c t \tag{12.54}$$

und stellt nach ausreichend großer Zeit periodische Schwingungen mit konstanter Amplitude dar.

Eine algebraische Gleichung dritter Ordnung mit diesen Wurzeln hat die Form

$$(\lambda + \Lambda)(\lambda - i\omega_c)(\lambda + i\omega_c) = \lambda^3 + \lambda^2\Lambda + \lambda\omega_c^2 + \Lambda\omega_c^2 = 0. \tag{12.55}$$

Ein Vergleich zwischen (12.51) und (12.55) ergibt:

$$P = \Lambda, Q = \omega_c^2, R = \Lambda\omega_c^2. \tag{12.56}$$

Daraus folgt, dass an der Stabilitätsgrenze die Bedingung $R = PQ$ oder unter Berücksichtigung von (12.52)

$$\frac{c}{\tau m} = \left(\frac{1}{\tau} + \frac{\eta}{m}\right)\left(\frac{c}{m} + \frac{\eta}{\tau m} - \frac{(F_s - F_k)}{Dm}\right) \tag{12.57}$$

erfüllt sein muss. Daraus bestimmt sich die kritische Steifigkeit

$$c_c = \frac{m}{\eta}\left(\frac{1}{\tau} + \frac{\eta}{m}\right)\left(\frac{(F_s - F_k)}{D} - \frac{\eta}{\tau}\right). \tag{12.58}$$

Bei sehr kleinen Dämpfungskonstanten vereinfacht sich dieser Ausdruck zu

$$c_c = \frac{(F_s - F_k)m}{\eta D \tau}. \tag{12.59}$$

Bei kleineren Steifigkeiten als c_c ist das Gleiten instabil und bei größeren stabil. Die Bewegung ist stabil auch für $v_0 > v_c$. Somit ergibt sich das in Abb. 12.8 dargestellte Stabilitätsdiagramm. Die Bewegung kann in diesem Fall sowohl durch Erhöhung der Geschwindigkeit als auch durch Erhöhung der Steifigkeit stabilisiert werden. In der Realität sieht das Stabilitätsdiagramm nie so eckig aus. Die qualitative Aussage über die Existenz eines

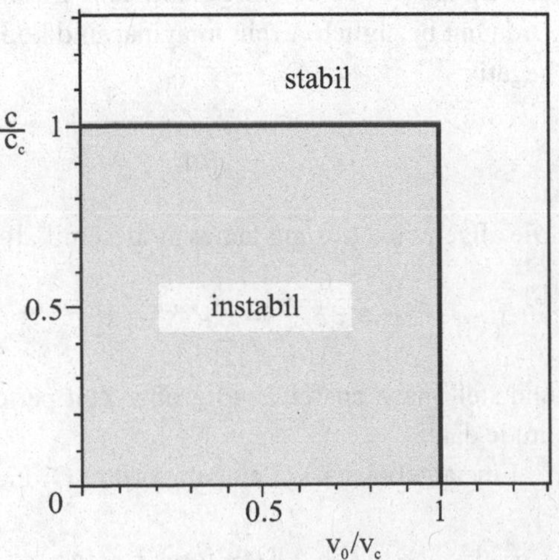

Abb. 12.8 Stabilitätsgrenze eines triblogischen Systems auf der Parameterebene „Gleitgeschwindigkeit – Steifigkeit"

Bereichs der Instabilität bei kleinen Gleitgeschwindigkeiten und Steifigkeiten ist aber sehr allgemein und wird bei verschiedensten Reibungsmechanismen festgestellt.

12.7 Sprag-Slip

In allen vorangegangenen Modellen wurde nur die Bewegung des Systems in der Gleitrichtung untersucht. In Wirklichkeit kann auch die Bewegung in der Richtung senkrecht zur Reiboberfläche das Verhalten eines tribologischen Systems wesentlich beeinflussen. Zur Illustration untersuchen wir das in Abb. 12.9a gezeigte Modell.

Ist die in horizontaler Richtung wirkende Kraft F größer $\mu_s N$, wobei N die durch die Feder erzeugte Druckkraft auf die Unterlage ist, so wird das System gleiten. Wird aber der Körper in Schwingung in vertikaler Richtung gebracht, so ändert sich die Druckkraft periodisch. Jedes Mal, wenn sie den Wert F/μ_s erreicht, haftet der „Fuß". In dem Zeitintervall, in dem die Druckkraft kleiner F/μ_s ist, gleitet das System: Die Bewegung besteht aus wechselnden Phasen von Haftung und Gleiten.

In dem in Abb. 12.9a gezeigten System sind Bewegungen in horizontaler und vertikaler Richtung unabhängig. Nach Abklingen von Schwingungen in vertikaler Richtung wird sich das System entweder im Haft- oder im Gleitzustand befinden. Anders ist es im System in Abb. 12.9b. Jedes Mal wenn die Druckkraft aufgrund der Schwingungen den Wert F/μ_s übersteigt, haftet der Fuß des Systems, wodurch das System plötzlich gebremst wird. Aufgrund der Neigung kann dies Schwingungen des Körpers anfachen.

Die auf diese Weise erregten Schwingungen und die damit verbundene Haft-Gleit-Bewegung werden als *Sprag-Slip* bezeichnet. Diese Bezeichnung wird immer dann benutzt, wenn ein System durch Änderung der Anpresskraft zum Haften kommt. Als Beispiel seien das Rattern von Scheibenwischern oder das in Abb. 12.10 gezeigte Spielzeug genannt.

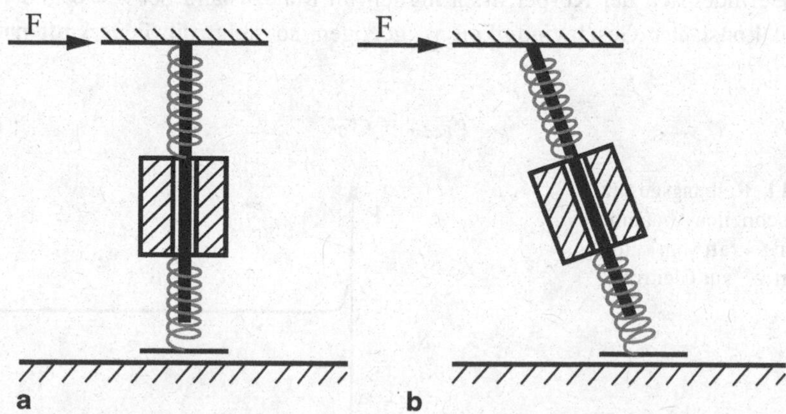

Abb. 12.9 Einfaches Modell zur Erklärung des Mechanismus von Sprag-Slip

Abb. 12.10 Im Ruhezustand ist dieses System im „selbstgesperrten" Zustand. Lässt man den Vogel schwingen, so wird die Selbstsperrung zeitweise aufgehoben und die Halterung rutscht nach unten. Der sich einstellende Wechsel aus Haften und Gleiten ist Beispiel einer Sprag-Slip-Bewegung

Aufgaben

Aufgabe 1 Stick-Slip. Der bereits von Coulomb erkannte Unterschied zwischen der Haft- und Gleitreibung stellt im Grunde genommen einen Sonderfall der Geschwindigkeitsabhängigkeit dar: Bei sehr kleinen Geschwindigkeiten ($v \approx 0$) ist die Reibungskraft gleich F_s und fällt dann schnell auf das Niveau der Gleitreibungskraft F_k (Abb. 12.11). Für diesen Fall ist der Verlauf einer instabilen Bewegung zu bestimmen. Dabei soll als einfaches Modell einer Reibpaarung wiederum der starre Block, welcher mittels einer Feder über eine starre Ebene gezogen wird, betrachtet werden.

Lösung Befindet sich der Körper ursprünglich im Ruhezustand bei $x = 0$ und wird die Feder mit konstanter Geschwindigkeit v_0 gezogen, so steigt die Federkraft nach dem Gesetz

$$F_{Feder} = cv_0t$$

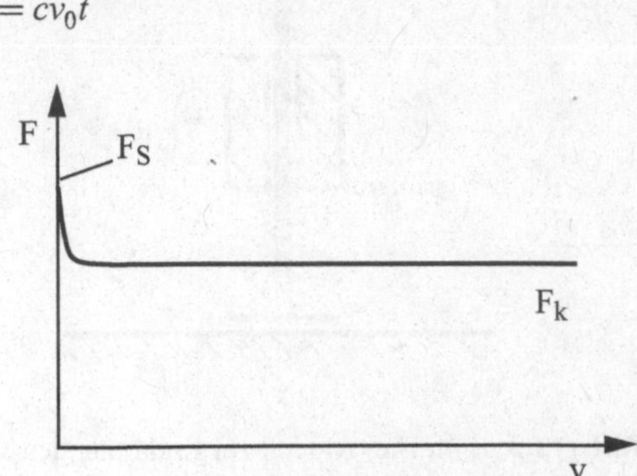

Abb. 12.11 Reibungsgesetz mit einer schnellen Abnahme der Reibungskraft vom statischen Wert F_s zur Gleitreibung F_k

bis sie bei

$$t_0 = F_s / c v_0$$

die statische Reibungskraft F_s erreicht. In diesem Moment setzt sich der Körper in Bewegung, dabei sinkt die Reibungskraft auf den Wert F_k. Die Bewegungsgleichung in der Gleitphase lautet

$$m\ddot{x} + cx = cv_0 t - F_k$$

Die Anfangsbedingungen sind

$$x(t_0) = 0, \ \dot{x}(t_0) = 0.$$

Die allgemeine Lösung der Bewegungsgleichung lautet

$$x = a \sin \omega t + b \cos \omega t + v_0 t - \frac{F_k}{c},$$
$$\dot{x} = a\omega \cos \omega t - b\omega \sin \omega t + v_0.$$

Einsetzen der Anfangsbedingungen ergibt als Lösung

$$\begin{aligned} x &= a \sin \omega t + b \cos \omega t + v_0 t - F_k/c = A \sin(\omega t + \varphi) + v_0 t - F_k/c, \\ \dot{x} &= a\omega \cos \omega t - b\omega \sin \omega t + v_0 = A\omega \cos(\omega t + \varphi) + v_0, \\ \ddot{x} &= -a\omega^2 \sin \omega t - b\omega^2 \cos \omega t = -A\omega^2 \sin(\omega t + \varphi). \end{aligned}$$

mit

$$a = \frac{1}{\omega}\left(-v_0 \cos \frac{\omega F_s}{c v_0} - \omega \frac{F_s - F_k}{c} \sin \frac{\omega F_s}{c v_0} \right),$$

$$b = \frac{1}{\omega}\left(v_0 \sin \frac{\omega F_s}{c v_0} - \omega \frac{F_s - F_k}{c} \cos \frac{\omega F_s}{c v_0} \right).$$

und

$$A = \frac{1}{\omega} \sqrt{v_0^2 + \left(\omega \frac{F_s - F_k}{c} \right)^2}.$$

Der Körper kommt wieder zum Stillstand wenn $\dot{x} = A\omega \cos(\omega t + \varphi) + v_0 = 0$. Daraus folgt $\cos(\omega t + \varphi) = -v_0/A\omega$. Die Beschleunigung ist dabei gleich

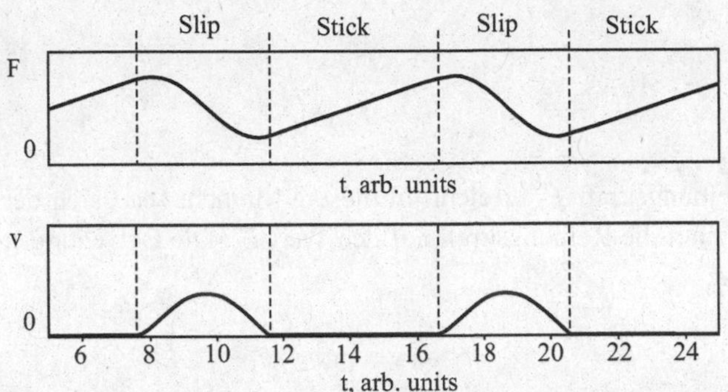

Abb. 12.12 Federkraft (oben) und Gleitgeschwindigkeit (unten) als Funktion der Zeit bei einer Stick-Slip-Bewegung unter der Einwirkung der Reibungskraft von dem in Abb. 12.11 gezeigten Typ. Der Körper bewegt sich nicht, und die Federkraft steigt linear mit der Zeit (Stick-Phase) bis die Federkraft die statische Reibungskraft erreicht. In diesem Moment setzt sich der Körper in Bewegung und schwingt, bis die Geschwindigkeit wieder Null wird. Es folgt die nächste Stick-Phase

$$\ddot{x} = -A\omega^2 \sin(\omega t + \varphi) = -A\omega^2 \sqrt{1-\cos^2(\omega t + \varphi)} = -(F_s - F_k)/m,$$

die auf den Körper wirkende Kraft ist gleich $-(F_s - F_k)$ und die Federkraft

$$F_{Feder} = -F_s + 2F_k < F_s.$$

Da diese Kraft kleiner als die statische Reibungskraft ist, bleibt der Körper haften bis die Federkraft wieder den Wert F_s erreicht.

Danach wiederholt sich die Slip-Phase. Die Bewegung besteht aus wechselnden Phasen von Ruhe (Stick) und Gleiten (Slip) und wird als *Stick-Slip-Bewegung* bezeichnet. Zeitliche Abhängigkeiten der Geschwindigkeit und der Federkraft bei einer Stick-Slip-Bewegung sind in Abb. 12.12 dargestellt.

Die Dauer einer Slip-Phase beträgt

$$t_{Slip} = \frac{2}{\omega} \arctan\left(\frac{\omega}{v_0} \frac{F_s - F_k}{c}\right).$$

Im Grenzfall $v_0 \to 0$ strebt sie gegen π/ω (die Hälfte der Schwingungsperiode). Die Sliplänge beträgt für sehr kleine v_0

$$\Delta x_{Slip} = 2\frac{F_s - F_k}{c}.$$

Aufgabe 2 Zu bestimmen ist der Abspiegelungskoeffizient von der dämpfenden Schicht in dem in Abb. 12.4 gezeigten System bei einem beliebigen Dämpfungskoeffizienten.

Lösung Wir suchen die Lösung der Wellengleichung (12.10) mit der Randbedingung (12.19) als Superposition einer fallenden und einer zurückgespiegelten Welle in komplexer Form:

$$u = u_0 e^{ikct}(e^{ikz} + Be^{-ikz}).$$

Die Amplitude der fallenden Welle haben wir als 1 angenommen. Die Amplitude der zurück gespiegelten Welle ist B. Einsetzen in die Randbedingung (12.19) ergibt

$$B = e^{-2ikl} \cdot \frac{G - \beta c}{G + \beta c}.$$

Den Abspiegelungskoeffizienten definieren wir als Verhältnis der Intensitäten der zurück gespiegelten und der fallenden Wellen; er ist somit gleich $|B|^2$:

$$|B|^2 = \left(\frac{G - \beta c}{G + \beta c}\right)^2.$$

Der Abspiegelungskoeffizient wird Null für $\beta = G / c = \sqrt{G\rho}$. Für $\beta \to 0$ und $\beta \to \infty$ strebt er gegen 1.

Aufgabe 3 Zu bestimmen ist der Abspiegelungskoeffizient zwischen einer elastischen und einer flüssigen Schicht mit der dynamischen Viskosität[6] $\overline{\eta}$.

Lösung Die zu lösenden Bewegungsgleichungen sind die Wellengleichung

$$\frac{\partial^2 u}{\partial t^2} = \frac{G}{\rho} \frac{\partial^2 u}{\partial z^2}$$

im elastischen Kontinuum und die Navier-Stokes'sche Gleichung für das flüssige Medium, die für reine Transversalbewegungen die Form

$$\rho \frac{\partial v}{\partial t} = \overline{\eta} \frac{\partial^2 v}{\partial z^2}$$

hat. Die Fläche $z = 0$ legen wir in die Grenzfläche zwischen dem elastischen und dem flüssigen Medium. Die positive z -Richtung sei in die elastische Schicht hinein gerichtet. Die Randbedingungen an der Grenzfläche lauten:

[6] Die dynamische Viskosität $\overline{\eta}$ darf nicht mit dem früher in diesem und anderen Kapiteln benutzten Dämpfungskoeffizienten η verwechselt werden, der eine andere Dimension hat.

$$\dot{u}(0,t) = v(0,t) \qquad \text{(Haftbedingung)}$$

und

$$G\left.\frac{\partial u}{\partial z}\right|_{z=0} = \overline{\eta}\left.\frac{\partial v}{\partial z}\right|_{z=0} \qquad \text{(Gleichgewichtsbedingung).}$$

Die Lösung der Wellengleichung suchen wir wie in der Aufgabe 2 als Superposition einer fallenden und einer zurückgespiegelten Welle

$$u = e^{i\omega t}\left(e^{i\frac{\omega}{c}z} + Be^{-i\frac{\omega}{c}z}\right).$$

Die Lösung der Navier-Stokes-Gleichung mit der Frequenz ω, die im Unendlichen verschwindet, ist

$$v = Ce^{\frac{1+i}{\sqrt{2}}\sqrt{\frac{\rho\omega}{\overline{\eta}}}z}e^{i\omega t}.$$

Einsetzen in die Randbedingungen an der Grenzfläche liefert das folgende Gleichungssystem

$$i\omega(1+B) = C,$$

$$iG\frac{\omega}{c}(1-B) = \overline{\eta}\frac{1+i}{\sqrt{2}}\sqrt{\frac{\rho\omega}{\overline{\eta}}}C.$$

Für den Abspiegelungskoeffizienten ergibt sich

$$|B|^2 = \frac{(1-\zeta)^2+\zeta^2}{(1+\zeta)^2+\zeta^2}$$

mit

$$\zeta = \frac{c}{G}\sqrt{\frac{\rho\omega\overline{\eta}}{2}} = \sqrt{\frac{\omega\overline{\eta}}{2G}}.$$

Der Abspiegelungskoeffizient erreicht sein Minimum $|B|^2 \approx 0{,}17$ für $\zeta = 1/\sqrt{2}$. Wir sehen, dass sich in einem bestimmten Frequenzbereich Schwingungen auch mittels einer flüssigen Schicht (bzw. eines Polymers mit entsprechenden rheologischen Eigenschaften) recht gut dämpfen lassen. In den beiden Grenzfällen verschwindender und unendlich großer Viskosität ist der Abspiegelungskoeffizient erwartungsgemäß gleich 1.

Thermische Effekte in Kontakten 13

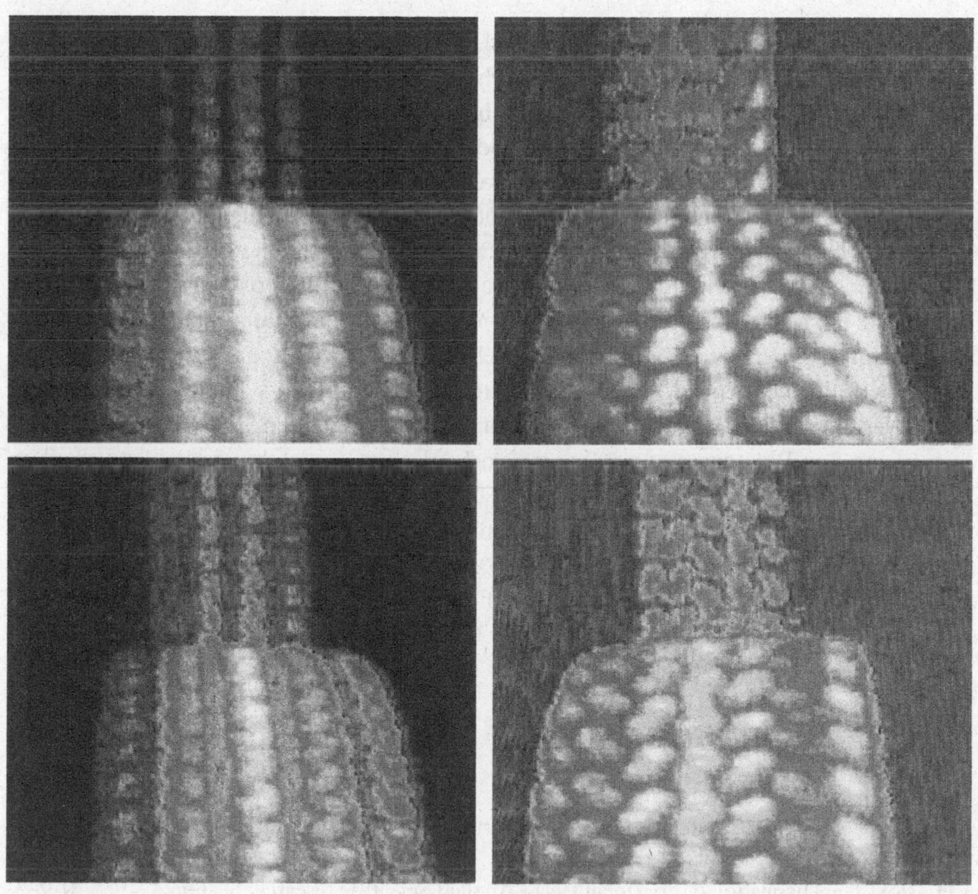

V. L. Popov, *Kontaktmechanik und Reibung,* DOI 10.1007/978-3-662-45975-1_13

An der Grenzfläche zwischen zwei aneinander reibenden Körpern wird Wärmeenergie freigesetzt. Da die reale Kontaktfläche in der Regel nur einen Bruchteil der scheinbaren Fläche beträgt, ist die Wärmefreisetzung in einem tribologischen Kontakt sehr heterogen. Die lokalen Temperaturerhöhungen in einzelnen Mikrokontakten können so hoch sein, dass sie die Materialeigenschaften beeinflussen oder das Material sogar zum Schmelzen bringen. Eine lokale Änderung der Temperatur führt ferner zu einer lokalen Wärmedehnung und der damit bedingten Änderung in den Kontaktbedingungen. Diese Rückkopplung kann unter bestimmten Bedingungen zur Entwicklung von thermomechanischen Instabilitäten in Kontakten führen. In diesem Kapitel untersuchen wir verschiedene Aspekte der reibungsbedingten Wärmefreisetzung in tribologischen Kontakten.

13.1 Einführung

Die ersten systematischen Untersuchungen der Temperaturverteilungen in Reibkontakten haben 1935 F.P. Bowden und K. Riedler durchgeführt[1]. Dabei haben sie den tribologischen Kontakt als ein natürliches Thermoelement benutzt. Diese Methode bleibt bis heute eine der einfachsten und zuverlässigsten Methoden zur experimentellen Temperaturbestimmung in einem tribologischen Kontakt. In weiteren Arbeiten mit Tabor hat Bowden zum Teil sehr hohe Temperaturen von der Größenordnung der Schmelztemperatur gemessen.

Bei der Untersuchung von thermischen Effekten in Kontakten kann man drei Skalen unterscheiden: 1) das tribologische System als Ganzes, 2) „makroskopischer Kontaktbereich" und (3) Mikrokontakte zwischen rauen Oberflächen. Während sich die Temperatur des gesamten Systems während seines Betriebs langsam ändert, kann sich die Temperatur in einem gleitenden Kontakt (z. B. zwischen zwei Zahnrädern) sehr schnell ändern und hohe Werte erreichen. Man spricht dann von „Blitztemperaturen". Die theoretische Untersuchung von Blitztemperaturen in „makroskopischen Kontaktbereichen" ist vor allem mit dem Namen von H. Blok[2] verbunden. Für diese Bedingungen ist eine große *Péclet-Zahl* charakteristisch. Die Temperaturdynamik für kleine *Péclet-Zahlen* wurde von J.K. Jaeger[3] untersucht. Diese Theorie ist in der Regel an Mikrokontakten anwendbar. Es zeigt sich allerdings, dass die Theorie von Jaeger für kleine *Péclet-Zahlen* auch im dem Gültigkeitsbereich der Theorie von Blok mit guter Genauigkeit gültig bleibt. In diesem Kapitel beschränken wir uns daher nur auf den Fall von kleinen *Péclet-Zahlen.*

[1] F.P. Bowden, K.E.W. Riedler. A note on the surface temperature of sliding metals. – Proc. Cambridge Philos. Soc., 1935, v. 31, Pt.3, p. 431.

[2] H. Blok. The Dissipation of Frictional Heat.- Applied Scientific research, Section A, 1955, N. 2–3, pp. 151–181.

[3] J.K. Jaeger. Moving Sources of Heat and the Temperature of Sliding Contacts.- Journal and Proc. Royal Society, New South Walls, 1942, v. 76, Pt. III, pp. 203–224.

13.2 Blitztemperaturen in Mikrokontakten

Betrachten wir den Kontakt zwischen zwei rauen Oberflächen im Rahmen des Modells von Greenwood und Williamson (s. Kap. 7). Wir nehmen dabei an, dass es zwischen Mikrorauigkeiten Reibung gibt mit dem Reibungskoeffizienten μ. Wir berechnen die Temperaturerhöhung in einem Mikrokontakt unter der Annahme, dass die charakteristische Ausbreitungslänge der Wärme $D \approx \sqrt{2\alpha t}$ während der „Lebensdauer" eines Kontaktes $t \approx a/v$ viel größer ist als der Kontaktradius: $\sqrt{2\alpha t} \gg a$ oder

$$\frac{va}{2\alpha} \ll 1. \tag{13.1}$$

α ist hier die *Temperaturleitfähigkeit*, a der Kontaktradius und v die Gleitgeschwindigkeit. Das Verhältnis $va/2\alpha$ ist als *Péclet-Zahl* bekannt. Wenn die Bedingung (13.1) erfüllt ist, kann man die Wärmeausbreitung zu jedem Zeitpunkt als einen stationären Prozess mit der gegebenen Wärmeproduktion an der Oberfläche betrachten. Für metallische Stoffe ($\alpha \approx 10^{-4}$ m^2/s, $a \approx 10^{-5} - 10^{-4}$ m) bedeutet das, dass die Gleitgeschwindigkeit nicht größer sein darf als $2\alpha / a \approx 2 - 20$ m/s, was in den meisten Anwendungen erfüllt ist. Für Keramiken und Polymere ($\alpha \approx 10^{-7} - 10^{-6}$ m^2/s, $a \approx 10^{-5}$ m) ist diese Näherung bei Geschwindigkeiten unter $0{,}02 - 0{,}2$ m/s gültig.

Eine homogene Temperaturerhöhung ΔT in einem runden Gebiet mit dem Radius a an der Oberfläche eines Halbraumes mit der Wärmeleitfähigkeit λ erzeugt einen Wärmestrom $\dot{W}$, der mit ΔT durch den Wärmewiderstand R_w verbunden ist:

$$\dot{W} = \frac{\Delta T}{R_w}. \tag{13.2}$$

Der Wärmewiderstand für einen runden Kontakt ist gleich

$$R_w = \frac{1}{2a\lambda}. \tag{13.3}$$

Wir können die Gl. (13.2) auch umgekehrt zur Abschätzung der Temperaturerhöhung der Oberfläche bei einem gegebenen Wärmestrom benutzen:

$$\Delta T = \frac{\dot{W}}{2a\lambda}. \tag{13.4}$$

Unter der Annahme, dass die gesamte Wärme nur in einen Körper fließt, bedeutet das für einen einzelnen elastischen Mikrokontakt

$$\Delta T = \frac{\mu \Delta F_N v}{2a\lambda}. \tag{13.5}$$

Indem wir hier die Hertzsche Formel $\Delta F_N = \frac{4}{3} E^* R^{1/2} d^{3/2}$ einsetzen und berücksichtigen dass $a = \sqrt{Rd}$, erhalten wir

$$\Delta T = \frac{2}{3} \frac{\mu E^* v d}{\lambda}. \tag{13.6}$$

Wie wir im Kap. 7 gesehen haben, hängt die mittlere Eindringtiefe $\bar{d}$ praktisch nicht von der Anpresskraft ab und ist ungefähr gleich l/π.

Für die mittlere Temperaturerhöhung in Mikrokontakten erhalten wir daher

$$\overline{\Delta T} \approx 0{,}2 \frac{\mu E^* l v}{\lambda}. \tag{13.7}$$

Für einen Kontakt Stahl-Saphir $\left(E^* \approx 140 \text{ GPa}, \mu \approx 0{,}15, l \approx 1\ \mu\text{m und } \lambda \approx 40 \ \frac{W}{m \cdot K}\right)$ bei einer Gleitgeschwindigkeit von 1m/s erreicht die mittlere Temperaturerhöhung in Mikrokontakten $\overline{\Delta T} \approx 110\text{K}$. Für Kupfer mit $E^* \approx 100$ GPa und $\lambda \approx 400 \ \frac{W}{m \cdot K}$ hätten wir unter sonst gleichen Annahmen eine mittlere Temperaturerhöhung von $\overline{\Delta T} \approx 8\text{K}$. In den Anwendungen, wo die Blitztemperaturen möglichst klein gehalten werden müssen[4], ist es vorteilhaft, eine Paarung aus einem Polymer und einer Keramik zu wählen. Für E^* gilt dann der (kleine) Elastizitätsmodul des Polymers und für λ eine in der Regel viel größere Wärmeleitfähigkeit der Keramik.

13.3 Thermomechanische Instabilität

Werden zwei aneinander gepresste ebene Körper in relative Bewegung versetzt, so kann es durch Wechselwirkung zwischen Freisetzung der Reibenergie und thermischer Dehnung zu einer Instabilität kommen: Bereiche mit höherer Temperatur und somit größerer Dehnung werden einer höheren Normalspannung ausgesetzt und dadurch noch stärker erwärmt (Abb. 13.1). Wir wollen die Bedingung für die Entwicklung einer solchen Instabilität untersuchen.

Als erstes machen wir eine grobe Abschätzung. Würde sich eine Instabilität mit einer Wellenzahl k entwickeln, so gebe es in dem Oberflächenbereich periodische Spannungs- und Temperaturverteilungen mit dieser Wellenzahl. Die „Abklingtiefe" dieser Spannungs-

[4] In künstlichen Hüftgelenken darf die Temperatur nicht die Temperatur der Zersetzung von Eiweiß übersteigen. Die zulässige Temperaturerhöhung ist somit auf 2–4 K begrenzt.

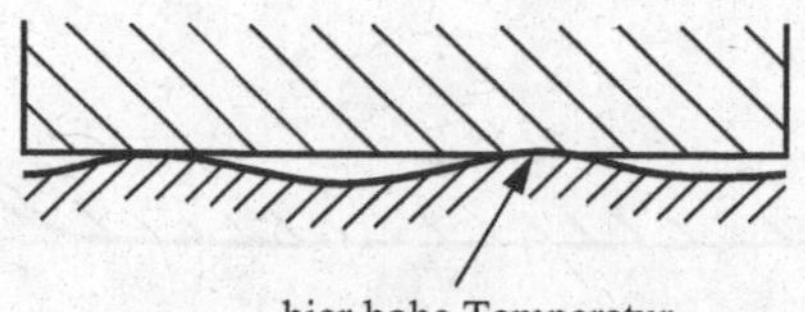

Abb. 13.1 Die Bereiche mit erhöhter Temperatur beulen sich durch die thermische Dehnung aus, dies führt zu einer erhöhten Reibungsleistung und weiterer Erwärmung dieser Bereiche. Dies kann zu einer Instabilität und der Bildung eines bleibenden Musters führen

und Temperaturfluktuationen – und somit die Größenordnung der deformierten Oberflächenzone, hat die Größenordnung $1/k$. Wird die Oberfläche (im Druckgebiet) um ΔT erwärmt, so führt das zur thermischen Spannung

$$\Delta\sigma \approx \gamma \Delta T \cdot E^*, \tag{13.8}$$

wobei γ der volumenspezifische Wärmeausdehnungskoeffizient und E^* der effektive elastische Modul ist. Die Reibungsleistung pro Flächeneinheit $\mu\Delta\sigma v$ muss im stationären Zustand gleich dem Wärmestrom in die Tiefe des Werkstoffs sein:

$$\mu\Delta\sigma v \approx \lambda \frac{\Delta T}{1/k}. \tag{13.9}$$

Unter Berücksichtigung von (13.8) folgt daraus für den Wellenvektor, bei dem die Wärmeproduktion und der Wärmeabfluss im Gleichgewicht sind,

$$k_c \approx \frac{E^* \mu\gamma v}{\lambda}. \tag{13.10}$$

Temperaturstörungen mit kleineren Wellenzahlen als die kritische sind instabil.

Thermomechanische Instabilität kann unter anderem für das bekannte Phänomen des ‚waschbrettartigen' Verschleißes im Laufbereich von Kolbenringen in sehr hoch belasteten Motoren verantwortlich sein (s. Abb. 13.2).

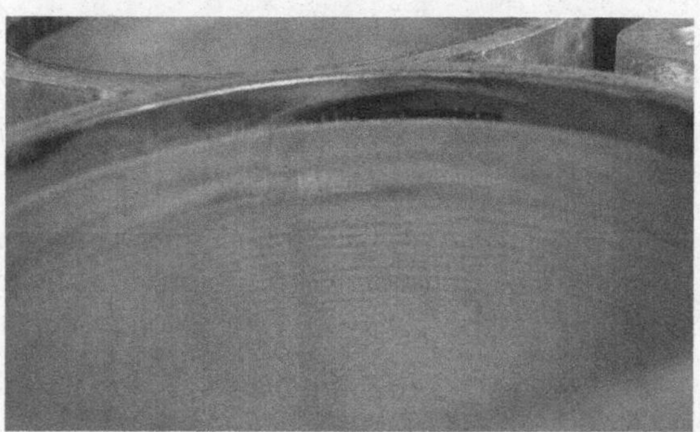

Abb. 13.2 Aufnahme einer Zylinderlauffläche mit ‚Waschbrett'

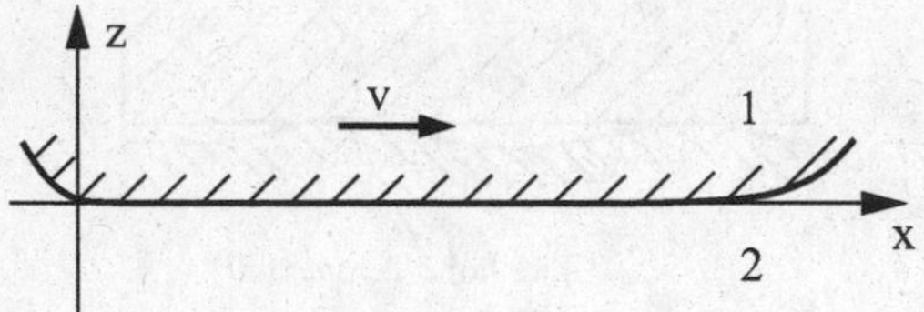

Abb. 13.3 Ein starrer, nicht wärmeleitender Körper 1 im Kontakt mit einem elastischen Kontinuum 2. Die Körper bewegen sich relativ zueinander mit einer tangentialen Geschwindigkeit v

Aufgaben

Aufgabe 1 Es ist die Stabilitätsbedingung für eine thermomechanische Instabilität in einem Kontakt zwischen einem elastischen und einem starren Körper zu bestimmen.

Lösung Es handelt sich um das gleiche Problem, für das wir oben bereits eine Abschätzung gemacht haben. Wir betrachten das in Abb. 13.3 gezeigte System. Der obere Körper soll absolut starr und nicht wärmeleitend sein.

An der Grenze zwischen einem stabilen und einem instabilen Zustand sind die Störungen stationär. Zur Feststellung der Instabilitätsbedingung gehen wir daher von einer Gleichgewichtsgleichung für den elastischen Körper unter Berücksichtigung der Wärmedehnung:

$$\frac{3}{2}\frac{(1-2\nu)}{(1+\nu)}\Delta\vec{u}+\frac{3}{2}\frac{1}{(1+\nu)}\nabla\mathrm{div}\vec{u}=\gamma\nabla T$$

und der stationären Gleichung für thermische Leitung aus

$$\Delta T=0.$$

$\vec{u}$ ist der Verschiebungsvektor, ν die Poisson-Zahl, T die Abweichung der Temperatur von ihrem stationären Wert weit weg von der Oberfläche und $\Delta=\frac{\partial^2}{\partial x^2}+\frac{\partial^2}{\partial z^2}$ ist der Laplace-Operator. Der Spannungstensor berechnet sich zu

$$\sigma_{ik}=-\frac{2}{3}\frac{G(1+\nu)}{(1-2\nu)}\gamma T\delta_{ik}+\frac{2}{3}\frac{G(1+\nu)}{(1-2\nu)}\frac{\partial u_l}{\partial x_l}\delta_{ik}+G\left(\frac{\partial u_i}{\partial x_k}+\frac{\partial u_k}{\partial x_i}-\frac{2}{3}\frac{\partial u_l}{\partial x_l}\delta_{ik}\right),$$

G ist hier der Schubmodul.

Unter Annahme der Starrheit des oberen Körpers kann die Oberfläche des elastischen Körpers keine vertikalen Verschiebungen ausführen:

$$u_z(z=0)=0.$$

Wir nehmen zur Vereinfachung an, dass der Reibungskoeffizient sehr klein ist und die Normalspannungskomponente σ_{zz} dominiert, so dass die Tangentialspannung in den mechanischen Gleichgewichtsbedingungen als verschwindend klein angenommen werden darf:

$$\sigma_{xz}(z=0)=0.$$

Die die Bedingungen $u_z(z=0)=0$ und $\sigma_{xz}(z=0)=0$ erfüllende Lösung der Gleichungen $\frac{3}{2}\frac{(1-2\nu)}{(1+\nu)}\Delta\vec{u}+\frac{3}{2}\frac{1}{(1+\nu)}\nabla \operatorname{div}\vec{u}=\gamma\nabla T$ und $\Delta T=0$ ist[5]

$$T=T_0\cos kx\cdot e^{kz},\quad \vec{u}=-\frac{\gamma T_0(1+\nu)}{6(1-\nu)k}\big((-1+kz)\sin kx,\ 0,-kz\cos kx\big)\cdot e^{kz}.$$

Im stationären Zustand muss die auf der Oberfläche freigesetzte Wärme gleich dem Wärmeabfluss von der Oberfläche sein (der nach unserer Annahme nur in den unteren Körper erfolgt):

$$\lambda\left.\frac{\partial T}{\partial z}\right|_{z=0}=-\mu v\sigma_{zz}(z=0).$$

λ ist der Wärmeleitungskoeffizient. Daraus folgt für den kritischen Wert der Wellenzahl

$$k_c=\frac{v\mu G\gamma\,(1+\nu)}{3\lambda\,(1-\nu)}.$$

Für $\nu=1/3$ gilt $k_c=\frac{2}{3}\frac{v\mu G\gamma}{\lambda}$. Temperaturstörungen mit kleineren Wellenzahlen als die kritische sind instabil.

[5] Die Wahl der Abhängigkeit $\cos kx$ der Lösung von der Koordinate x bedeutet, dass wir die Entwicklung einer harmonischen Störung untersuchen. Eine beliebige Störung kann infolge der Linearität des Problems immer als Superposition von Fourier-Komponenten mit verschiedenen Wellenzahlen k dargestellt werden.

14 Geschmierte Systeme

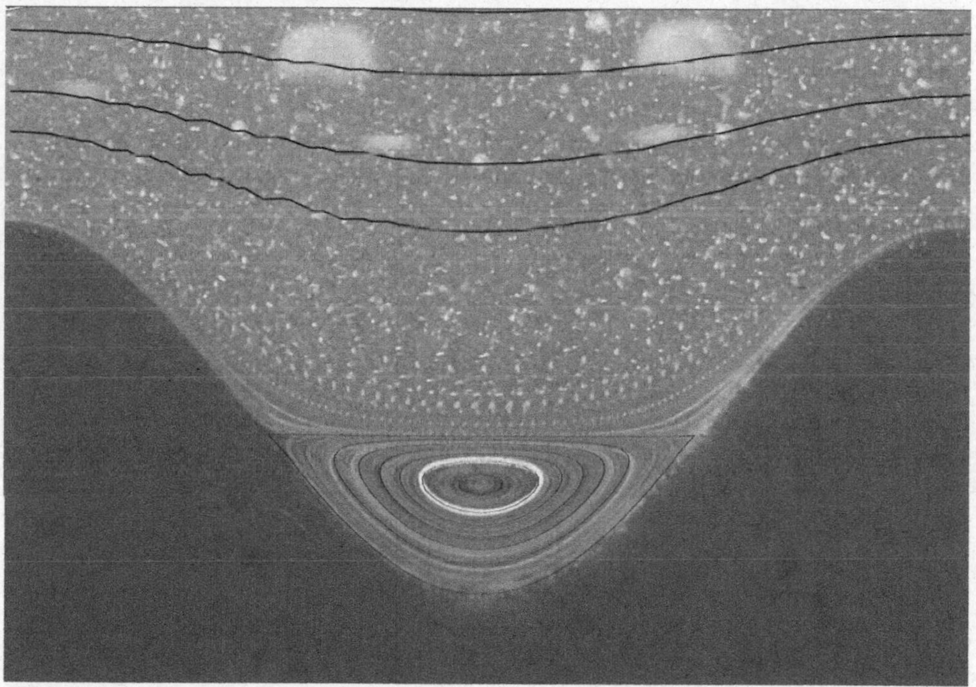

Zur Verminderung der Reibungskraft und des Verschleißes werden seit Jahrtausenden Schmiermittel eingesetzt, deren Wirkung darauf beruht, dass direkter Kontakt zwischen zwei Festkörpern verhindert und dadurch die trockene Reibung durch die Flüssigkeitsreibung ersetzt wird. Die Anwesenheit einer Flüssigkeitsschicht zwischen zwei Festkörpern beeinflusst aber nicht nur Tangential-, sondern auch Normalkräfte: Zwei trockene

V. L. Popov, *Kontaktmechanik und Reibung*, DOI 10.1007/978-3-662-45975-1_14

Glasscheiben können ohne Mühe auseinander genommen werden, während zum Auseinandernehmen von zwei nassen Scheiben eine erhebliche Kraft erforderlich sein kann. Dieses Phänomen kann zum einen auf die Kapillarkräfte zurückgeführt werden, zum anderen kann es von rein hydrodynamischer Natur sein: Eine viskose Flüssigkeit braucht eine gewisse Zeit, um in einen engen Spalt zwischen zwei Scheiben hinein zu fließen. Diese Erscheinung führt bei dynamischen Beanspruchungen zu einer scheinbaren „Adhäsion" zwischen geschmierten Körpern, die wir als „viskose Adhäsion" bezeichnen.

In geschmierten Tribosystemen haben wir es in den meisten Fällen mit nichtturbulenten Strömungen zu tun. Die Schmiermittel können außerdem in guter Näherung als inkompressibel angenommen werden. Unsere Betrachtung der hydrodynamischen Schmierung und der viskosen Adhäsion beginnen wir mit der Untersuchung einer stationären Strömung zwischen zwei parallelen Platten, welche die Grundlage für die Schmierungstheorie bildet.

14.1 Strömung zwischen zwei parallelen Platten

Die Dynamik einer linear-viskosen (Newtonschen) Flüssigkeit wird durch die Navier-Stokes-Gleichung gegeben, die für inkompressible Flüssigkeiten die folgende Form annimmt

$$\rho \frac{d\vec{v}}{dt} = -\nabla p + \eta \Delta \vec{v}, \tag{14.1}$$

wobei ρ die Dichte, η die dynamische Viskosität der Flüssigkeit und p der Druck in der Flüssigkeit sind. Eine inkompressible Flüssigkeit genügt darüber hinaus der Gleichung

$$\mathrm{div}\vec{v} = 0. \tag{14.2}$$

Bei quasistatischen Strömungen (so genannte *schleichende* Strömungen), mit denen wir es in den Schmierungsproblemen meistens zu tun haben, kann der Trägheitsterm in der Navier-Stokes-Gleichung vernachlässigt werden, und sie nimmt die folgende *quasistatische* Form an

$$\eta \Delta \vec{v} = \nabla p. \tag{14.3}$$

Betrachten wir zwei durch eine flüssige Schicht getrennte Platten. Im allgemeinen Fall können sich die Platten relativ zu einander bewegen. Ohne Einschränkung der Allgemeinheit können wir die Geschwindigkeit der oberen Platte als Null annehmen. Die Geschwindigkeit der unteren Platte bezeichnen wir durch $-v_0$ (Abb. 14.1).

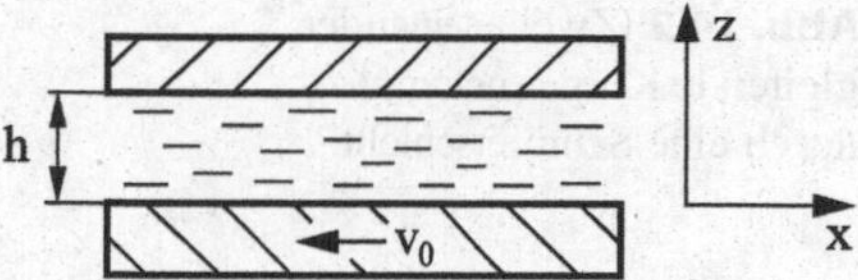

Abb. 14.1 Strömung zwischen zwei parallelen Platten

Wir betrachten eine stationäre Strömung in der x-Richtung. Demnach hat die Geschwindigkeit nur die x-Komponente, die von der z-Koordinate abhängt: $\vec{v} = (v(z), 0)$. Die Gl. (14.3) nimmt die folgende Form an

$$\frac{\partial p}{\partial x} = \eta\left(\frac{\partial^2}{\partial x^2} + \frac{\partial^2}{\partial z^2}\right)v_x = \eta\frac{\partial^2 v}{\partial z^2}, \tag{14.4}$$

$$\frac{\partial p}{\partial z} = \eta\left(\frac{\partial^2}{\partial x^2} + \frac{\partial^2}{\partial z^2}\right)v_z = 0. \tag{14.5}$$

Aus (14.5) folgt, dass der Druck von der vertikalen Koordinate z nicht abhängt: $p = p(x)$. Zweimalige Integration von (14.4) ergibt

$$\eta v = \frac{\partial p}{\partial x}\cdot\frac{z^2}{2} + C_1 z + C_2. \tag{14.6}$$

Aus den Randbedingungen $v(0) = -v_0$ und $v(h) = 0$ folgen $C_2 = -\eta v_0$ und $C_1 = \frac{\eta v_0}{h} - \frac{\partial p}{\partial x}\cdot\frac{h}{2}$. Die Geschwindigkeitsverteilung ist somit durch

$$\eta v = \frac{\partial p}{\partial x}\cdot\frac{z(z-h)}{2} + \frac{\eta v_0}{h}(z-h) \tag{14.7}$$

gegeben.

14.2 Hydrodynamische Schmierung

Betrachten wir jetzt zwei in Abb. 14.2 skizzierte Körper. Die Oberfläche des einen sei etwas geneigt relativ zur Oberfläche des zweiten Körpers, die wir hier als absolut eben und glatt annehmen. Wir nehmen weiterhin an, dass sich die Unterlage nach links mit der Geschwindigkeit $-v_0$ bewegt. Bei kleiner Neigung kann man die Strömung an jedem Punkt als eine Strömung zwischen zwei parallelen Platten betrachten und für die Geschwindigkeitsverteilung die Gl. (14.7) benutzen:

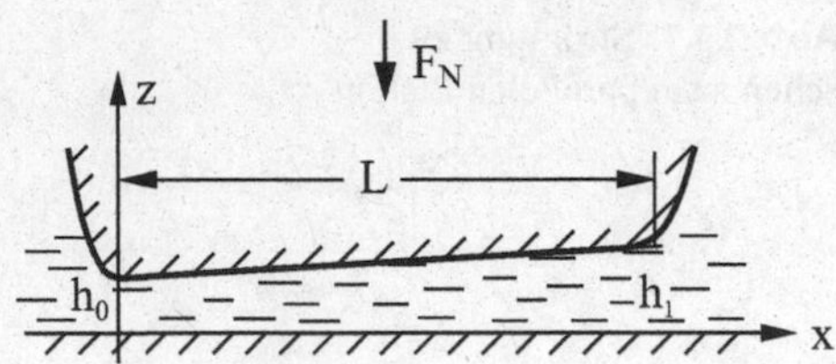

Abb. 14.2 Zwei aneinander gleitende Körper getrennt durch eine Schmierschicht

$$v = p' \cdot \frac{z(z-h)}{2\eta} + \frac{v_0}{h}(z-h). \tag{14.8}$$

Hier haben wir den Druckgradienten mit p' bezeichnet.

Aus der Massenerhaltung folgt, dass die durch jeden Querschnitt pro Zeiteinheit fließende Flüssigkeitsmenge Q konstant ist:

$$\frac{Q}{D} = \int_0^h v(z)\mathrm{d}z = \int_0^h \left(p' \cdot \frac{z(z-h)}{2\eta} + \frac{v_0}{h}(z-h) \right) \mathrm{d}z = -p' \frac{h^3}{12\eta} - \frac{v_0 h}{2} = const, \tag{14.9}$$

wobei D die Breite des gleitenden Körper ist. Für den Druckgradienten erhalten wir demnach

$$\frac{\mathrm{d}p}{\mathrm{d}x} = -6\eta v_0 \left(\frac{1}{h^2} - \frac{C}{h^3} \right). \tag{14.10}$$

Durch Multiplizieren mit h^3 und Ableiten nach x kann diese Gleichung in der Differentialform

$$\frac{\mathrm{d}}{\mathrm{d}x} \left(h^3 \frac{\mathrm{d}p}{\mathrm{d}x} \right) = -6\eta v_0 \frac{\mathrm{d}h}{\mathrm{d}x} \tag{14.11}$$

dargestellt werden. Diese Gleichung stellt den eindimensionalen Sonderfall der 1886 von Reynolds hergeleiteten Gleichung[1]

$$\frac{\mathrm{d}}{\mathrm{d}x} \left(h^3 \frac{\mathrm{d}p}{\mathrm{d}x} \right) + \frac{\mathrm{d}}{\mathrm{d}y} \left(h^3 \frac{\mathrm{d}p}{\mathrm{d}y} \right) = -6\eta v_0 \frac{\mathrm{d}h}{\mathrm{d}x} \tag{14.12}$$

[1] O. Reynolds, On the Theory of Lubrication and its Applications to Mr. Beauchamp Tower's Experiments, including an Experimental Determination of the Viscosity of Olive Oil, Philosophical Transactions of the Royal Society, 1886, v. 177, part 1, 157–234.

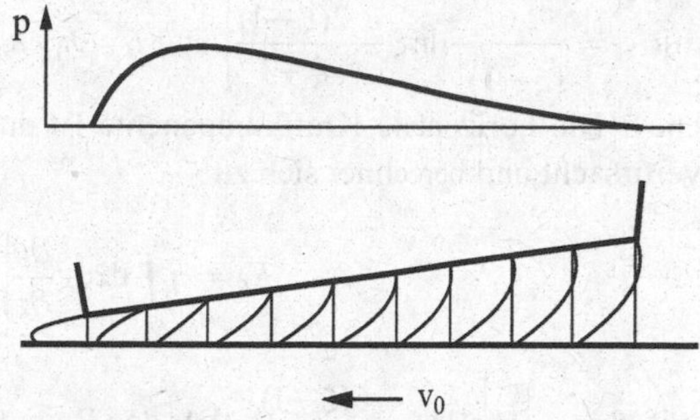

Abb. 14.3 Geschwindigkeitsprofil und Druckverteilung zwischen zwei hydrodynamisch geschmierten ebenen Gleitflächen

dar, welche seinen Namen trägt und auch heute als Grundlage der hydrodynamischen Schmierungstheorie angesehen werden kann. In der Reynold'schen Gleichung sind x und y Koordinaten in der Gleitebene: x in der Bewegungsrichtung und y senkrecht dazu.

Kehren wir zurück zur Gl. (14.10). Bei einem linearen Anstieg der Höhe $h = h_0 + ax$ kann (14.10) explizit integriert werden, und wir bekommen für den Druck

$$p = p_{ext} - 6\eta v_0 \int_0^x \left(\frac{1}{h^2} - \frac{C}{h^3} \right) \mathrm{d}x = p_{ext} - \frac{6\eta v_0}{a} \int_{h_0}^{h} \left(\frac{1}{h^2} - \frac{C}{h^3} \right) \mathrm{d}h$$
$$= p_{ext} + \frac{3\eta v_0}{a} \left(2\left(\frac{1}{h} - \frac{1}{h_0} \right) - C\left(\frac{1}{h^2} - \frac{1}{h_0^2} \right) \right). \tag{14.13}$$

Bei der bestimmten Integration haben wir berücksichtigt, dass $p(0) = p_{ext}$ ist. Auf der anderen Seite $(x = L)$ ist der Druck ebenfalls gleich dem Aussendruck p_{ext}, woraus $C = 2h_0 h_1 / (h_0 + h_1)$ folgt. Für die Druckverteilung erhalten wir somit

$$p = p_{ext} + \frac{6\eta v_0}{a} \left(\left(\frac{1}{h} - \frac{1}{h_0} \right) - \frac{h_0 h_1}{h_0 + h_1} \left(\frac{1}{h^2} - \frac{1}{h_0^2} \right) \right). \tag{14.14}$$

Das Geschwindigkeitsfeld ist gegeben durch

$$v = v_0 (z - h) \left[\frac{1}{h} + 3z \left(-\frac{1}{h^2} + \frac{2}{h^3} \cdot \frac{h_0 h_1}{h_0 + h_1} \right) \right]. \tag{14.15}$$

Dieses Geschwindigkeitsprofil und die Druckverteilung für $p_{ext} = 0$ (14.14) sind in der Abb. 14.3 gezeigt.

Sind sowohl die Geschwindigkeitsverteilung als auch die Druckverteilung bekannt, so kann man leicht die x- und z-Komponenten der auf den oberen Körper wirkenden Kraft berechnen. Für die vertikale Kraftkomponente gilt

$$F_N = \int \mathrm{d}x\mathrm{d}y \left(p - p_{ext} \right) = \frac{\eta A L v_0}{h_0^2} \alpha \tag{14.16}$$

mit $\alpha = \frac{6}{(\xi-1)^2}\left[\ln\xi - \frac{2(\xi-1)}{\xi+1}\right]$ und $\xi = h_1 / h_0$; $A = LD$ ist die scheinbare „Kontaktfläche". Die horizontale Kraftkomponente ist durch die viskose Spannung $\sigma_{xz} = \eta\partial v / \partial z$ verursacht und berechnet sich zu

$$F_R = \eta \int_A \mathrm{d}x\mathrm{d}y \left.\frac{\partial v}{\partial z}\right|_{z=0} = \frac{\eta A v_0}{h_0}\beta \tag{14.17}$$

mit $\beta = \frac{1}{\xi-1}\left[4\ln\xi - \frac{6(\xi-1)}{\xi+1}\right]$. Für den Reibungskoeffizienten erhalten wir

$$\mu = \frac{F_R}{F_N} = \left(\frac{h_0}{L}\right)\frac{\beta}{\alpha}. \tag{14.18}$$

Der Reibungskoeffizient hängt von dem im Kontaktgebiet herrschenden mittleren Druck ab. Wenn wir die Spaltbreite h_0 aus (14.16) berechnen und in (14.18) einsetzen, erhalten wir

$$\mu = \frac{\beta}{\sqrt{\alpha}}\sqrt{\frac{A\eta v_0}{LF_N}} = \frac{\beta}{\sqrt{\alpha}}\sqrt{\frac{\eta v_0}{LP}}. \tag{14.19}$$

$P = F_N / A$ ist hier der mittlere Druck im Kontaktgebiet. Die Abhängigkeit der Parameter β/α sowie $\beta/\sqrt{\alpha}$ von ξ ist in Abb. 14.4 gezeigt. Das Verhältnis β/α liegt im relevanten Bereich von ξ -Werten zwischen 5 und 10. Für den Reibungskoeffizienten ergibt sich somit die folgende grobe Abschätzung

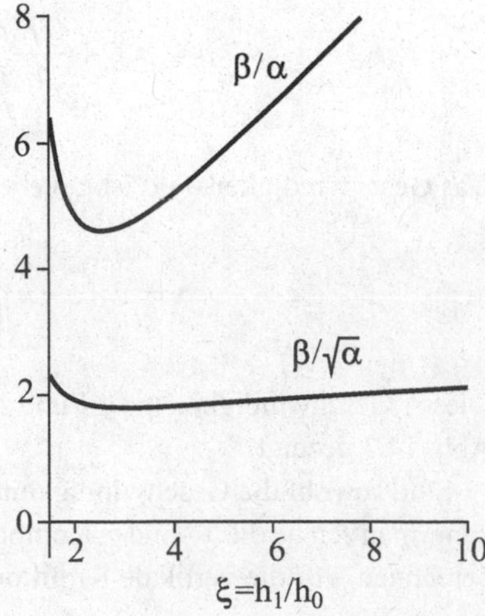

Abb. 14.4 Abhängigkeit der Einflussparameter des Reibungskoeffizienten – β/α und $\beta/\sqrt{\alpha}$ - als Funktion des Spaltverhältnis ξ

$$\mu \approx 10\left(\frac{h_0}{L}\right). \tag{14.20}$$

Der Reibungskoeffizient ist in etwa gleich dem 10fachen Verhältnis der kleinsten Spaltdicke zur Länge des Gleitkontaktes. Im breiten Intervall von relevanten Verhältnissen ξ ändert sich das Verhältnis $\beta/\sqrt{\alpha}$ nur schwach und ist ungefähr gleich 2. Wir erhalten daher aus (14.19) in guter Näherung

$$\mu \approx 2\sqrt{\frac{\eta v_0}{LP}}. \tag{14.21}$$

Bei gleicher Länge des Kontaktbereiches ist der Reibungskoeffizient eine Funktion der Parameterkombination $\eta v_0 / P$.

Je größer der Druck, desto kleiner ist der Reibungskoeffizient. Zu beachten ist aber, dass die Spaltdicke mit dem steigenden Druck ebenfalls abnimmt: $h_0 = \sqrt{\alpha L \frac{\eta v_0}{P}}$. Bei ausreichend kleinen Spaltdicken ist die getroffene Annahme, dass die Flächen glatt sind, nicht mehr gültig; der Einfluss von Rauigkeiten wird wesentlich und das System geht in das Gebiet der *Mischreibung* über. Bei noch größeren Drücken steigt deshalb der Reibungskoeffizient wieder an. Die Abhängigkeit des Reibungskoeffizienten von dem Parameter $\eta v_0 / P$ nennt man „Stribeck-Kurve". Sie beschreibt die Abhängigkeit von allen auftretenden Parametern. Insbesondere bestimmt sie die Abhängigkeit der Reibungskraft in einem geschmierten System von der Geschwindigkeit. Bei großen Werten von $\eta v_0 / P$ hat diese Abhängigkeit einen universellen Charakter. Im Bereich der Mischreibung dagegen hängt der Verlauf der Kurve von den Eigenschaften der Fläche und der Schmiermittel ab. Zur Mischreibung kommt es bei einer Verminderung der Gleitgeschwindigkeit. Je größer die Geschwindigkeit, desto größer die Schichtdicke des Schmiermittels und desto seltener kommen die Flächen in direkten Kontakt mit den Rauigkeiten (Abb. 14.5).

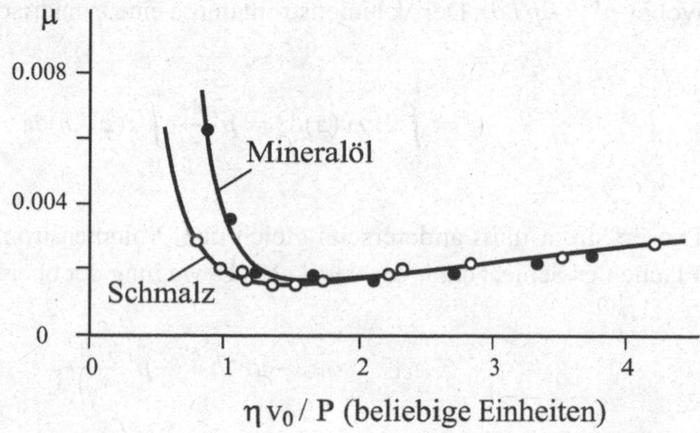

Abb. 14.5 Stribeck-Kurven für zwei verschiedene Öle als Schmiermittel. Bei großen Geschwindigkeiten fallen sie zusammen. Bei kleinen Werten von $\eta v_0 / P$ weisen aber gleiche Systeme mit verschiedener Schmierung verschiedenes Verhalten auf. (A.E. Norton: Lubrication (McGraw-Hill, New York 1942))

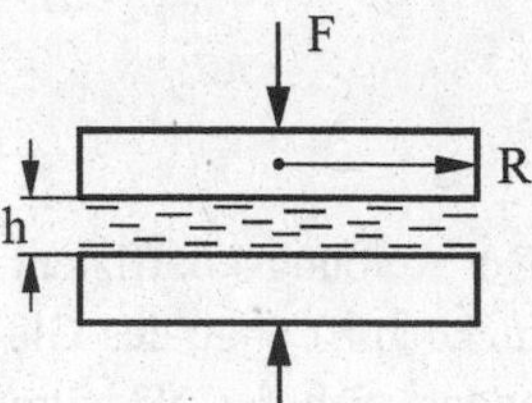

Abb. 14.6 Ausquetschen einer flüssigen Schicht zwischen zwei runden Platten

14.3 „Viskose Adhäsion"

Befindet sich zwischen zwei Körpern eine flüssige Schicht, so können diese weder schnell an einander gedrückt noch schnell getrennt werden. Der letztere Effekt wird oft als eine Art „Adhäsion" empfunden. Bei dynamischen Vorgängen ist es oft schwer zwischen einer „echten" Adhäsion (die entweder durch die Oberflächenkräfte zwischen Festkörpern oder Kapillarbrücken bedingt ist) und dieser „viskosen Adhäsion" zu unterscheiden. Die Annäherung zweier Körper mit einer flüssigen Zwischenschicht kann nur durch „Ausquetschen" der Schicht passieren. Bei der Trennung muss die Flüssigkeit wieder in den Spalt einfließen, es sei denn, die Trennung geschieht durch Kavitation (Bildung und Zusammenfließen von Dampfblasen). Beide Prozesse erfordern jedoch eine bestimmte Zeit.

Wir betrachten zunächst die Annäherung zweier runder Platten mit dem Radius R, zwischen denen sich eine flüssige Schicht befindet (Abb. 14.6). Die durch die vertikale Annährung der Platten ausgequetschte Flüssigkeit führt zu einer radialen Strömung. Aus Symmetriegründen ist klar, dass die Strömungsgeschwindigkeit radial symmetrisch ist. Ist die Dicke des Spaltes zwischen den Platten viel kleiner als der Radius der Platten, so ist die radiale Komponente der Geschwindigkeit viel größer als die Annährungsgeschwindigkeit der Platten, und wir haben es im Wesentlichen mit einer Strömung unter der Wirkung eines Druckgradienten zu tun, die wir im ersten Abschnitt untersucht haben. Die Geschwindigkeit ist demnach gleich

$$v = p' \frac{z(z-h)}{2\eta}, \tag{14.22}$$

wobei $p' = \partial p / \partial r$. Der Volumenstrom durch eine zylindrische Fläche mit dem Radius r ist

$$Q = \int_0^h 2\pi r v(z) \mathrm{d}z = p' \frac{\pi r}{\eta} \int_0^h z(z-h) \mathrm{d}z = -p' \frac{\pi r h^3}{6\eta}. \tag{14.23}$$

Dieser Strom muss andererseits gleich dem Volumenstrom $Q = -\pi r^2 \dot{h}$ durch die obere Fläche der Schicht dank der vertikalen Bewegung der oberen Platte sein:

$$-\pi r^2 \dot{h} = -p' \frac{\pi r h^3}{6\eta}. \tag{14.24}$$

Für den Druckgradienten ergibt sich daraus

$$p' = \frac{6\eta r\dot{h}}{h^3} \tag{14.25}$$

oder nach einer einmaligen Integration

$$p = \frac{6\eta\dot{h}}{h^3}\int r\mathrm{d}r = \frac{3\eta\dot{h}}{h^3}r^2 + C. \tag{14.26}$$

Die Integrationskonstante bestimmt sich aus der Randbedingung $p(r = R) = p_{ext}$ (Aussendruck):

$$C = p_{ext} - \frac{3\eta\dot{h}}{h^3}R^2. \tag{14.27}$$

Die Druckverteilung nimmt somit endgültig die Form

$$p = \frac{3\eta\dot{h}}{h^3}\left(r^2 - R^2\right) + p_{ext} \tag{14.28}$$

an. Berechnen wir die auf die vertikale Platte wirkende Druckkraft

$$F = \int_0^R 2\pi r\left(p(r) - p_{ext}\right)\mathrm{d}r = \frac{6\eta\pi\dot{h}}{h^3}\int_0^R \left(r^2 - R^2\right)r\mathrm{d}r = -\frac{3\eta\pi\dot{h}}{2h^3}R^4. \tag{14.29}$$

Bei der vorgegebenen Kraft können wir jetzt die Zeit berechnen, die gebraucht wird, damit sich die Platten von einem Abstand h_0 bis zum Abstand h annähern:

$$\int_0^t \frac{2F}{3\eta\pi R^4}\mathrm{d}t = -\int_{h_0}^h \frac{\mathrm{d}h}{h^3}, \tag{14.30}$$

$$\frac{2F}{3\eta\pi R^4}t = \frac{1}{2}\left(\frac{1}{h^2} - \frac{1}{h_0^2}\right). \tag{14.31}$$

Bei großen Anfangsabständen hängt diese Zeit praktisch nur vom minimalen Abstand ab, der zu erreichen ist:

$$t = \frac{3\eta\pi R^4}{4Fh^2}. \tag{14.32}$$

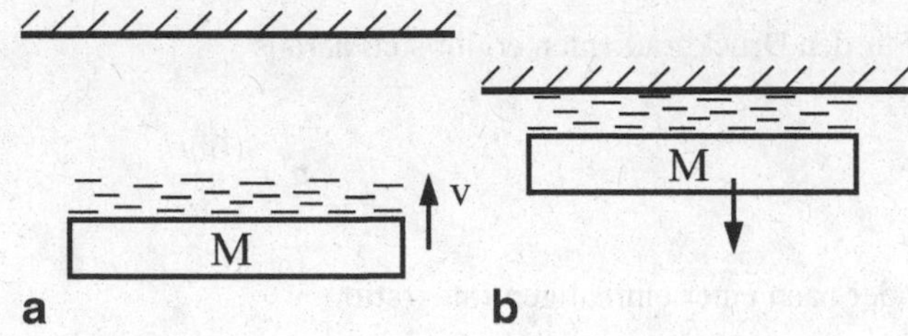

Abb. 14.7 Eine gegen die „Decke" geschleuderte Platte mit einer flüssigen Schicht wird an der Decke eine Weile hängen bleiben

Hängt die Kraft F von der Zeit ab, so gilt:

$$\int_0^t F(t)\mathrm{d}t = \frac{3\eta\pi R^4}{4h^2}. \tag{14.33}$$

Das heißt, die minimale erreichbare Schichtdicke hängt nur vom *Kraftstoß* ab.

Zur Illustration dieser Idee betrachten wir einen mit einer viskosen Flüssigkeit beschmierten Körper, der gegen die Decke mit der Geschwindigkeit v geworfen wird (Abb. 14.7). Wie lange wird er anschließend an der Decke hängen bleiben? Direkt vor dem Stoß ist der Impuls des Körpers gleich Mv. Er wird während des Stoßes durch den Kraftstoß der Reaktionskraft der Decke auf Null gebracht. Der Kraftstoß ist demnach auch gleich Mv. Da der Kraftstoß zur Annäherung bis zum Abstand h gleich dem Kraftstoß zum Trennen vom Abstand h ist (vorausgesetzt, dass die Kavitation in der Flüssigkeit vernachlässigt werden kann), muss der Kraftstoß Mgt der Schwerekraft bis zum „Abreißen" der Platte gleich Mv sein. Daraus folgt, dass $t = v/g$. Das gilt nur für Newtonsche Flüssigkeiten.

Aus (14.33) folgt, dass viskose Adhäsion mit Newtonschen Flüssigkeiten zum Gehen auf der Decke nicht benutzt werden kann. Anders ist es, wenn die Viskosität einer Flüssigkeit vom Geschwindigkeitsgradienten abhängig ist. Wie man der Gl. (14.33) entnehmen kann, ist der Kraftstoß zur Annäherung bis zur Schichtdicke h (bzw. zum Auseinandernehmen der Platten vom Abstand h) proportional zur Viskosität. Bei nichtlinear viskosen Flüssigkeiten hängt die Viskosität von der Geschwindigkeit ab (in der Regel wird sie kleiner bei größeren Schergeschwindigkeiten). Schiebt man die Platten zunächst sehr schnell zusammen und dann langsam auseinander, so ist der positive Kraftstoß bei der Annäherung kleiner als der negative beim Auseinandernehmen der Platten. Diese Differenz kann benutzt werden, um einen sich so bewegenden Körper im Gleichgewicht an der Decke zu halten.

14.4 Rheologie von Schmiermitteln

Bisher haben wir angenommen, dass das Schmiermittel eine linear viskose (Newtonsche) Flüssigkeit ist. Das bedeutet, dass die Viskosität eine Konstante ist, die weder von dem Geschwindigkeitsgradienten, noch vom Druck abhängt. In der Praxis sind Abweichungen vom linearviskosen Verhalten oft gewünscht und werden durch spezielle Additive herbeigeführt. In diesem Paragraphen diskutieren wir qualitativ die wichtigsten Abweichungen vom linearviskosen Verhalten.

Auf der räumlichen Skala von einigen atomaren Durchmessern und zeitlicher Skala von $10^{-13} \div 10^{-10}$ s stellt eine Flüssigkeit einen amorphen Körper dar, in dem jedes Molekül in einem von den Nachbarn gebildeten Minimum der potentiellen Energie oszilliert und seinen Platz nur sehr selten dank thermischer Fluktuationen verlässt. Diese vom mikroskopischen Gesichtspunkt sehr seltenen Sprünge sind jedoch physikalische Ursache für das Fließen von Flüssigkeiten unter der Einwirkung von Scherspannungen. Ist die Scherspannung im Medium gleich Null, so kann jedes Molekül in jede Richtung mit der gleichen Wahrscheinlichkeit P springen, die durch den Boltzmannschen Faktor

$$P \propto e^{-\frac{U_0}{kT}} \tag{14.34}$$

gegeben wird, wobei U_0 die Aktivierungsenergie, T die absolute Temperatur und k die Boltzmannsche Konstante sind. In Abwesenheit einer makroskopischen Spannung herrscht keine makroskopische Bewegung in der Flüssigkeit. Wird an das Medium eine Scherspannung τ angelegt, so verändert dies die Höhe der Potentialbarrieren bei Sprüngen von Molekülen „nach rechts" $(U_r = U_0 - \tau V_0)$ und „nach links" $(U_l = U_0 + \tau V_0)$. V_0 ist hier das so genannte Aktivierungsvolumen. Die Aktivierungsenergie U_0 hängt darüber hinaus von dem in der Flüssigkeit herrschenden Druck p ab. In der Regel steigt sie mit dem Druck: $U_0 = E_0 + pV_1$, wobei V_1 eine weitere Konstante mit der Dimension „Volumen" ist. Die Aktivierungsenergien für Molekülbewegung in entgegengesetzten Richtungen können daher als

$$\begin{aligned} U_r &= E_0 + pV_1 - \tau V_0 \\ U_l &= E_0 + pV_1 + \tau V_0 \end{aligned} \tag{14.35}$$

geschrieben werden. Beide Aktivierungsvolumen V_0 und V_1 haben die Größenordnung eines atomaren Volumens a^3, wobei a der atomare Radius ist. Die Geschwindigkeit der makroskopischen Scherdeformation ist proportional zu der Differenz zwischen Molekularströmen in entgegengesetzten Richtungen:

$$\dot{\gamma} = \frac{dv_x}{dz} = const \left\{ e^{-\frac{E_0 + pV_1 - \tau V_0}{kT}} - e^{-\frac{E_0 + pV_1 + \tau V_0}{kT}} \right\} = C \cdot e^{-\frac{E_0 + pV_1}{kT}} \cdot \sinh\left(\frac{\tau V_0}{kT}\right). \tag{14.36}$$

Diese Gleichung bildet in kompakter Form die wichtigsten typischen Abweichungen der Rheologie von Flüssigkeiten von den Eigenschaften einer Newtonschen Flüssigkeit ab. Folgende Grenzfälle geben einen differenzierteren Einblick in die Eigenschaften, die durch die Gl. (14.36) beschrieben sind:

I. Ist die Spannung sehr klein: $\frac{\tau V_0}{kT} \ll 1$, so kann man $\sinh\left(\frac{\tau V_0}{kT}\right)$ bis auf die Glieder höherer Ordnung gleich $\frac{\tau V_0}{kT}$ setzen. Für die Geschwindigkeit der Scherdeformation erhalten wir

$$\dot{\gamma} = \frac{dv_x}{dz} = C \cdot e^{-\frac{E_0 + pV_1}{kT}} \cdot \frac{\tau V_0}{kT}. \tag{14.37}$$

Diese Gleichung besagt, dass der Geschwindigkeitsgradient proportional zur Scherspannung ist. Der Proportionalitätskoeffizient ist nichts anderes als die dynamische Viskosität des Mediums:

$$\eta = \frac{kT}{CV_0} e^{\frac{E_0 + pV_1}{kT}}. \tag{14.38}$$

Unter der bei Raumtemperatur gültigen Bedingung $kT \ll E_0$ nimmt die Viskosität mit der Temperatur exponentiell schnell ab. Typisch ist eine ca. zweifache Verminderung der Viskosität bei einem Temperaturanstieg von 30°. Viskosität weist weiterhin eine exponentielle Druckabhängigkeit auf. Der Koeffizient $\alpha = V_1 / kT$ in der Druckabhängigkeit $\eta \propto e^{\alpha p}$ trägt den Namen *Druckindex*. Bei Raumtemperatur hat der Druckindex die Größenordnung von $\alpha \sim 10^{-8}\ Pa^{-1}$.

II. Im Allgemeinen ist die Abhängigkeit (14.36) nicht linear. Die Deformationsgeschwindigkeit steigt mit der Scherspannung schneller als nach einem linearen Gesetz. Das bedeutet, dass bei großen Spannungen bzw. Geschwindigkeitsgradienten die Viskosität kleiner ist (Abb. 14.8).

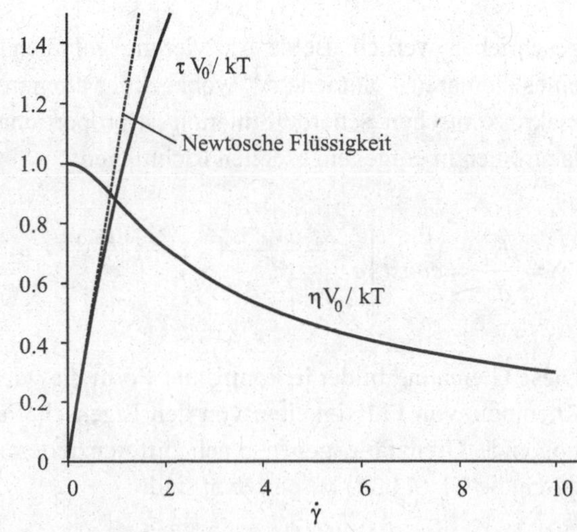

Abb. 14.8 Abhängigkeit der Scherspannung von der Geschwindigkeit der Scherdeformation (Geschwindigkeitsgradienten) gemäß (14.36) und der als $\tau / \dot{\gamma}$ definierten Viskosität. Die Viskosität nimmt mit der Deformationsgeschwindigkeit ab

14.5 Grenzschichtschmierung

Wird die Dicke des Schmierfilms vergleichbar mit der Rauigkeit der Oberflächen, so kommt das System in den Bereich der *Mischreibung*, bei der ein Teil der Oberflächen nach wie vor durch eine flüssige Schicht getrennt sind, während an anderen Stellen die Mikrorauigkeiten in engen Kontakt kommen. An diesen Stellen können die Oberflächen plastisch deformiert werden und in einen atomar dichten Kontakt kommen. Hardy (1919–1922) hat als erster festgestellt, dass unter diesen Bedingungen die Schmierung mit Fetten die Oberflächen besser schützt als mit flüssigen Ölen. Er hat gezeigt, dass bereits eine monomolekulare Fettschicht sowohl die Reibung als auch den Verschleiß drastisch verringern kann. Hardy hat auch richtig erkannt, dass die Grenzschicht an der Metalloberfläche haftet. Reibung unter Bedingungen, bei denen die Oberfläche durch eine sehr dünne, mit der Metalloberfläche fest verbundene Schicht charakterisiert ist, nennt man *Grenzschichtreibung*. Sowohl der Reibungskoeffizient als auch der Verschleiß nehmen nach Hardy mit der Zunahme des Molekülgewichtes des Fettes ab. Für die Effektivität von Grenzschichten ist wichtig, dass die Fettsäure mit der Metalloberfläche eine *Metallseife* bildet. Der Mechanismus der Schutzwirkung der Grenzschichtschmierung ist nach Bowden und Tabor ähnlich, wie bei dünnen Metallschichten (s. Kap. 10). Insbesondere bleiben die Schichten wirksam nur bis zur Schmelz- bzw. Erweichungstemperatur der an der Oberfläche gebildeten Metallseife.

Der wichtigste Unterschied eines Schmierfettes zu einem Schmieröl besteht darin, dass Schmieröle flüssige Stoffe, während Fette und Metallseifen Festkörper mit einer kleinen, aber endlichen Fließgrenze sind. Ein Öl kann daher an Kontaktstellen vollständig ausgepresst werden, eine plastische Schicht jedoch nicht. So bleibt beim Zusammenpressen von zwei runden Platten (Radius R), die durch einen festen Schmierstoff mit Fließgrenze τ_0 getrennt sind, zwischen den Platten eine Schicht mit der Dicke[2]

$$h = \frac{2\tau_0}{3}\frac{\pi R^3}{F}. \tag{14.39}$$

14.6 Elastohydrodynamik

In hoch beanspruchten geschmierten Kontakten wie bei Wälzlagern, Zahnrädern oder Nockenstößeln werden die Oberflächen der Kontaktpartner elastisch deformiert. Das Problem der Dynamik des Schmiermittels unter Berücksichtigung der elastischen Deformationen bezeichnet man als *Elastohydrodynamik*. Es wurde im Wesentlichen 1945 von A. Ertel

[2] S. Aufgabe 7 zu diesem Kapitel.

gelöst. In diesem Paragraphen diskutieren wir die wichtigsten Aspekte der elastohydrodynamischen Schmierung in der Ertelschen Näherung[3].

Betrachten wir ein elastisches, zylindrisches Profil $z = x^2/(2R)$, das sich entlang einer starren Ebene in der negativen x-Richtung mit der Geschwindigkeit v bewegt. Die Gl. (14.10) nimmt in diesem Fall die folgende Form an:

$$\frac{dp}{dx} = 6\eta v \frac{h(x) - h_0}{h(x)^3}, \tag{14.40}$$

wobei h_0 die Dicke des Schmiermittels an dem Punkt ist, an dem der Druck sein Maximum erreicht: $dp/dx = 0$. In den hoch beanspruchten geschmierten Kontakten können die Drücke im Kontaktgebiet so hoch werden, dass die Druckabhängigkeit der Viskosität (Gl. (14.38)) berücksichtigt werden muss, die wir hier in der Form

$$\eta = \eta_0 e^{\alpha p} \tag{14.41}$$

schreiben. Die Reynoldsche Gleichung (14.40) nimmt nun die Form

$$e^{-\alpha p} \frac{dp}{dx} = 6\eta_0 v \frac{h(x) - h_0}{h(x)^3} \tag{14.42}$$

an. Indem wir den „effektiven Druck“

$$\Pi = \frac{1 - e^{-\alpha p}}{\alpha} \tag{14.43}$$

einführen, können wir die Gl. (14.42) in der Form

$$\frac{d\Pi}{dx} = 6\eta_0 v \frac{h(x) - h_0}{h(x)^3} \tag{14.44}$$

schreiben, welche formal mit der Gl. (14.40) übereinstimmt, nur wurde der Druck p jetzt durch den „effektiven Druck“ Π ersetzt. Ist der Druck im Kontaktgebiet sehr hoch, so ist der effektive Druck laut (14.43) fast im gesamten Kontakt konstant und gleich $\Pi = 1/\alpha$. Aus (14.44) folgt, dass in diesem Teil des Kontaktgebietes die Schmierschichtdichte praktisch konstant und gleich h_0 ist. Die Druckverteilung entspricht demnach in erster Näherung der Hertzschen Druckverteilung.

---

[3] Wir folgen der Lösung von A. Ertel in der im folgenden Paper aufgeführten Darstellung: Popova E., Popov V.L. On the history of elastohydrodynamics: The dramatic destiny of Alexander Mohrenstein-Ertel and his contribution to the theory and practice of lubrication. ZAMM Z. Angew. Math. Mech., 2015, v. 96, N.7, pp. 652–883.

Die Schichtdicke h_0 bestimmt sich durch Prozesse am Einlaufrand des Kontaktes, wo die Oberflächen noch als nicht deformiert betrachtet werden können und durch die Hertzsche Lösung gegeben werden[4]:

$$\delta = \frac{P}{\pi E^*}\hat{h} \tag{14.45}$$

mit der dimensionslosen Spaltdicke

$$\hat{h}(\xi) = \left[2\xi\sqrt{\xi^2 - 1} - \ln\frac{\xi + \sqrt{\xi^2 - 1}}{\xi - \sqrt{\xi^2 - 1}} \right], \tag{14.46}$$

wobei $\xi = |x|/a$ die auf die Halbbreite des Kontaktes

$$a = 2\sqrt{\frac{PR}{\pi E^*}} \tag{14.47}$$

normierte x-Koordinate ist. Wir haben hier die Größe P eingeführt, die gleich der Normalkraft dividiert durch die Länge L des Kontaktes in der Querrichtung ist: $P = F/L$. Gleichung (14.44) nimmt im Einlaufgebiet die Form

$$\frac{\mathrm{d}\Pi}{\mathrm{d}x} = 6\eta_0 v \frac{\delta(x)}{\left(\delta(x) + h_0\right)^3} \tag{14.48}$$

an. Integration über x von $-\infty$ bis $-a$ ergibt

$$\Pi(-a) = \frac{1}{\alpha} = 6\eta_0 v \int_{-\infty}^{-a} \frac{\delta(x)}{\left(\delta(x) + h_0\right)^3}\,\mathrm{d}x = \frac{6\eta_0 v a \pi^2 E^{*2}}{P^2}\Sigma, \tag{14.49}$$

wobei wir die Bezeichnung

$$\Sigma = \int_{1}^{\infty} \frac{\hat{h}(\xi)}{\left(\hat{h}(\xi) + \hat{h}_0\right)^3}\,\mathrm{d}\xi, \quad \hat{h}_0 = \frac{\pi E^*}{P} h_0 \tag{14.50}$$

[4] Johnson, K. L.: Contact mechanics. Cambridge University Press, 6. Nachdruck der 1. Auflage, 2001.

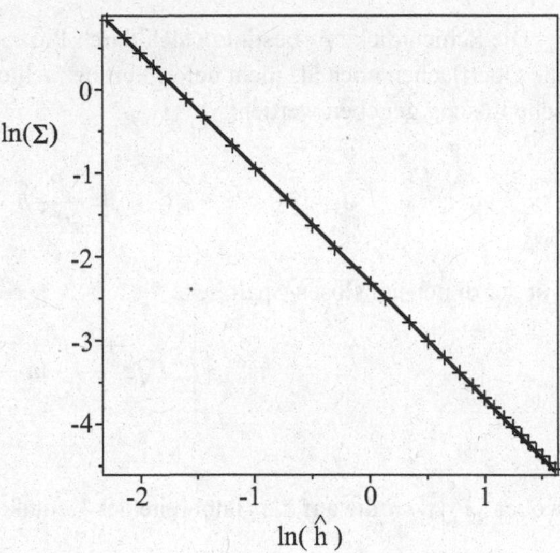

Abb. 14.9 Vergleich der Funktion (14.50) (durchgezogene Linie) mit der Approximation (14.51) (Kreuze)

eingeführt haben. Wie sich der Abb. 14.9 entnehmen lässt, kann diese Funktion sehr gut wie folgt approximiert werden

$$\Sigma \approx 0.0986 \cdot \hat{h}_0^{-1.375}. \tag{14.51}$$

Einsetzen in (14.49) und Lösung der Gleichung bezüglich h_0 ergibt

$$h_0 = 1.25 \cdot \alpha^{0.727} \left(\eta_0 v\right)^{0.727} R^{0.364} E^{*0.091} P^{-0.091}. \tag{14.52}$$

Dieses Ertelsche Ergebnis kommt sehr nahe der späteren numerischen Lösung von Hamrock und Dowson[5]:

$$h_0 = 3.06 \cdot \alpha^{0.56} \left(\eta_0 v\right)^{0.69} R^{0.41} E^{*-0.03} P^{-0.1}. \tag{14.53}$$

Am Auslaufrand ist der Druckgradient negativ, daher nimmt die Schichtdicke gemäß (14.44) zunächst ab und wird kleiner h_0.

Zum Schluss diskutieren wir kurz die Druckverteilung am Auslaufrand. Nach Ertel kann man die Schmierschicht im inneren Hochdruckgebiet des Kontaktes als praktisch inkompressibel und im äußeren als leicht kompressibel betrachten. Das bedeutet, dass die Druckverteilung in der Nähe des Auslaufrandes als Superposition der Hertzschen Druckverteilung und der singulären Druckverteilung durch einen starren flachen Stempel angegeben werden kann:

[5] Hamrock, B.J. and Dowson, D., 1981. Ball Bearing Lubrication. Wiley, New York, 386 S.

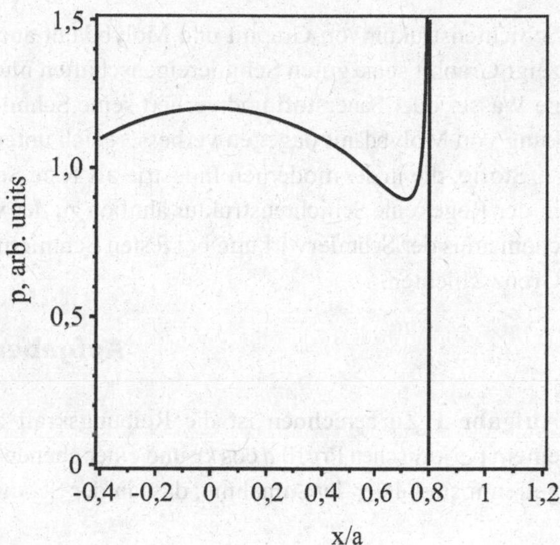

Abb. 14.10 Schematische Darstellung der Druckverteilung am Auslaufrand eines elastohydrodynamisch geschmierten Kontaktes

$$p(x) = c_1 \left(1 - x^2 / a'^2\right)^{1/2} + c_2 \left(1 - x^2 / a'^2\right)^{-1/2} \tag{14.54}$$

mit $a' < a$. Diese Verteilung wird durch Abb. 14.11 illustriert (Abb. 14.10).

14.7 Feste Schmiermittel

Unter bestimmten Bedingungen können flüssige Schmiermittel zur Verminderung von Reibung und Verschleiß nicht eingesetzt werden. Ein Beispiel dafür sind viele Anwendungen in der Raumfahrt, wo tribologische Systeme entweder im Vakuum oder bei hohen Temperaturen zuverlässig funktionieren müssen. In diesen Fällen können feste Schmiermittel benutzt werden.

Vorläufer der heutigen festen Schmiermittel – Blei, Graphit und Molybdänit (MoS_2) – sind seit Urzeiten bekannt. Alle drei Substanzen haben ähnliche Farbe (vom Graublau bis Schwarz) und schmieren sich leicht auf den Gegenkörper. Bis zum XVIII. Jahrhundert wurden sie daher praktisch nicht unterschieden. Blei wurde mit Graphit verwechselt und Graphit mit Molybdänit. Selbst der Name „Molybdänit" stammt vom griechischen $\mu\acute{o}\lambda\upsilon\beta\delta o\varsigma$, d. h. Blei. In England wurde Graphit als „plumbago" bezeichnet, was ebenfalls auf Blei zurückzuführen ist.

Eine weite Verbreitung als feste Schmiermittel haben Graphit und Molybdenit erst gefunden nachdem Methoden zur Herstellung von hochreinen Substanzen entwickelt wurden. Beide Substanzen wurden ab Ende des XIX. bzw. Ende der 30er Jahre des XX. Jahrhundert als Suspensionen erfolgreich eingesetzt.

Die wichtigsten Eigenschaften eines festen Schmiermittels sind seine starke Adhäsion zu den Reiboberflächen und leichte Deformierbarkeit. Diese letztere ist neben der

Schichtenstruktur von Graphit und Molybdänit auch durch weitere Faktoren bedingt. So zeigt Graphit seine guten Schmiereigenschaften nur in Anwesenheit einer gewissen Menge Wasser oder Sauerstoff und verliert seine Schmiereigenschaften im Vakuum. Die Wirkung von Molybdänit dagegen verbessert sich unter „wasserlosen" Bedingungen.

Stoffe, die in der modernen Industrie als feste Schmiermittel eingesetzt werden, haben in der Regel eine Schichtenstruktur ähnlich zu der von Graphit und Molybdänit. Der Mechanismus der Schmierwirkung bei festen Schmiermitteln ist offenbar ähnlich zu dem von Grenzschichten.

Aufgaben

Aufgabe 1 Zu berechnen ist die Reibungskraft zwischen einer gewellten Fläche mit einem periodischen Profil $a\cos kx$ und einer ebenen Fläche, die durch eine flüssige Schicht getrennt sind unter der Annahme, dass in der Schmierschicht keine Kavitation auftritt.

Lösung Den Abstand zwischen beiden Flächen bezeichnen wir mit $h = h(x)$. Die Steigung h' wird als sehr klein angenommen. Der Spalt zwischen den Körpern sei mit einem Schmiermittel mit einer Viskosität η gefüllt. Das Geschwindigkeitsprofil einer schleichenden Strömung in einem parallelen Spalt hat die Form (14.7):

$$v = p' \cdot \frac{z(z-h)}{2\eta} + \frac{v_0}{h}(z-h)$$

mit dem Druckgradienten (14.10)

$$\frac{dp}{dx} = -6\eta v_0 \left(\frac{1}{h^2} - \frac{C}{h^3} \right).$$

Integration über eine räumliche Periode Λ ergibt

$$p(\Lambda) - p(0) = -6\eta v_0 \int_0^{\Lambda} \left(\frac{1}{h(x)^2} - \frac{C}{h(x)^3} \right) dx = 0.$$

Wir haben dieses Integral auf Null gesetzt, da wir in einem periodischen System mit einer Periode Λ erwarten können, dass auch die Druckverteilung eine periodische Funktion mit derselben Periode ist. Daraus folgt

$$C = \frac{\int_0^{\Lambda} \frac{dx}{h(x)^2}}{\int_0^{\Lambda} \frac{dx}{h(x)^3}}.$$

Die in der Flüssigkeit an der ebenen (unteren) Ebene herrschende Scherspannung ist gleich

$$\tau = \eta \frac{\partial v}{\partial z}\bigg|_{z=0} = -\frac{p'h}{2} + \frac{\eta v_0}{h} = \eta v_0\left(\frac{4}{h} - \frac{3C}{h^2}\right).$$

Für die über eine Periode gemittelte tangentiale Spannung, die wir als makroskopische Reibspannung τ_R empfinden, ergibt sich

$$\tau_R = \frac{1}{\Lambda}\int_0^\Lambda \tau \mathrm{d}x = \frac{\eta v_0}{\Lambda}\int_0^\Lambda \left(\frac{4}{h(x)} - \frac{3C}{h(x)^2}\right)\mathrm{d}x$$

oder nach Einsetzen von C

$$\tau_R = \frac{\eta v_0}{\Lambda}\left(4\int_0^\Lambda \frac{\mathrm{d}x}{h(x)} - 3\left(\int_0^\Lambda \frac{\mathrm{d}x}{h(x)^3}\right)^{-1}\left(\int_0^\Lambda \frac{\mathrm{d}x}{h(x)^2}\right)^2\right).$$

Bei konstanter Spaltbreite gibt diese Gleichung die elementare Formel $\tau_R = \eta v_0 / h$ wieder. Nehmen wir jetzt an, dass die gewellte Oberfläche durch die Gleichung

$$h(x) = h_0 + a(1 - \cos(kx))$$

gegeben ist, so dass die minimale Spaltbreite h_0 ist, die Amplitude der Welligkeit a und die Wellenzahl gleich $k = 2\pi / \Lambda$. In diesem Fall folgt

$$\tau_R = \frac{\eta v_0}{h_0}\frac{1}{\sqrt{1 + 2a/h_0}}\frac{h_0^2 + 2h_0 a + 3a^2}{h_0^2 + 2h_0 a + \frac{3}{2}a^2}.$$

Im Grenzfall $h_0 \ll a$ gilt

$$\tau_R \approx \sqrt{2}\frac{\eta v_0}{\sqrt{a h_0}}.$$

Aufgabe 2 Zu berechnen ist die Kraft, die zwischen einer Ebene und einer sich der Ebene nähernden Kugel (Radius R) wirkt. Der Abstand zwischen der Kugel und der Ebene soll viel kleiner als R sein.

Lösung In diesem Fall haben wir es mit einer reinen Quetschströmung unter der Wirkung eines Druckgradienten zu tun. Für den Druckgradienten gilt die Gl. (14.25)

$$p' = \frac{6\eta r \dot{h}}{h^3}.$$

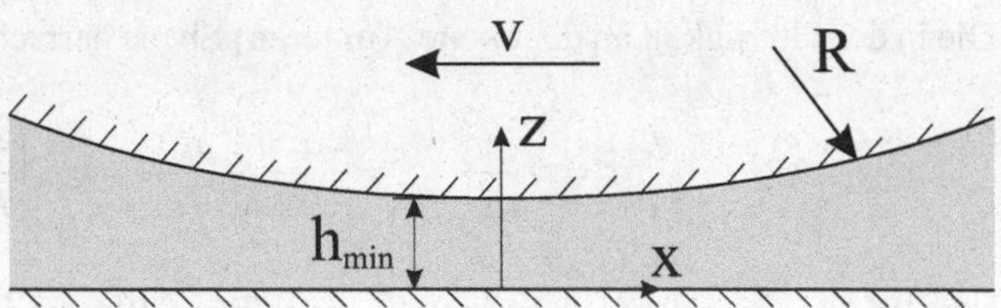

Abb. 14.11 Hydrodynamische Schmierung zwischen einem starren Körper mit zylindrischem Profil und einer starren Ebene

Die Spalthöhe wird in unserem Fall durch

$$h \approx h_0 + r^2 / 2R$$

gegeben. Integration des Druckgradienten ergibt

$$p = p_{ext} - \int_r^\infty 6\eta \dot{h} \frac{r\mathrm{d}r}{\left(h_0 + r^2 / 2R\right)^3} = p_{ext} - \frac{3\eta R\dot{h}}{\left(h_0 + r^2 / 2R\right)^2}.$$

(Da das Integral an der oberen Grenze konvergiert, haben wir diese durch ∞ ersetzt). Die auf die Kugel wirkende Kraft ist somit gleich

$$F_N = \int_0^\infty 2\pi r \left(p(r) - p_{ext}\right) \mathrm{d}r = -\frac{6\pi\eta R^2 \dot{h}}{h_0}.$$

Aufgabe 3 Ein zylindrisches Profil $z = x^2 / (2R)$ bewege sich im Abstand $h_{\min}$ entlang einer starren Ebene in der negativen x-Richtung mit der Geschwindigkeit v. Zu bestimmen sind die Druckverteilung in dem Schmierspalt, die Normal- und die Tangentialkraft sowie der Reibungskoeffizient unter Berücksichtigung der Kavitation.

Lösung[6] Die Gl. (14.10) nimmt in diesem Fall die folgende Form an:

$$\frac{\mathrm{d}p}{\mathrm{d}x} = 6\eta v \frac{h(x) - h_0}{h(x)^3},$$

wobei h_0 die Dicke des Schmiermittels an dem Punkt ist, an dem der Druck sein Maximum erreicht: $\mathrm{d}p / \mathrm{d}x = 0$. Die Breite des Schmierspaltes ist gleich

$$h = h_{\min} + \frac{x^2}{2R}.$$

[6] Wir folgen der Lösung von A. Ertel in der im folgenden Paper aufgeführten Darstellung: Popova E., Popov V.L. On the history of elastohydrodynamics: The dramatic destiny of Alexander Mohrenstein-Ertel and his contribution to the theory and practice of lubrication. ZAMM Z. Angew. Math. Mech., 2015, v. 96, N.7, pp. 652–883

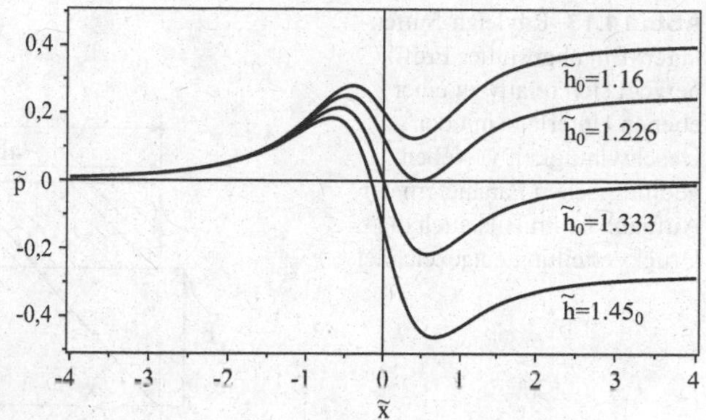

Abb. 14.12 Druckverteilung im Schmierspalt in normierter Darstellung

In dimensionslosen Variablen

$$\tilde{x} = x / \sqrt{2Rh_{\min}}, \quad \tilde{h} = h / h_{\min}, \quad \tilde{p} = p \cdot \frac{h_{\min}{}^2}{3\eta v \sqrt{2Rh_{\min}}}$$

können die beiden Gleichungen in der folgenden Form geschrieben werden:

$$\frac{d\tilde{p}}{d\tilde{x}} = 2\frac{\tilde{h} - \tilde{h}_0}{\tilde{h}^3},$$

$$\tilde{h} = 1 + \tilde{x}^2.$$

Integration der ersten Gleichung ergibt

$$\tilde{p} = \frac{\pi}{2} + \arctan\tilde{x} + \frac{\tilde{x}}{1+\tilde{x}^2} - \frac{3}{4}\tilde{h}_0\left[\frac{\pi}{2} + \arctan\tilde{x} + \frac{\tilde{x}}{1+\tilde{x}^2} + \frac{2}{3}\frac{\tilde{x}}{\left(1+\tilde{x}^2\right)^2}\right] + \tilde{p}_0,$$

wobei $\tilde{p}_0$ der dimensionslose Außendruck für $x \to -\infty$ ist, den wir im Weiteren gleich Null annehmen. Diese Druckverteilung für verschiedene $\tilde{h}_0$ ist in Abb. 14.12 geplottet.

Nehmen wir jetzt an, dass die Flüssigkeit *keine negativen Drücke* aufnehmen kann[7]. Diese Forderung bedeutet, dass die Kurven der Abb. 14.12 nur bis zum Punkt gelten, in dem der Druck verschwindet (danach bleibt er gleich Null). Sie bestimmt noch nicht eindeutig die Wahl der Integrationskonstante. Eine weitere Forderung besteht in dem Verschwinden des Druckgradienten im Kavitationspunkt, was die Stabilität der Ablöselinie gewährleistet. In der Abb. 14.12 sieht man, dass dieser Forderung nur die Kurve

[7] Bei Drücken kleiner als der gesättigte Druck befinden sich Flüssigkeiten im thermodynamisch instabilen Zustand und „sieden auf" (kavitieren). Da der gesättigte Druck bei Schmierölen bei Betriebstemperatur in der Regel sehr klein ist, kann er als Null angenommen werden.

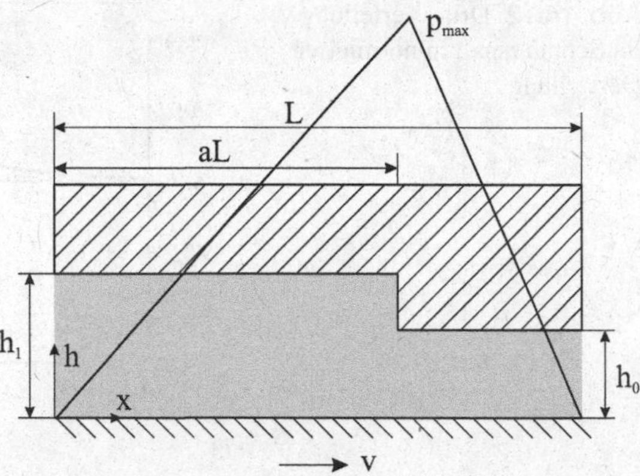

Abb. 14.13 Rayleigh-Stufenlager: Ein abgestuftes Profil bewegt sich relativ zu einer ebenen Unterlage mit der Geschwindigkeit v. Neben geometrischen Parametern der Aufgabe ist im Bild auch die Druckverteilung eingezeichnet

mit $\tilde{h}_0 = 1,226$ entspricht. Die Normalkraft pro Längeneinheit des Zylinders, $\tilde{f}_N$, wird durch Integration der Druckgleichung bis zum Kavitationspunkt gegeben und ist gleich $\tilde{f}_N = 0,408$. In den ursprünglichen, dimensionsbehafteten Variablen, gilt

$$f_N = 2,447\frac{\eta v R}{h_{\min}}.$$

Die Integration der Tangentialspannung ergibt die Tangentialkraft pro Längeneinheit, q,

$$q = 5.149\eta v\sqrt{\frac{R}{h_{\min}}}.$$

Für den Reibungskoeffizienten ergibt sich

$$\mu \approx 2\sqrt{\frac{h_{\min}}{R}} \approx 3\sqrt{\frac{\eta v}{f_N}},$$

was bis auf einen konstanten Koeffizienten mit der Gl. (14.21) übereinstimmt und eine zusätzliche Illustration für die Robustheit dieser Gleichung ist.

Aufgabe 4 Zu untersuchen ist ein Gleitlager in Form einer Stufe (Rayleigh-Stufen-Lager, Abb. 14.13). Zu bestimmen sind die Druckverteilung in dem Schmierspalt, die Normal- und die Tangentialkraft sowie der Reibungskoeffizient. Der Außendruck ist als verschwindend klein anzunehmen.

Lösung In diesem Fall ist die Dicke der Schmierschicht in den Bereichen $x \in [0, aL]$ und $[aL, L]$ jeweils konstant und die Gl. (14.11) nimmt in jedem Abschnitt die besonders einfache Form $\mathrm{d}^2 p / \mathrm{d}x^2 = 0$ an. Somit ist der Druck in jedem Bereich konstanter Höhe eine lineare Funktion der Koordinate x: $p(x) = C_1 x + C_2$, wobei die Koeffizienten C_1 und C_2

links und rechts vom Sprung verschieden sind. Da der Druck an den Außenrändern des Spaltes verschwindet, ist es klar, dass er von der Vorderkante des Lagers zunächst linear ansteigt, im Punkt des Sprunges sein Maximum erreicht und dann linear bis zum Wert Null an der hinteren Kante sinkt, wie in der Abb. 14.13 skizziert):

$$p(x) = \begin{cases} \dfrac{p_{\max}}{aL} \cdot x, & x \leq aL \\ -\dfrac{p_{\max}}{L - aL} \cdot (x - L), & x \geq aL \end{cases}$$

Zur Bestimmung des Wertes $p_{\max}$ muss die Kontinuitätsgleichung herangezogen werden: Die Stromdichte q, gegeben durch die Gl. (14.9) (hier mit geändertem Vorzeichen der Geschwindigkeit), $q = -\dfrac{h^3}{12\eta} \cdot \dfrac{\mathrm{d}p}{\mathrm{d}x} + \dfrac{vh}{2}$, muss links und rechts vom Sprung gleich sein:

$$-\frac{h_1^{\,3}}{12\eta} \cdot \frac{\mathrm{d}p}{\mathrm{d}x}\bigg|_{x=aL-} + \frac{vh_1}{2} = -\frac{h_0^{\,3}}{12\eta} \cdot \frac{\mathrm{d}p}{\mathrm{d}x}\bigg|_{x=aL+} + \frac{vh_0}{2}.$$

Einsetzen der Druckgradienten links und rechts vom Sprung führt auf

$$\frac{\mathrm{d}p}{\mathrm{d}x}\bigg|_{x=aL-} = \frac{p_{\max}}{aL}, \quad \frac{\mathrm{d}p}{\mathrm{d}x}\bigg|_{x=aL+} = -\frac{p_{\max}}{L - aL}.$$

Einführen der Bezeichnung $m = h_1 / h_0 - 1$ und Auflösen nach $p_{\max}$ ergibt

$$p_{\max} = \frac{6v\eta L}{h_0^2} \cdot \frac{a(1-a)m}{a + (1-a)(1+m)^3}.$$

Die Normalkraft F_N bestimmt sich durch Integration des Druckes

$$F_N = \int_0^L p(x)\mathrm{d}x = \frac{3v\eta L^2}{h_0^2} \cdot \frac{a(1-a)m}{a + (1-a)(1+m)^3} = \frac{p_{\max} L}{2}$$

und die Tangentialkraft F_x durch Integration der viskosen Spannung

$$F_x = \int_0^L \tau \mathrm{d}x = \int_0^L \left(\frac{h}{2} \frac{\mathrm{d}p}{\mathrm{d}x} + \eta \frac{v}{h} \right) \mathrm{d}x = \frac{p_{\max} h_0}{2} m + \frac{\eta v L}{h_0} \cdot \left(\frac{a}{1+m} + 1 - a \right).$$

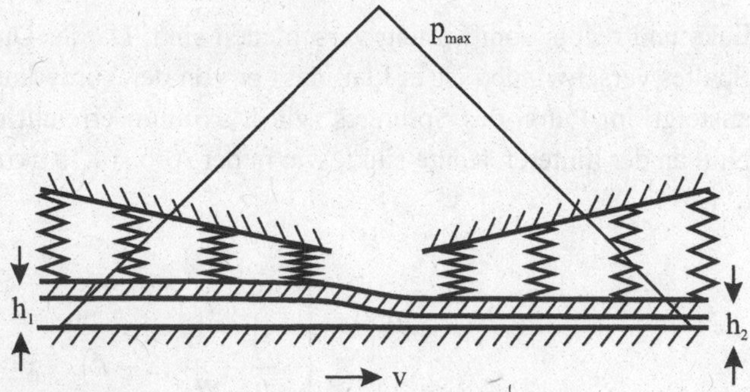

Abb. 14.14 Schematische Darstellung des „Mohrenstein-Lagers". Das Bild gibt Fig. 6 aus dem Patent (A. von Mohrenstein, US patent 2,738,241 Hydrodynamic bearing. Application July 16, 1952, patented March 13, 1956) wieder

Für den Reibungskoeffizienten μ ergibt sich

$$\mu = \frac{F_x}{F_N} = \frac{h_0}{L}\left[m + \frac{1}{3m}\left(\frac{a}{1+m} + 1 - a\right)\left(\frac{1}{1-a} + \frac{(1+m)^3}{a}\right)\right].$$

Der Reibungskoeffizient erreicht den minimalen Wert $\mu = 4h_0 / L$ bei $m = 1$ und $a = 0{,}8$.

Aufgabe 5: Mohrenstein-Lager Zu bestimmen ist der Reibungskoeffizient in einem Lager mit elastischer Lauffläche, in welchem die Druckverteilung im Schmierspalt durch Vorspannung vorgegeben ist (wie schematisch in Abb. 14.14 dargestellt).

Lösung Betrachten wir ein elastisches Profil, das sich entlang einer starren Ebene in der positiven x-Richtung mit der Geschwindigkeit v bewegt. Für dieses elastohydrodynamische Problem gilt die Gl. (14.40):

$$\frac{\mathrm{d}p}{\mathrm{d}x} = 6\eta v \frac{h(x) - h_0}{h(x)^3}.$$

Ist der Druck durch die Vorspannung mittels entsprechend verteilten Federn vorgegeben und kann angenommen werden, dass kleine Änderungen des Schmierspaltes die elastischen Spannungen und somit die Druckverteilung im Kontaktgebiet nicht beeinflussen, so kann die Druckverteilung in der Reynoldschen Gleichung als bekannte Funktion der Koordinate angesehen werden. Der Schmierspalt dagegen wird zu einer Unbekannten, die aus der Reynoldschen Gleichung zu bestimmen ist. Erzeugt man durch konstruktive Maßnahmen eine Druckverteilung, die von einem Ende der Schicht zur Mitte linear steigt und dann linear abfällt (wie in der Abb. 14.14 gezeigt), so ist der Druckgradient in beiden Bereichen links und rechts von dem Mittelpunkt konstant und betragsmäßig gleich ∇p. Somit stellt sich in dem Bereich links vom Mittelpunkt eine konstante Schichtdicke h_1 und rechts vom Mittelpunkt eine konstante Schichtdicke h_2 ein. Die Schichtdicken werden durch die Gleichungen

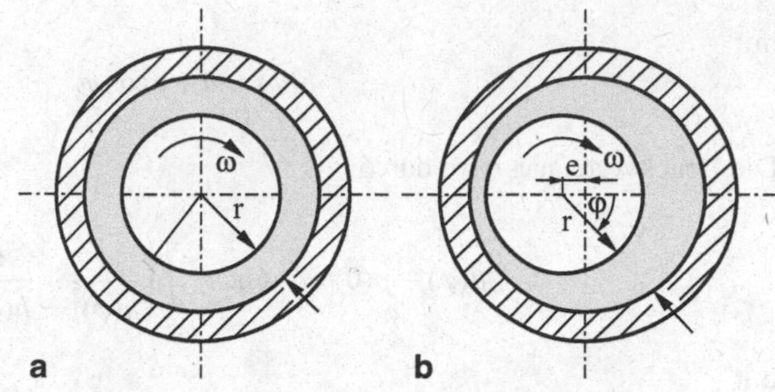

Abb. 14.15 Hydrodynamisches Lager: **a** ohne Belastung, **b** unter Kraftbelastung

$$\nabla p = 6\eta v \frac{h_1 - h_0}{h_1^{\,3}} \text{ und } -\nabla p = 6\eta v \frac{h_2 - h_0}{h_2^{\,3}} \,.$$

bestimmt. Aus der ersten Gleichung kann man leicht herleiten, dass der Druckgradient den maximalen Wert von $\nabla p_{\max} = \frac{8}{9}\frac{\eta v}{h_0^2}$ bei $h_1 = \frac{3}{2}h_0$ erreicht. Einsetzen des maximalen Druckgradienten in die zweite Gleichung und Auflösen nach h_2 ergibt $h_2 = 0{,}894h_0 = 0{,}596h_1$: Die Schichtdicke im Auslaufbereich ist grob geschätzt gleich der Hälfte der Schichtdicke im Einlaufbereich. Anders als das Rayleigh-Stufenlager ist das Mohrenstein-Lager symmetrisch: Es funktioniert auf die gleiche Weise unabhängig von der Bewegungsrichtung. Die Schichtdicken stellen sich entsprechend der Gleitrichtung automatisch ein. Der Reibungskoeffizient des Mohrenstein-Lagers entspricht dem des Rayleigh-Lagers (S. Aufgabe 4) mit $a = 0{,}5$ und $m = 0{,}678$ und ist gleich $\mu_0 = 5{,}17h_2 / L$, wobei L die Gesamtlänge des Lagers ist.

Aufgabe 6 Eine Welle vom Radius r dreht sich in einem zylindrischen Lager mit konstanter Winkelgeschwindigkeit ω (Abb. 14.15), während der äußere Zylinder vom Radius $R = r + a$ unbeweglich ist. Die Länge des Lagers sei L. Der Zwischenraum ist mit einer Flüssigkeit mit der Viskosität η gefüllt. Im Allgemeinen liegt die Welle in Bezug auf das Lager exzentrisch, da diese eine Belastung trägt. Unter der Annahme $a \ll r$ sind das Reibungsmoment, die auf die Welle wirkende Kraft und der Reibungskoeffizient zu berechnen. Es wird vorausgesetzt, dass keine Kavitation auftritt.

Lösung Unter der Annahme $a \ll r$ kann die Strömung zwischen dem Lager und der Welle als eine Schichtenströmung angesehen werden. Die Geschwindigkeit hat dabei nur die Umfangskomponente v_φ und der Druck p hängt nur vom Winkel ab. Für das Strömungsprofil gilt die Gl. (14.8), die in unserem Fall die folgende Form annimmt

$$v_\varphi = \frac{dp}{r d\varphi} \cdot \frac{\tilde{z}(\tilde{z} - h(\varphi))}{2\eta} + \frac{\omega r}{h(\varphi)}(h(\varphi) - \tilde{z})$$

mit

$$h(\varphi) \approx a + e\cos\varphi.$$

Die Druckverteilung wird durch

$$p(\varphi) - p(0) = +6\eta\omega r^2 \int_0^{\varphi} \left(\frac{1}{h(\varphi)^2} - \frac{C}{h(\varphi)^3} \right) \mathrm{d}\varphi$$

mit

$$C = \frac{\int_0^{2\pi} \frac{\mathrm{d}\varphi}{h(\varphi)^2}}{\int_0^{2\pi} \frac{\mathrm{d}\varphi}{h(\varphi)^3}}$$

gegeben (s. völlig analoge Gleichungen in der Aufgabe 1). Sie ist eine ungerade Funktion des Winkels φ. Die horizontale Komponente der Kraft $F_x = Lr\int_0^{2\pi} p(\varphi)\cos\varphi \mathrm{d}\varphi$ verschwindet, da $p(\varphi)$ eine ungerade Funktion ist. Die vertikale Komponente der Kraft berechnet sich zu[8]

$$F_z = Lr\int_0^{2\pi} p(\varphi)\sin\varphi \mathrm{d}\varphi = -Lr^3 6\eta\omega \int_0^{2\pi} (1-\cos\varphi)\left(\frac{1}{h(\varphi)^2} - \frac{C}{h(\varphi)^3} \right) \mathrm{d}\varphi$$

$$= \frac{12\pi eLr^3\eta\omega}{\left(2a^2+e^2\right)\sqrt{a^2-e^2}}.$$

Die Tangentialspannung berechnet sich ebenfalls in völliger Analogie zur Aufgabe 1 zu

$$\tau = -\eta\omega r\left(\frac{4}{h(\varphi)} - \frac{3C}{h(\varphi)^2} \right).$$

Für das Kraftmoment ergibt sich

$$M = Lr^2\int_0^{2\pi} \tau(\varphi)\mathrm{d}\varphi = -L\eta\omega r^3 \int_0^{2\pi} \left(\frac{4}{h(\varphi)} - \frac{3C}{h(\varphi)^2} \right) \mathrm{d}\varphi = -\frac{4\pi\eta\omega r^3 L\left(a^2+2e^2\right)}{\sqrt{a^2-e^2}\left(2a^2+e^2\right)}.$$

[8] In Wirklichkeit gibt auch die viskose Spannung einen Beitrag in die vertikale Kraft. Man kann aber zeigen, dass dieser Beitrag unter den getroffenen Annahmen klein ist und vernachlässigt werden kann.

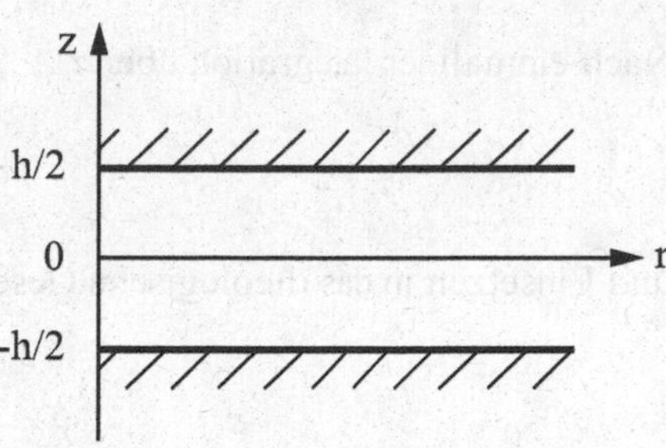

Abb. 14.16 Koordinatendefinition zur Aufgabe 7

Für das Verhältnis $\mu = |M| / rF_z$, das in diesem Fall die Rolle des Reibungskoeffizienten spielt, erhalten wir

$$\mu = \frac{\left(a^2 + 2e^2\right)}{3er}.$$

Bei großen Belastungen, wenn $e \to a$, nimmt der Reibungskoeffizient den Grenzwert

$$\mu = \frac{a}{r}$$

an.

Aufgabe 7 a) Zu berechnen ist die Geschwindigkeits- und Druckverteilung in einer Quetschströmung einer nicht linearen viskosen Flüssigkeit zwischen zwei runden Platten. Als rheologisches Gesetz ist

$$\dot{\gamma} = \dot{\gamma}_0 \left(\frac{\tau}{\tau_0}\right)^n$$

anzunehmen, wobei γ - die Scherdeformation, $\dot{\gamma}_0$ – die charakteristische Schergeschwindigkeit, n– eine ungerade Zahl und τ_0 – die charakteristische Spannung (im Grenzfall $n \to \infty$ Fließspannung) sind.

b) Zu berechnen ist die restliche Schichtdicke im Fall eines ideal plastischen Fließgesetzes ($n \to \infty$).

Lösung (a) Den Koordinatenursprung wählen wir in der Mitte der Schicht, wobei die z -Achse senkrecht zur Schicht gerichtet ist (Abb. 14.16). Der Druck hängt von z nicht ab.

Wegen der axialen Symmetrie reicht es, nur die r-Komponente der Gleichgewichtsgleichung zu betrachten:

$$-\frac{\partial p}{\partial r} + \frac{\partial \tau}{\partial z} = 0.$$

Nach einmaliger Integration über z

$$\tau = C_1 + p'z$$

und Einsetzen in das rheologische Gesetz erhalten wir das folgende Strömungsprofil

$$\dot{\gamma} = \dot{\gamma}_0 \left(\frac{C_1 + p'z}{\tau_0} \right)^n .$$

Die Konstante C_1 muss verschwinden, da aufgrund der Symmetrie die Bedingung $\dot{\gamma}(z=0) = 0$ gilt; die Gleichung kann nun in der Form

$$\frac{\partial v}{\partial z} = \dot{\gamma}_0 \left(\frac{p'z}{\tau_0} \right)^n$$

geschrieben werden. Ihre Integration ergibt

$$v = \frac{\dot{\gamma}_0}{n+1} \left(\frac{p'}{\tau_0} \right)^n z^{n+1} + C_2 .$$

Unter Berücksichtigung der Haftbedingung $v(h/2) = v(-h/2) = 0$ an den festen Oberflächen kommen wir schließlich zum folgenden Strömungsprofil im Spalt:

$$v = \frac{\dot{\gamma}_0}{n+1} \left(\frac{-p'}{\tau_0} \right)^n \left(\left(\frac{h}{2} \right)^{n+1} - z^{n+1} \right).$$

Der Volumenstrom durch einen Zylindermantel mit dem Radius r berechnet sich zu

$$Q = 2\pi r \int_{-h/2}^{h/2} v(z) \mathrm{d}z = 2\pi r \frac{\dot{\gamma}_0}{n+2} \left(\frac{-p'}{\tau_0} \right)^n \frac{h^{n+2}}{2^{n+1}} .$$

Aus der Kontinuitätsbedingung folgt:

$$-\pi r^2 \dot{h} = 2\pi r \frac{\dot{\gamma}_0}{n+2} \left(\frac{-p'}{\tau_0} \right)^n \frac{h^{n+2}}{2^{n+1}} .$$

Indem wir aus dieser Gleichung den Druckgradienten berechnen:

$$-\frac{\partial p}{\partial r} = 2\tau_0 \left(-\dot{h} \frac{n+2}{\dot{\gamma}_0 h^{n+2}} r \right)^{1/n}$$

und mit der Randbedingung $p(R) = p_0$ integrieren erhalten wir die Druckverteilung in der Schicht:

$$p - p_0 = 2\tau_0 \left(-\dot{h} \frac{n+2}{\dot{\gamma}_0 h^{n+2}} \right)^{1/n} \frac{1}{\frac{1}{n}+1} \left(R^{\frac{1}{n}+1} - r^{\frac{1}{n}+1} \right).$$

Die auf die Platte wirkende Normalkraft ist gleich

$$F = \int_0^R 2\pi r (p - p_0) \mathrm{d}r = \frac{2\tau_0 n}{3n+1} \frac{\pi R^{3+\frac{1}{n}}}{h^{1+\frac{2}{n}}} \left(-\dot{h} \frac{n+2}{\dot{\gamma}_0} \right)^{1/n}.$$

Für $n = 1$ (linear viskose Flüssigkeit) ergibt sich die Gl. (14.27).

(b) Im Grenzfall $n \to \infty$ vereinfachen sich die Gleichungen für die Druckverteilung und die Kraft zu

$$p - p_0 = 2\tau_0 \frac{R-r}{h}$$

und

$$F = \frac{2\tau_0}{3} \frac{\pi R^3}{h}.$$

In diesem Fall haben wir es mit einem *ideal plastischen* Verhalten mit der Fließgrenze τ_0 zu tun. Aus dieser Gleichung lässt sich die restliche Schichtdicke berechnen, die im Spalt bleibt und nicht ausgedrückt wird:

$$h = \frac{2\tau_0}{3} \frac{\pi R^3}{F}.$$

Viskoelastische Eigenschaften von Elastomeren

15

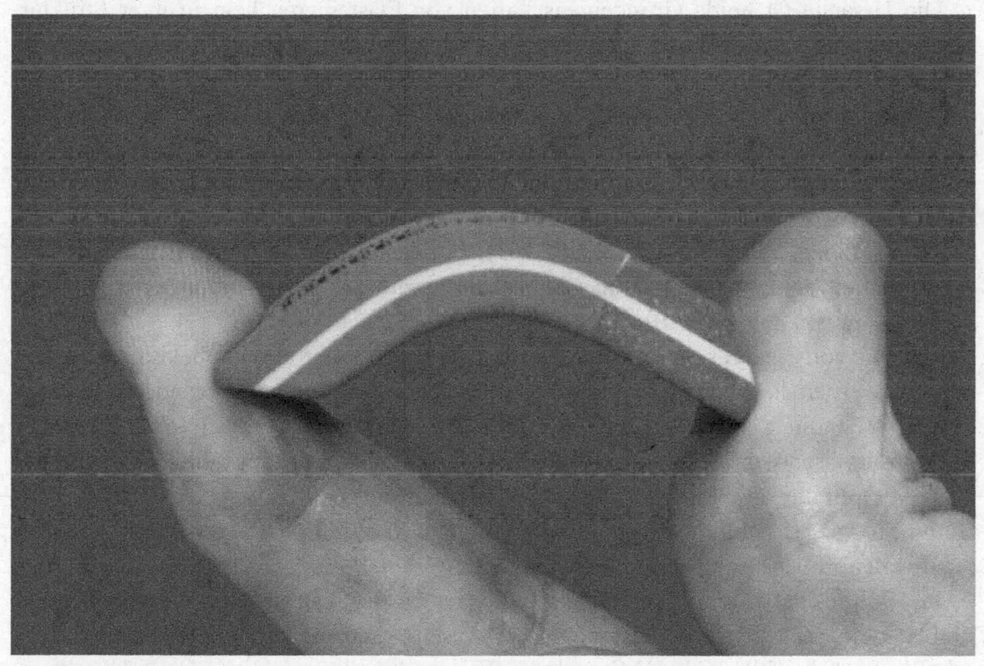

15.1 Einführung

Gummi und andere Elastomere spielen eine wichtige Rolle in vielen tribologischen Anwendungen. Sie werden dort eingesetzt, wo große Haft- oder Reibkräfte oder große Deformierbarkeit gefordert werden. Insbesondere finden sie Verwendung als Material für

V. L. Popov, *Kontaktmechanik und Reibung*, DOI 10.1007/978-3-662-45975-1_15

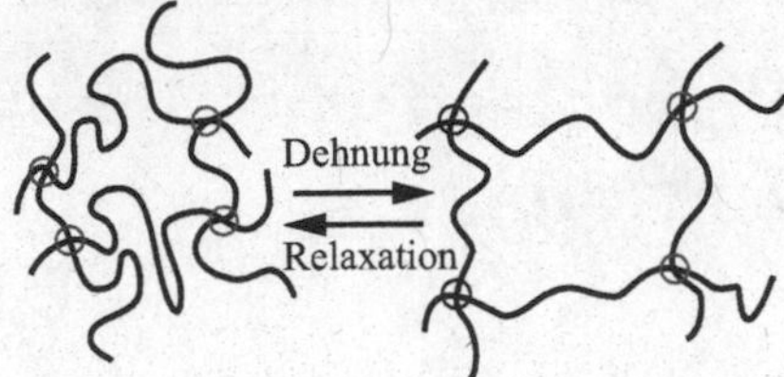

Abb. 15.1 Schematische Darstellung der Änderung der Struktur eines Elastomers bei Dehnung

Reifen, Beförderungsrollen (z. B. in Druckern), Sportschuhe, Dichtungen, Gummibänder, in elektronischen Geräten (z. B. für Kontakte in Tastaturen) sowie in Haftvorrichtungen.

Die zwei wichtigsten Eigenschaften von Elastomeren sind: 1) ein extrem kleiner Elastizitätsmodul (ca. 1 bis 10 MPa, d. h. 4 bis 5 Größenordnungen kleiner als bei „normalen Festkörpern") und 2) eine extrem hohe Deformierbarkeit: Oft können Elastomere um ein Mehrfaches ihrer Anfangslänge gedehnt werden.

Die Ursache für beide Grundeigenschaften von Elastomeren liegt in ihrer Struktur. Elastomere bestehen aus Polymermolekülen, die relativ schwach miteinander wechselwirken. Im thermodynamischen Gleichgewichtszustand befinden sie sich in einem statistisch bevorzugten verknäulten Zustand. Wird an das Elastomer eine mechanische Spannung angelegt, so beginnen sich die Polymermoleküle zu entflechten (Abb. 15.1). Wird das Elastomer entlastet, so relaxieren die Polymermoleküle wieder in den knäulartigen Zustand zurück. Während bei „normalen Festkörpern" der Gleichgewichtszustand im Wesentlichen einem Minimum der potentiellen Energie entspricht, ist es bei Elastomeren im Wesentlichen die Entropie, die im Gleichgewichtszustand ihr Maximum erreicht. Man spricht dann von *Entropieelastizität*[1]

Um ein vollständiges Auseinanderlaufen der Ketten unter der Zugbelastung zu vermeiden, werden die Ketten bei Gummi durch Schwefelbrücken untereinander verbunden – diese Behandlung ist als *Vulkanisation* bekannt.[2] Beim Zusatz von viel Schwefel bei der Vulkanisation entsteht Hartgummi, bei der Zugabe von wenig Schwefel Weichgummi. Um ein Optimum an Elastizität, Verschleißbeständigkeit und Haftung zu erzielen, wird Gummi bei der Herstellung von Autoreifen mit Ruß vermischt. Den so hergestellten Verbundwerkstoff nennt man „gefüllten Gummi".

Im Hinblick auf tribologische Eigenschaften geht man davon aus, dass die Kontakt- und Reibungseigenschaften von Elastomeren im Wesentlichen auf ihre rheologischen Eigenschaften zurückzuführen sind. Mit anderen Worten, die tribologischen Eigenschaften von Elastomeren sind im Wesentlichen nicht durch ihre Oberflächeneigenschaften, sondern durch ihre Volumeneigenschaften bedingt. Das ist der Grund, warum wir uns in diesem Kapitel zunächst einer ausführlichen Analyse der rheologischen Eigenschaften von Gummi sowie Methoden zu deren Beschreibung widmen. Die in diesem Kapitel eingeführten

[1] In diesem Sinne ist die Gummielastizität verwandt mit der „Elastizität" eines idealen Gases, wo die Wechselwirkungen zwischen Molekülen keine Rolle spielen und die Elastizität ebenfalls rein entropischer Natur ist.

[2] Die Vulkanisation wurde 1839 von Charles Goodyear entwickelt.

Begriffe und Methoden werden im nächsten Kapitel zur Diskussion der Reibung von Elastomeren benutzt. Wir behandeln dabei Elastomere als *lineare* viskoelastische Stoffe. Die Behandlung von Nichtlinearitäten ginge über die Grenzen dieses Buches hinaus.

15.2 Spannungsrelaxation in Elastomeren

Betrachten wir einen Gummiblock, der auf Schub beansprucht wird (Abb. 15.2). Wird er schnell um den Schubwinkel ε_0 deformiert[3], so steigt die Spannung im ersten Moment auf ein hohes Niveau $\sigma(0)$ und relaxiert danach langsam zu einem viel kleineren Niveau $\sigma(\infty)$ (Abb. 15.3), wobei bei Elastomeren $\sigma(\infty)$ um 3 bis 4 Größenordnungen kleiner sein kann als $\sigma(0)$. Die physikalische Ursache für dieses Verhalten ist klar: Im ersten Moment haben die Polymerketten noch keine Zeit, um sich zu entflechten, und der Gummi reagiert wie ein „normaler fester Stoff". Der entsprechende Schubmodul $G(0) = \sigma(0)\,/\,\varepsilon_0$ hat dieselbe Größeordnung wie der Schubmodul von Glas und wird *Glasmodul* genannt. Das Verhältnis $G(\infty) = \sigma(\infty)\,/\,\varepsilon_0$ beschreibt das Materialverhalten nach einer langen Wartezeit und wird *statischer Schubmodul* genannt. Im Laufe der Zeit wickeln sich die Moleküle auseinander, und die innere Spannung im Material gibt nach. Das Verhältnis

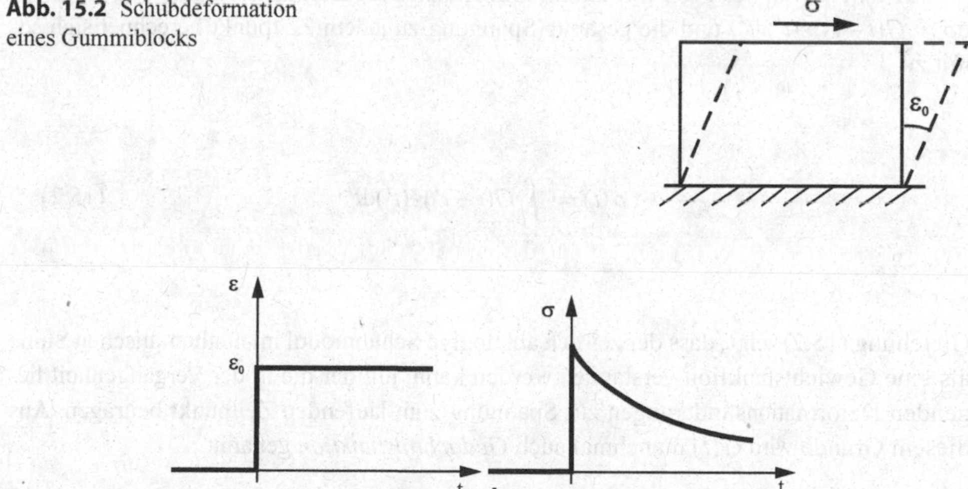

Abb. 15.2 Schubdeformation eines Gummiblocks

Abb. 15.3 Wird ein Gummiblock zum Zeitpunkt $t = 0$ schnell um ε_0 deformiert, so steigt die Spannung zunächst auf ein hohes Niveau und relaxiert danach mit der Zeit zu einer viel kleineren Spannung

---

[3] Wir unterstreichen, dass der Schubwinkel ε gleich der zweifachen Schubkomponente des Tensors der Deformation ist.

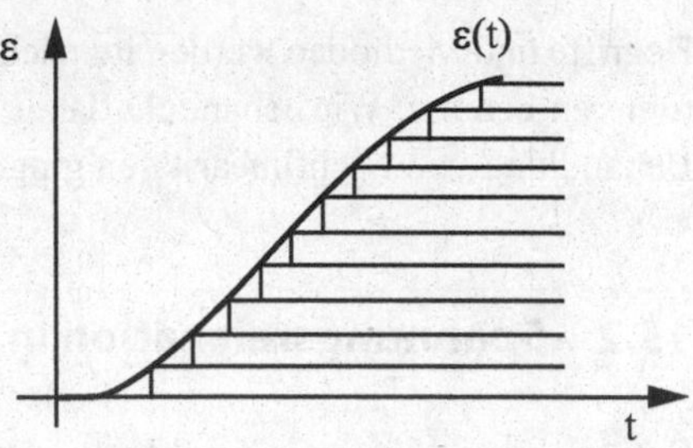

Abb. 15.4 Darstellung einer Funktion der Zeit als Superposition von mehreren versetzten Stufenfunktionen

$$G(t) = \frac{\sigma(t)}{\varepsilon_0} \tag{15.1}$$

bezeichnet man als *zeitabhängigen Schubmodul*. Es ist leicht zu sehen, dass diese Funktion die mechanischen Eigenschaften eines Stoffes vollständig beschreibt, vorausgesetzt, dass der Stoff ein *lineares* Verhalten aufweist:

Nehmen wir an, dass der Block nach einem beliebigen Gesetz $\varepsilon(t)$ deformiert wird. Eine beliebige Abhängigkeit $\varepsilon(t)$ kann immer als eine Summe von zeitlich versetzten Stufenfunktionen dargestellt werden, wie dies schematisch in Abb. 15.4 gezeigt ist. Eine „elementare Stufenfunktion" in dieser Abbildung zum Zeitpunkt t' hat offenbar die Amplitude $\mathrm{d}\varepsilon(t') = \dot{\varepsilon}(t')\mathrm{d}t'$. Der mit ihr zusammenhängende Beitrag zur Spannung ist gleich $\mathrm{d}\sigma = G(t-t')\dot{\varepsilon}(t')\mathrm{d}t'$, und die gesamte Spannung zu jedem Zeitpunkt berechnet sich somit zu

$$\sigma(t) = \int_{-\infty}^{t} G(t-t')\dot{\varepsilon}(t')\mathrm{d}t' \tag{15.2}$$

Gleichung (15.2) zeigt, dass der zeitlich abhängige Schubmodul im mathematischen Sinne als eine Gewichtsfunktion verstanden werden kann, mit der die in der Vergangenheit liegenden Deformationsänderungen zur Spannung zum laufenden Zeitpunkt beitragen. Aus diesem Grunde wird $G(t)$ manchmal auch *Gedächtnisfunktion* genannt.

15.3 Komplexer, frequenzabhängiger Schubmodul

Ändert sich $\varepsilon(t)$ nach einem harmonischen Gesetz

$$\varepsilon(t) = \tilde{\varepsilon}\cos(\omega t), \tag{15.3}$$

so stellt sich nach einem Einschwingvorgang eine periodische Änderung der Spannung mit der gleichen Frequenz ω ein. Den Zusammenhang zwischen der Änderung der Deformation und der Spannung kann man besonders einfach darstellen, wenn man die reelle Funktion $\cos(\omega t)$ als Summe von zwei komplexen Exponenten darstellt:

$$\cos(\omega t) = \frac{1}{2}(e^{i\omega t} + e^{-i\omega t}). \tag{15.4}$$

Wegen des Superpositionsprinzips kann man zunächst die Spannungen berechnen, die sich aufgrund der komplexen Schwingungen

$$\varepsilon(t) = \tilde{\varepsilon}e^{i\omega t} \text{ und } \varepsilon(t) = \tilde{\varepsilon}e^{-i\omega t} \tag{15.5}$$

ergeben und diese Spannungen anschließend summieren. Setzen wir $\varepsilon(t) = \tilde{\varepsilon}e^{i\omega t}$ in (15.2) ein, so erhalten wir für die Spannung

$$\sigma(t) = \int_{-\infty}^{t} G(t-t')i\omega\tilde{\varepsilon}e^{i\omega t'}\,\mathrm{d}t'. \tag{15.6}$$

Durch Substitution $\xi = t - t'$ bringen wir dieses Integral zur folgenden Form

$$\sigma(t) = \int_{-\infty}^{t} G(t-t')i\omega\tilde{\varepsilon}e^{i\omega t'}\,\mathrm{d}t' = i\omega\tilde{\varepsilon}e^{i\omega t}\int_{0}^{\infty} G(\xi)e^{-i\omega\xi}\,\mathrm{d}\xi \tag{15.7}$$

oder:

$$\sigma(t) = \hat{G}(\omega)\tilde{\varepsilon}e^{i\omega t} = \hat{G}(\omega)\varepsilon(t). \tag{15.8}$$

Für eine harmonische Anregung in Form einer komplexen Exponente $e^{i\omega t}$ ist die Spannung proportional zur Deformation. Der Proportionalitätskoeffizient

$$\hat{G}(\omega) = i\omega\int_0^\infty G(\xi)e^{-i\omega\xi}\,\mathrm{d}\xi \tag{15.9}$$

ist im Allgemeinen eine komplexe Größe und wird komplexer Schubmodul genannt. Sein Realteil $G'(\omega) = \operatorname{Re}\hat{G}(\omega)$ wird Speichermodul, sein Imaginärteil $G''(\omega) = \operatorname{Im}\hat{G}(\omega)$ Verlustmodul genannt.

Die *Amplitude* der Schwingungen wird durch den *Betrag* der komplexen Spannung bzw. Deformation gegeben:

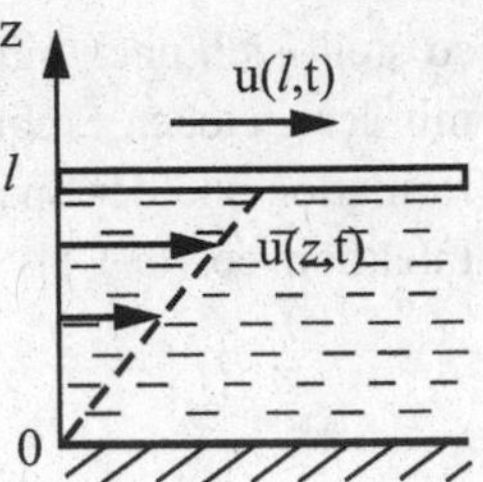

Abb. 15.5 Gleichmäßige Scherströmung einer linearviskosen Flüssigkeit

$$|\sigma(t)| = \left|\hat{G}(\omega)\tilde{\varepsilon}e^{i\omega t}\right| = \left|\hat{G}(\omega)\right|\left|\tilde{\varepsilon}\right|\left|e^{i\omega t}\right|. \tag{15.10}$$

Da der Betrag $\left|e^{i\omega t}\right| = 1$ ist, folgt daraus:

$$|\sigma(t)| = \left|\hat{G}(\omega)\right|\left|\tilde{\varepsilon}\right|. \tag{15.11}$$

Demnach sind die Schwingungs*amplituden* der Spannung und der Deformation durch den *Betrag des komplexen Schubmoduls* verbunden.

Um den Begriff des komplexen Moduls näher zu erläutern, betrachten wir zwei einfache Beispiele:

a. Für einen *linearelastischen Körper* gilt für die Scherdeformation nach dem Hookeschen Gesetz: $\sigma = G\varepsilon$. Der komplexe Modul hat in diesem Fall nur einen Realteil, und dieser ist gleich G.
b. Für reine Scherung einer *linear viskosen Flüssigkeit* (Abb. 15.5) gilt

$$\sigma = \eta \frac{\mathrm{d}v}{\mathrm{d}z}. \tag{15.12}$$

Für eine periodische Bewegung $\hat{u}(l,t) = u_0 e^{i\omega t}$ gilt somit:

$$\hat{\sigma}(t) = \eta \left.\frac{\mathrm{d}v}{\mathrm{d}z}\right|_{z=l} = \eta \frac{\hat{v}(t)}{l} = \eta i\omega \frac{u_0}{l} e^{i\omega t} = i\omega\eta\hat{\varepsilon}(t). \tag{15.13}$$

Der komplexe Modul

$$\hat{G}(\omega) = i\omega\eta \tag{15.14}$$

hat in diesem Fall nur einen imaginären Teil: $\operatorname{Re}\hat{G} = 0$, $\operatorname{Im}\hat{G} = \omega\eta$.

15.4 Eigenschaften des komplexen Moduls

Aus der Definition (15.9) folgt, dass

$$\hat{G}(-\omega) = \hat{G}^*(\omega). \tag{15.15}$$

„*" bedeutet hier komplex konjugierte Größe. Für den Real- und Imaginärteil des Moduls bedeutet das:

$$\begin{aligned} G'(-\omega) &= G'(\omega), \\ G''(-\omega) &= -G''(\omega). \end{aligned} \tag{15.16}$$

Real- und Imaginärteil des komplexen Moduls sind nicht unabhängig voneinander, sondern müssen den sogenannten *Kramers-Kronig-Relationen* genügen:

$$\begin{aligned} G'(\omega) &= G_0 + \frac{2\omega^2}{\pi} \int_0^\infty \frac{1}{z} \frac{G''(z)}{\left(\omega^2 - z^2\right)} \mathrm{d}z, \\ G''(\omega) &= -\frac{2\omega}{\pi} \int_0^\infty \frac{G'(z)}{\omega^2 - z^2} \mathrm{d}z. \end{aligned} \tag{15.17}$$

Integrale in dieser Gleichung sind als Cauchy-Hauptwertintegrale zu verstehen (d. h. man nähert sich Polstellen symmetrisch an, damit sich Unendlichkeitsstellen gegenseitig aufheben können).

Ist der komplexe Modul im gesamten Frequenzbereich bekannt, so kann der zeitlich abhängige Modul berechnet werden. Indem wir (15.9) mit $\frac{1}{i\omega 2\pi} e^{i\omega t}$ multiplizieren und anschließend über ω (von $-\infty$ bis ∞) integrieren, erhalten wir

$$\frac{1}{2\pi} \int_{-\infty}^\infty \frac{1}{i\omega} \hat{G}(\omega) e^{i\omega t} \mathrm{d}\omega = \frac{1}{2\pi} \int_0^\infty G(\xi) \int_{-\infty}^\infty e^{i\omega(t-\xi)} \mathrm{d}\omega \mathrm{d}\xi. \tag{15.18}$$

Die in Abb. 15.3a gezeigte Stufenfunktion entspricht $\dot{\varepsilon}(t) = \varepsilon_0 \delta(t)$, wobei $\delta(t)$ die Diracsche δ-Funktion ist. Indem wir die Identität

$$\int_{-\infty}^\infty e^{i\omega t} \mathrm{d}\omega = 2\pi\delta(t) \tag{15.19}$$

benutzen, vereinfacht sich die rechte Seite und es verbleibt lediglich der zeitlich abhängige Schubmodul. Unter Berücksichtigung von (15.1) gilt damit folgender Zusammenhang

$$\begin{aligned} G(t) = \frac{\sigma(t)}{\varepsilon_0} &= \frac{1}{2\pi} \int_{-\infty}^\infty \frac{\hat{G}(\omega)}{i\omega} e^{i\omega t} \mathrm{d}\omega \\ &= \frac{1}{2\pi} \int_{-\infty}^\infty \frac{1}{\omega} (G'(\omega) \sin \omega t + G''(\omega) \cos \omega t) \mathrm{d}\omega \end{aligned} \tag{15.20}$$

15.5 Energiedissipation in einem viskoelastischen Material

Eine Deformation des Materials nach dem Gesetz $\varepsilon_1 = \varepsilon_0 e^{i\omega t}$ führt nach der Definition des komplexen Schubmoduls zur Spannung $\sigma_1 = \varepsilon_0 \hat{G}(\omega) e^{i\omega t}$. Bei der Deformation $\varepsilon_2 = \varepsilon_0 e^{-i\omega t}$ müssen wir nur das Vorzeichen der Frequenz ändern: $\sigma_2 = \varepsilon_0 \hat{G}(-\omega) e^{-i\omega t} = \varepsilon_0 \hat{G}^*(\omega) e^{-i\omega t}$. Ist die gesamte Deformation über die Summe von ε_1 und ε_2 darstellbar

$$\varepsilon = \varepsilon_0 \cos \omega t = \frac{\varepsilon_0}{2}\left(e^{i\omega t} + e^{-i\omega t}\right), \tag{15.21}$$

so berechnet sich die Spannung aufgrund der Linearität des Systems über die Summe von σ_1 und σ_2 :

$$\sigma = \frac{1}{2}\varepsilon_0 (G(\omega) e^{i\omega t} + G(\omega^* e^{-i\omega t}) = \varepsilon_0 (G'(\omega) \cos \omega t - G''(\omega) \sin \omega t). \tag{15.22}$$

Wir können nun die Leistung $\overline{P}$ dieser Spannung in einem Einheitsvolumen berechnen:

$$\overline{P} = \langle \sigma(t) \dot{\varepsilon}(t) \rangle = \tfrac{1}{2} \omega \varepsilon_0^2 G''(\omega). \tag{15.23}$$

Die Energiedissipation wird unmittelbar durch den Imaginärteil des komplexen Moduls bestimmt. Damit hängt die Bezeichnung „Verlustmodul" für den Imaginärteil des elastischen Moduls zusammen.

Bei vorgegebener Spannung berücksichtigen wir die Eigenschaft (15.11) und schreiben $\sigma_0^2 = |\hat{G}(\omega)|^2 \varepsilon_0^2$. Damit können wir (15.23) auf die Form

$$\overline{P} = \tfrac{1}{2} \omega \sigma_0^2 \frac{\operatorname{Im} \hat{G}(\omega)}{\left|\hat{G}(\omega)\right|^2} = -\tfrac{1}{2} \omega \sigma_0^2 \operatorname{Im}\left(\frac{1}{\hat{G}(\omega)}\right) \tag{15.24}$$

bringen.

15.6 Messung komplexer Module

Wird ein lineares viskoelastisches Material periodisch mit der Kreisfrequenz ω nach dem Gesetz (15.21) deformiert und der Spannungsverlauf (15.22) im eingeschwungenen Zustand aufgezeichnet, so kann man den komplexen Modul bestimmen, indem man die Mittelwerte

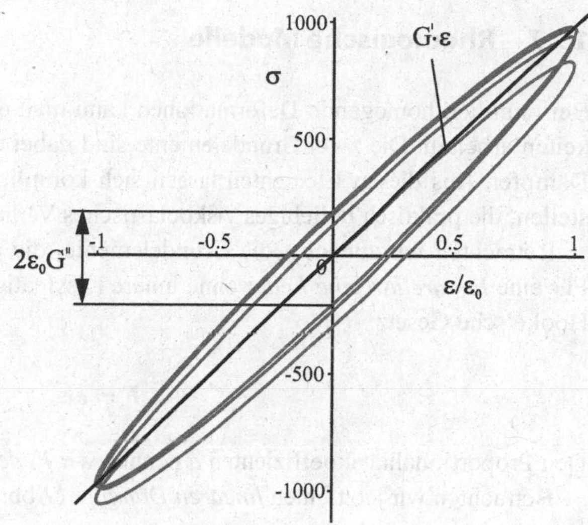

Abb. 15.6 Spannungs-Dehnungs-Diagramm für ein viskoelastisches Material

$$\overline{E} = \langle \sigma(t)\varepsilon(t) \rangle \text{ und } \overline{P} = \langle \sigma(t)\dot{\varepsilon}(t) \rangle \tag{15.25}$$

bestimmt. Die mittlere Leistung haben wir bereits oben berechnet und mit dem Verlustmodul verbunden. Der Mittelwert $\overline{E}$ kann nun mit dem *Speichermodul* verknüpft werden, denn es gilt:

$$\overline{E} = \frac{1}{2} G' \varepsilon_0^2. \tag{15.26}$$

Der Realteil des G-Moduls berechnet sich also aus

$$\operatorname{Re} \hat{G} = G' = \frac{2\overline{E}}{\varepsilon_0^2}, \tag{15.27}$$

während man den Imaginäranteil aus (15.23) erhält (Abb. 15.6):

$$\operatorname{Im} \hat{G} = G'' = \frac{2\overline{P}}{\omega \varepsilon_0^2}. \tag{15.28}$$

Die Gl. (15.21) und (15.22) beschreiben in parametrischer Form das dynamische Spannungs-Dehnungs-Diagramm, welches eine elliptische Form hat. Die mittlere Steigung des Diagramms ist dabei gleich G'. Für $\varepsilon = 0$ erhalten wir $\sigma = \pm\varepsilon_0 G''$ Der Imaginärteil kann somit aus der Breite der Hysteresefigur bestimmt werden.

15.7 Rheologische Modelle

Bei räumlich homogenen Deformationen kann man oft anstatt mit Modulen mit Steifigkeiten arbeiten. Die zwei Grundelemente sind dabei eine linear elastische Feder und ein Dämpfer. Aus diesen Elementen lassen sich kompliziertere Kombinationen zusammenstellen, die praktisch beliebiges viskoelastisches Verhalten abbilden können.

Betrachten wir zunächst die Grundelemente, die periodisch angeregt werden sollen. Für eine *linearelastische Feder* ohne innere Dissipation (Abb. 15.7a) gilt bekanntlich das Hooke'sche Gesetz:

$$F = cx. \tag{15.29}$$

Den Proportionalitätskoeffizienten c nennen wir *Federzahl* oder auch *Federsteifigkeit.*

Betrachten wir jetzt einen *linearen Dämpfer* (Abb. 15.7b):

$$F = d\dot{x}. \tag{15.30}$$

Für eine harmonische Anregung in komplexer Form $\hat{F} = F_0 e^{i\omega t}$ suchen wir die Lösung in der Form $\hat{x} = \hat{x}_0 e^{i\omega t}$. Das Ergebnis lautet: $\hat{F}(t) = id\omega\hat{x}(t)$, d. h. d*ie Kraft ist zu jedem Zeitpunkt proportional zur Auslenkung, wie bei einer Feder*. Der Koeffizient

$$\hat{c}_d = id\omega, \tag{15.31}$$

der die Kraft mit der Auslenkung verbindet, ist jetzt aber komplex und hängt von der Frequenz ab. Wir nennen ihn *komplexe, frequenzabhängige Federzahl* oder *-steifigkeit.*

Für ein *allgemeines* lineares mechanisches System (d. h. ein beliebig kompliziertes System aufgebaut aus linearen Federn und Dämpfern) gilt bei einer Erregerkraft $F_0 e^{i\omega t}$ ein linearer Zusammenhang:

$$\hat{F}(t) = \hat{c}(\omega)\hat{x}(t), \tag{15.32}$$

wobei $\hat{c}(\omega)$ nun die komplexe Federzahl des Systems ist. Diese Gleichung gilt allerdings nur bei einer Anregung mit der Frequenz ω. In expliziter Form lautet sie: $F_0 e^{i\omega t} = \hat{c}(\omega)\hat{x}_0 e^{i\omega t}$.

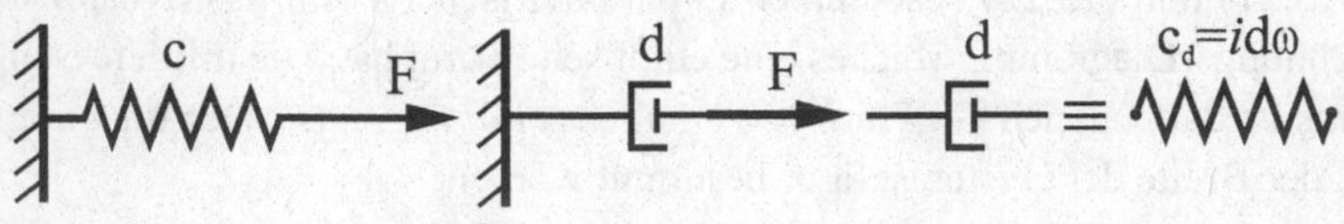

Abb. 15.7 **a** linearelastische Feder. **b** geschwindigkeitsproportionaler Dämpfer. **c** komplexe Steifigkeit eines Dämpfers

Bei einer Parallelschaltung von zwei Federn mit den Federzahlen c_1 und c_2 ergibt sich eine Feder mit der Federzahl $c = c_1 + c_2$. Bei einer Reihenschaltung gilt $\frac{1}{c} = \frac{1}{c_1} + \frac{1}{c_2} \Rightarrow c = \frac{c_1 c_2}{c_1 + c_2}$. Ähnliche Schaltungen kann man auch für Kontinua benutzen, dann müssen die Steifigkeiten durch Module ersetzt werden.

Der für uns im Weiteren wichtigste Bestandteil von vielen rheologischen Modellen ist das *Maxwellsche Element* bestehend aus einer Feder, die in Reihe mit einem Dämpfer geschaltet ist. Untersuchen wir die Eigenschaften von diesem Element, wobei wir gleich von der kontinuumsmechanischen Version des Modells ausgehen und nicht von Steifigkeiten, sondern von Modulen sprechen.

Die komplexen Module der Feder und des Dämpfers sind G und $i\eta\omega$. Aufgrund der Reihenschaltung ergibt sich der gesamte Modul

$$\hat{G}_{Maxwell} = \frac{G \cdot i\eta\omega}{G + i\eta\omega} = \frac{G \cdot i\eta\omega}{(G + i\eta\omega)} \frac{(G - i\eta\omega)}{(G - i\eta\omega)} = \frac{G(i\eta\omega G + (\eta\omega)^2)}{G^2 + (\eta\omega)^2}. \quad (15.33)$$

Der Speicher- und der Verlustmodul sind gleich

$$G'_{Maxwell} = \frac{G(\eta\omega)^2}{G^2 + (\eta\omega)^2}, \qquad G''_{Maxwell} = \frac{\eta\omega G^2}{G^2 + (\eta\omega)^2}. \quad (15.34)$$

Indem wir die Größe

$$\tau = \eta / G \quad (15.35)$$

einführen, können wir die Gl. (15.34) auch in der Form

$$G'_{Maxwell} = G\frac{(\omega\tau)^2}{1 + (\omega\tau)^2}, \qquad G''_{Maxwell} = G\frac{\omega\tau}{1 + (\omega\tau)^2} \quad (15.36)$$

darstellen. Die Größe τ hat die Dimension Zeit.

Untersuchen wir nun die Spannungsrelaxation in einem Medium, das durch ein Maxwell-Element beschrieben wird. Wir benutzen dabei die in Abb. 15.8 eingeführten Bezeichnungen. Die auf den Verbindungspunkt zwischen Feder und Dämpfer wirkende Spannung ist gleich $-G(\varepsilon - \varepsilon_1) + \eta\dot{\varepsilon}_1$. Wegen der Masselosigkeit des Verbindungspunktes muss diese Spannung verschwinden: $-G(\varepsilon - \varepsilon_1) + \eta\dot{\varepsilon}_1 = 0$. Indem wir diese Gleichung durch G dividieren und die Bezeichnung (15.35) einführen, können wir sie wie folgt schreiben:

$$\tau\dot{\varepsilon}_1 + \varepsilon_1 = \varepsilon. \quad (15.37)$$

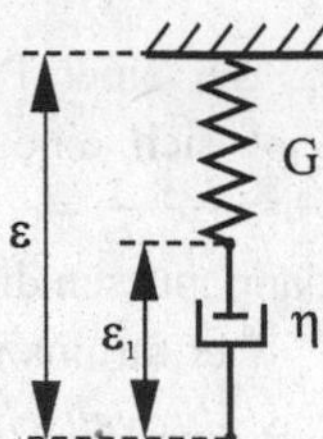

Abb. 15.8 Maxwellsches Element

Wird das Material zum Zeitpunkt $t = 0$ *plötzlich* um ε_0 deformiert, so gilt für alle Zeitpunkte $t > 0$

$$\tau\dot{\varepsilon}_1 + \varepsilon_1 = \varepsilon_0 \tag{15.38}$$

mit der Anfangsbedingung $\dot{\varepsilon}_1(0) = 0$. Die Lösung dieser Gleichung mit der genannten Anfangsbedingung lautet

$$\varepsilon_1 = \varepsilon_0\left(1 - e^{-t/\tau}\right). \tag{15.39}$$

Für die Spannung ergibt sich

$$\sigma = G\left(\varepsilon_0 - \varepsilon_1\right) = G\varepsilon_0 e^{-t/\tau}. \tag{15.40}$$

Die Spannung klingt exponentiell mit der charakteristischen Zeit τ ab, die man *Relaxationszeit* nennt.

15.8 Ein einfaches rheologisches Modell für Gummi („Standardmodell")

Wir wollen nun ein Feder-Dämpfer-Modell aufbauen, das die wichtigsten dynamischen Eigenschaften von Gummi bei periodischer Beanspruchung enthält. Diese sind:

1. $\omega \approx 0$: Bei kleinen Frequenzen misst man einen kleinen elastischen Modul (quasistatische Deformation) und kaum Dissipation, d. h. der Dämpfungsanteil ist sehr klein.
2. $\omega \to \infty$: Bei sehr hohen Frequenzen misst man einen sehr großen Modul (typischerweise 3 Größenordnungen größer als bei quasistatischer Beanspruchung), und ebenfalls keine nennenswerte Dissipation.
3. Bei mittleren Frequenzen misst man mittlere Module, gleichzeitig aber auch starke Dissipation.

Diese Eigenschaften resultieren aus der Tatsache, dass die Molekülketten sich nur in endlichen Zeiten ver- und entknäulen können.

Diese Eigenschaften eines Gummiblocks sollen nun qualitativ durch das in Abb. 15.9 dargestellte rheologische Modell beschrieben werden. Da es sich dabei um eine Parallel-

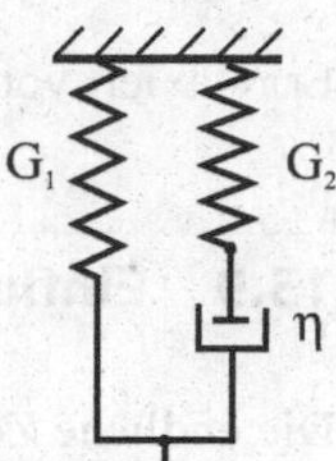

Abb. 15.9 Ein einfaches rheologisches Modell für Gummi

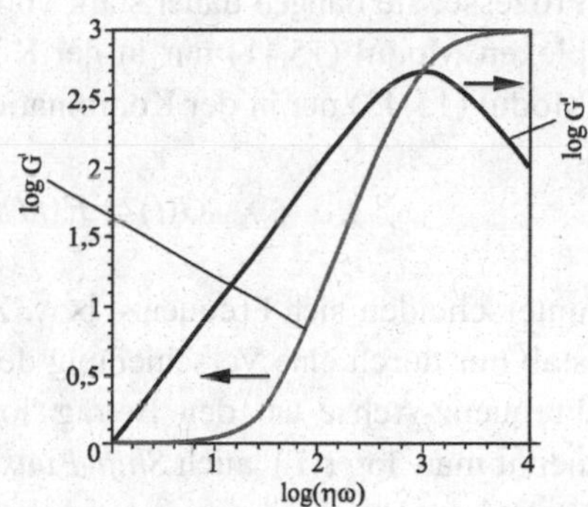

Abb. 15.10 Real- und Imaginärteil des frequenzabhängigen Moduls für das in Abb. 15.9 gezeigte rheologische Modell mit $G_2 / G_1 = 1000$

schaltung einer linearelastischen Feder und eines Maxwellschen Elementes handelt, können wir sofort schreiben

$$G' = G_1 + G_2 \frac{(\omega\tau)^2}{1+(\omega\tau)^2}, \qquad G'' = G_2 \frac{\omega\tau}{1+(\omega\tau)^2} \tag{15.41}$$

mit $\tau = \eta / G_2$. Die Abhängigkeiten der Module von der Frequenz im *doppelt-logarithmischen* Maßstab sind für den Fall $G_2 / G_1 = 1000$ in Abb. 15.10 dargestellt.

Für kleine Frequenzen $\omega < G_1 / \eta$ (quasistatische Belastung) strebt der Modul gegen G_1. Für sehr große Frequenzen $\omega > G_2 / \eta$ strebt er gegen $G_2 \gg G_1$. Das bedeutet, dass bei sehr langsamen Belastungen Gummi weich ist, bei sehr schnellen Belastungen hingegen hart. Typische Schubmodule eines gefüllten Gummis bei kleinen Frequenzen liegen bei 10 MPa, während er bei großen Frequenzen ca. 1000 Mal größer ist. Im mittleren Bereich ist der Imaginäranteil überwiegend: $G''(\omega) \approx \eta\omega$, d. h. das Medium verhält sich bei periodischer Beanspruchung wie eine viskose Flüssigkeit.

Aufgrund der Tatsache, dass es sich um eine Parallelschaltung einer Feder und eines Maxwellschen Elementes handelt, können wir wiederum sofort schreiben

$$\sigma(t) = \varepsilon_0 \left(G_1 + G_2 e^{-t/\tau} \right). \tag{15.42}$$

Dividiert durch ε_0 ergibt sich die normierte Spannung, die wir als *zeitlich abhängigen Modul* bezeichnet haben:

$$G(t) = \sigma / \varepsilon_0 = (G_1 + G_2 e^{-t/\tau}). \tag{15.43}$$

Er relaxiert vom Wert $G_0 = G_1 + G_2 \approx G_2$ für $t = 0$ zum Wert $G_\infty = G_1$ für $t \to \infty$.

15.9 Einfluss der Temperatur auf rheologische Eigenschaften

Die endliche Zeit der Spannungsrelaxation ist physikalisch durch kinetische Prozesse der „Auseinanderwicklung" von Polymermolekülen bedingt. Dies sind thermisch aktivierte Prozesse; sie hängen daher stark von der Temperatur ab. Da die Relaxationszeit im komplexen Modul (15.41) nur in der Kombination $\omega\tau(T)$, und in dem zeitlich abhängigen Modul (15.43) nur in der Kombination $t / \tau(T)$ erscheint:

$$G(t) = F(t / \tau(T)), \qquad \hat{G}(\omega) = Q(\omega\tau(T)) \tag{15.44}$$

unterscheiden sich Frequenz- bzw. Zeitverläufe von Modulen im logarithmischen Maßstab nur durch eine Verschiebung der gesamten Kurve als Ganzes parallel zur Zeit- bzw. Frequenz-Achse um den Betrag $\log(\tau(T_2)/\tau(T_1))$ (Abb. 15.11). Aus diesen Gründen nennt man $\log\tau(T)$ auch *Shift-Funktion.*

Bei der Beschreibung von rheologischen Eigenschaften von Elastomeren wird sehr oft davon ausgegangen, dass die oben gemachte Annahme (15.44) auch dann gilt, wenn die Rheologie nicht durch das oben gezeigte einfache Modell beschrieben wird. Williams, Landel und Ferry haben 1955 für die Shift-Funktion eine analytische Approximation vorgeschlagen, die zwei Konstanten C_1 und C_2 enthält und als *WLF-Funktion* bekannt ist. Die Konstanten sind für jede Gummisorte experimentell zu bestimmen:

$$\log\tau(T) = \frac{C_1(T - T_g)}{C_2 + T - T_g} = C_1\left(1 - \frac{1}{1 + C_2^{-1}\left(T - T_g\right)}\right). \tag{15.45}$$

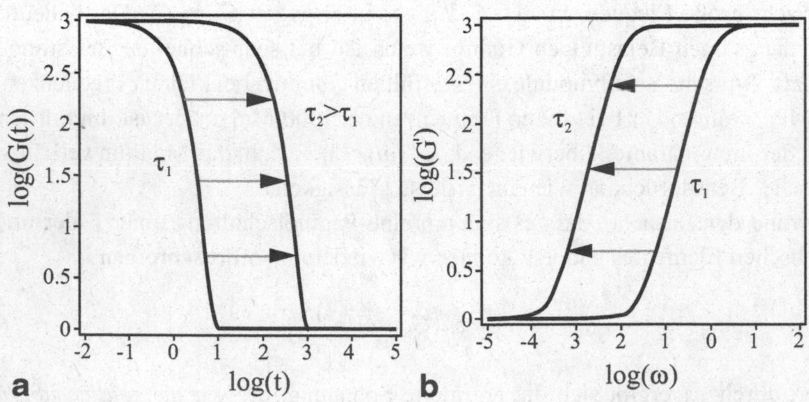

Abb. 15.11 Relaxationsfunktion (**a**) und frequenzabhängiger Modul (**b**) bei zwei Temperaturen. Die kleinere Relaxationszeit τ_1 entspricht einer höheren Temperatur als die (in diesem Beispiel ca. 100 mal größere) Relaxationszeit τ_2

T_g ist die so genannte *Verglasungstemperatur*.

15.10 Masterkurven

Die Annahme (15.44) wird zur experimentellen Wiederherstellung der gesamten Relaxationskurve mittels Messungen in einem begrenzten Zeitintervall benutzt. Betrachten wir beispielsweise die Spannungsrelaxation bei einem Zugversuch: Die Probe wird schnell um $\varepsilon = 1\%$ deformiert, und anschließend die Spannung als Funktion der Zeit gemessen. Experimentell gibt es nur begrenzte Möglichkeiten, die Zeit bei solchen Experimenten aufzulösen. Wir werden als Beispiel die Spannungsrelaxation im Zeitfenster von 3 bis 600 s nach der plötzlichen Deformation untersuchen: kürzere Zeiten sind schwierig zu realisieren, während größere Zeiten zu praktisch nicht akzeptablen Laufzeiten des Experiments führen.

Experimentelle Ergebnisse bei verschiedenen Temperaturen können im *doppellogarithmischen* Maßstab wie in Abb. 15.12 aussehen. Wir gehen von der Hypothese aus, dass die bei verschiedenen Temperaturen gemessenen Kurven nur gegeneinander verschobene Teile derselben Kurve sind. Man versucht nun, diese Teile so zu verschieben, dass sie eine ganze Kurve bilden (Abb. 15.13).

Dieses Verfahren zeigt sich erfolgreich und führt zu einer „experimentellen" Relaxationskurve in einem Zeitintervall, das einer direkten experimentellen Messung unzugänglich ist (z. B. vom Submillisekunden-Bereich bis Jahre). Diese Kurve nennt sich „Masterkurve". Die Verschiebung ist dabei bei verschiedenen Temperaturen bzw. in verschiedenen Zeitbereichen nicht die gleiche, was Unterschiede in den Aktivierungsenergien auf verschiedenen Skalen widerspiegelt.

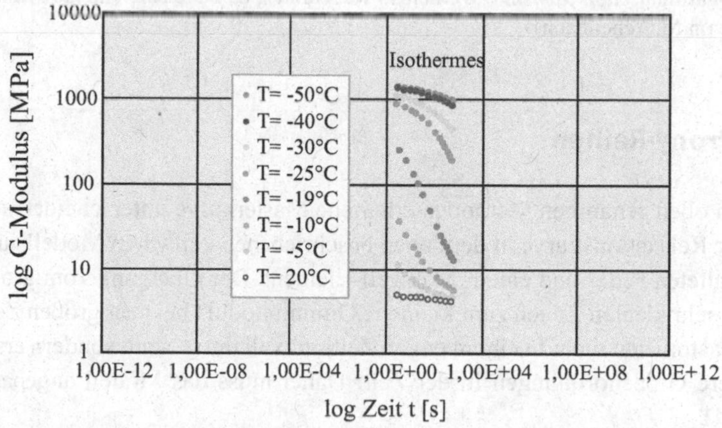

Abb. 15.12 Messungen der Spannungsrelaxation bei verschiedenen Temperaturen im gegebenen Zeitfenster. (Daten von M. Achenbach)

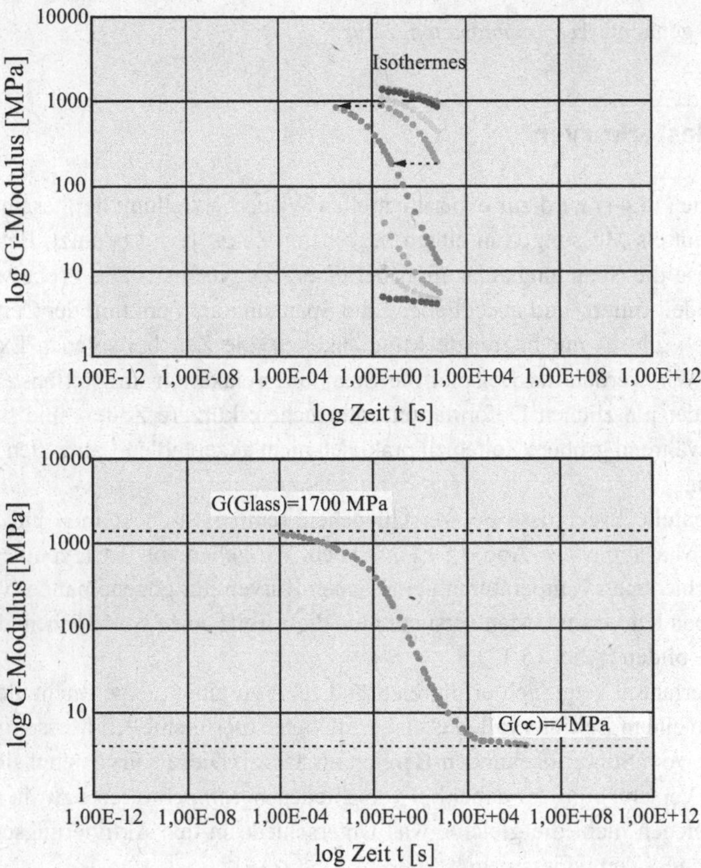

Abb. 15.13 Die Abschnitte der Spannungs-Relaxations-Kurven bei verschiedenen Temperaturen (im doppellogarithmischen Maßstab) werden so verschoben, dass sie eine einzige *Masterkurve* bilden. (Daten von M. Achenbach)

15.11 Prony-Reihen

Die mit den oben genannten Methoden erhaltene Masterkurve unterscheidet sich wesentlich von der Relaxationskurve in dem oben beschriebenen einfachen Modell aus einer parallelgeschalteten Feder und einem Maxwell-Element. Der Übergang vom großen „Glasmodul" bei sehr kleinen Zeiten zum kleinen „Gummimodul" bei sehr großen Zeiten findet in realen Elastomeren nicht in einem engen Zeitintervall um τ statt, sondern erstreckt sich über mehrere Größenordnungen in der Zeit. Daher muss das Modell angepasst werden (Abb. 15.14).

Eine Anpassung kann erreicht werden, indem man statt eines Maxwell-Elements mit einer Relaxationszeit τ eine Reihe von Elementen mit verschiedenen Relaxationszeiten parallel zueinander schaltet (Abb. 15.15). Durch eine ausreichend große Zahl von Max-

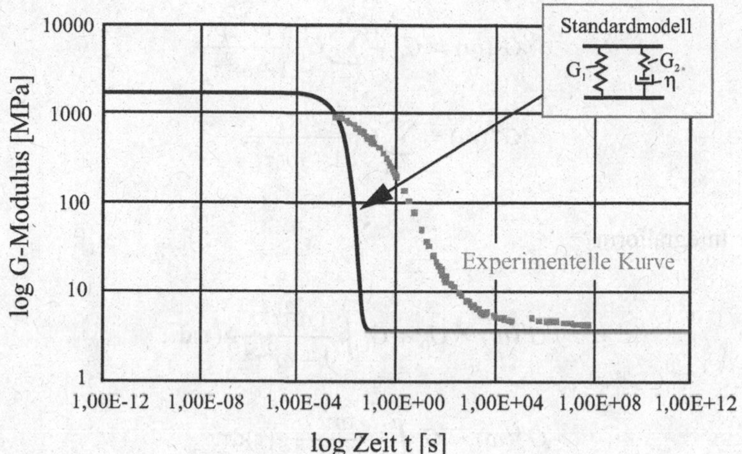

Abb. 15.14 Doppellogarithmische Darstellung des zeitlich abhängigen Schubmoduls für das einfache rheologische Modell (*durchgezogene Kurve*) und ein reales Elastomer (Daten von M. Achenbach)

well-Elementen lässt sich jede Relaxationsfunktion ausreichend gut abbilden. Dieses Modell nennt man *Prony-Reihe*.

Die Relaxation des G-Moduls wird in diesem Modell gegeben durch

$$G(t) = G_0 + \sum_{i=1}^{N} G_i \cdot e^{-t/\tau_i}. \tag{15.46}$$

Man kann diese Gleichung auch auf eine Integralform verallgemeinern:

$$G(t) = G_0 + G_1 \int_{\tau_1}^{\tau_2} g(\tau) e^{-t/\tau} \, d\tau. \tag{15.47}$$

Der komplexe Schubmodul ist gegeben durch

Abb. 15.15 Prony-Reihe

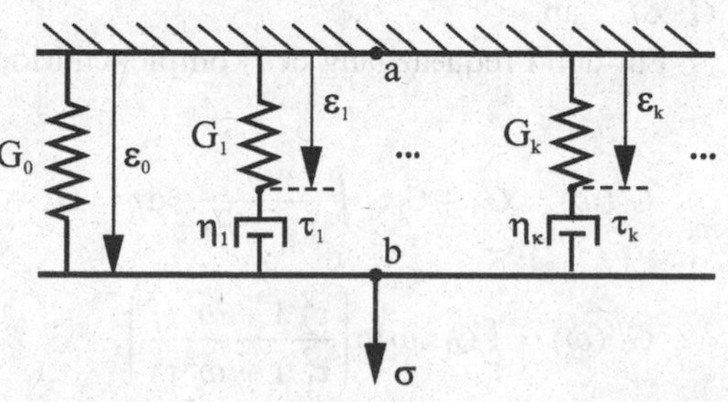

$$G'(\omega) = G_0 + \sum_{k=1}^{N_k} G_k \frac{\omega^2 \tau_k^2}{1+\omega^2 \tau_k^2},$$
$$G''(\omega) = \sum_{k=1}^{N_k} G_k \frac{\omega \tau_k}{1+\omega^2 \tau_k^2}, \tag{15.48}$$

oder in der Integralform

$$G'(\omega) = G_0 + G_1 \int_{\tau_1}^{\tau_2} \frac{\omega^2 \tau^2}{1+\omega^2 \tau^2} g(\tau) \mathrm{d}\tau,$$
$$G''(\omega) = G_1 \int_{\tau_1}^{\tau_2} \frac{\omega \tau}{1+\omega^2 \tau^2} g(\tau) \mathrm{d}\tau. \tag{15.49}$$

Statt einer für ein Maxwellsches Element charakteristischen exponentiellen Abnahme der Spannung mit der Zeit findet man bei vielen Elastomeren eine Abnahme, die durch eine Potenzfunktion beschrieben werden kann. Um eine solche Relaxationsfunktion zu beschreiben, muss auch die Gewichtsfunktion $g(\tau)$ in den Gleichungen (15.47) und (15.49) als Potenzfunktion gewählt werden: $g(\tau) \propto \tau^{-s}$. Die Relaxationsfunktion wird dann durch die Wahl der Parameter G_0, G_1, s, τ_1 und τ_2 vollständig parametrisiert.

Zur Illustration berechnen wir die Relaxation des Schubmoduls in einem Modell mit den folgenden Parametern: $G_0 = 1$, $G_1 = 1000$, $\tau_1 = 10^{-2}$, $\tau_2 = 10^2$, $g(\tau) = \tau_1 \tau^{-2}$. Einsetzen in (15.47) liefert

$$G(t) = G_0 + \frac{G_1 \tau_1}{t} \left(e^{-\frac{t}{\tau_2}} - e^{-\frac{t}{\tau_1}} \right). \tag{15.50}$$

Das Ergebnis ist in der Abb. 15.16 dargestellt. Man sieht, dass im mittleren Bereich, zwischen $\tau_1 \ll t \ll \tau_2$, die Abhängigkeit im doppellogarithmischen Maßstab linear mit der Steigung -1 ist: Die Spannung nimmt in diesem Bereich nach einem Potenzgesetz $G \propto t^{-1}$ ab.

Für den Frequenzgang des komplexen Moduls erhalten wir

$$G'(\omega) = G_0 + G_1 \tau_1 \int_{\tau_1}^{\tau_2} \frac{\omega^2}{1+\omega^2 \tau^2} \mathrm{d}\tau = G_0 + G_1 \omega \tau_1 (\arctan \omega \tau_2 - \arctan \omega \tau_1),$$
$$G''(\omega) = \tfrac{1}{2} G_1 \tau_1 \omega \ln \left(\frac{\tau_2^2}{\tau_1^2} \frac{1+\omega^2 \tau_1^2}{1+\omega^2 \tau_2^2} \right), \tag{15.51}$$

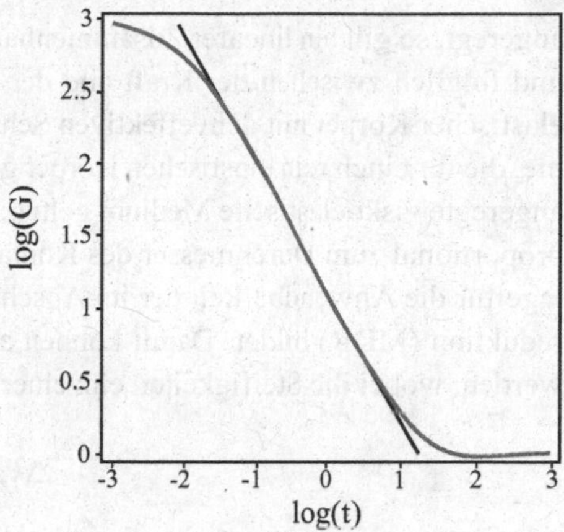

Abb. 15.16 Zeitlich abhängiger Schubmodul laut (15.50)

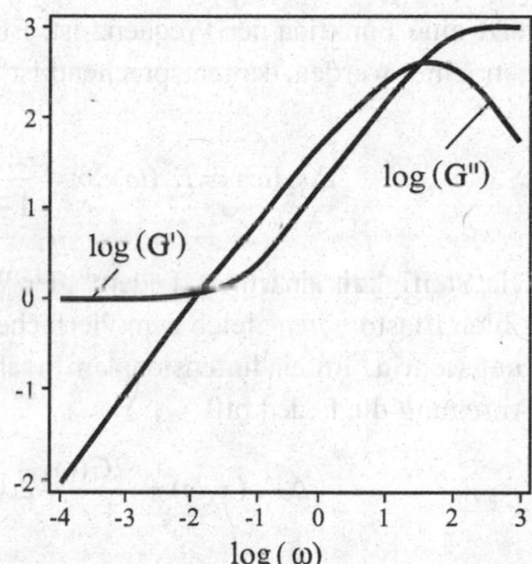

Abb. 15.17 Real- und Imaginärteil des frequenzabhängigen Moduls nach Gl. (15.52)

(siehe Abb. 15.17). Im mittleren Frequenzbereich $1/\tau_2 \ll \omega \ll 1/\tau_1$ gilt:

$$\begin{aligned} G'(\omega) &= G_0 + \frac{\pi}{2} G_1 \tau_1 \omega \\ G''(\omega) &= G_1 \omega \tau_1 \ln(1/\omega\tau_1). \end{aligned} \tag{15.52}$$

15.12 Anwendung der Methode der Dimensionsreduktion auf viskoelastische Medien

Ist die Eindruckgeschwindigkeit bei einer dynamischen Beanspruchung eines Elastomers kleiner als die kleinste Schallgeschwindigkeit (welche über den kleinsten relevanten elastischen Modul definiert ist), so kann der Kontakt als quasistatisch angesehen werden. Ist diese Bedingung erfüllt und wird ein Bereich eines Elastomers mit einer Kreisfrequenz ω

angeregt, so gilt ein linearer Zusammenhang zwischen der Spannung und der Deformation und folglich zwischen der Kraft und der Verschiebung. Das Medium kann dabei als ein elastischer Körper mit dem effektiven Schubmodul $G(\omega)$ betrachtet werden. Alle Theoreme, die für einen rein elastischen Körper gelten, müssen demnach auch für das harmonisch angeregte viskoelastische Medium gelten. Insbesondere wird die inkrementelle Steifigkeit proportional zum Durchmesser des Kontaktgebietes sein, was die mathematische Grundlage für die Anwendbarkeit der im Abschn. 5.6 beschriebenen Methode der Dimensionsreduktion (MDR) bildet. Damit können auch Elastomere mithilfe der MDR beschrieben werden, wobei die Steifigkeiten einzelner Federn gemäß (5.51) zu wählen sind:

$$\Delta k_z = E^* \Delta x. \tag{15.53}$$

Der einzige Unterschied zum elastischen Kontakt ist, dass der effektive Elastizitätsmodul jetzt eine Funktion der Frequenz ist. Elastomere können oft als inkompressible Medien betrachtet werden, dementsprechend ist $\nu = 1/2$ und

$$\Delta k_z(\omega) = E^*(\omega)\Delta x = \frac{E(\omega)}{1-\nu^2}\Delta x = \frac{2G(\omega)}{1-\nu}\Delta x \approx 4G(\omega)\Delta x: \tag{15.54}$$

Die Steifigkeit einzelner „Federn“ der Winklerschen Bettung ist im Fall von inkompressiblen Elastomeren gleich dem vierfachen Schubmodul multipliziert mit dem Diskretisierungsschritt. Im eindimensionalen Ersatzsystem bekommen wir bei einer harmonischen Anregung die Federkraft

$$\Delta F_N(x,\omega) = \frac{2G(\omega)}{1-\nu}\Delta x \cdot u_z(x,\omega) \approx 4G(\omega)\Delta x \cdot u_z(x,\omega). \tag{15.55}$$

Die Rücktransformation in den Zeitbereich ergibt das Kraftgesetz

$$\Delta F_N(x,t) = \frac{2}{1-\nu}\Delta x \int_{-\infty}^{t} G(t-t')\dot{u}_z(x,t')\mathrm{d}t' \approx 4\Delta x \int_{-\infty}^{t} G(t-t')\dot{u}_z(x,t')\mathrm{d}t'. \tag{15.56}$$

Für Tangentialkontakte muss die Tangentialsteifigkeit der Federn der äquivalenten eindimensionalen MDR-Bettung gemäß (8.41) definiert werden:

$$\Delta k_x = G^*(\omega)\Delta x = \frac{4G(\omega)}{2-\nu}\Delta x \approx \frac{8}{3}G(\omega)\Delta x. \tag{15.57}$$

Das entsprechende Kraftgesetz im Zeitbereich lautet

$$\Delta F_x(t) = \frac{4}{2-\nu}\Delta x \int_{-\infty}^{t} G(t-t')\dot{z}(t')dt' \approx \frac{8}{3}\Delta x \int_{-\infty}^{t} G(t-t')\dot{z}(t')dt'. \tag{15.58}$$

Der formale mathematische Beweis dieses Verfahrens basiert auf der Methode der Funktionalgleichungen von Radok und ist in einem kürzlich erschienenen Fachbuch[4] vorgestellt. Ein vollständiger Beweis der Gültigkeit der Methode sowohl für die Belastungs- als auch für die Entlastungsphase ist in[5] gegeben.

Die allgemeinen linearen Zusammenhänge (15.56) und (15.57) stellt man oft mithilfe von rheologischen Modellen dar, wie z. B. eines Maxwellschen Körpers, eines Kelvin-Körpers oder eines Standard-Modells. Für inkompressible Medien werden die Kräfte in den Feder- und Dämpferelementen gemäß

$$\Delta F_N = 4Gu_z\Delta x \quad \text{und} \quad \Delta F_N = 4\eta\dot{u}_z\Delta x, \tag{15.59}$$

berechnet, wobei η die dynamische Viskosität des entsprechenden Elementes ist.

Aufgaben

Aufgabe 1: Stoßzahl für ein viskoelastisches Material. Ein Block aus einem viskoelastischen Material stößt gegen eine starre Wand mit der Geschwindigkeit v_0 und springt wieder ab mit einer kleineren Geschwindigkeit v_1. Zu bestimmen ist die Stoßzahl $e = v_1 / v_0$. Der Block soll vereinfachend als eine starre Masse m mit einer Feder-Dämpfer-Kombination (Steifigkeit c, Dämpfungskonstante η), wie in Abb. 15.18 gezeigt, modelliert werden.

Lösung: Ab dem Zeitpunkt des ersten Kontaktes haben wir es mit einem gedämpften Oszillator zu tun. Die Bewegungsgleichung lautet

$$m\ddot{x} + \eta\dot{x} + cx = 0$$

oder

$$\ddot{x} + 2\delta\dot{x} + \omega_0^2 x = 0$$

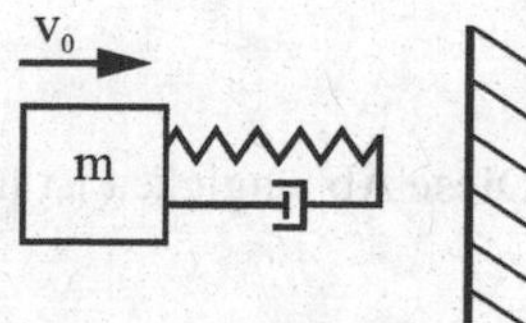

Abb. 15.18 Modell eines viskoelastischen Blocks beim Zusammenstoß mit einer Wand

[4] S. Kürschner, V.L. Popov, M. Heß: Ersetzung der Materialeigenschaften mit Radoks Methode der Funktionalgleichungen. In: Methode der Dimensionsreduktion in Kontaktmechanik und Reibung, Springer, 2013, pp. 247–256.

[5] Argatov, I.I., Popov, V.L.: Rebound indentation problem for a viscoelastic half-space and axisymmetric indenter – Solution by the method of dimensionality reduction, ZAMM, 2015, DOI: 10.1002/zamm.201500144.

mit $2\delta = \eta / m$ und $\omega_0^2 = c / m$. Die Anfangsbedingungen lauten $x(0) = 0$ und $\dot{x}(0) = v_0$. Die Lösung der Bewegungsgleichung mit den gegebenen Anfangsbedingungen lautet:

$$x(t) = \frac{v_0}{\tilde{\omega}} e^{-\delta t} \sin \tilde{\omega} t, \qquad \dot{x}(t) = \frac{v_0}{\tilde{\omega}} e^{-\delta t} (-\delta \sin \tilde{\omega} t + \tilde{\omega} \cos \tilde{\omega} t)$$

mit $\tilde{\omega} = \sqrt{\omega_0^2 - \delta^2}$. Der Block bleibt im Kontakt mit der Wand solange die Druckkraft auf die Wand $F = \eta \dot{x} + cx$ positiv bleibt. Der letzte Kontaktzeitpunkt t^* bestimmt sich aus der Gleichung

$$2\delta \dot{x}(t^*) + \omega_0^2 x(t^*) = \frac{v_0}{\tilde{\omega}} e^{-\delta t} \left[\left(-2\delta^2 + \omega_0^2 \right) \sin \tilde{\omega} t^* + 2\delta \tilde{\omega} \cos \tilde{\omega} t^* \right] = 0.$$

Daraus folgt

$$\tan \tilde{\omega} t^* = \frac{-2\delta \tilde{\omega}}{\omega_0^2 - 2\delta^2}.$$

Die Geschwindigkeit zu diesem Zeitpunkt ist gleich

$$\dot{x}(t^*) = \frac{v_0}{\tilde{\omega}} e^{-\delta t^*} (-\delta \sin \tilde{\omega} t^* + \tilde{\omega} \cos \tilde{\omega} t^*).$$

Die Stoßzahl berechnet sich somit zu

$$e = \frac{\left| \dot{x}(t^*) \right|}{v_0} = \frac{1}{\tilde{\omega}} e^{-\delta t^*} \left| -\delta \sin \tilde{\omega} t^* + \tilde{\omega} \cos \tilde{\omega} t^* \right| = e^{-\frac{\delta}{\tilde{\omega}} \left(\pi \mathrm{H}(\omega_0^2 - 2\delta^2) - \arctan \frac{2\delta \tilde{\omega}}{\omega_0^2 - 2\delta^2} \right)}$$

mit

$$\mathrm{H}(\xi) = \begin{cases} 1, & \xi > 0 \\ 0, & \xi < 0 \end{cases}.$$

Diese Abhängigkeit ist in Abb. 15.19 gezeigt.

Aufgabe 2 Messung des komplexen G-Moduls. Eine einfache Methode zur Bestimmung des Speicher- und Verlustmoduls von Elastomeren bietet das Torsionspendel (Abb. 15.20). Hierbei wird eine zylindrische Probe mit dem Radius R und der Länge l aus einem Elastomer an einem Ende fest eingespannt und am anderen Ende mit einem Rotationsträgheitsmoment Θ verbunden. Das Pendel wird zum Zeitpunkt $t = 0$ aus dem Gleichgewicht ausgelenkt und los gelassen. Aus den gemessenen Schwingungsfrequenz und Dämpfung sind der Speicher- und Verlustmodul zu bestimmen.

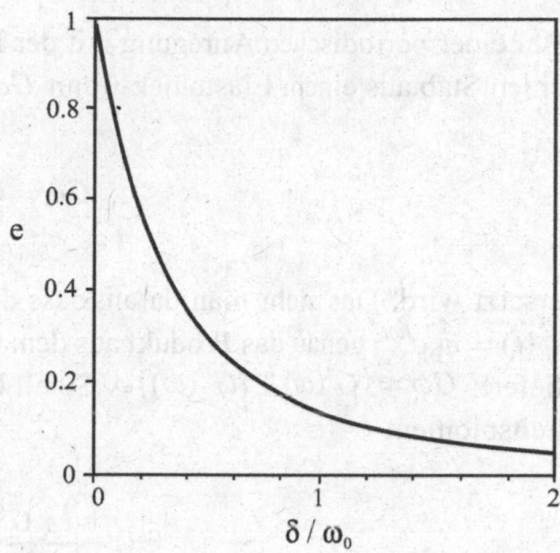

Abb. 15.19 Abhängigkeit der Stoßzahl von dem Dämpfungsgrad des viskoelastischen Materials

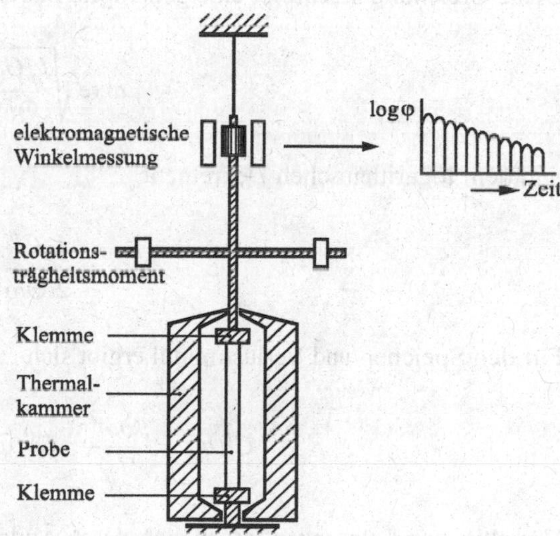

Abb. 15.20 Aufbau eines Torsionspendels zur Messung des komplexen G-Moduls

Lösung: Für das Torsionsmoment eines elastischen Stabes gilt:

$$M = -\frac{I_p}{l} G\varphi,$$

wobei I_p das polare Flächenträgheitsmoment des Querschnitts ist:

$$I_p = \frac{\pi R^4}{2}.$$

Bei einer periodischen Anregung mit der Kreisfrequenz ω gilt diese Gleichung auch für einen Stab aus einem Elastomer, wenn $G\varphi$ durch

$$G\varphi = G'\varphi + \frac{G''}{\omega}\dot{\varphi}$$

ersetzt wird. Das sieht man daran, dass dieser Ausdruck bei einer komplexen Anregung $\varphi(t) = \varphi_0 e^{i\omega t}$ genau das Produkt aus dem komplexen Modul und dem Verdrehungswinkel liefert: $\hat{G}\varphi = \left(G'(\omega) + iG''(\omega)\right)\varphi$. Somit lautet der Drehimpulssatz für das Rotationsträgheitsmoment

$$\Theta\ddot{\varphi} + \frac{I_p}{l}\frac{G''}{\omega}\dot{\varphi} + \frac{I_p}{l}G'\varphi = 0.$$

Diese Gleichung beschreibt eine gedämpfte Schwingung mit der Kreisfrequenz

$$\omega \approx \sqrt{\frac{I_p G'}{\Theta l}}$$

und dem logarithmischen Dekrement

$$\delta = \frac{I_p G''}{2l\Theta\omega}.$$

Für den Speicher- und Verlustmodul ergibt sich

$$G'(\omega) = \frac{l\Theta\omega^2}{I_p}, \quad G''(\omega) = \frac{2l\Theta\omega\delta}{I_p}.$$

Verschiedene Frequenzen lassen sich durch Änderung des Trägheitsmomentes Θ „abtasten".

Aufgabe 3 Ein starres axial-symmetrisches Profil wird mit der konstanten Kraft F_N in einen linear viskosen Halbraum (Viskosität η, keine Gravitation, keine Kapillarität) getaucht. Zu ermitteln sind Eintauchgeschwindigkeit und Eintauchtiefe als Funktion der Zeit für die folgenden Profile:

a. einen zylindrischen Stempel mit dem Radius a (Abb. 15.21),
b. einen Kegel $f(r) = \tan\theta \cdot |r|$ (Abb. 15.22),
c. einen Rotationsparaboloid $f(r) = r^2 / (2R)$ (Abb. 15.23).

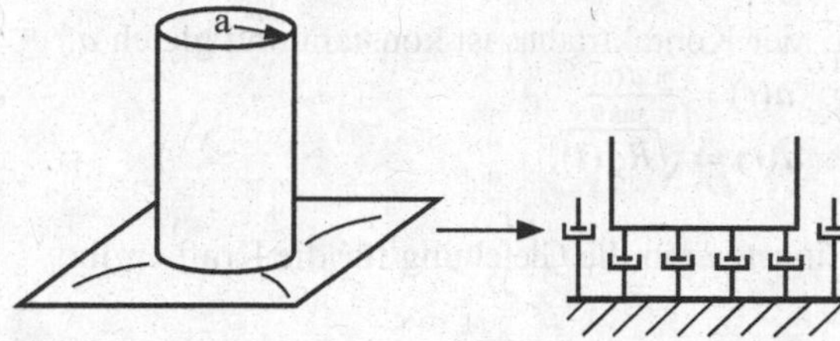

Abb. 15.21 Eintauchen eines zylindrischen Stempels in einen viskosen Halbraum

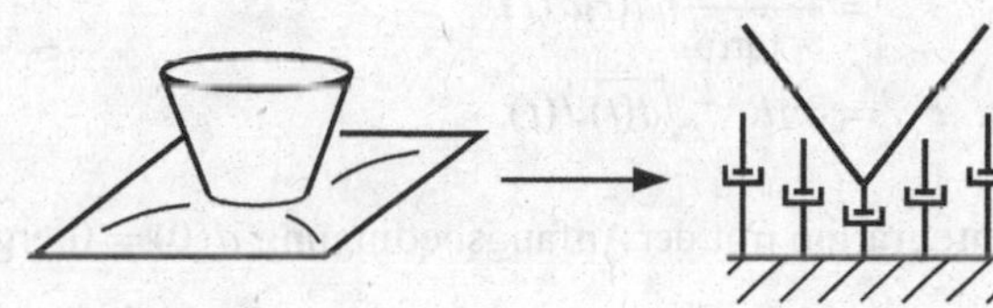

Abb. 15.22 Eintauchen eines Kegels in einen viskosen Halbraum

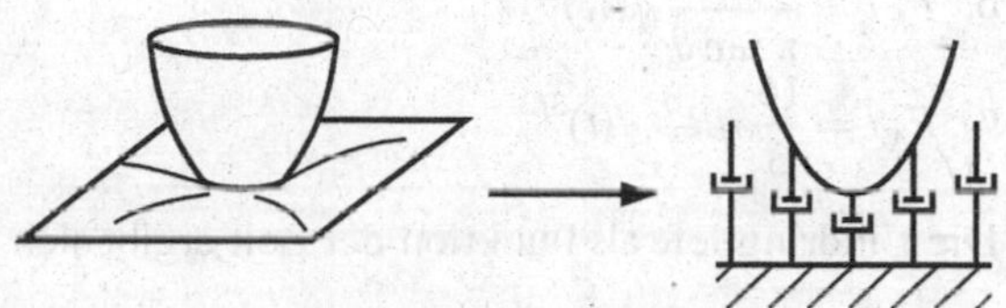

Abb. 15.23 Eintauchen eines Rotationsparaboloids in einen viskosen Halbraum

Lösung: Im ersten Schritt sollen äquivalente eindimensionale Profile mittels der Gl. (5.52) ermittelt werden. Dies geschah bereits in der Aufgabe 7 zum Kap. 5:

a. $g(x) = \begin{cases} 0, & |x| < a \\ \infty, & |x| \geq a \end{cases},$

b. $g(x) = \frac{\pi}{2}|x| \tan\theta,$

c. $g(x) = x^2 / R.$

Im zweiten Schritt wird die entsprechende Winklersche Bettung gemäß den Gl. (15.59) definiert: $\Delta F_N = 4\eta \dot{u}_z \Delta x = 4\eta \dot{d}(t)\Delta x$. In einem Bewegungszustand mit momentanem Kontaktradius a ist die vertikale Kraft gleich der einzelnen Federkraft multipliziert mit der Zahl $2a / \Delta x$ der Federn im Kontakt:

$$F_N = 8\eta a(t)\dot{d}(t).$$

Der Zusammenhang zwischen dem momentanen Kontaktradius und der Indentierungstiefe hängt nicht von der Rheologie ab und kann ebenfalls der Aufgabe 7 zu Kap. 5 entnommen werden:

a. der Kontaktradius ist konstant und gleich a,
b. $a(t) = \frac{2}{\pi}\frac{d(t)}{\tan\theta}$,
c. $a(t) = \sqrt{Rd(t)}$.

Einsetzen in die Gleichung für die Kraft ergibt:

a. $F_N = 8\eta a\dot{d}$,
b. $F_N = \dfrac{16}{\pi\tan\theta}\eta d(t)\dot{d}(t)$,
c. $F_N = 8\eta R^{1/2}\sqrt{d(t)}\dot{d}(t)$.

Integration mit der Anfangsbedingung $d(0) = 0$ ergibt:

a. $F_N t = 8\eta a d(t)$,
b. $F_N t = \dfrac{8}{\pi\tan\theta}\eta d(t)^2$,
c. $F_N t = \dfrac{16}{3}\eta R^{1/2} d(t)^{3/2}$.

Die Eindringtiefe als Funktion der Zeit ergibt sich zu:

a. $d(t) = \dfrac{F_N t}{8\eta a}$,
b. $d(t) = \left(\dfrac{\pi\tan\theta\cdot F_N t}{8\eta}\right)^{1/2}$,
c. $d(t) = \left(\dfrac{3F_N t}{16\eta R^{1/2}}\right)^{2/3}$.

Aufgabe 4 Ein starrer kegelförmiger Indenter wird mit der konstanten Kraft F_N in einen viskoelastischen Halbraum (Kelvin-Körper mit dem Schubmodul G und der Viskosität η) eingedrückt. Gesucht ist die Abhängigkeit der Eindrücktiefe von der Zeit.

Lösung: Der äquivalente eindimensionale Indenter wird durch die Gleichung $g(x) = \frac{\pi}{2}\tan\theta\cdot|x|$ und der Kontaktradius durch die Gleichung $a = (2/\pi)(d/\tan\theta)$ gegeben. Für die Kraft müssen wir jetzt eine Superposition aus dem elastischen Anteil (Aufgabe 7 zu Kap. 5)

$$F_{N,el} = \frac{8G}{\pi}\frac{d^2}{\tan\theta}$$

und dem viskosen Anteil (s. oben Aufgabe 3) benutzen:

$$F_N = \frac{8G}{\pi}\frac{d^2}{\tan\theta} + \frac{16\eta}{\pi\tan\theta}d\dot{d}.$$

Diese Gleichung kann in der Form

$$\frac{\pi \tan\theta \cdot F_N}{8G} = d^2 + 2\tau d\dot{d} = d^2 + \tau \frac{\mathrm{d}(d^2)}{\mathrm{d}t}$$

geschrieben werden, wobei $\tau = \eta / G$ die Relaxationszeit des Mediums ist. Integration dieser Gleichung mit der Anfangsbedingung $d(0) = 0$ ergibt

$$d^2(t) - \frac{\pi \tan\theta \cdot F_N}{8G}(1 - e^{-t/\tau}).$$

Aufgabe 5 Ein starrer zylindrischer Indenter wird in ein Elastomer, welches mit dem „Standardmodell" beschrieben wird (Abb. 15.9), eingedrückt. Gesucht ist die Abhängigkeit der Eindrucktiefe von der Zeit.

Lösung: Das Standardmodell eines Elastomers besteht aus einem Maxwell-Element (reihengeschaltete Steifigkeit G_2 und Dämpfung η) und einer parallel dazu geschalteten Steifigkeit G_1. Das eindimensionale Gegenstück ist eine Bettung aus Elementen im Abstand Δx, deren einzelne Komponenten durch die Parameter $4G_1\Delta x$, $4G_2\Delta x$ und $4\eta\Delta x$ charakterisiert werden. Der äquivalente eindimensionale Indenter ist ein Rechteck, dessen Seite die Länge $2a$ hat. Für die Normalkraft gilt

$$F_N = 8G_1 a u_z + 8G_2 a(u_z - u_1),$$

wobei u_1 der folgenden Gleichung genügt:

$$u_z = u_1 + \tau \dot{u}_1$$

mit $\tau = \eta / G_2$. Lösung dieser Gleichungen mit der Anfangsbedingung $u_z(0) = 0, u_1(0) = 0$ ergibt

$$u_1(t) = \frac{F_N}{8G_1 a}\left(1 - \exp\left(-\frac{G_1 t}{\tau(G_1 + G_2)}\right)\right),$$
$$u_z(t) = \frac{F_N}{8G_1 a}\left(1 - \frac{G_2}{G_1 + G_2}\exp\left(-\frac{G_1 t}{\tau(G_1 + G_2)}\right)\right).$$

Im Grenzfall $G_2 \gg G_1$ erhalten wir das Ergebnis für einen Kelvin-Körper:

$$u_z(t) = \frac{F_N}{8G_1 a}\left(1 - \exp\left(-\frac{G_1 t}{\eta}\right)\right).$$

Gummireibung und Kontaktmechanik von Gummi

16

Die Natur der Reibung zwischen Gummi und einer harten Unterlage ist von großer Bedeutung für viele technische Anwendungen. Gummireibung unterscheidet sich wesentlich von der Reibung von „harten" Stoffen wie Metalle oder Keramiken. Vor allem durch die Arbeiten von Grosch (1962) wurde klar, dass die Gummireibung sehr eng mit der inne-

V. L. Popov, *Kontaktmechanik und Reibung*, DOI 10.1007/978-3-662-45975-1_16

ren Reibung im Gummi zusammenhängt. Das wird unter anderem dadurch bestätigt, dass der Reibungskoeffizient eine Temperaturabhängigkeit aufweist, die mit der Temperaturabhängigkeit des komplexen Schubmoduls korreliert. Dies ist ein Zeichen dafür, dass die Gummireibung eine *Volumeneigenschaft* ist.

16.1 Reibung zwischen einem Elastomer und einer starren rauen Oberfläche

Man kann die Reibungskraft auf zweifache Weise bestimmen – entweder durch eine direkte Berechnung der tangentialen Kraftkomponenten und deren Mittelung oder durch Berechnung der Energieverluste, die durch Materialdeformation verursacht werden. Ist bei einer makroskopisch gleichmäßigen Bewegung mit der Geschwindigkeit v die Energie $\dot{W}$ pro Sekunde dissipiert, so kann die gesamte Verlustleistung vom makroskopischen Gesichtspunkt der Reibungskraft zugeschrieben werden, somit gilt

$$\dot{W} = F_R v. \tag{16.1}$$

Die Reibungskraft bestimmt sich daraus als Verhältnis der Verlustleistung zur Gleitgeschwindigkeit

$$F_R = \frac{\dot{W}}{v}. \tag{16.2}$$

In einem Kontakt zwischen einer starren Oberfläche und einem Elastomer kann Energie nur durch Deformation des Elastomers dissipiert werden. Aus diesem Grunde spielen die Rauigkeiten der starren Oberfläche und der Oberfläche des Elastomers völlig verschiedene Rollen. Das wird durch Abb. 16.1 illustriert. Gleitet ein Elastomer auf einer glatten starren Ebene (Abb. 16.1a), so gibt es keine zeitliche Änderung des Deformationszustandes des Elastomers und somit keine Verlustleistung: Die Reibung ist gleich Null. Gleitet dagegen ein glatter Elastomer auf einer rauen Oberfläche (Abb. 16.1b) so hängt der lokale Deformationszustand einzelner Bereiche des Elastomers von der Zeit ab und die Energie wird dissipiert. Daraus folgt, dass für die Elastomerreibung die Rauigkeit der Oberfläche des Elastomers nur eine geringe Rolle spielt: Die Reibung wird im Wesentlichen durch die Rauigkeit der starren Oberfläche bestimmt. Im Weiteren betrachten wir daher die Reibung zwischen einer rauen starren Oberfläche und einem Elastomer, dessen Oberfläche wir als eben annehmen.

Wir wollen die Deformation und Energiedissipation im Elastomer berechnen. Dabei benutzen wir Ergebnisse aus der Kontaktmechanik rauer Oberflächen (Kap. 7). Wird die raue Oberfläche durch den quadratischen Mittelwert l der Höhenstreuung von „Kappen" und einem Mittelwert R der Krümmungsradien der Kappen charakterisiert, so gilt für die mittlere Kontaktfläche eines Asperiten

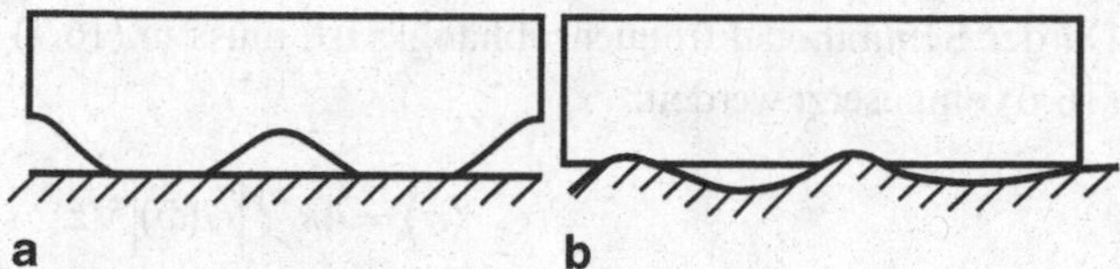

Abb. 16.1 **a** Ein rauer Gummiblock auf einer glatten starren Ebene und **b** ein glatter Gummiblock auf einer rauen starren Ebene

$$\Delta A \approx Rl. \tag{16.3}$$

Der charakteristische Durchmesser eines Mikrokontaktes ist demnach gleich

$$r \approx \sqrt{\Delta A} \approx \sqrt{Rl}. \tag{16.4}$$

Bei einer Gleitgeschwindigkeit v wird ein Bereich mit den charakteristischen Ausmaßen r in der Zeit

$$t \approx \frac{r}{v} \approx \frac{\sqrt{Rl}}{v} \tag{16.5}$$

„überfahren". Die für diesen Prozess charakteristischen Frequenzen haben die Größenordnung

$$\bar{\omega} \approx \frac{1}{t} \approx \frac{v}{r}. \tag{16.6}$$

Für den mittleren Druck in Mikrokontakten gilt

$$\langle \sigma \rangle = \frac{F_N}{A} = \kappa^{-1} E^* \nabla z \tag{16.7}$$

mit $\kappa \approx 2$ (S. Kap. 7). Mit ∇z bezeichnen wir den quadratischen Mittelwert der Steigung der Oberfläche

$$\nabla z = \sqrt{\langle z'^2 \rangle}. \tag{16.8}$$

Der effektive Elastizitätsmodul für Gummi ist gleich[1]

$$E^* = \frac{E}{1-\nu^2} = \frac{2(1+\nu)G}{1-\nu^2} \approx 4G. \tag{16.9}$$

[1] Gummi kann als praktisch nicht kompressibles Medium angenommen werden. Dementsprechend ist die Poisson-Zahl in guter Näherung gleich $\nu \approx 1/2$.

Da der Schubmodul frequenzabhängig ist, muss in (16.7) die charakteristische Frequenz (16.6) eingesetzt werden:

$$\langle\sigma\rangle = 4\kappa^{-1}\left|\hat{G}(\tilde{\omega})\right|\nabla z. \tag{16.10}$$

Dabei haben wir den *Betrag* des frequenzabhängigen Moduls eingesetzt, da für den Zusammenhang zwischen den Amplituden der Spannung und der Deformation der Betrag des komplexen Moduls maßgeblich ist. Zur Berechnung der Energiedissipation im Einheitsvolumen eines Mikrokontaktes benutzen wir die Gleichung

$$\overline{P} = \frac{1}{2}\tilde{\omega}\langle\sigma\rangle^2 \frac{G''(\tilde{\omega})}{\left|\hat{G}(\tilde{\omega})\right|^2} \tag{16.11}$$

aus dem vorigen Kapitel. Multipliziert mit der Tiefe des wesentlich deformierten Volumens $\approx r$ ergibt sie die Verlustleistung pro Flächeneinheit und bezogen auf die Normalspannung den Reibungskoeffizienten:

$$\mu = \xi\nabla z \frac{G''(v/r)}{\left|\hat{G}(v/r)\right|}. \tag{16.12}$$

ξ ist hier ein dimensionsloser Koeffizient der Größenordnung 1, der durch eine genauere Berechnung zu ermitteln ist. Numerische Simulationen zeigen, dass $\xi \approx 1$ ist.

Im mittleren Frequenzbereich gilt für viele Gummisorten $G'' \gg G'$. Daraus folgt $\frac{G''(v/r)}{\left|\hat{G}(v/r)\right|} \approx 1$. Für den Reibungskoeffizienten gilt dann

$$\mu \approx \nabla z. \tag{16.13}$$

Im mittleren Frequenzbereich erhalten wir somit ein sehr einfaches Ergebnis: Der Reibungskoeffizient ist gleich dem quadratischen Mittelwert der Steigung der Oberfläche. Dieses Ergebnis hat eine einfache physikalische Bedeutung, die durch die Abb. 16.2 illustriert wird: Für einen rein imaginären Schubmodul kann das Medium schnell eingedrückt werden, relaxiert aber nur langsam zurück, so dass sich die Kontaktkonfiguration ergibt, die qualitativ in Abb. 16.2 gezeigt ist. Da der Gummi aus diesem Grunde überall nur auf einer Seite der Rauheitserhöhungen im Kontakt mit der Unterlage ist, ist es klar, dass der Reibungskoeffizient, den wir als Verhältnis der horizontalen Kraft zur Normalkraft definieren, in etwa der mittleren Steigung der Oberfläche in Kontaktgebieten gleich ist. Wie numerische Simulationen zeigen, kann diese für zufällig raue Oberflächen im Zusammen-

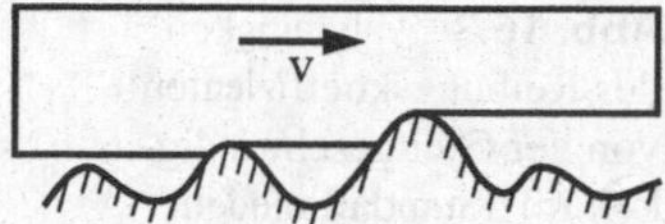

Abb. 16.2 Viskoelastisches Material im Kontakt mit rauer Oberfläche

hang mit der mittleren Steigung der Oberfläche gebracht werden, wodurch sich (16.13) ergibt.

Untersuchen wir ausführlich die Gl. (16.12). Als erstes bemerken wir, dass $\frac{G''(v/r)}{\left|\hat{G}(v/r)\right|}$ immer kleiner oder gleich 1 ist. *Der Reibungskoeffizient kann daher nie größer werden als die mittlere Steigung der Oberfläche*[2]. Für das „Standardmodell" für Gummi bestehend aus einer Feder und einem Maxwellschen Element ist der frequenzabhängige Modul unter Berücksichtigung von $G_1 \ll G_2$ gleich

$$\hat{G}(\omega) = G_2 \frac{G_1 + i\eta\omega}{G_2 + i\eta\omega}. \tag{16.14}$$

Für den Reibungskoeffizienten erhalten wir mit $\tau := \eta / G_2$

$$\begin{aligned} \mu &\approx \frac{\tilde{\omega}\tau}{\sqrt{\left(1+(\tilde{\omega}\tau)^2\right)\left((G_1/G_2)^2 + (\tilde{\omega}\iota)^2\right)}} \nabla z \\ &= \frac{v/\overline{v}}{\sqrt{\left(1+(v/\overline{v})^2\right)\left((G_1/G_2)^2 + (v/\overline{v})^2\right)}} \nabla z, \end{aligned} \tag{16.15}$$

wobei hier die charakteristische Geschwindigkeit

$$\overline{v} = \frac{r}{\tau} \tag{16.16}$$

eingeführt wurde. Die Abhängigkeit (16.15) ist in Abb. 16.3 dargestellt. Für Geschwindigkeiten im Intervall $\overline{v}(G_1/G_2) < v < \overline{v}$ bleibt der Reibungskoeffizient ungefähr konstant und gleich ∇z. Zu bemerken ist aber, dass dabei die in Mikrokontakten herrschende Spannung sich laut (16.10) von $\sigma_1 = 4\kappa^{-1} G_1 \nabla z$ bei kleinen Geschwindigkeiten bis $\sigma_2 = 4\kappa^{-1} G_2 \nabla z$ bei großen Geschwindigkeiten ändert. Bei großen Gleitgeschwindigkeiten ist daher das Material in Mikrobereichen stärker beansprucht.

Für das rheologische Modell (15.49) mit einer kontinuierlichen Verteilung von Relaxationszeiten, welches im vorigen Kapitel untersucht wurde, erhalten wir

[2] Das gilt in dem hier betrachteten Kontakt ohne Adhäsion.

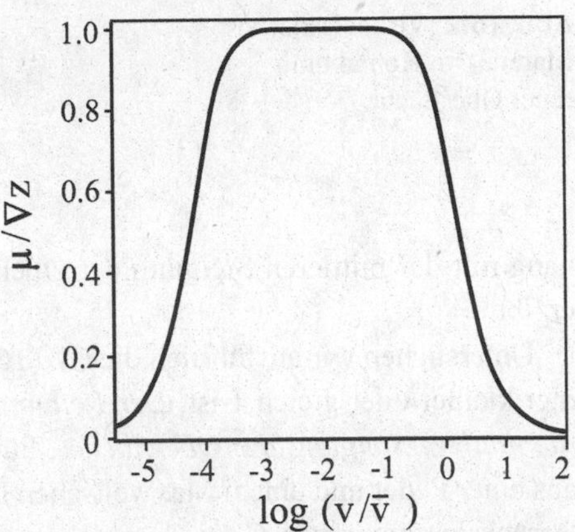

Abb. 16.3 Abhängigkeit des Reibungskoeffizienten von der Gleitgeschwindigkeit im „Standardmodell" mit $G_2 \,/\, G_1 = 10^4$

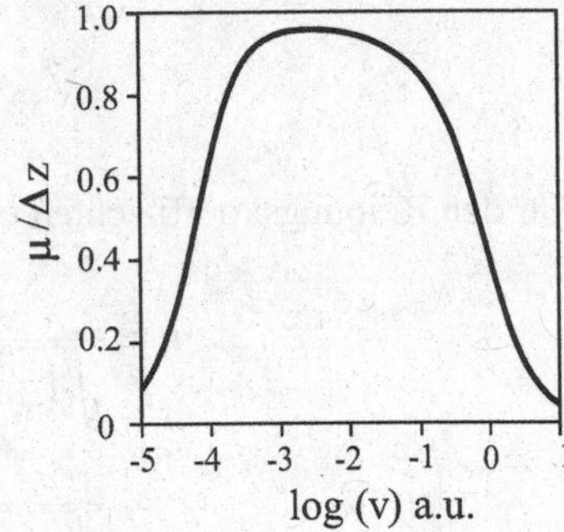

Abb. 16.4 Reibungskoeffizient als Funktion der Gleitgeschwindigkeit für die Prony-Reihe nach Abb. 15.15 und den diesem Modell im Kap. 15 zugeordneten Parametern

$$G'(\tilde{\omega}) = G_0 + G_1\tau_1\tilde{\omega}\left(\arctan(\tilde{\omega}\tau_2) - \arctan(\tilde{\omega}\tau_1)\right)$$
$$G''(\tilde{\omega}) = \frac{1}{2}G_1\tau_1\tilde{\omega}\ln\left(\frac{\tau_2^2}{\tau_1^2}\frac{1+(\tilde{\omega}\tau_1)^2}{1+(\tilde{\omega}\tau_2)^2}\right). \tag{16.17}$$

Der entsprechende Reibungskoeffizient als Funktion der Gleitgeschwindigkeit ist in Abb. 16.4 dargestellt. Anders als im „Standardmodell" kann der Reibungskoeffizient in einem realen Gummi bei einer Geschwindigkeitsänderung um mehrere Zehnerpotenzen ungefähr konstant bleiben. Im „Plateaubereich" ist er auch in diesem Fall ungefähr gleich der mittleren Steigung ∇z der Oberfläche.

Auch die Temperaturabhängigkeit des Reibungskoeffizienten wird durch die Temperaturabhängigkeit des komplexen Schubmoduls bestimmt: Als Funktion von $\log(v)$ verschiebt sich die Kurve (μ-$\log v$) in der gleichen Richtung und um den gleichen Betrag wie der frequenzabhängige Schubmodul. Diese Eigenschaft wird bei der Messung des Reibungskoeffizienten zur Konstruktion von *Masterkurven* benutzt – auf die gleiche Weise, wie bei der „Messung" des frequenzabhängigen Schubmoduls (s. Kap. 15). Dadurch kann man die Geschwindigkeitsbereiche erfassen, welche einer direkten Messung nicht zugänglich sind. Bei Temperaturerhöhung verschiebt sich die Kurve nach rechts (in den Bereich von größeren Geschwindigkeiten). Eine für eine bestimmte Temperatur erstellte

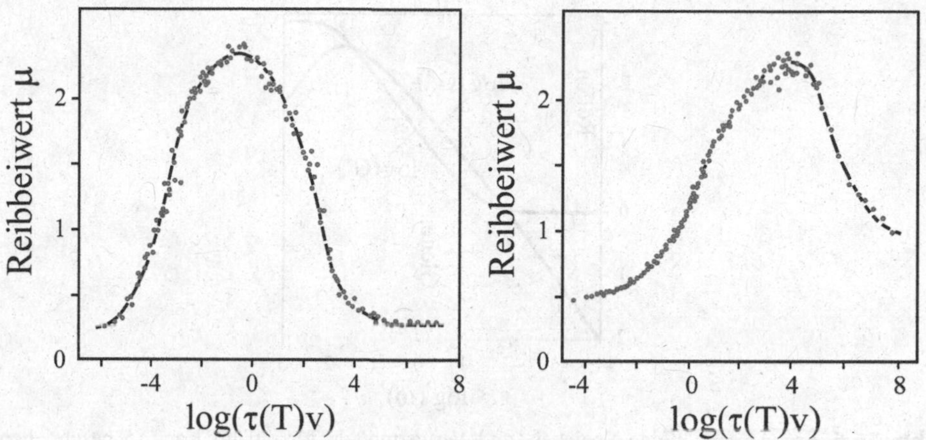

Abb. 16.5 Experimentelle Daten von Grosch für die Abhängigkeit des Reibungskoeffizienten von zwei Gummisorten auf verschiedenen Unterlagen (Grosch1963)

Masterkurve im Zusammenhang mit der WLF-Shift-Funktion bestimmt somit den Reibungskoeffizienten bei beliebigen Temperaturen und Geschwindigkeiten. Experimentelle Daten (Masterkurven) für zwei Elastomere sind in Abb. 16.5 dargestellt.

16.2 Rollwiderstand

Auch bei reinem Rollen ohne Schlupf gibt es im Fall von Elastomeren Energiedissipation und den damit verbundenen Widerstand. In der Regel ist es gewünscht, dass dieser Widerstand minimiert, während die Gleitreibung gleichzeitig maximiert wird. Das ist möglich, da der charakteristische Frequenzbereich für das Gleiten $\omega_{Gleiten} \approx v/\lambda$ (wobei λ die charakteristische Wellenlänge der Rauigkeit der Straße von der Größenordnung $10-100\ \mu m$ ist) und die charakteristische Frequenz für Rollen $\omega_{Rollen} \approx v/a$ (a ist der Kontaktradius von der Größenordnung 5 cm) sich um zwei bis drei Größenordnungen unterscheiden. Für einen Normalbetrieb eines Rades ist es erwünscht, dass in dem Frequenzbereich $\omega_{Gleiten}$ der Verlustmodul größer als der Speichermodul ist: $G'' \geq G'$, während in dem Frequenzbereich ω_{Rollen} umgekehrt $G'' \ll G'$ gilt (Abb. 16.6).

In dem Frequenzbereich, in dem die beim Rollen gewünschte Bedingung $G'' \ll G'$ erfüllt ist, hängt der Speichermodul praktisch nicht von der Frequenz ab und fällt mit dem statischen Modul G_∞ zusammen. Wir können daher in erster Näherung annehmen, dass wir es mit einem rein elastischen, Hertzschen Kontakt zu tun haben.

Die Energieverluste beim Rollen können wir abschätzen, indem wir das Rollen als „kontinuierliches, wiederholtes Aufstellen" eines Rades betrachten. Beim Rollen einer Kugel mit dem Radius R auf einer starren Ebene gelten für die Normalkraft F_N und für den Kontaktradius a die Hertzschen Beziehungen:

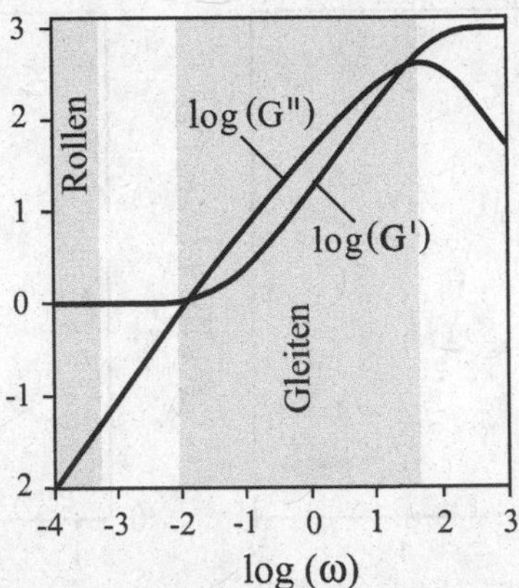

Abb. 16.6 Frequenzabhängige Speicher- und Verlustmodule für ein im Kap. 15 beschriebenes rheologisches Modell eines Elastomers. Damit der Rollwiderstand klein und die Gleitreibung groß (und konstant) bleiben, müssen die Betriebsbedingungen so gewählt werden, dass die für das Rollen charakteristischen Frequenzen im linken hervorgehobenen Frequenzbereich liegen und die für das Gleiten charakteristischen Frequenzen dem rechten hervorgehobenen Frequenzbereich entsprechen

$$F_N \approx \frac{4}{3} E^* R^{1/2} d^{3/2} \approx \frac{16}{3} G_\infty R^{1/2} d^{3/2}, \tag{16.18}$$

$$a^2 \approx Rd, \tag{16.19}$$

wobei d die Eindrucktiefe ist. Die charakteristische Frequenz schätzen wir mit

$$\omega \approx \frac{v}{a} \tag{16.20}$$

ab, die Amplitude der Deformation mit

$$\varepsilon_0 \approx \frac{d}{a}. \tag{16.21}$$

Für die Verlustleistung in einem Einheitsvolumen erhalten wir nach (15.23)

$$\bar{P} = \frac{1}{2} \omega \varepsilon_0^2 G''(\omega) \approx \frac{1}{2} \frac{v}{a} \left(\frac{d}{a} \right)^2 G'' \left(\frac{v}{a} \right) \tag{16.22}$$

und für die Verlustleistung im gesamten Kontaktvolumen ~ $(2a)^3$

$$\dot{W} \approx 4 v d^2 G'' \left(\frac{v}{a} \right). \tag{16.23}$$

Indem wir die Verlustleistung durch die Geschwindigkeit dividieren, erhalten wir die Widerstandskraft

$$F_w \approx 4d^2 G''\left(\frac{v}{a}\right). \tag{16.24}$$

Bei kleinen Frequenzen ist der Verlustmodul immer proportional zur Frequenz und kann daher in der Form

$$G''(\omega) = \bar{\eta}\omega \tag{16.25}$$

geschrieben werden, wobei $\bar{\eta}$ die dynamische Viskosität bei kleinen Frequenzen ist. Für die Widerstandskraft ergibt sich

$$F_w \approx 4\bar{\eta}\left(\frac{a^2}{R}\right)^2\left(\frac{v}{a}\right) = 4\bar{\eta}\,\frac{a^3}{R^2}\,v. \tag{16.26}$$

Mit dem Hertzschen Ergebnis (5.24), das wir mit den hier benutzten Bezeichnungen in der Form

$$a^3 = \frac{3RF_N}{16G_\infty} \tag{16.27}$$

umschreiben, erhalten wir für die Widerstandskraft

$$F_w \approx F_N \frac{3}{4}\frac{\bar{\eta}}{G_\infty}\frac{v}{R} = F_N \frac{3}{4}\frac{v\tau}{R} \tag{16.28}$$

und für den „Rollreibungskoeffizienten“

$$\mu_{Rollen} = \frac{F_W}{F_N} \approx \frac{3}{4}\frac{v\tau}{R}, \tag{16.29}$$

wobei $\tau = \bar{\eta} / G_\infty$ die Relaxationszeit des Elastomers ist. Diese Gleichung ist bis zu einem dimensionslosen Koeffizienten der Größenordnung 1 gültig. Die Rollreibung ist demnach proportional zum Produkt aus der Rollgeschwindigkeit und der (größten) Relaxationszeit von Gummi und umgekehrt proportional zum Krümmungsradius der Kugel.

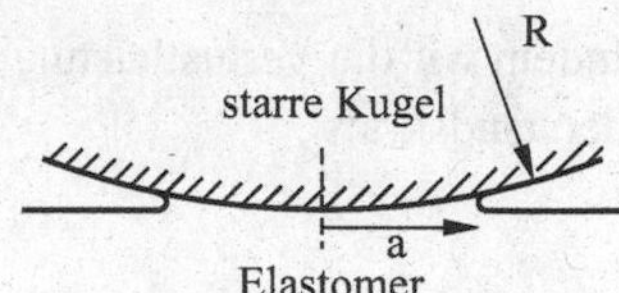

Abb. 16.7 Kontakt zwischen einer starren Kugel und einem Elastomer. Die Kontaktgrenze kann als ein Riss betrachtet werden

16.3 Adhäsiver Kontakt mit Elastomeren

Bisher haben wir angenommen, dass es keine adhäsiven Kräfte zwischen Elastomer und starrer Oberfläche gibt. Bei ausreichend glatten Oberflächen ist dies nicht der Fall. Betrachten wir nun einen adhäsiven Kontakt zwischen einer starren Kugel und einem Elastomer mit ebener Oberfläche (Abb. 16.7). Der Rand des Kontaktes kann als Rissspitze betrachtet und behandelt werden[3]. Im Gleichgewicht kann das Elastomer als ein elastischer Körper mit dem statischen Schubmodul G_∞ und einem effektiven Elastizitätsmodul

$$E^* = \frac{2(1+\nu)G_\infty}{1-\nu^2} = \frac{2G_\infty}{(1-\nu)} = 4G_\infty \tag{16.30}$$

angenommen werden. Im Gleichgewicht gilt für den Zusammenhang zwischen der Normalkraft F_N und dem Kontaktradius a die JKR-Gleichung (VI.20):

$$F_N = E^*\left[\frac{4}{3}\frac{a^3}{R} - \left(\frac{8\gamma^*\pi a^3}{E^*}\right)^{1/2}\right]. \tag{16.31}$$

γ^* ist hier die effektive Grenzflächenenergie, d. h. die zur Erzeugung einer Einheits-Grenzfläche erforderliche Energie. Die Bedingung (16.31) können wir in einer Form darstellen, in der es bequem ist, den Kontaktrand als eine Rissspitze zu behandeln. Zu diesem Zwecke lösen wir zunächst die Gl. (16.31) nach γ^* auf:

$$\gamma^* = \left(F_N - \frac{4}{3}\frac{E^* a^3}{R}\right)^2 \frac{1}{8\pi a^3 E^*}. \tag{16.32}$$

Da die effektive Oberflächenenergie γ^* gleich der Streckenlast ist, die versucht, „den Riss zu schließen", d. h. die Grenze des Risses so zu verschieben, dass der Kontaktradius größer wird, können wir die Gl. (16.32) als eine Gleichgewichtsbedingung für Linienkräfte an der Rissspitze interpretieren. Auf der linken Seite steht die Linienkraft, die durch van-der-Waals-Kräfte zwischen den Oberflächen bedingt ist. Auf der rechten Seite soll sinngemäß die Linienkraft stehen, die sich aus den elastischen Deformationen des Kontinuums ergibt

[3] Die ursprüngliche Theorie von Johnson, Kendall und Roberts basierte genau auf dieser Analogie.

und in entgegengesetzter Richtung wirkt. Indem wir die rechte Seite der Gl. (16.32) mit D bezeichnen

$$D=\left(F_N-\frac{4}{3}\frac{E^*a^3}{R}\right)^2\frac{1}{8\pi a^3E^*} \tag{16.33}$$

können wir die Gleichgewichtsbedingung in der Form

$$\gamma^*=D \tag{16.34}$$

schreiben.

Die Differenz $D-\gamma^*$ kann als „treibende Kraft" für die Rissspitze betrachtet werden. Im Gleichgewicht verschwindet sie. Ändert sich die Normalkraft, so ist die Risslinie nicht mehr im Gleichgewicht. In einem rein elastischen Körper würde sich der Riss unter Einwirkung einer konstanten „Kraft" $D-\gamma^*$ beschleunigen bis er eine Geschwindigkeit von der Größenordnung der Geschwindigkeit von Oberflächenwellen im elastischen Kontinuum (*Rayleigh-Wellen*) erreicht hat. In einem viskoelastischen Körper wird er aufgrund der intensiven Dissipation eine endliche Geschwindigkeit erreichen. Bei einer langsamen Bewegung zeigt es sich, dass der größte Teil des Kontaktgebietes als rein elastisch betrachtet werden kann. Die gesamten Energieverluste sind dagegen nur einer relativ kleinen „Prozesszone" an der Rissspitze zu verdanken. Maugis und Barquins haben die folgende kinetische Gleichung vorgeschlagen, die die effektive Streckenlast $D-\gamma^*$ mit der Fortschrittsgeschwindigkeit v des Risses verbindet:

$$D-\gamma^*=\gamma^*\Phi(\tau(T)v), \tag{16.35}$$

wobei $\tau(T)$ die Williams-Landel-Ferry-Funktion ist. Die dimensionslose Funktion $\Phi(\tau(T)v)$ hängt im mittleren Geschwindigkeitsbereich typischerweise nach einem Potenzgesetz von der Geschwindigkeit v ab:

$$\Phi\big(\tau(T)v\big)=\alpha(T)v^n. \tag{16.36}$$

Die Potenz n liegt typischerweise zwischen 0,25 und 0,7. Als Beispiel ist in Abb. 16.8 die Funktion Φ für Glaskugeln auf Polyurethan gezeigt. Die Gl. (16.35) und (16.36) erlauben, die Kinetik der Adhäsionsprozesse unter verschiedenen Beanspruchungen zu untersuchen (s. z. B. Aufgabe 3 zu diesem Kapitel).

Aufgaben

Aufgabe 1 Eine starre Oberfläche sei eine Superposition von zwei Zufallsfunktionen, die eine mit einem charakteristischen Wellenvektor k_1 und dem quadratischen Mittelwert

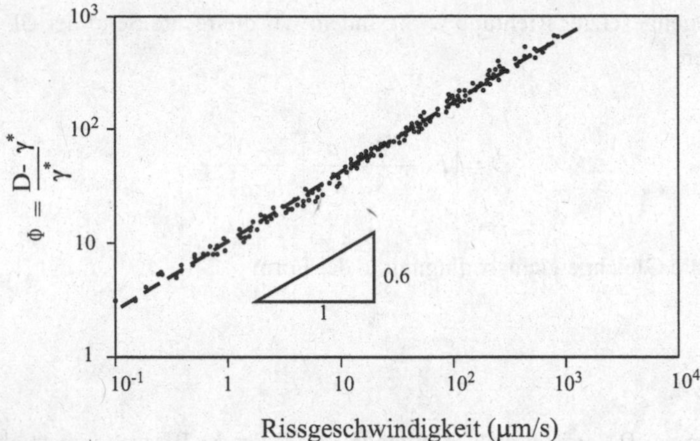

Abb. 16.8 „Dissipationsfunktion" Φ als Funktion der Rissausbreitungsgeschwindigkeit für Glaskugeln auf Polyurethan für zwei Krümmungsradien und zwei Temperaturen. Die gleiche Masterkurve erhält man auch aus Peeling-Experimenten mit verschiedenen Stempeln. Aus: Barquins, M, „Adherence, Friction and Wear of Rubber-Like Materials", Wear, v. 158 (1992) 87–117. Die gezeigte Abhängigkeit kann mit $\Phi \approx 10 \cdot (v / v_0)^{0.6}$ mit $v_0 = 1 \mu m/s$ approximiert werden

der Steigung ∇z_1, die andere mit einem charakteristischen Wellenvektor $k_2 \gg k_1$ und dem quadratischen Mittelwert der Steigung ∇z_2. Zu bestimmen ist der Reibungskoeffizient zwischen dieser Oberfläche und einem Elastomer.

Lösung Im Kap. 10 haben wir gesehen, dass die Beiträge zum Reibungskoeffizient von verschiedenen Skalen additiv sind – solange die Beiträge einzelner Skalen viel kleiner als 1 sind (praktisch kleiner 0,3).

Untersuchen wir zunächst eine raue Oberfläche mit einem charakteristischen Wellenvektor k_1 und der Streuung der Wellenvektoren von der gleichen Größenordnung. Die Rauigkeit und die Höhenstreuung l_1 bei einer Oberfläche mit solchen spektralen Eigenschaften haben die gleiche Größenordnung $l_1 \approx h_1$. Den Krümmungsradius der Maxima können wir abschätzen, indem wir die Fläche lokal als $z = h_1 \cos k_1 x \approx h_1 \left(1 - \frac{1}{2} k_1^2 x^2\right)$ darstellen. Die Krümmung in einem Maximum hat die Größenordnung $1/R = |z''(0)| \approx h_1 k_1^2$. Der charakteristische Durchmesser eines Mikrokontaktes wird mit

$$r \approx \sqrt{Rl} \approx \sqrt{\frac{h_1}{h_1 k_1^2}} = \frac{1}{k_1}$$

abgeschätzt und ist demnach von derselben Größenordnung wie die charakteristische Längenskala der Welligkeit der Oberfläche ($\approx \lambda_1 / 2\pi$, wobei λ_1 die charakteristische Wellenlänge ist).

Gebe es nur eine Skala mit dem charakteristischen Wellenvektor k_1, so könnte zur Berechnung des Reibungskoeffizienten die Gl. (16.12) benutzt werden, die wir in der Form

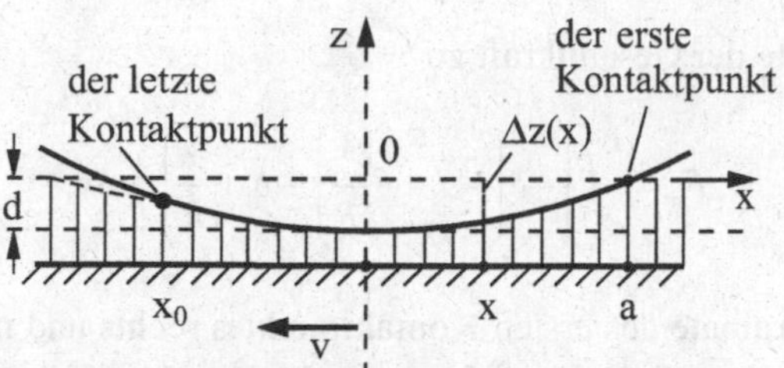

Abb. 16.9 Ein starres Rad wird unbeweglich gehalten. Eine starre Platte mit darauf geklebter viskoelastischer Schicht, die hier als Winklersche Bettung modelliert wird, wird nach links mit der Geschwindigkeit v bewegt. Die „Eindrucktiefe" ist konstant und gleich d

$$\mu_1 \approx \nabla z_1 \cdot \frac{G''(k_1 v)}{|G(k_1 v)|}$$

umschreiben. Sind Unebenheiten an zwei Skalen vorhanden, so summieren sich die Beiträge zum Reibungskoeffizienten (solange diese Beiträge einzeln viel kleiner als 1 sind) zu

$$\mu \approx \mu_1 + \mu_2 \approx \nabla z_1 \cdot \frac{G''(k_1 v)}{|G(k_1 v)|} + \nabla z_2 \cdot \frac{G''(k_2 v)}{|G(k_2 v)|}.$$

Aufgabe 2 Zu bestimmen ist der Rollwiderstandskoeffizient eines starren Rades auf einer elastischen Schicht, die aus einer Reihe von gleichen Elementen besteht („Winklersche Bettung", s. Abb. 16.9). Jedes Element soll aus parallel geschalteten Feder (Steifigkeit cdx) und Dämpfer (Dämpfungskonstante δdx) bestehen.

Lösung Die Form des Rades in der Nähe des Kontaktpunktes approximieren wir mit

$$z = -d + \frac{x^2}{2R},$$

wobei d die Eindrucktiefe ist. Für die Steigung im Punkt x ergibt sich $\tan\theta = z' = x/R$. Eine Bewegung der Unterlage in der negativen Richtung mit der Geschwindigkeit v führt zu einer Federbewegung in vertikaler Richtung mit der Geschwindigkeit $\dot{z} = -vz' = -vx/R$. Die auf die Scheibe seitens der Feder wirkende Kraft ist gleich

$$dF_z = (-cz - \delta\dot{z})dx = (-cz + \delta v z')dx = \left(-c\left(-d + \frac{x^2}{2R}\right) + \delta \cdot v \frac{x}{R}\right)dx$$

Die z-Komponente der Gesamtkraft berechnet sich zu

$$F_N = \int_{x_0}^{a} \left(-c\left(-d + \frac{x^2}{2R}\right) + \delta \cdot v \frac{x}{R}\right)dx$$

und die x-Komponente der Gesamtkraft zu

$$F_w = \int_{x_0}^{a} \left(-c\left(-d + \frac{x^2}{2R} \right) + \delta \cdot v \frac{x}{R} \right) \frac{x}{R} dx$$

wobei mit a die Koordinate des ersten Kontaktpunktes rechts und mit x_0 die Koordinate des letzten Kontaktpunktes links bezeichnet wurde. Die Koordinate a berechnet sich aus der Bedingung $z = 0$, und x_0 aus der Bedingung $dF_z = 0$. Daraus folgt:

$$a = \sqrt{2Rd} \quad und \quad x_0 = -\sqrt{2Rd + \left(\frac{v\delta}{c} \right)^2} + \frac{v\delta}{c}.$$

Durch die Substitution $\xi = x / \sqrt{2Rd}$ bringen wir die Ausdrücke für F_N und F_w zu der folgenden Form

$$F_N = 2^{1/2} R^{1/2} d^{3/2} c \int_{\xi_0}^{1} (1 - \xi^2 + \kappa\xi) d\xi,$$

$$F_w = 2d^2 c \int_{\xi_0}^{1} (1 - \xi^2 + \kappa\xi) \xi d\xi,$$

mit den Bezeichnungen

$$\kappa = \frac{2^{1/2} \delta \cdot v}{c d^{1/2} R^{1/2}} = \frac{2\delta \cdot v}{ca}$$

und

$$\xi_0 = -\sqrt{1 + \left(\frac{\kappa}{2} \right)^2} + \frac{\kappa}{2}.$$

Der Widerstandskoeffizient berechnet sich zu

$$\mu = \frac{F_w}{F_N} = \left(\frac{2d}{R} \right)^{1/2} \cdot \frac{\int_{\xi_0}^{1} (1 - \xi^2 + \kappa\xi) \xi d\xi}{\int_{\xi_0}^{1} (1 - \xi^2 + \kappa\xi) d\xi}.$$

Betrachten wir zwei Grenzfälle:

(a) $\kappa \ll 1$: sehr kleine Geschwindigkeiten. In diesem Fall gelten die Näherungen $F_N = \frac{4}{3} 2^{1/2} R^{1/2} d^{3/2} c$, $F_w = \frac{4}{3} d^2 c\kappa$. Für den Widerstandskoeffizienten ergibt sich

$$\mu = \frac{d^{1/2}}{2^{1/2} R^{1/2}} \kappa = \frac{\delta v}{cR} = \frac{\tau v}{R}$$

mit $\tau = \delta / c$ (man vergleiche dieses Ergebnis mit der Abschätzung (16.29)).

(b) $\kappa \gg 1$: sehr große Geschwindigkeiten, bzw. Fahren auf einer flüssigen Schicht $(c = 0)$. In diesem Fall gelten die Näherungen $F_N = \delta v d$, $F_w = \frac{2^{3/2}}{3} \frac{d^{3/2} \delta \cdot v}{R^{1/2}}$. Für den Widerstandskoeffizienten ergibt sich[4]

$$\mu = \frac{2^{3/2}}{3} \left(\frac{F_N}{\delta v R} \right)^{1/2}.$$

Aufgabe 3 Zu bestimmen ist die Kinetik des „Abreißprozesses" einer Kugel im Kontakt mit einem Elastomer, wenn die Kugel sich vor $t = 0$ ohne Belastung im Gleichgewichtszustand befand und zum Zeitpunkt $t = 0$ eine Kraft $F_N = -F_A = -\frac{3}{2}\gamma^* \pi R$, $F_N = -1{,}5 \cdot F_A$ oder $F_N = -2 \cdot F_A$ angelegt wird. Zu benutzen sind die folgenden Daten: $R = 2$ mm, $E^* = 10$ MPa, $\gamma^* = 0{,}05$ J/m^2, $\Phi \approx 10 \cdot (v / v_0)^{0.5}$, $v_0 = 1\,\mu m/s$.

Lösung Die Aufgabe wird mit der Gl. (16.35) gelöst, die wir in der folgenden Form schreiben:

$$D - \gamma^* = 10\gamma^* (v / v_0)^{0.5}.$$

Mit den Bezeichnungen

$$F_A = \frac{3}{2} \pi \gamma^* R \text{ (in unserem Fall} = 0{,}47 \cdot 10^{-3} \text{ N)}$$

für die Adhäsionskraft und

$$a_0 = \left(9 \frac{\gamma^* \pi R^2}{2E^*} \right)^{1/3} \quad \text{(in unserem Fall} = 6{,}56 \cdot 10^{-5} \text{ m)}$$

[4] Beim Übergang zu einem dreidimensionalen System ist δ durch $4\bar{\eta}$ zu ersetzen: $\mu = \frac{1}{3} \left(\frac{2F_N}{\bar{\eta} v R} \right)^{1/2}$. Ausführliche Erläuterung hierfür siehe Kap. 19.

für den Gleichgewichtsradius ohne Belastung kann man die „Streckenlast“ D in der folgenden Form darstellen:

$$D=\gamma^*\left[\frac{1}{4}\frac{F_N}{F_A}\left(\frac{a_0}{a}\right)^{3/2}-\left(\frac{a}{a_0}\right)^{3/2}\right]^2.$$

Vor dem Zeitpunkt $t=0$ herrscht Gleichgewicht ohne Belastung und der Kontaktradius ist gleich a_0. Ab dem Zeitpunkt $t=0$ gilt die Gleichung

$$\gamma^*\left[\frac{1}{4}\frac{F_N}{F_A}\left(\frac{a_0}{a}\right)^{3/2}-\left(\frac{a}{a_0}\right)^{3/2}\right]^2-\gamma^*=10\gamma^*\left(\frac{v}{v_0}\right)^{0.5}.$$

Daraus folgt für die Geschwindigkeit

$$v=-\frac{da}{dt}=\frac{v_0}{100}\left(\left[\frac{1}{4}\frac{F_N}{F_A}\left(\frac{a_0}{a}\right)^{3/2}-\left(\frac{a}{a_0}\right)^{3/2}\right]^2-1\right)^2.$$

In den dimensionslosen Variablen $\tilde{a}=a/a_0$ und $\tilde{t}=tv_0/100a_0$ erhalten wir die Gleichung

$$-\frac{d\tilde{a}}{d\tilde{t}}=\left(\left[\frac{1}{4}\frac{F_N}{F_A}\tilde{a}^{-3/2}-\tilde{a}^{3/2}\right]^2-1\right)^2$$

mit der Anfangsbedingung $\tilde{a}=1$ für $\tilde{t}=0$. Ergebnisse einer numerischen Integration dieser Gleichung für drei verschiedene Verhältnisse F_N/F_A sind in Abb. 16.10 dargestellt.

Für $F_N=-F_A$ strebt das System für $t\to\infty$ zu einem Gleichgewichtszustand. Die Normalkraft $F_N=-1{,}5\cdot F_A$ entspricht bereits einer überkritischen Abreißkraft. Die Kugel springt nach der Zeit $\sim 1{,}4\cdot 100a_0/v_0\approx 9\cdot 10^3$ s ab.

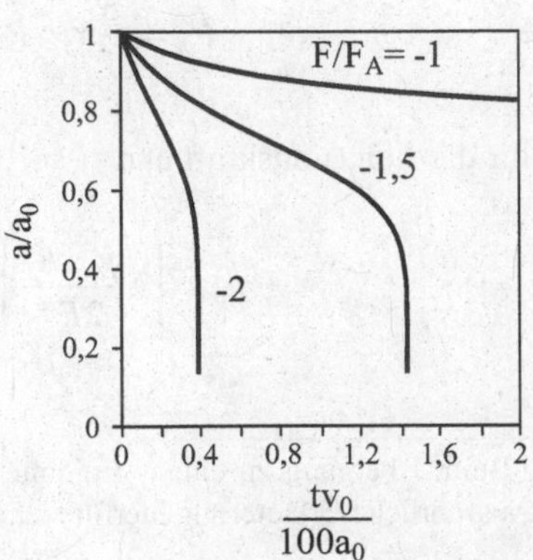

Abb. 16.10 Abhängigkeit des Kontaktradius’ von der Zeit bei verschiedenen Normalkräften

Verschleiß

17

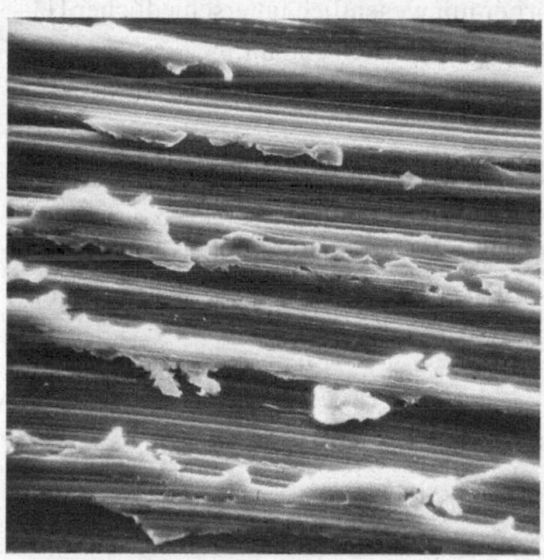

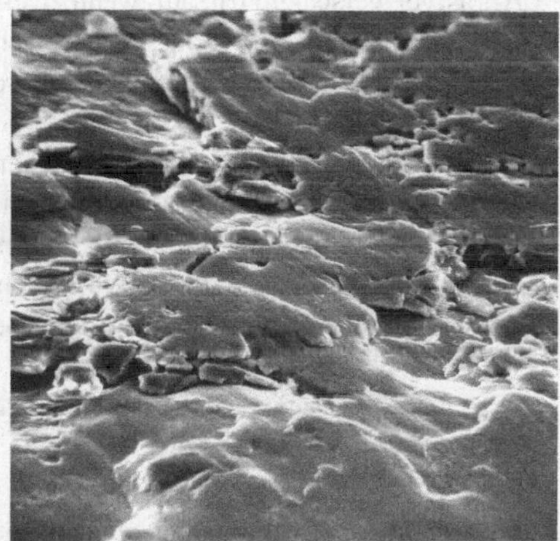

17.1 Einleitung

Verschleiß ist eine der Hauptursachen für Bauteilschädigung und den damit verbundenen Ausfall von Maschinen und Geräten. Seine Verringerung durch passende Materialwahl, Beschichtungen, Oberflächendesign oder Schmierung ist von hohem wirtschaftlichem Wert.

Auch wenn Reibung und Verschleiß in der Praxis immer gemeinsam auftreten, sind es qualitativ unterschiedliche Phänomene. Das sieht man bereits daran, dass man sich Reibung ohne Verschleiß vorstellen kann, zumindest in einem Modell. Z. B. gibt es im Prandtl-Tomlinson-Modell Reibung aber keinen Verschleiß. Auch Verschleiß ohne Reibung ist vorstellbar: Verschleiß kann bereits durch einen Normalkontakt ohne Tangentialbewegung verursacht werden.

V. L. Popov, *Kontaktmechanik und Reibung,* DOI 10.1007/978-3-662-45975-1_17

Die oft unterschiedlichen physikalischen Mechanismen für Reibung und Verschleiß finden ihren Ausdruck in der Tatsache, dass sich die Verschleißgeschwindigkeiten bei verschiedenen Reibpaarungen (bei sonst gleichen Bedingungen) um mehrere Größenordnungen unterscheiden können. Gleichzeitig ist zu bemerken, dass in bestimmten Situationen die Prozesse, die zur Reibung führen, gleichzeitig auch Verschleiß verursachen, wie z. B. plastische Deformation von Mikrokontakten. In diesen Fällen können die Reibung und der Verschleiß engere Korrelationen aufweisen.

In den meisten Fällen wird der Verschleiß als unerwünschte Erscheinung angesehen. Der Verschleiß kann aber auch die Grundlage für verschiedene technologische Prozesse wie Schleifen, Polieren oder Sandstrahlen sein.

Es ist üblich, die folgenden Grundarten von Verschleiß nach ihrem physikalischen Mechanismus zu unterscheiden:

- Abrasiver Verschleiß tritt auf, wenn zwei Körper mit wesentlich unterschiedlicher Härte im Kontakt sind, bzw. die Zwischenschicht harte Teilchen enthält.
- Adhäsiver Verschleiß passiert auch in Kontakten zwischen Körpern mit gleicher oder ähnlicher Härte.
- Korrosiver Verschleiß ist mit chemischer Modifizierung der Oberfläche und einer abschließenden Abtragung der Oberflächenschicht verbunden.
- Oberflächenermüdung wird durch mehrmalige Beanspruchung der Oberfläche entweder durch Gleiten oder Rollen verursacht, wobei bei jeder einzelnen Beanspruchung anscheinend keine merkbaren Änderungen der Oberfläche auftreten.

17.2 Abrasiver Verschleiß

Beim abrasiven Verschleiß dringen die Rauigkeitsspitzen des härteren Materials in das weichere Material ein und schneiden es. Die in der Gleitrichtung laufenden Furchen sind daher ein Merkmal des abrasiven Verschleißes. Um die Verschleißrate beim abrasiven Verschleiß abzuschätzen, betrachten wir ein einfaches Modell, in dem alle Mikrokontakte an der harten Oberfläche eine Kegelform haben. Betrachten wir zunächst einen einzigen Mikrokontakt mit der Normalbelastung ΔF_N (Abb. 17.1).

Unter Wirkung dieser Normalkraft dringt der Kegel in das weichere Material ein. Nach der Definition der Härte σ_0 (des weicheren Materials) gilt

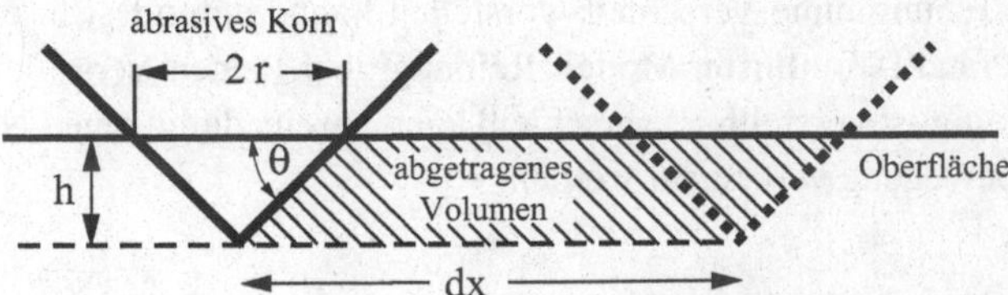

Abb. 17.1 Furchung des Materials durch einen starren Kegel

$$\Delta F_N = \sigma_0 \cdot \pi r^2. \tag{17.1}$$

Der Flächeninhalt der Projektion des Kegels auf die vertikale Ebene ist gleich rh. Bei einer Verschiebung um den Abstand dx würde der Kegel das Volumen $\mathrm{d}V$ herausschneiden, welches durch die folgende Gleichung gegeben wird

$$\mathrm{d}V = rh \cdot \mathrm{d}x = r^2 \tan\theta \cdot \mathrm{d}x = \frac{\Delta F_N \tan\theta \cdot \mathrm{d}x}{\pi \sigma_0}. \tag{17.2}$$

In einer groben Abschätzung identifizieren wir dieses Volumen mit dem verschlissenen Volumen des Materials. Die Verschleißgeschwindigkeit – definiert als abgetragenes Volumen dividiert durch den zurückgelegten Weg – ist somit gleich

$$\frac{\mathrm{d}V}{\mathrm{d}x} = \frac{\Delta F_N \tan\theta}{\pi \sigma_0}. \tag{17.3}$$

Summieren über alle Mikrorauigkeiten ergibt für das verschlissene Volumen

$$V = \frac{F_N \overline{\tan\theta}}{\pi \sigma_0} x, \tag{17.4}$$

wobei $\overline{\tan\theta}$ ein gewichtetes Mittel von $\tan\theta$ aller Mikrokontakte ist. Diese Gleichung wird gewöhnlich als folgende *Verschleißgleichung* geschrieben:

$$V = \frac{k_{abr} F_N}{\sigma_0} x. \tag{17.5}$$

Das verschlissene Volumen ist proportional zur Normalkraft, zum zurückgelegten Weg und umgekehrt proportional zur Härte des Materials. Der *Verschleißkoeffizient* k_{abr} bildet die Einzelheiten der Geometrie der abrasiven Oberfläche ab.

Der Verschleiß zwischen einem weicheren Material und einem Abrasivkörper, bei dem die harten Teilchen in den Körper fest eingebettet sind, wird als *Zwei-Körper-Verschleiß*bezeichnet. Eine Sonderform des abrasiven Verschleißes ist der Verschleiß von Körpern in Anwesenheit von harten abrasiven Teilchen im Zwischenmedium. In diesem Fall spricht man vom *Drei-Körper-Verschleiß*.

Der Tab. 17.1 kann man entnehmen, dass die Verschleißkoeffizienten bei dem oben betrachteten Zwei-Körper-Verschleiß typischerweise zwischen $6 \cdot 10^{-2}$ und $6 \cdot 10^{-3}$ liegen, wobei sie bei Drei-Körper-Verschleiß um ca. eine Größenordnung kleiner sind.

Tab. 17.1 Abrasive Verschleißkoeffizienten

Autoren	Verschleißtyp	Korngröße (μ)	Werkstoff	$k(\times 10^{-3})$
Spurr et al. (1975)	2-Körper	–	Viele	60
Spurr et al. (1975)	2-Körper	110	Viele	50
Avient et al. (1960)	2-Körper	40–150	Viele	40
Lopa (1956)	2-Körper	260	Stahl	27
Kruschov and Babichev (1958)	2-Körper	80	Viele	8
Samuels (1956)	2-Körper	70	Messing	5
Toporov (1958)	3-Körper	150	Stahl	2
Rabinowicz et al. (1961a)	3-Körper	80	Stahl	1.7
Rabinowicz et al. (1961a)	3-Körper	40	viele	0.7

Aus der Verschleißgleichung (17.5) folgt, dass das verschlissene Volumen proportional zum zurückgelegten Weg ist. Dies gilt nur, solange die Unebenheiten des härteren Materials nicht durch das weichere Material „gefüllt" werden. Wenn das geschieht, nimmt die Verschleißgeschwindigkeit mit der Zeit ab (Abb. 17.2).

Solange die Oberflächeneigenschaften der Partner nicht geändert werden (das kann durch regelmäßiges Reinigen der Oberfläche von Verschleißpartikeln erreicht werden), ist das verschlissene Volumen proportional zum Weg. Die Gl. (17.5) besagt, dass die Verschleißgeschwindigkeit umgekehrt proportional zur Härte σ_0 ist oder der Kehrwert dx / dV, genannt *Verschleißbeständigkeit*, proportional zur Härte des weicheren Materials ist. Diese Abhängigkeit wurde in vielen Experimenten bestätigt (Abb. 17.3). Die Härte des Abrasivs dagegen beeinflusst die Verschleißgeschwindigkeit nur unwesentlich.

Bei der Wahl der abrasiven Materialien ist nicht nur deren Härte, sondern auch deren Fähigkeit, scharfe, schneidende Kanten zu bilden, zu berücksichtigen. Daraus folgt, dass die brüchigen Materialien mit hoher Härte zu bevorzugen sind.

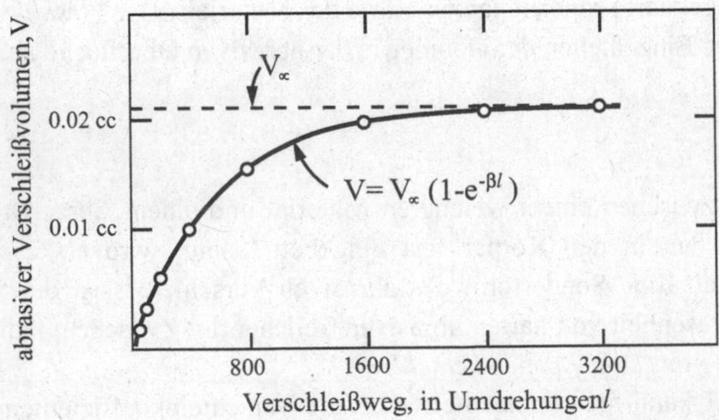

Abb. 17.2 Änderung des Verschleißkoeffizienten mit der Zeit. Daten aus: Mulhearn, T.O., and Samuels L.E., The abrasion of metals: A model of the process, Wear, 1962, Bd. 5, S. 478–498

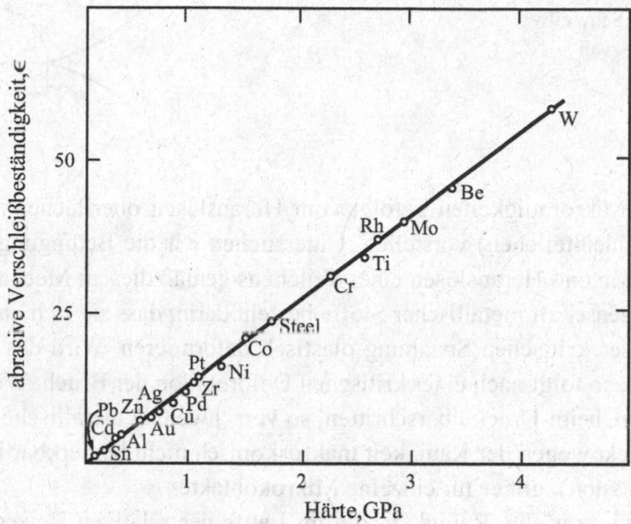

Abb. 17.3 Die Verschleißbeständigkeit von metallischen Materialien ist mit großer Genauigkeit proportional zur Härte. Experimentelle Daten aus: Хрущев М. М., Бабичев М. А., Исследования изнашивания металлов (Untersuchung von Verschleiß von Metallen), Moskau, 1960

Die Gl. (17.4) lässt sich auch auf eine andere Weise interpretieren. Da der durch Furchung bedingte Reibungskoeffizient μ gleich $\overline{\tan\theta}$ ist, kann (17.4) auch in der Form

$$V = \tilde{k}\frac{F_N \mu x}{\sigma_0} = \tilde{k}\frac{W}{\sigma_0} \tag{17.6}$$

dargestellt werden, wobei W die Reibarbeit ist. Das Verschleißvolumen ist demnach proportional zur dissipierten Energie dividiert durch die Härte des Materials.

Die Proportionalität des Verschleißvolumens zum Energieeintrag gilt auch für den adhäsiven Verschleiß (s. nächster Abschnitt) und den erosiven Verschleiß (s. Aufgabe 1 zu diesem Kapitel) und wird oft als ein allgemeines „Verschleißgesetz" auch für andere Verschleißarten angewendet.

17.3 Adhäsiver Verschleiß

Haben die Reibpartner vergleichbare Härte, so beginnt eine andere Verschleißart die Hauptrolle zu spielen: adhäsiver Verschleiß. Adhäsiver Verschleiß ist die wichtigste Verschleißart in tribologischen Anwendungen, in denen der Verschleiß minimiert werden soll und daher die Bedingungen, die beim abrasiven Verschleiß auftreten, vermieden werden sollen. Den Mechanismus des adhäsiven Verschleißes kann man sich als Zusammen-

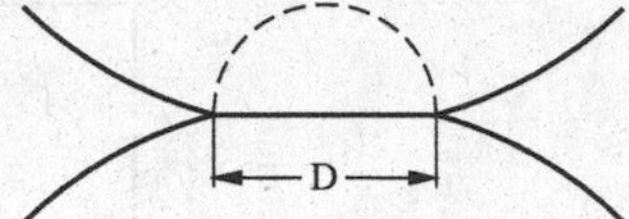

Abb. 17.4 Eine „Schweißbrücke" zwischen zwei Mikrorauigkeiten

schweißen von Mikrorauigkeiten gefolgt vom Herauslösen oberflächennaher Volumenelemente (Verschleißteilchen) vorstellen. Untersuchen wir die Bedingungen für das Zusammenschweißen und Herauslösen eines Teilchens gemäß diesem Mechanismus.

Die Grundeigenschaft metallischer Stoffe besteht darin, dass sie sich nach Überschreiten einer gewissen kritischen Spannung plastisch deformieren. Wird das Material dabei auf Zug belastet, so folgt nach einer kritischen Deformation der Bruch. Wird dagegen die plastische Grenze beim Druck überschritten, so verschweißen metallische Partner. Selbst wenn dieser Effekt wegen der Rauigkeit makroskopisch nicht bemerkbar ist (ähnlich wie im Fall von Adhäsion), gilt er für einzelne Mikrokontakte.

Betrachten wir nun eine Rauigkeit, die im Laufe der relativen Bewegung der Reibpartner in Kontakt mit einer anderen Rauigkeit kommt, einen Mikrokontakt mit einem Durchmesser D bildet und danach wieder wegläuft (Abb. 17.4).

In dem für die Oberflächenschichten typischen stark verfestigten Zustand sind alle drei kritischen Spannungen: Fließgrenze, Bruchspannung und „Verschweißspannung" von der selben Größenordnung. Die Spannung im Mikrokontakt erreicht beim Zusammenkommen der Rauigkeiten die Größenordnung der Eindringhärte σ_0 des Werkstoffes. Dabei verschweißen die Rauigkeiten. Gehen sie auseinander, so wird vor dem Bruch wieder etwa die gleiche Spannung σ_0 erreicht, nur mit dem anderen Vorzeichen. Die unmittelbar vor dem Bruch gespeicherte elastische Energie hat die Größenordnung $U_{el} \approx \frac{\sigma_0^2}{2G} D^3$. Sie reicht nur dann zum Herauslösen eines Teilchens aus, wenn sie größer ist als die Adhäsionsenergie $U_{adh} \approx \gamma_{eff} D^2$, die zur Erzeugung von zwei freien Oberflächen geleistet werden muss. γ_{eff} ist hier die *effektive Oberflächenenergie* von inneren Grenzflächen im Material (auch Bruchzähigkeit genannt). Das Herauslösen eines Teilchens ist somit nur dann möglich, wenn $U_{el} > U_{adh}$ ist:

$$D > \frac{2G\gamma_{eff}}{\sigma_0^2}. \tag{17.7}$$

Für viele einfache Kristalle gilt $\sigma_0 \propto G$. Dann nimmt (17.7) die Form

$$D_c = const \frac{\gamma_{eff}}{\sigma_0} \tag{17.8}$$

an. Diese Gleichung gibt die Größenordnung des Durchmessers von Verschleißteilchen als Funktion der Härte und der effektiven Oberflächenenergie an. Der experimentelle Wert für die Konstante in (17.8) liegt bei 60000[1].

Da das Herauslösen eines Teilchens zum Entstehen einer Grube mit etwa der gleichen Tiefe wie der Durchmesser des herausgelösten Teilchens führt, liegt es nahe anzunehmen, dass die durch den Verschleiß erzeugte Rauheit von der gleichen Größenordnung ist wie (17.8).

In vielen Anwendungen wird gefordert, dass der Spielraum zwischen beweglichen Teilen möglichst klein ist. Die Praxis zeigt aber, dass das Spiel auch nicht zu klein sein darf. Andernfalls beginnt eine fortschreitende Beschädigung der Oberflächen, die man als „Fressen" bezeichnet. Es liegt nahe anzunehmen, dass das erforderliche minimale Spiel die gleiche Größenordnung hat, wie der charakteristische Durchmesser der Verschleißteilchen. Eine empirische Gleichung für das minimale Spiel $h_{\min}$ lautet

$$h_{\min} = 180.000 \frac{\gamma_{eff}}{\sigma_0}. \tag{17.9}$$

Zur Abschätzung der Verschleißgeschwindigkeit beim adhäsiven Verschleiß betrachten wir zwei raue Oberflächen im Kontakt (Abb. 17.5).

Die Normalkraft F_N hängt mit der Kontaktfläche und der Härte der kontaktierenden Körper wie folgt zusammen:

$$F_N = \sigma_0 A. \tag{17.10}$$

Bezeichnen wir den Mittelwert des Durchmessers eines Kontaktes mit D und die Zahl der Mikrokontakte mit n. Offenbar gilt $A \approx \frac{\pi D^2}{4} \cdot n$. Daraus folgt

$$n = \frac{4A}{\pi D^2} = \frac{4F_N}{\pi D^2 \sigma_0}. \tag{17.11}$$

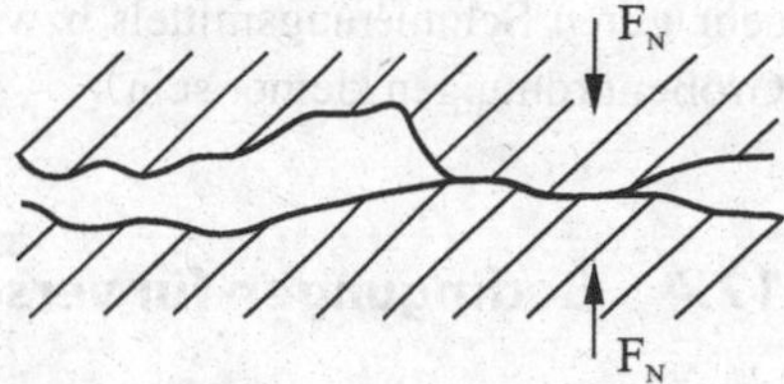

Abb. 17.5 Zwei raue Oberflächen im Kontakt

[1] Siehe hierzu das Buch von E. Rabinowicz: Friction and wear of materials. Second Edition. John Wiley & Sons, inc., 1995.

Die „Existenzlänge" eines Mikrokontaktes hat dieselbe Größenordnung wie der Durchmesser D des Kontaktes. Auf diesem Weg wird ein Kontakt gebildet und wieder zerstört. Die volle Zahl der Kontakte, die sich auf dem Weg x gebildet haben, ist gleich

$$N \approx n \frac{x}{D} \approx \frac{4F_N x}{\pi \sigma_0 D^3}. \tag{17.12}$$

Wenn wir annehmen, dass nicht jede Bildung und Zerstörung eines Mikrokontaktes zum Herauslösen eines Verschleißteilchens führt, sondern sich die Verschleißteilchen mit einer Wahrscheinlichkeit k^* bilden, dann ist das gesamte Volumen der gebildeten Verschleißteilchen gleich

$$V = \frac{1}{2} \cdot \frac{4}{3} \cdot \frac{\pi D^3}{8} \cdot k^* N = \frac{\pi D^3}{12} \cdot k^* \cdot \frac{4F_N x}{\pi \sigma_0 D^3} = \frac{k^*}{3} \cdot \frac{F_N x}{\sigma_0}. \tag{17.13}$$

Indem wir $k^* / 3$ zu einem Koeffizienten k_{adh} zusammenfassen, erhalten wir das Gesetz für den adhäsiven Verschleiß:

$$V = k_{adh} \frac{F_N x}{\sigma_0}. \tag{17.14}$$

Auch beim adhäsiven Verschleiß ist das verschlissene Volumen proportional zur Normalkraft, dem zurückgelegten Weg und umgekehrt proportional zur Härte. Diese Gleichung wird oft *Holm-Archard-Gleichung* genannt.

Wegen der ins Spiel gekommenen „Wahrscheinlichkeit der Bildung eines Verschleißteilchens", die zum Beispiel von der Verunreinigung der Oberflächen abhängen kann, variieren die adhäsiven Verschleißkoeffizienten zum Teil um einige Größenordnungen. Der typische Wert des Verschleißkoeffizienten für einen nicht geschmierten Kontakt zwischen zwei legierungsbildenden Metallen ist ca. $k_{adh} \sim 10^{-3}$, kann aber in Anwesenheit eines sehr guten Schmierungsmittels bzw. für nicht kompatible Metalle auch um drei bis vier Größenordnungen kleiner sein.

17.4 Bedingungen für verschleißarme Reibung

Die Bedingungen für verschleißarmes Gleiten hängen von vielen Parametern ab, und es ist schwer, einfache Regeln zu formulieren. Verschiedene Situationen ergeben sich in geschmierten und nicht geschmierten Systemen. Während in geschmierten Systemen Rauigkeit als Reservoir für Schmiermittel dient und auf diese Weise Verschleiß vermindern kann, ist es für trocken laufende Systeme in der Regel wünschenswert, möglichst glatte Oberflächen zu erzeugen. Wird in Mikrokontakten die Fließgrenze des Materials nicht erreicht, so finden nur rein elastische Deformationen der Oberflächen statt – vorausgesetzt, dass zwischen den Oberflächen keine chemischen Reaktionen ablaufen[2]. Da die mittlere Spannung in Mikrorauigkeiten laut (7.16) die Größenordnung $\frac{1}{2}E^*\nabla z$ hat und in einzelnen Mikrokontakten mit maximalen Spannungen bis ca. $E^*\nabla z$ zu rechnen ist, muss die Bedingung $E^*\nabla z < \sigma_0$ oder

$$\nabla z < \frac{\sigma_0}{E^*} \tag{17.15}$$

erfüllt sein. Für viele metallische Stoffe korreliert die Härte mit dem Elastizitätsmodul und es gilt[3]

$$\frac{\sigma_0}{E} \approx 0{,}01. \tag{17.16}$$

Damit sich die Reibpartner nur elastisch deformieren, müssen die Oberflächen extrem glatt sein: Die mittlere Steigung der Oberflächen darf den Wert 0,01 nicht überschreiten. Zusätzlich ist es wünschenswert, die Wellenlänge der Rauigkeit so klein wie möglich zu halten, damit der Durchmesser der Mikrokontakte unter dem aus (17.8) liegt und die Bedingung für den adhäsiven Verschleiß nicht erfüllt ist. Ist die mittlere Steigung größer als in (17.15), so wird das weichere Material in Mikrokontaktgebieten plastisch deformiert. Welche Auswirkung dabei die plastische Deformation auf den Verschleiß hat, hängt wesentlich von den Eigenschaften der obersten Oberflächenschichten ab.

Die im vorigen Abschnitt beschriebenen Modellvorstellungen über den adhäsiven Verschleiß setzen voraus, dass die Bildung der Schweißbrücken und deren Zerstörung an verschiedenen Stellen im Material stattfinden. Bildet das Material eine Oxidschicht oder ist die Oberfläche mit einem Schmiermittel versehen, so kann es passieren, dass die Trennung der in Kontakt gekommenen Unebenheiten an der gleichen Fläche stattfindet, an der sie in Kontakt gekommen sind. Das Verhältnis der Festigkeit der Grenzfläche im Vergleich zur Volumenfestigkeit des Materials spielt somit für den adhäsiven Verschleiß eine sehr große Rolle, auch wenn sie nicht explizit in der Gl. (17.14) abgebildet ist. Das hat Kragelski[4] veranlasst, das *„Prinzip des positiven Härtegradienten“* als ein grundlegendes Prinzip für verschleißarme Reibbedingungen zu formulieren. Nach diesem Prinzip soll die Festigkeit der obersten Oberflächenschichten des Materials mit der Tiefe steigen.

[2] Als einfaches Kriterium dafür kann die Forderung gelten, dass die kontaktierenden Werkstoffe keine Legierungen bilden.

[3] Statistische Daten hierfür siehe: E. Rabinowicz, Friction and Wear of Materials. Second Edition. John Wiley & Sons, inc., 1995.

[4] Kragelski I.V., Friction and Wear, Butter Worth, London, 1965, S. 346.

Das kann durch Schmierung, chemische Modifizierung der Oberflächenschichten oder Materialerweichung durch lokale Temperaturerhöhungen erreicht werden, sowie durch eine kleine Oberflächenenergie der Grenzschicht. Für verschleißarme Kontakte ist es vorteilhaft, wenn die kontaktierenden Materialien keine Legierungen bilden, bzw. eine Legierung bilden, deren Festigkeit kleiner ist als die Festigkeiten beider Grundstoffe. Wird der Härtegradient aus irgendwelchen Gründen negativ, so steigt die Verschleißgeschwindigkeit schlagartig an. Prozesse der Oxidbildung und der Wechselwirkung mit molekularen Schmierschichten sind aus dem genannten Grund von sehr großer Bedeutung für den Verschleiß, lassen sich aber bisher nicht im Rahmen eines einfachen kontaktmechanischen Modells erfassen.

17.5 Verschleiß als Materialtransport aus der Reibzone

Für eine Analyse des Verschleißes reicht es nicht, die Bedingungen für das Herauslösen von Verschleißteilchen festzustellen. Solange Verschleißteilchen in der Reibzone bleiben, werden sie weiterhin einer intensiven tribologischen Beanspruchung ausgesetzt und wiederholt in die Oberflächen der Reibpartner integriert. Der Verschleiß macht sich auf die Funktion eines Reibkontaktes erst bemerkbar, wenn das Material die Reibzone verlassen hat. Der Verschleiß ist daher im weiten Sinne nicht nur ein Problem der Festigkeit, sondern ein Problem des Massentransports aus der Reibzone.

Nach Kragelski soll es für die Verschleißbeständigkeit eines Materials vorteilhaft sein, wenn eine Oberflächenschicht des Materials eine kleinere Fließgrenze hat als der Grundstoff. Untersuchen wir den Verschleißwiderstand eines Materials mit einer solchen weicheren Schicht mit der Schubfestigkeit τ_c und Dicke h. Der Durchmesser der Reibzone sei L.

Die Verschleißgeschwindigkeit kann durch folgende qualitative Überlegungen abgeschätzt werden. Unter Annahme eines ideal plastischen Verhaltens der Schicht bleibt die Tangentialspannung in der Schicht unabhängig von der Gleitgeschwindigkeit konstant und gleich τ_c. Man kann formal eine effektive Viskosität der Schicht η_{eff} so einführen, dass die Scherspannung in der Schicht nach der gleichen Regel berechnet wird wie in einer viskosen Flüssigkeit:

$$\tau_c = \eta_{eff} \frac{v}{h}. \tag{17.17}$$

Daraus folgt

$$\eta_{eff} = \frac{h\tau_c}{v}. \tag{17.18}$$

Eine sich bereits im Zustand plastischen Fließens befindliche Schicht hat in Bezug auf andere Spannungskomponenten (z. B. Normalspannung) keine Fließgrenze und verhält sich in erster Näherung als Flüssigkeit mit der effektiven Viskosität (17.18). Sie wird daher ausgepresst mit einer Geschwindigkeit, die durch die Gl. (XIV.27) abgeschätzt werden kann:

$$\left|\dot{h}\right| \approx \frac{2h^3}{3\pi\eta_{eff}R^4}F_N \approx \frac{2h^2 v}{3\pi R^4 \tau_c}F_N. \tag{17.19}$$

Das aus der Reibzone ausgedrückte – und somit endgültig verschlissene – Volumen bezogen auf den Gleitweg ist somit gleich $\frac{dV}{dx} = \frac{\left|\dot{h}\right|\pi R^2}{v} \approx \frac{8}{3}\frac{F_N}{\tau_c}\left(\frac{h}{2R}\right)^2$. Numerische Simulationen bestätigen diese Gleichung bis auf einen konstanten Koeffizienten. So lässt sich die Verschleißgleichung in der folgenden Form schreiben[5]:

$$V \approx \frac{F_N}{\sigma_0}\left(\frac{h}{L}\right)^2 x. \tag{17.20}$$

Mit σ_0 wurde hier die Härte des Materials bezeichnet. Diese Beziehung hat die gleiche Form wie die Verschleißgleichung (17.14) jedoch mit einem geometrischen Faktor $(h/L)^2$, der bei kleinen h und großen L für extrem kleine Verschleißgeschwindigkeiten sorgen kann.

17.6 Verschleiß von Elastomeren

Der Verschleiß von Elastomeren ist ein sehr komplizierter Prozess, der bis heute noch nicht hinreichend verstanden wurde. Zu einer groben Abschätzung können wir die Verschleißgleichung (17.14) für den adhäsiven Verschleiß anwenden, wobei die Härte σ_0 durch die mittlere Spannung (16.10) in Mikrokontakten ersetzt werden muss:

$$V = k_{adh}\frac{kF_N x}{4\left|\hat{G}(vk)\right|\nabla z} \tag{17.21}$$

mit $\kappa \approx 2$ und k – charakteristische Wellenzahl der Rauigkeit.

[5] Popov V.L., Smolin I.Yu., Gervé A. and Kehrwald B. Simulation of wear in combustion engines. – Computational Materials Science, 2000, Bd. 19, No.1-4, S. 285–291.

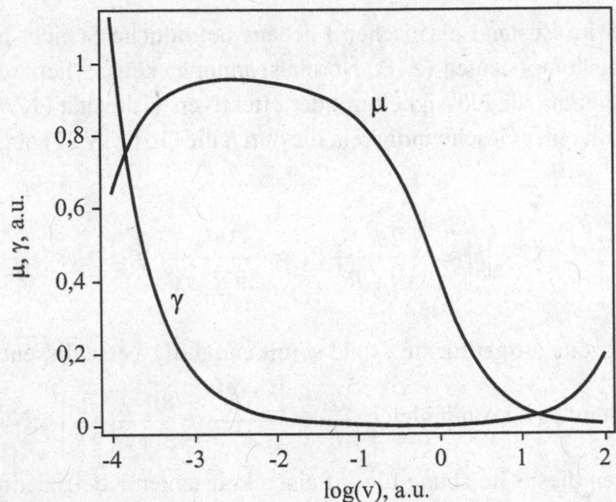

Abb. 17.6 Geschwindigkeitsabhängigkeit des Reibungskoeffizienten und der Abreibbarkeit gemäß Gl. (17.22) für das rheologische Modell (15.51) mit $G_0 = 1$, $G_1 = 1000$, $\tau_1 = 10^{-2}$, $\tau_2 = 10^2$, $g(\tau) = \tau_1 \tau^{-2}$

Zur Charakterisierung des Gummiverschleißes benutzt man oft die so genannte *Abreibbarkeit* γ (Englisch *abradability*) als Verhältnis des verschlissenen Volumens zur Verlustenergie[6]. Für diese erhalten wir die Abschätzung

$$\gamma = \frac{V}{\mu F_N x} = \frac{\kappa k_{adh}}{\mu 4 \left|\hat{G}(vk)\right| \nabla z} = \frac{\kappa k_{adh}}{4 \nabla z^2 \operatorname{Im}(\hat{G}(vk))}. \tag{17.22}$$

Sie ist umgekehrt proportional zum Imaginärteil des komplexen Moduls und weist daher bei mittleren Geschwindigkeiten ein Minimum auf (Abb. 17.6). Der in einem Experiment gefundene Verlauf der Abreibbarkeit als Funktion der Geschwindigkeit ist in Abb. 17.7 dargestellt.

Neben viskoelastischen Eigenschaften weist Gummi auch plastische Eigenschaften auf. Sie können in grober Näherung durch Angabe einer kritischen Spannung σ_c, der „Fließgrenze", charakterisiert werden, wobei diese kritische Spannung bei Elastomeren noch ungenauer definiert ist als bei Metallen. Den dreifachen Wert davon nehmen wir als charakteristische Größe der Indentierungshärte von Gummi an: $\sigma_0 \approx 3\sigma_c$. Gemäß (XVI.10) hat die charakteristische Spannung in Mikrokontakten die Größenordnung

$$\sigma \approx 4\kappa^{-1} \left|\hat{G}(vk)\right| \nabla z. \tag{17.23}$$

[6] Abbreibbarkeit γ darf nicht mit der Oberflächenenergie verwechselt werden für deren Bezeichnung wir den gleichen Buchstaben benutzen.

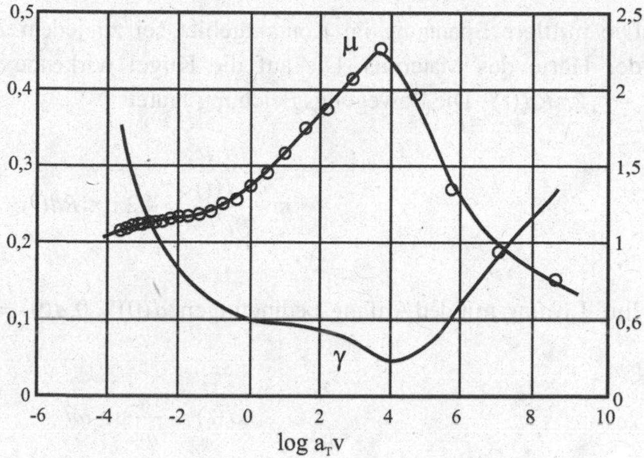

Abb. 17.7 Experimentelle Geschwindigkeitsabhängigkeit des Reibungskoeffizienten μ und der Abreibbarkeit γ für eine Gummimischung. Daten nach: K.A. Grosch, The rolling resistance, wear and traction properties of tread compounds. Rubber Chemistry and Technology, 1996, Bd. 69, S. 495–568

Erreicht diese Spannung die Härte des Materials, so wird Gummi plastisch deformiert und der Verschleiß steigt schnell an. Die kritische Geschwindigkeit, bei der dies geschieht, berechnet sich aus der Bedingung

$$\sigma_0 \approx 2\left|\hat{G}(v_c k)\right|\nabla z. \tag{17.24}$$

Eine ausführlichere Betrachtung der Reib- und Verschleißvorgänge sollte auch Änderungen der Temperatur in Mikrokontakten berücksichtigen, da der komplexe Modul temperaturabhängig ist.

Bei großen Reibungskoeffizienten entwickelt sich im Reibkontakt eine Instabilität, durch die ein Teil der Kontaktfläche in den Haftzustand übergeht. Eine weitere Bewegung des Körpers ist dann nur durch Fortpflanzung von Ablösewellen – den sogenannten *Schallamach-Wellen* – möglich. Für dieses Regime ist ein anderer Verschleißmechanismus charakteristisch – die Rollenbildung.

Aufgaben

Aufgabe 1: Erosiver Verschleiß bei kleinen Geschwindigkeiten. Ein rundes, hartes Teilchen mit dem Radius R schlägt mit einer Geschwindigkeit v_0 senkrecht zur Oberfläche eines Festkörpers mit der Härte σ_0 auf. Zu bestimmen ist die Eindringtiefe, der Durchmesser des Eindrucks und das beim Aufschlag ausgedrückte Volumen.

Lösung: Die momentane Eindrucktiefe $d(t)$ ist mit dem momentanen Kontaktradius $a(t)$ gemäß $a(t) \approx \sqrt{2Rd(t)}$ verbunden. Die Kontaktfläche berechnet sich zu

$$A(t) \approx 2\pi Rd(t).$$

Die mittlere Spannung im Kontaktgebiet sei zu jedem Zeitpunkt konstant und gleich der Härte des Materials. Die auf die Kugel wirkende Kontaktkraft ist somit gleich $-\sigma_0 2\pi Rd(t)$. Die Bewegungsgleichung lautet

$$m\frac{\partial^2 d(t)}{\partial t^2} = -2\pi\sigma_0 Rd(t).$$

Ihre Lösung mit den Anfangsbedingungen $d(0) = 0, \dot{d}(0) = v_0$ ist gegeben durch

$$d(t) = \frac{v_0}{\omega}\sin\omega t$$

mit $\omega = \sqrt{\dfrac{2\pi\sigma_0 R}{m}}$. Die maximale Eindrucktiefe ist gleich

$$d_{\max} = \frac{v_0}{\omega} = v_0\sqrt{\frac{m}{2\pi\sigma_0 R}}.$$

Indem wir die Masse des Teilchens durch die Dichte ρ und den Radius ausdrücken: $m = \frac{4}{3}\pi R^3\rho$, erhalten wir

$$d_{\max} = R\sqrt{\frac{2}{3}\frac{\rho v_0^2}{\sigma_0}}.$$

Das „eingedrückte Volumen" ΔV ist gleich

$$\Delta V \approx \pi R d_{\max}^2 = \frac{4}{3}\pi R^3\frac{\rho v_0^2}{2\sigma_0} = V\frac{\rho v_0^2}{2\sigma_0} = \frac{m v_0^2}{2\sigma_0}.$$

Das eingedrückte Volumen durch Teilchenaufschlag ist gleich der kinetischen Energie des Teilchens dividiert durch die Härte des Materials.

Das Verschleißvolumen hängt nicht nur von dem eingedrückten Volumen ab, sondern auch vom Mechanismus der Abtragung des dadurch verschobenen Materials. Das Verschleißvolumen ist jedoch in der Regel proportional zum eingedrückten Volumen.

Aufgabe 2: Schwingungsverschleiß (Fretting). Ein axial-symmetrisches Profil $z = f_0(r)$ werde in einen elastischen Halbraum um d eingedrückt und führe anschließend tangentiale Schwingungen mit der gegebenen Amplitude $u_x^{(0)}$ aus. Bei kleinen Amplituden findet

Verschleiß nur im ringförmigen Slip-Bereich am Rande des Kontaktgebietes statt. Zu bestimmen ist die Grenzform $z = f_\infty(r)$ des verschlissenen Profils nach einer sehr großen Zahl von Schwingungszyklen. Vorausgesetzt wird, dass im Kontakt das Coulombsche Reibungsgesetz angenommen werden kann und dass nur das Indenter-Profil verschlissen wird.

Lösung[7] Nach dem Coulombschen Reibgesetz ist die maximale Haftreibungsspannung τ_{max} gleich der Gleitspannung und diese gleich der Normalspannung p multipliziert mit einem konstanten Reibungskoeffizienten $\mu : \tau_{max} = \mu p, \tau_{gleit} = \mu p$. Die Haftbedingung lautet $\tau \leq \mu p$. Zum Verschleißgesetz wollen wir lediglich die sehr allgemeine Annahme treffen, dass Verschleiß nur in den Gebieten stattfindet, in denen endlicher Druck herrscht *und* es eine relative Verschiebung der Oberflächen gibt. *Keinen* Verschleiß gibt es demnach in den Bereichen, in denen entweder der Druck oder die relative Verschiebung verschwinden: Dazu gehören alle Bereiche ohne Kontakt (kein Druck) und der Stick-Bereich (keine relative Verschiebung). Infolge des Verschleißes außerhalb des Haftgebietes mit dem Radius c wird der Druck im verschlissenen Gebiet mit der Zahl der Schwingungszyklen abnehmen und im Haftgebiet steigen. Deswegen wird das ursprüngliche Haftgebiet auch später im Haftzustand bleiben und wird nicht verschlissen. Im Slip-Bereich des Kontaktgebietes wird es dagegen so lange einen fortschreitenden Verschleiß geben, bis die Körper so ausgehöhlt sind, dass der Kontaktdruck verschwindet. Dadurch wird ein Zustand erreicht, in dem kein weiterer Verschleiß stattfinden kann. Aus dem Gesagten kann man schließen, dass diese Grenzform von der genauen Form des Verschleißgesetzes nicht abhängt. Sie kann mithilfe der in den Kap. 5 und 8 beschriebenen Methode der Dimensionsreduktion (MDR) bestimmt werden.

Im Rahmen der MDR wird nach den Regeln (5.56) und (8.41) eine elastische Bettung sowie ein MDR-modifiziertes Profil $g(x)$ nach (5.52) definiert und in der weiteren kontaktmechanischen Berechnung anstelle des ursprünglichen dreidimensionalen Systems untersucht. Wird das Profil in der Tangentialrichtung um $u_x^{(0)}$ verschoben, so werden die Federn normal und tangential belastet. Der Radius des Haft-Bereichs wird gegeben durch die Gleichheit der maximalen Tangentialkraft zu μ mal Normalkraft:

$$G^* u_x^{(0)} = \mu E^* \left(d - g(c)\right).$$

Die Druckverteilung im Kontaktgebiet wird im Rahmen der MDR mithilfe der Gl. (5.59) berechnet, die wir hier der Bequemlichkeit halber noch einmal wiederholen:

$$p(r) = -\frac{1}{\pi}\int_r^\infty \frac{q_z'(x)}{\sqrt{x^2 - r^2}}\,\mathrm{d}x = \frac{E^*}{\pi}\int_r^\infty \frac{g'(x)}{\sqrt{x^2 - r^2}}\,\mathrm{d}x.$$

[7] Bei der Lösung folgen wir dem Paper: Popov V.L., Analytic solution for the limiting shape of profiles due to fretting wear, Sci. Rep. 2014, v. 4, 3749.

Abb. 17.8 Eindimensionales MDR-transformiertes Profil in dem Endzustand

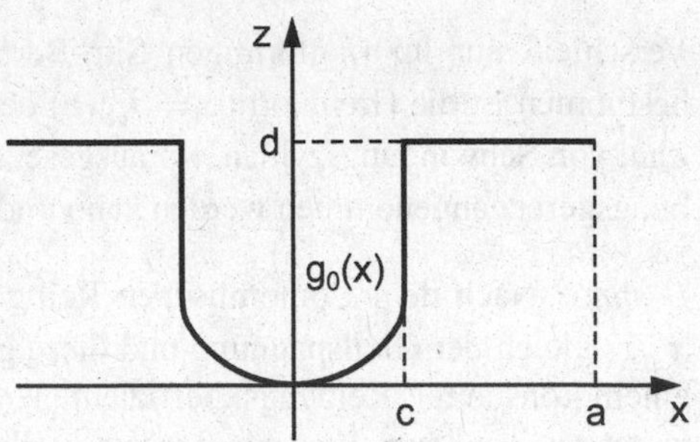

Im Endzustand gibt es im früheren Kontaktgebiet außerhalb des Haftgebietes keinen Druck: $p(r) = 0$, für $r > c$. Aus der Druckgleichung folgt daraus, dass in diesem Bereich

$$g'(x) = 0 \text{ und } g(x) = const, \text{ für } c < x < a.$$

Die Form des äquivalenten eindimensionalen Profils im Endzustand wird somit durch die folgenden Gleichungen gegeben (Abb. 17.8):

$$g_\infty(x) = \begin{cases} g_0(x), & \text{für } 0 < x < c \\ d, & \text{für } c < x < a \end{cases}.$$

Das entsprechende drei-dimensionale Profil wird mittels der Rücktransformation (5.53) bestimmt:

$$f_\infty(r) = \begin{cases} f_0(r), & \text{für } 0 < r < c \\ \dfrac{2}{\pi}\displaystyle\int_0^c \frac{g_0(x)}{\sqrt{r^2 - x^2}}\,\mathrm{d}x + \frac{2}{\pi} d \int_c^r \frac{1}{\sqrt{r^2 - x^2}}\,\mathrm{d}x, & \text{für } c < r < a \end{cases}.$$

Betrachten wir als Bespiel ein ursprünglich parabolisches Profil $f_0(r) = r^2 / (2R)$. Das entsprechende MDR-transformierte Profil ist $g_0(x) = x^2 / R$ (s. Kap. 5, Aufgabe 7). Der Radius des Haftgebietes wird durch die Gleichung $G^* u_x^{(0)} = \mu E^* (d - c^2 / R)$ gegeben. Daraus folgt

$$c = \sqrt{R\left(d - \frac{G^*}{E^*} \frac{u_x^{(0)}}{\mu}\right)}.$$

Für die Form des verschlissenen Profils im Endzustand erhalten wir nun

$$f_\infty(r) = \begin{cases} \dfrac{r^2}{2R}, & \text{für } 0 < r < c \\ d - \dfrac{2}{\pi}\left(d - \dfrac{r^2}{2R}\right)\arcsin\dfrac{c}{r} - \dfrac{r^2}{\pi R}\left(\dfrac{c}{r}\right)\sqrt{1-\left(\dfrac{c}{r}\right)^2}, & \text{für } c < r < a \end{cases}.$$

In den dimensionslosen Variablen (vertikale Koordinaten normiert auf die Indentierungstiefe und horizontale Koordinaten normiert auf den Anfangs-Kontaktradius, $a_0 = \sqrt{Rd}$):

$$\tilde{f} = f/d\,,\ \tilde{d} = d/d = 1$$
$$\tilde{r} = r/a_0\,,\ \tilde{x} = x/a_0\,,\ \tilde{c} = c/a_0\,,\ \tilde{a} = a/a_0\,,$$

kann dieses Profil in der Form

$$\tilde{f}_\infty(\tilde{r}) = \begin{cases} \dfrac{\tilde{r}^2}{2}, & \text{for } 0 < \tilde{r} < \tilde{c} \\ 1 - \dfrac{2}{\pi}\left(1 - \dfrac{\tilde{r}^2}{2}\right)\arcsin\dfrac{\tilde{c}}{\tilde{r}} - \dfrac{\tilde{r}\tilde{c}}{\pi}\sqrt{1-\left(\dfrac{\tilde{c}}{\tilde{r}}\right)^2}, & \text{for } \tilde{c} < \tilde{r} < \tilde{a} \end{cases}$$

dargestellt werden. Diese Funktion wird in Abb. 17.9 für verschiedene Werte des dimensionslosen Radius des Haftgebietes illustriert.

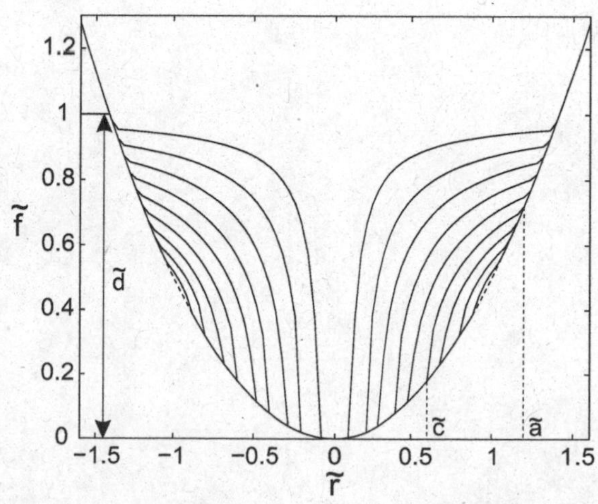

Abb. 17.9 Verschlissene 3D-Profile im Endzustand für 9 linear steigende Werte des Parameters $\tilde{c}$ von 0.1 bis 0.9

Der Kontaktradius und somit auch der äußere Radius des verschlissenen Gebietes wird durch die Bedingung $\tilde{f}_\infty(\tilde{a}) = \tilde{f}_0(\tilde{a})$ gegeben:

$$1-\frac{2}{\pi}\left(1-\frac{\tilde{a}^2}{2}\right)\arcsin\frac{\tilde{c}}{\tilde{a}}-\frac{\tilde{a}\tilde{c}}{\pi}\sqrt{1-\left(\frac{\tilde{c}}{\tilde{a}}\right)^2}=\frac{\tilde{a}^2}{2}.$$

Die Normalkraft berechnet sich zu

$$F_N = 2\int_0^a E^*\left(d-g(x)\right)\mathrm{d}x = 2\int_0^c E^*\left(d-x^2/R\right)\mathrm{d}x = 2E^*\left(dc-\frac{c^3}{3R}\right)$$

oder unter Berücksichtigung der Gleichung für den Radius des Haftgebietes:

$$F_N = \frac{4}{3}E^*R^{1/2}\left(d-\frac{G^*}{E^*}\frac{u_x^{(0)}}{\mu}\right)^{1/2}\left(d+\frac{G^*}{2E^*}\frac{u_x^{(0)}}{\mu}\right).$$

Reibung unter Einwirkung von Ultraschall 18

Vibrationen mit verschiedenen Frequenzen und Amplituden werden in vielen technischen Bereichen zur Beeinflussung der Reibungskraft eingesetzt. Die bekanntesten niederfrequenten Anwendungen sind Vibrationsstampfer und -platten. Hochfrequente Schwingungen werden zur Beeinflussung der Reibkräfte bei Umformung, Fügen oder Tiefziehen eingesetzt. Auch in nanotribologischen Geräten werden hochfrequente Schwingungen zur Vermeidung von Kontaktinstabilitäten benutzt (z. B. in der Atomkraftmikroskopie). Eine

V. L. Popov, *Kontaktmechanik und Reibung,* DOI 10.1007/978-3-662-45975-1_18

Reihe von Methoden zur Induzierung eines gerichteten Transports beruht auf Ausnutzung der Wechselwirkung zwischen Vibrationen und Reibung. Dazu gehören viele bekannte Methoden für Vibrationstransport und –separation. Auf Ultraschallschwingungen beruht das Wirkungsprinzip von Wanderwellenmotoren, die in Fotokameras bzw. Objektiven eingesetzt werden. Schwingungen führen meistens zur Verminderung der Reibkraft. Unter bestimmten Bedingungen können sie auch eine Steigerung der Reibkraft verursachen oder zum Verschweißen der Reibpartner führen. Darauf beruhen Ultraschallschweißen oder Ultraschallbonding in der Mikrochiptechnik.

18.1 Einfluss von Ultraschall auf die Reibungskraft aus makroskopischer Sicht

I. Einfluss von Schwingungen auf die statische Reibungskraft

Untersuchen wir einen Körper, der auf einer Unterlage in zwei Punkten gestützt wird, (Abb. 18.1). Der Reibungskoeffizient zwischen der Unterlage und der Probe sei μ. Die Probe soll in erster Näherung als ein starrer Körper betrachtet werden, dessen Länge durch die eingebauten Piezoelemente periodisch geändert werden kann.

In Abwesenheit von Schwingungen muss an die Probe eine kritische Kraft $F_s = \mu F_N$ angelegt werden, um sie in Bewegung zu setzen, wobei F_N die Normalkraft ist, die in unserem Fall dem Gewicht der Probe gleich ist. Wird dagegen die Probenlänge geändert, so dass eine relative Bewegung zwischen den Kontaktpunkten und der Unterlage entsteht, so setzt sich die Probe bereits bei einer beliebig kleinen Kraft F in Bewegung. Der Freischnitt einer Probe, deren Länge mit der Zeit steigt, ist in Abb. 18.1b gezeigt. Bei langsamer Längenänderung ist der Prozess quasistatisch, und alle Kräfte müssen zu jedem Zeitpunkt im Gleichgewicht sein. Da die Gleitreibungskraft in jedem Kontaktpunkt betragsmäßig konstant ist

$$F_{Gleit} = \frac{1}{2}\mu F_N, \tag{18.1}$$

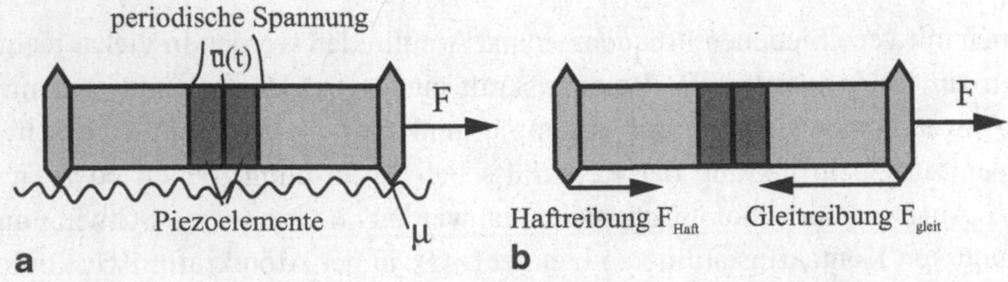

Abb. 18.1 **a** Eine in Gleitrichtung schwingende Probe. **b** Die auf die Probe in horizontaler Richtung wirkenden Kräfte

können die Reibungskräfte mit der äußeren Kraft nur dann im Gleichgewicht bleiben, wenn ein Ende der Probe gleitet und das andere haftet. In der Phase des Zusammenziehens wird der hintere Kontakt gleiten und der vordere haften. Auf diese Weise wird die Probe eine raupenartige Bewegung ausführen und sich in einer Periode um Δl bewegen, wobei Δl die Amplitude der Längenänderung ist. Das bedeutet, dass *unter der Annahme der Gültigkeit des Coulombschen Reibungsgesetzes* eine beliebig kleine Schwingungsamplitude und eine beliebig kleine äußere Kraft reicht, um die Probe in makroskopische Bewegung zu versetzen: Die statische Reibungskraft verschwindet. Experimente zeigen jedoch, dass diese Schlussfolgerung erst ab einer gewissen Schwingungsamplitude gültig ist (s. unten experimentelle Messungen der statischen Reibungskraft als Funktion der Schwingungsamplitude).

II. Der Einfluss von Schwingungen auf die Gleitreibung

Als nächstes untersuchen wir den Einfluss von Schwingungen auf die Gleitreibungskraft. Die Schwingungsfrequenz soll jetzt so hoch sein, dass die Schwingungen die gleichförmige Bewegung der Probe nicht beeinflussen. Das bedeutet, dass die Bewegung der Probe als Superposition einer Bewegung mit einer konstanten Geschwindigkeit v_0 und einer oszillierenden Geschwindigkeit angenommen werden kann.

1. Schwingung in der Gleitrichtung.

Oszilliert die Länge der Probe nach einem harmonischen Gesetz

$$l = \tilde{l} + l_0 \sin \omega t, \tag{18.2}$$

so gilt für die Koordinaten der Kontaktpunkte

$$x_1 = v_0 t + \tfrac{1}{2}\tilde{l} + \tfrac{1}{2} l_0 \sin \omega t, \; x_2 = v_0 t - \tfrac{1}{2}\tilde{l} - \tfrac{1}{2} l_0 \sin \omega t. \tag{18.3}$$

Ihre Geschwindigkeiten relativ zur Unterlage sind

$$\dot{x}_1 = v_0 + \tfrac{1}{2} l_0 \omega \cos \omega t, \; \dot{x}_2 = v_0 - \tfrac{1}{2} l_0 \omega \cos \omega t \tag{18.4}$$

oder

$$\dot{x}_1 = v_0 + \hat{v} \cos \omega t, \; \dot{x}_2 = v_0 - \hat{v} \cos \omega t \tag{18.5}$$

mit $\hat{v} = \frac{1}{2} l_0 \omega$. Zur Vereinfachung nehmen wir an, dass die Normalkraft zwischen beiden Kontaktpunkten zu je $F_N/2$ verteilt ist und sich mit der Zeit nicht ändert. Unter dieser Annahme ergibt sich für die gesamte auf die Probe wirkende Reibungskraft:

$$F_R = \frac{\mu F_N}{2}[\mathrm{sgn}\,(v_0 + \hat{v}\cos\omega t) + \mathrm{sgn}\,(v_0 - \hat{v}\cos\omega t)]. \tag{18.6}$$

Die makroskopische Reibungskraft erhalten wir durch Mittelung dieser Kraft über eine Schwingungsperiode:

$$\langle F_R \rangle = \frac{1}{T}\int_0^T F_R(t)\mathrm{d}t = \frac{1}{2\pi}\frac{\mu F_N}{2}\int_0^{2\pi}[\mathrm{sgn}\,(v_0 + \hat{v}\cos\xi) + \mathrm{sgn}\,(v_0 - \hat{v}\cos\xi)]\mathrm{d}\xi. \tag{18.7}$$

Bei Mittelung über eine Periode sind die Beiträge beider Summanden gleich, so dass die Integration eines Summanden und Multiplikation mit 2 reicht:

$$\langle F_R \rangle = \frac{\mu F_N}{2\pi}\int_0^{2\pi} \mathrm{sgn}\,(v_0 - \hat{v}\cos\xi)\mathrm{d}\xi. \tag{18.8}$$

Betrachten wir zwei Fälle:

a. $v_0 > \hat{v}$. In diesem Fall bleibt die Geschwindigkeit immer positiv und die Reibungskraft sowohl im Betrag als auch in der Richtung konstant. Die mittlere Reibungskraft ist in diesem Fall gleich $\langle F_R \rangle = \mu F_N$.
b. $v_0 < \hat{v}$. In diesem Fall ist die Geschwindigkeit in einem Teil der Periode positiv und im anderen Teil negativ (diese Zeiträume sind in Abb. 18.2 mit +1 bzw. −1 gekennzeichnet. Die Reibungskraft im positiven Bereich ist μF_N und im negativen Bereich $-\mu F_N$. Der Zeitpunkt der Änderung des Vorzeichens der Geschwindigkeit bestimmt sich aus der Bedingung $v_0 - \hat{v}\cos\xi^* = 0$. Daraus folgt

$$\xi^* = \arccos\,(v_0 / \hat{v}). \tag{18.9}$$

Mit Hilfe der Abb. 18.2 kann man leicht sehen, dass das Integral (18.8) sich zu

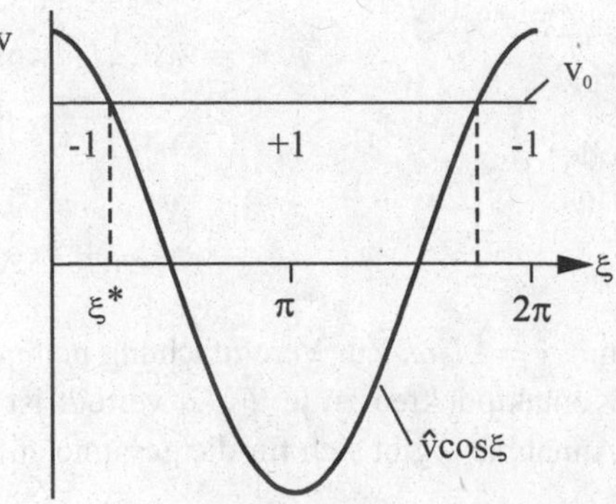

Abb. 18.2 Zur Berechnung des Integrals (18.8)

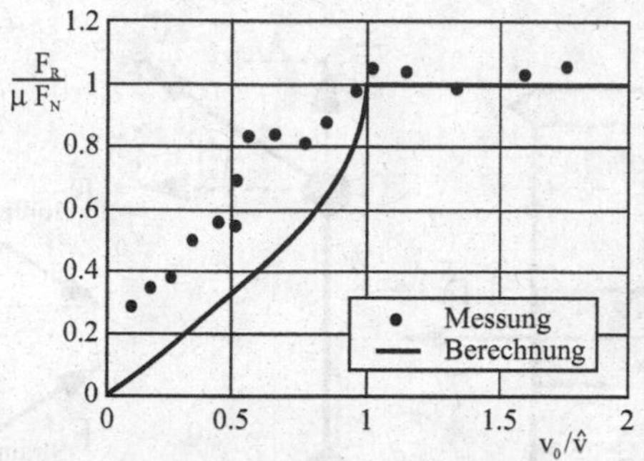

Abb. 18.3 Theoretisch und experimentell ermittelte Reibungskraftreduktion durch Vibrationen parallel zur Bewegungsrichtung. Daten aus: Storck H., Littmann W., Wallaschek J., Mracek M.: *The effect of friction reduction in presence of ultrasonic vibrations and its relevance to traveling wave ultrasonic motors.* Ultrasonics 2002, Bd. 40, S. 379–383

$$\langle F_R \rangle = \mu \frac{F_N}{2\pi}((2\pi - 2\xi^*) - 2\xi^*) = \mu \frac{2F_N}{\pi}\left(\frac{\pi}{2} - \xi^*\right) = \mu \frac{2F_N}{\pi}\left(\frac{\pi}{2} - \arccos\left(\frac{v_0}{\hat{v}}\right)\right)$$

berechnet oder

$$\langle F_R \rangle = \begin{cases} \dfrac{2\mu F_N}{\pi} \arcsin\left(\dfrac{v_0}{\hat{v}}\right), & \text{für } v_0 < \hat{v} \\ \mu F_N, & \text{für } v_0 > \hat{v} \end{cases}. \tag{18.10}$$

Diese Abhängigkeit ist in Abb. 18.3 im Vergleich zu experimentellen Daten dargestellt.

2. Schwingung senkrecht zur Gleitrichtung.

In diesem Fall ist die Oszillationsgeschwindigkeit

$$v_1 = \hat{v} \cos \omega t \tag{18.11}$$

stets senkrecht zur Gleitrichtung gerichtet. Der Momentanwert der Reibungskraft kann mit Hilfe des Kraftdiagramms in Abb. 18.4 zu

$$F_R = \mu F_N \cos \varphi \tag{18.12}$$

berechnet werden. Unter Berücksichtigung der Beziehung $\tan \varphi = v_1/v_0$ ergibt sich für die Reibungskraft

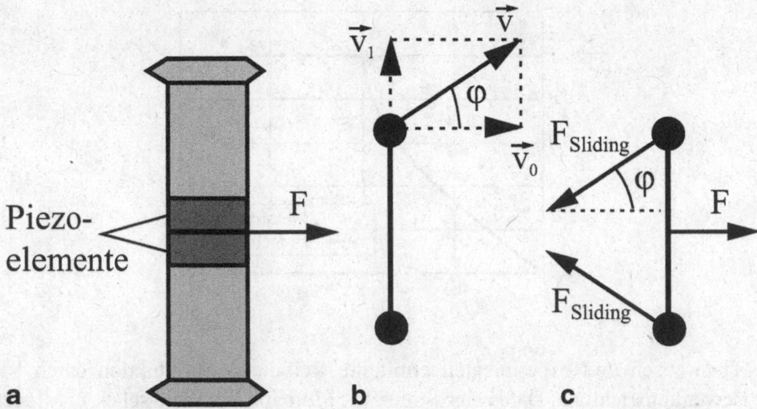

Abb. 18.4 Schwingungen senkrecht zur Gleitrichtung (Draufsicht): **a** Schematische Darstellung des Experimentes, **b** Geschwindigkeitsdiagramm, **c** Kraftdiagramm

$$F_R = \frac{\mu F_N}{\sqrt{1+\left(\dfrac{\hat{v}}{v_o}\cos\omega t\right)^2}} \tag{18.13}$$

Die makroskopische Reibungskraft als Mittelwert der mikroskopischen Tangentialkraft berechnet sich zu

$$\langle F_R \rangle = \frac{\mu F_N}{2\pi} \int_0^{2\pi} \frac{d\xi}{\sqrt{1+\left(\dfrac{\hat{v}}{v_0}\cos\xi\right)^2}}. \tag{18.14}$$

Diese Abhängigkeit ist zusammen mit experimentellen Daten zum Vergleich in Abb. 18.5 dargestellt. Anders als im Fall von Schwingungen parallel zur Gleitrichtung bleibt in diesem Fall der Reibungskoeffizient immer kleiner als ohne Ultraschall.

Ein wesentlicher Unterschied zwischen theoretischen und experimentellen Ergebnissen ist, dass der experimentell ermittelte Reibungskoeffizient bei sehr kleinen Gleitgeschwindigkeiten nicht gegen Null strebt, wie es die Theorie vorhersagt. Dies ist ein Zeichen dafür, dass das makroskopische Coulombsche Reibungsgesetz bei kleinen Schwingungsamplituden nicht mehr gültig ist.

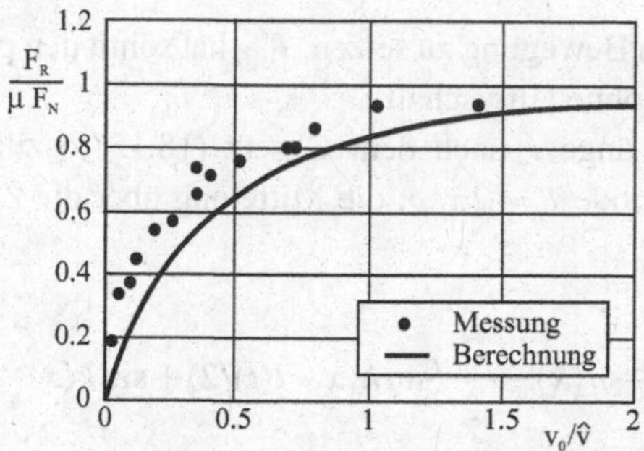

Abb. 18.5 Theoretisch und experimentell ermittelte Reibungskraftreduktion durch Vibrationen senkrecht zur Bewegungsrichtung. Daten aus: Storck H., Littmann W., Wallaschek J., Mracek M.: *The effect of friction reduction in presence of ultrasonic vibrations and its relevance to traveling wave ultrasonic motors.* Ultrasonics 2002, Bd. 40, S. 379–383

18.2 Einfluss von Ultraschall auf die Reibungskraft aus mikroskopischer Sicht

Die makroskopische Gleitreibungskraft ist nichts anderes als der zeitliche Mittelwert der zwischen dem Körper und der Unterlage wirkenden Tangentialkraft. Der Begriff „makroskopische Reibungskraft" kann daher streng genommen nur zusammen mit der Angabe des Mittelungsintervalls benutzt werden. Auf ausreichend kleinen räumlichen und zeitlichen Skalen bricht das makroskopische Reibungsgesetz zusammen. Es kann daher auch bei der Untersuchung des Einflusses von Vibrationen auf die Reibung nicht für beliebig kleine Schwingungsamplituden angewendet werden.

Dass das makroskopische Reibungsgesetz auf kleinen Skalen zusammenbricht und präzisiert werden muss, illustrieren wir mit dem Prandtl-Tomlinson-Modell (Kap. 11), das wir in Anlehnung auf das oben behandelte Zwei-Körper-System modifizieren. Betrachten wir zwei Massenpunkte mit der Gesamtmasse m, dessen Abstand sich nach dem Gesetz

$$l(t) = l_0 + \Delta l \sin(\omega t) \tag{18.15}$$

ändert. Beide Körper befinden sich in einem räumlich periodischen Potential. Die Gl. (11.1) wird modifiziert zu

$$m\ddot{x} = F - \eta\dot{x} - \frac{F_0}{2}[\sin k(x - l(t)/2) + \sin k(x + l(t)/2)]. \tag{18.16}$$

Ohne Schwingung muss an das System die Kraft

$$F_{s,0} = F_0 \left|\cos\left(\tfrac{1}{2}kl_0\right)\right| \tag{18.17}$$

angelegt werden, um es in Bewegung zu setzen. $F_{s,0}$ hat somit den physikalischen Sinn der statischen Reibungskraft ohne Ultraschall.

Nun lassen wir die Länge l nach dem Gesetz (18.15) oszillieren und mitteln die Gl. (18.16) über eine Periode $T = 2\pi/\omega$; die Mittelung über die Zeit bezeichnen wir mit einer eckigen Klammer.

$$m\langle\ddot{x}\rangle = F - \eta\langle\dot{x}\rangle - \frac{F_0}{2}\langle\sin k(x - l(t)/2) + \sin k(x + l(t)/2)\rangle. \tag{18.18}$$

Solange es keine makroskopische Bewegung des Systems gibt (d. h. es befindet sich makroskopisch gesehen im Haftzustand), sind die Mittelwerte $\langle\ddot{x}\rangle$ und $\langle\dot{x}\rangle$ gleich Null, und für die Haftreibung ergibt sich

$$\begin{aligned} F &= \frac{F_0}{2}\langle\sin k(x_0 - (l_0 + \Delta l\sin(\omega t))/2) + \sin k(x_0 + (l_0 + \Delta l\sin(\omega t))/2)\rangle \\ &= F_0 \sin kx_0 \cdot \langle\cos k(l_0 + \Delta l\sin(\omega t))/2\rangle \\ &= F_0 \sin kx_0 \cdot (\cos(\tfrac{1}{2}kl_0)\langle\cos(\tfrac{1}{2}k\Delta l\sin\omega t)\rangle - \sin(\tfrac{1}{2}kl_0)\langle\sin(\tfrac{1}{2}k\Delta l\sin\omega t)\rangle)\,. \end{aligned} \tag{18.19}$$

Der Mittelwert des zweiten Gliedes ist gleich Null (da eine ungerade Funktion gemittelt wird). Der Mittelwert des ersten Gliedes kann mit Hilfe der Entwicklung[1]

$$\cos(\zeta\sin\varphi) = J_0(\zeta) + 2\sum_{n=1}^{\infty} J_{2n}(\zeta)\cos(2n\varphi). \tag{18.20}$$

berechnet werden, wobei J_n die Bessel-Funktion n-ter Ordnung ist. Für die Reibkraft ergibt sich somit

$$F = F_0 \sin kx_0 \cos(\tfrac{1}{2}kl_0)\, J_0(\tfrac{1}{2}k\Delta l). \tag{18.21}$$

Diese Kraft ist eine Funktion der Koordinate x_0. Ihr maximal möglicher Wert

$$F_s = F_0\left|\cos(\tfrac{1}{2}kl_0)\, J_0(\tfrac{1}{2}k\Delta l)\right| = F_{s,0}\left|J_0(\tfrac{1}{2}k\Delta l)\right|. \tag{18.22}$$

ist die statische Reibungskraft. Die statische Reibungskraft hängt demnach von der Schwingungsamplitude ab. Diese Abhängigkeit ist in Abb. 18.6 dargestellt.

Die Reibungskraft nimmt mit der Amplitude ab und verschwindet für $k\Delta l/2 = 2.4048$, d. h. wenn $\Delta l \approx 0{,}77\Lambda$, wobei Λ die Wellenlänge des Potentials ist. Enthält das Wechselwirkungspotential mehrere Fourier-Komponenten, so werden die Oszillationen der statischen Reibungskraft verschwimmen, und es ergibt sich eine kontinuierlich abfallende Funktion. An

[1] O.J. Farrell, B. Ross. Solved Problems: Gamma and beta functions, Legendre Polynomials, Bessel functions.- The Macmillan Company, 1963, 410 S.

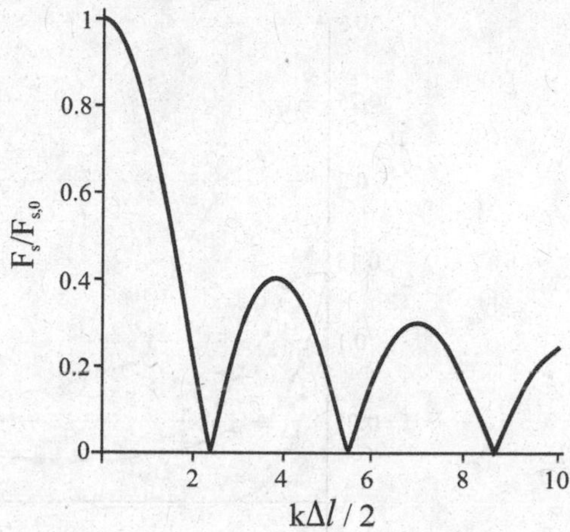

Abb. 18.6 Abhängigkeit der statischen Reibungskraft von der Schwingungsamplitude für ein Zwei-Körper-System in einem räumlich periodischen Potential

diesem Beispiel können wir den allmählichen Übergang von der statischen Kraft ohne Ultraschall zum makroskopischen Ergebnis in Anwesenheit von Ultraschall ($F_s = 0$) erkennen. Wir sehen, dass die Schwingungsamplitude, bei der die statische Kraft wesentlich abnimmt, Information über die charakteristische Wellenlänge des Wechselwirkungspotentials liefert. Diese Tatsache wird in der *Tribospektroskopie* zur Untersuchung von Reibungsmechanismen benutzt.

18.3 Experimentelle Untersuchungen der statischen Reibungskraft als Funktion der Schwingungsamplitude

Das in Abb. 18.1 gezeigte System wurde experimentell realisiert und die statische Reibungskraft als Funktion der Schwingungsamplitude gemessen[2]. Messungen wurden bei Frequenzen von ca. 60–70 kHz mit Schwingungsamplituden bis ca. 1 μm durchgeführt. Die Schwingungsamplitude wurde mit einem Laser-Vibrometer gemessen. Ergebnisse für Paarungen von verschiedenen Materialien mit einer stählernen Probe sind in Abb. 18.7 dargestellt.

Für die meisten Paarungen nimmt der Reibungskoeffizient mit der Schwingungsamplitude ab. Die Länge, auf der die Reibungskraft wesentlich abfällt, bestimmt die räumliche Skala, die für Reibungsprozesse in der gegebenen Reibpaarung und unter den gegebenen Bedingungen charakteristisch ist. Die charakteristische räumliche Skala bei Reibungsprozessen ist für verschiedene Materialien unterschiedlich. In der Tab. 18.1 sind die Ergeb-

[2] Popov V.L., Starcevic J., Filippov A.E. Influence of ultrasonic in-plane oscillations on static and sliding friction and intrinsic length scale of dry friction. – Trib. Lett., 2010, v. 39, p. 25–30. Eine ausführlichere Darstellung findet sich in: J. Starcevic, Tribospektroskopie als neue Methode zur Untersuchung von Reibungsmechanismen: Theoretische Grundlagen und Experiment, Dissertation, TU Berlin, 2008.

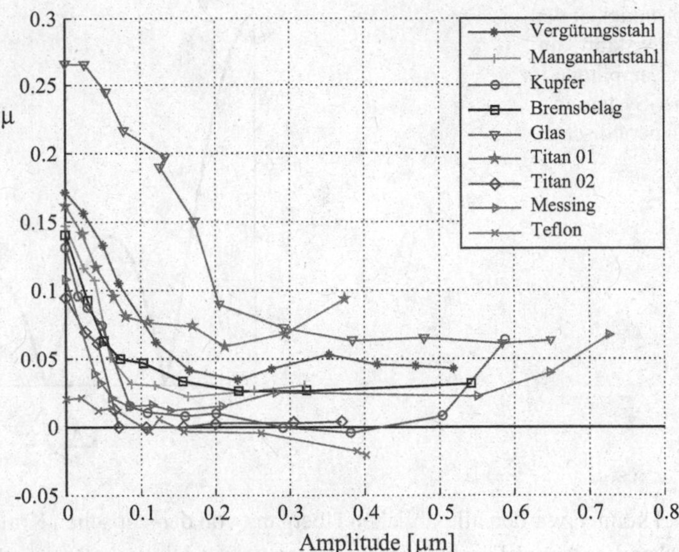

Abb. 18.7 Abhängigkeiten des statischen Reibungskoeffizienten von der Schwingungsamplitude für eine Reihe von Werkstoffen gegen Stahl C45

nisse für 9 untersuchte Werkstoffe zusammengefasst. Es wird dabei unterschieden, ob es sich um das erste Experiment handelt oder Experimente nach dem Einlaufen.

Bei den meisten Werkstoffen ist die Länge der charakteristischen Skala nach dem Einlaufen kleiner als im ursprünglichen Zustand. Die Ausnahmen sind Messing und Glas. Der Tab. 18.1 entnehmen wir, dass die charakteristische Skala bei allen untersuchten Materialien zwischen ca. 15 und 100 nm liegt. Bei Metallen variiert sie zwischen 20 und 60 nm. Die physikalische Herkunft dieser Skala ist noch nicht abschließend geklärt; vermutlich hängt sie mit der Dicke der Grenzschicht zusammen. Bei größeren Ultraschallamplituden

Tab. 18.1 Die charakteristischen Reibungsskalen l_0 von verschiedenen Werkstoffen, berechnet für das 1. Experiment und als Mittelwert für die Experimente nach dem Einlaufen

Reibplattenwerkstoff	l_0 [nm] 1. Experiment	l_0 [nm] nach Einlaufen
Vergütungsstahl C 45	61	41
Manganhartstahl X120Mn12	39	24
Titan TI01	34	27
Titan TI02	25	22
Titan TI03	50	–
Kupfer	42	37
Messing	17	29
Bremsbelag	31	29
Glas	104	111

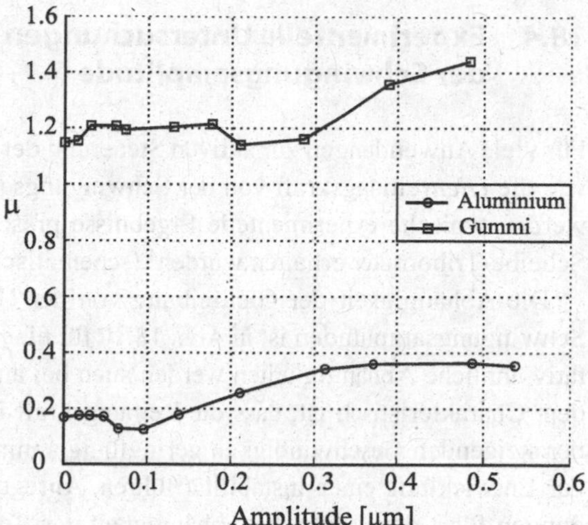

Abb. 18.8 Abhängigkeiten des statischen Reibungskoeffizienten von der Schwingungsamplitude für Gummi und Al

erwärmt sich die Probe, und die Grenzschicht verliert ihre Wirksamkeit. Eine typische Erscheinung ist daher, dass bei ausreichend großen Ultraschallamplituden der Reibungskoeffizient wieder steigt. Bei noch größeren Amplituden hätten wir es mit einer starken metallischen Adhäsion und *Reibschweißen* zu tun.

Ein qualitativ abweichendes Verhalten weisen Gummi und Aluminium auf (Abb. 18.8). Bei Gummi haben wir es mit einem Fall zu tun, wo die Skala grundsätzlich nicht durch die Wechselwirkungen auf der Nanometerskala bestimmt wird. Aluminium ist durch sein von anderen Metallen abweichendes tribologisches Verhalten bekannt, das vermutlich mit dem leichten Durchbruch seiner Oxidschicht zusammenhängt, wodurch der Reibvorgang den Bereich der Grenzschichtreibung verlässt.

Bei Teflon ist der Reibungskoeffizient in Abb. 18.7 nicht nur klein, sondern wird mit der steigenden Schwingungsamplitude *negativ*. Das ist möglich, wenn die Oberfläche eine nicht symmetrische Struktur aufweist, so dass sich ein „Rachet"[3] bildet und ein gerichteter Transport auch in Abwesenheit einer äußeren Kraft stattfindet.

Tribospektroskopische Untersuchungen zeigen, dass unter den Grenzschichtreibungs-Bedingungen das makroskopische Reibungsgesetz bereits bei Verschiebungen von ca. 100 Nanometer anwendbar ist. Eine starke Abnahme des Reibungskoeffizienten findet bei sehr kleinen Verschiebungen von der Größenordnung 20–60 Nanometer statt. Solche Amplituden reichen aus, um den Reibungskoeffizienten zu steuern.

[3] Ausführlichere Kommentare zu Rachets siehe Abschn. 11.5.

18.4 Experimentelle Untersuchungen der Gleitreibung als Funktion der Schwingungsamplitude

Für viele Anwendungen zur aktiven Steuerung der Reibungskraft ist es wichtig zu wissen, wie die *Gleit*reibungskraft von der Schwingungsamplitude abhängt. In diesem Abschnitt werden typische experimentelle Ergebnisse präsentiert, die mit einem Ultraschall-Stift-Scheibe-Tribometer erhalten wurden[4] (schematisch gezeigt in Abb. 18.9a).

Die Abhängigkeit der Gleitreibung von der Gleitgeschwindigkeit bei verschiedenen Schwingungsamplituden ist in Abb. 18.10 für eine Stahl-Stahl-Paarung dargestellt. Qualitativ ähnliche Abhängigkeiten werden auch bei anderen tribologischen Paarungen gefunden. Charakteristisch ist, dass die Reibungskraft in Abwesenheit von Schwingungen mit der steigenden Geschwindigkeit geringfügig abnimmt (Kurve 1 in Abb. 18.10). Das kann zur Entwicklung einer Instabilität führen. Anregung des Systems zu Ultraschallschwingungen führt dazu, dass die Abhängigkeit der Reibungskraft von der Gleitgeschwindigkeit monoton steigend wird (in diesem Beispiel ab einer Schwingungsamplitude von ca. 0,1 μm, Kurve 3 in Abb. 18.10). Dieser Effekt kann zur Unterdrückung von reiberregten Instabilitäten benutzt werden.

Aluminium bildet eine Ausnahme: In der Paarung Stahl/Aluminium hängt der Reibungskoeffizient weder von der Gleitgeschwindigkeit noch von der Schwingungsamplitude ab und weist nur starke Fluktuationen um den konstanten Wert $\mu \approx 0.6 \pm 0.1$ auf (Abb. 18.11).

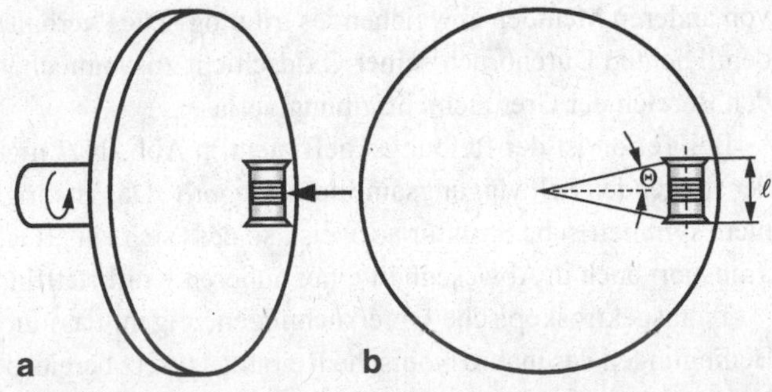

Abb. 18.9 **a** Schematische Darstellung eines Ultraschall-Stift-Scheibe-Tribometers; **b** Geometrie des Gleitens im Ultraschall-Stift-Scheibe-Tribometer

[4] V.L. Popov, J. Starcevic, A.E. Filippov. Influence of ultrasonic in-plane oscillations on static and sliding friction and intrinsic length scale of dry friction. – Trib. Lett., 2010, Bd. 39, S. 25–30.

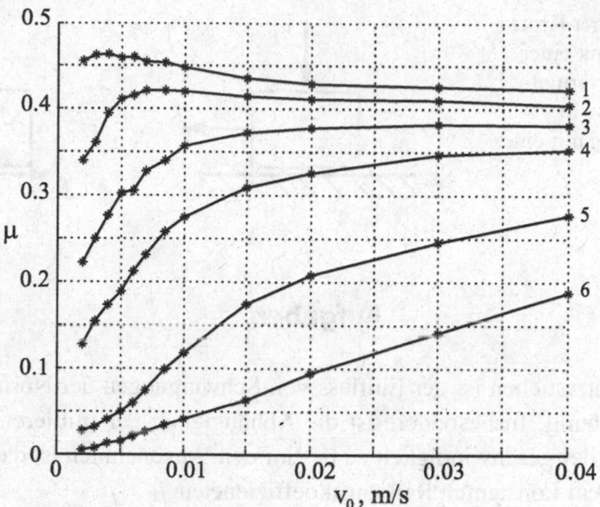

Abb. 18.10 Abhängigkeit des Reibungskoeffizienten von der Gleitgeschwindigkeit und der Schwingungsamplitude für die Paarung „Stahl-Stahl" für Frequenz 45 kHz, $\theta = 31.5^{\circ}$ und die folgenden Schwingungsamplituden: 1) 0.023 μm, 2) 0.056 μm, 3) 0.095 μm, 4) 0.131 μm, 5) 0.211 μm, 6) 0.319 μm. (Quelle: V.L. Popov, J. Starcevic, A.E. Filippov. Influence of ultrasonic in-plane oscillations on static and sliding friction and intrinsic length scale of dry friction. – Trib. Lett., 2010, Bd. 39, S. 25–30)

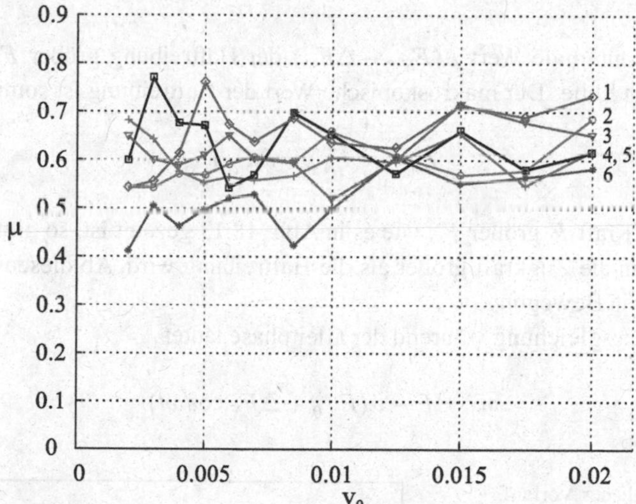

Abb. 18.11 Abhängigkeiten des Reibungskoeffizienten für die Paarung Aluminium-Stahl für die Schwingungsfrequenz 48 kHz und die folgenden Schwingungsamplituden: 1) 0.21 μm, 2) 0.081 μm, 3) 0.31 μm, 4) 0.14 μm, 5) 0.41 μm, 6) 0.035 μm. Der Reibungskoeffizient weist starke Fluktuationen um den Wert 0.6 auf, aber keine systematische Abhängigkeit von der Gleitgeschwindigkeit und von der Schwingungsamplitude. (Quelle: V.L. Popov, J. Starcevic, A.E. Filippov. Influence of ultrasonic in-plane oscillations on static and sliding friction and intrinsic length scale of dry friction. – Trib. Lett., 2010, Bd. 39, S. 25–30)

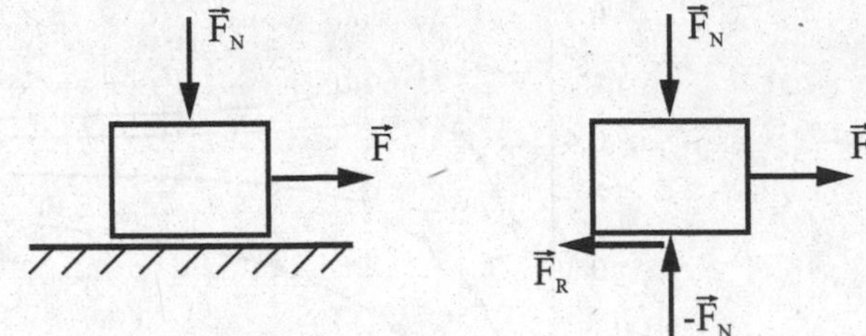

Abb. 18.12 Ein starrer Klotz wird an eine Ebene mit einer zeitlich abhängigen Normalkraft F_N gedrückt und in horizontaler Richtung mit einer Kraft F gezogen

Aufgaben

Aufgabe 1: Zu untersuchen ist der Einfluss von Schwingungen der Normalkraft auf die Haft- und Gleitreibung. Insbesondere ist die Abhängigkeit der mittleren Reibungskraft von der mittleren Gleitgeschwindigkeit zu bestimmen. Anzunehmen ist das Coulombsche Reibgesetz mit einem konstanten Reibungskoeffizieneten μ.

Lösung: Betrachten wir das einfachste Modell eines tribologischen Systems bestehend aus einem starren Klotz (Masse m) im Kontakt mit einer starren Ebene (Abb. 18.12). Die Normalkraft soll sich nach dem Gesetz

$$F_N(t) = F_{N,0} + \Delta F_N \cos \omega t$$

ändern. Ist der minimale Wert $\mu(F_{N,0} - \Delta F_N)$ der Haftreibung größer F, so bleibt der Körper immer in Ruhe: Der makroskopische Wert der Haftreibung ist somit gleich

$$F_s = \mu(F_{N,0} - \Delta F_N).$$

Ist dagegen die Kraft F größer F_s, wie es in Abb. 18.13 gezeigt ist, so gibt es einen Zeitpunkt t_1, bei dem die Zugkraft größer als die Haftreibung wird. Ab diesem Moment setzt sich der Körper in Bewegung.

Die Bewegungsgleichung während der Gleitphase lautet

$$m\ddot{x} = F - \mu(F_{N,0} + \Delta F_N \cos \omega t).$$

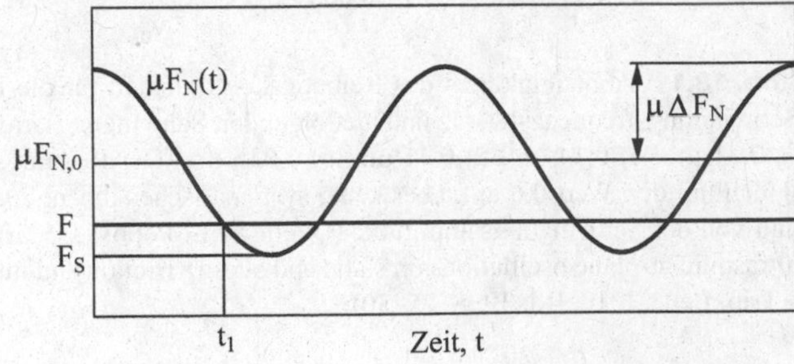

Abb. 18.13 Zeitlicher Verlauf der Normalkraft multipliziert mit dem Reibungskoeffizienten. Der minimale Wert dieser Funktion ist die makroskopische Haftreibung F_s.

Sie kann in der Form

$$m\ddot{x} = [F - \mu(F_{N,0} - \Delta F_N)] - \mu\Delta F_N(1+\cos\omega t)$$

oder nach Dividieren durch $\mu\Delta F_N$

$$\frac{m}{\mu\Delta F_N}\ddot{x} = \frac{[F - \mu(F_{N,0} - \Delta F_N)]}{\mu\Delta F_N} - (1+\cos\omega t)$$

umgeschrieben werden. Durch Einführen von neuen Variablen $\tau = \omega t$ und $\xi = \frac{m\omega^2}{\mu\cdot\Delta F_N}x$ sowie der Bezeichnungen $f = \frac{[F-\mu(F_{N,0}-\Delta F_N)]}{\mu\Delta F_N}$ und $\xi'' = \partial^2\xi/\partial\tau^2$ kann sie auf folgende dimensionslose Form gebracht werden:

$$\xi'' = f - (1+\cos\tau).$$

Diese Gleichung enthält den einzigen Parameter f. Die Bewegung des Körpers beginnt im Zeitpunkt τ_1, in dem die Gleichung $f - (1+\cos\tau) = 0$ zum ersten Mal erfüllt ist. Daraus folgt

$$\tau_1 = \text{across}(f-1).$$

Zweimalige Integration der Bewegungsgleichung mit den Anfangsbedingungen $\xi'(\tau_1) = 0$ und $\xi(0) = 0$ liefert

$$\xi' = (f-1)(\tau-\tau_1) + (\sin\tau_1 - \sin\tau),$$

$$\xi = \frac{f-1}{2}(\tau^2 - 2\tau\tau_1) + (\tau\sin\tau_1 + \cos\tau) - 1.$$

Geschwindigkeit wird wieder Null und der Körper kommt zum Stillstand im Zeitpunkt τ_2, in dem

$$\xi' = f\cdot(\tau_2-\tau_1) - (\tau_2-\tau_1) + (\sin\tau_1 - \sin\tau_2) = 0.$$

Dieser Zeitpunkt unterscheidet sich vom Zeitpunkt des Bewegungsstarts um eine volle Periode 2π für $f = 1$: Bei größeren Werten des Parameters f kommt der Körper nie zum Stehen. Der uns interessierende Änderungsbereich des Parameters f ist daher $0 < f < 1$.

Die mittlere Geschwindigkeit des Körpers berechnet sich zu

$$\langle\xi'\rangle = \frac{\xi(\tau_2) - \xi(\tau_1)}{2\pi} = \frac{f-1}{4\pi}(\tau_2-\tau_1)^2 + \frac{1}{2\pi}((\tau_2-\tau_1)\sin\tau_1 + \cos\tau_2 - \cos\tau_1).$$

Dem kritischen Wert $f=1$ entspricht die mittlere Gleitgeschwindigkeit

$$\langle \xi' \rangle_{crit} = \sin \tau_1 = \sqrt{1-\cos^2 \tau_1} = \sqrt{1-(f-1)^2} = 1.$$

Für kleine Werte von f kann für die mittlere Geschwindigkeit eine analytische Näherung gefunden werden. Es ist dabei einfacher wieder direkt von der Bewegungsgleichung $\xi'' = f-(1+\cos\tau)$ auszugehen und die Kosinusfunktion in der Nähe des ersten Minimums als $\cos\tau \approx -1 + \frac{(\tau-\pi)^2}{2}$ zu approximieren. Die Bewegungsgleichung lautet dann $\xi'' = f - \frac{\hat{\tau}^2}{2}$ mit $\hat{\tau} = (\tau - \pi)$. Die Bewegung beginnt bei

$$\hat{\tau}_1 = -\sqrt{2f}.$$

Für die Geschwindigkeit und die Koordinate während der Gleitphase gilt

$$\xi' = f \cdot (\hat{\tau} - \hat{\tau}_1) - \frac{\hat{\tau}^3 - \hat{\tau}_1^{\,3}}{6},$$

$$\xi = f \cdot \left(\frac{\hat{\tau}^2}{2} - \hat{\tau}_1 \hat{\tau} \right) - \frac{\hat{\tau}^4 - 4\hat{\tau}_1^{\,3} \hat{\tau}}{24}.$$

Der Körper kommt zum Stillstand wenn

$$\xi'(\hat{\tau}_2) = f \cdot (\hat{\tau}_2 - \hat{\tau}_1) - \frac{\hat{\tau}_2^{\,3} - \hat{\tau}_1^{\,3}}{6} = 0.$$

Daraus folgt

$$\hat{\tau}_2 = -2\hat{\tau}_1 = 2\sqrt{2f}.$$

Für die mittlere Geschwindigkeit ergibt sich

$$\langle \xi' \rangle = \frac{\xi(\hat{\tau}_2) - \xi(\hat{\tau}_1)}{2\pi} = \frac{9f^2}{4\pi}$$

oder aufgelöst nach f:

$$f = \sqrt{\frac{4\pi}{9} \langle \xi' \rangle}.$$

Ein Vergleich mit der numerischen Lösung der Bewegungsgleichung zeigt, dass die genaue Lösung im gesamten uns interessierenden Bereich von Geschwindigkeiten $0 < \langle \xi' \rangle < 1$ sehr gut durch die folgende Gleichung approximiert werden kann:

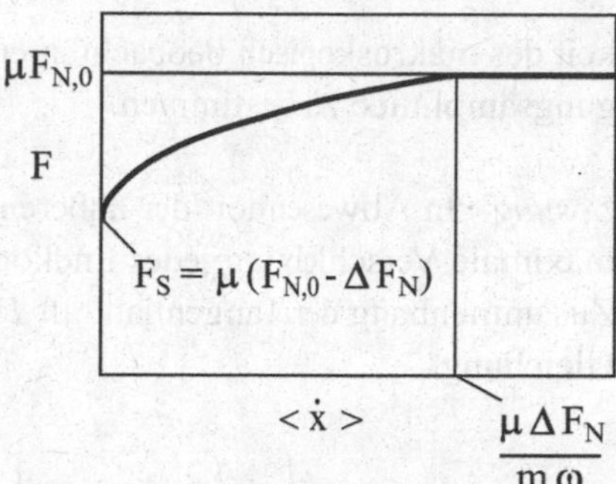

Abb. 18.14 Abhängigkeit der mittleren Reibungskraft von der mittleren Gleitgeschwindigkeit bei oszillierender Normalkraft

$$f = \sqrt{\frac{4\pi}{9}\langle\xi'\rangle} + \left(1-\sqrt{\frac{4\pi}{9}}\right)\langle\xi'\rangle^{1,2}.$$

In den ursprünglichen Variablen sieht sie wie folgt aus

$$F = \mu(F_{N,0}-\Delta F_N) + \mu\Delta F_N\left[\sqrt{\frac{4\pi}{9}\frac{m\omega}{\mu\Delta F_N}\langle\dot{x}\rangle} + \left(1-\sqrt{\frac{4\pi}{9}}\right)\left(\frac{m\omega}{\mu\Delta F_N}\langle\dot{x}\rangle\right)^{1,2}\right].$$

Der Definitionsbereich dieser Funktion in dimensionsbehafteten Variablen lautet:

$$0 < \langle\dot{x}\rangle < \frac{\mu\Delta F_N}{m\omega};$$

bei größeren Geschwindigkeiten bleibt die Reibungskraft konstant und gleich $F = \mu F_{N,0}$. Die Abhängigkeit der Reibungskraft von der Gleitgeschwindigkeit ist exemplarisch für $\Delta F_N = F_N/2$ in der Abb. 18.14 gezeigt. Experimentelle Untersuchungen zum Einfluss von out-of-plane-Schwingungen auf die Reibungskraft können in [Teidelt E., Starcevic J., Popov V.L. Influence of Ultrasonic Oscillation on Static and Sliding Friction, - Tribology Letters, 2012, v. 48, pp.51–62] gefunden werden.

Aufgabe 2: Eine Probe mit veränderlicher Länge habe zwei Kontaktgebiete mit der Unterlage, welche vereinfacht als Hertzsche Kontakte modelliert werden (Abb. 18.15) Die Länge der Probe oszilliere nach dem Gesetz $l(t) = l_0 + \Delta l \cdot \cos(\omega t)$. Unter der Annahme eines konstanten lokalen Reibungskoeffizienten μ in der Kontaktfläche ist die Abhängig-

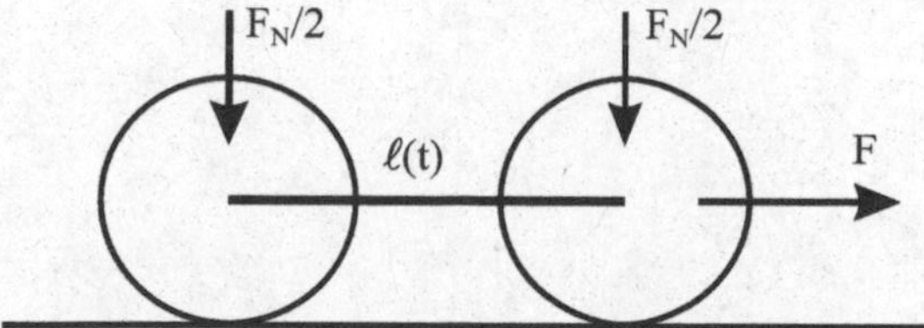

Abb. 18.15 Schematische Darstellung von einer Probe mit veränderlicher Länge. Berührungspunkte zwischen der Probe und der Unterlage werden als Hertzsche Kontakte modelliert

keit des makroskopisch beobachtbaren statischen Reibungskoeffizienten von der Schwingungsamplitude zu bestimmen.

Lösung: In Abwesenheit der äußeren Kraft F ist die Schwingung symmetrisch und die maximale Verschiebung jedes Endkörpers aus dem Referenzzustand ist gleich $\Delta l/2$. Der Zusammenhang der Tangentialkraft F_x und der Tangentialverschiebung u_x wird durch die Gleichung

$$F_x = \mu F_N\left(1-\left(1-\frac{u_x}{\mu\left(E^*/G^*\right)d}\right)^{3/2}\right) = \mu F_N\left(1-\left(1-\frac{\Delta l}{2\mu\left(E^*/G^*\right)d}\right)^{3/2}\right)$$

gegeben (s. Kap. 8). Die Differenz zwischen dieser Kraft und der kritischen Kraft μF_N ist die makroskopisch beobachtbare statische Reibkraft F_{static}:

$$F_{\text{static}} = \mu F_N\left(1-\frac{\Delta l}{2\mu\left(E^*/G^*\right)d}\right)^{3/2}.$$

19 Numerische Simulationsmethoden in der Kontaktmechanik

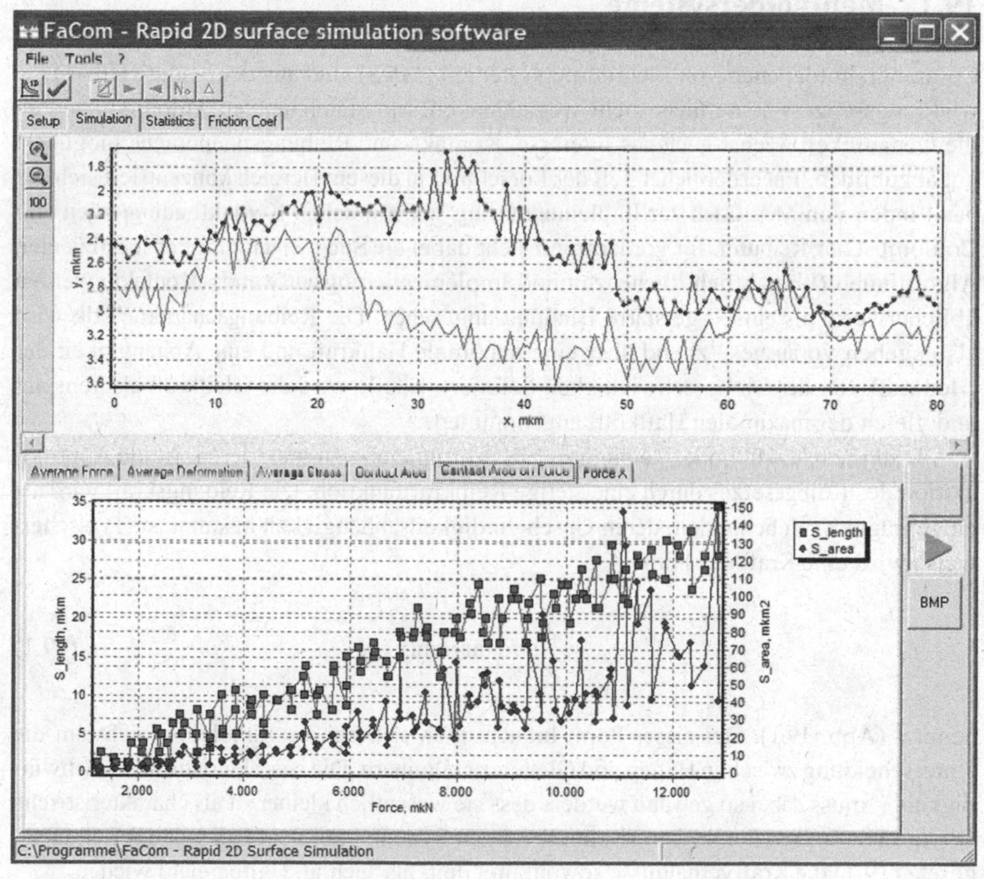

V. L. Popov, *Kontaktmechanik und Reibung*, DOI 10.1007/978-3-662-45975-1_19

Die in den vorangegangenen Kapiteln untersuchten Kontakt- und Reibungsaufgaben bezogen sich auf einfache Modellsysteme. Auch wenn diese Modelle eine allgemeine Übersicht über kompliziertere tribologische Systeme geben, ist eine Vielzahl konkreter tribologischer Fragestellungen – besonders wenn es um eine feine Optimierung von tribologischen Systemen geht – in analytischer Form nicht berechenbar. Forscher und Ingenieure müssen in diesen Fällen auf numerische Methoden zurückgreifen. Dabei muss man daran denken, dass die Effizienz von numerischen Methoden zum großen Teil vom Umfang und von der Qualität der vorangegangenen analytischen Vorbereitung abhängt.

In diesem Kapitel geben wir eine kurze Übersicht der wichtigsten in der Kontaktmechanik eingesetzten Methoden, beschreiben diese aber nicht ausführlich, sondern verweisen auf existierende Literatur.

19.1 Mehrkörpersysteme

Computersimulationen von Mehrkörpersystemen (MKS) sind aus dem industriellen Entwicklungsprozess heute nicht mehr wegzudenken. Mit zunehmenden Anforderungen an die Genauigkeit wächst auch das Interesse, Kontakt- und Reibungsphänomene möglichst gut abzubilden. Ein erheblicher Teil der Forschung in diesem Bereich konzentriert sich auf das Finden von Methoden zur Implementierung von einfachen Kontaktbedingungen und Coulombscher Reibung. Im Vordergrund steht dabei die Suche nach möglichst effizienten Algorithmen (hinsichtlich Rechenzeit und Implementierungsaufwand). Kontakte werden üblicherweise als einseitige starre Bindung angesehen. Die Reibungscharakteristik wird als gegeben vorausgesetzt und über eine maximale Haftkraft und eine Abhängigkeit der Gleitkraft von der Gleitgeschwindigkeit definiert. Häufig wird die Gleitkraft als konstant und gleich der maximalen Haftkraft angenommen.

Die einfachste Methode, Reibung in MKS-Programme zu integrieren, ist die Approximation des Reibgesetzes durch eine stetige Reibkraftfunktion. Die Reibungskraft wird als eingeprägte Kraft behandelt, deren Geschwindigkeitsabhängigkeit bekannt ist. Typischerweise wird eine Kraft der Form

$$F_R = \frac{2}{\pi} \mu F_N \arctan(v/\hat{v}) \tag{19.1}$$

benutzt (Abb. 19.1). Bei dieser Form braucht man sich bei der Simulation nicht um die Unterscheidung zwischen Haften und Gleiten zu kümmern. Die charakteristische Geschwindigkeit $\hat{v}$ muss dabei so gewählt werden, dass sie wesentlich kleiner ist als charakteristische Gleitgeschwindigkeiten in dem zu simulierenden System. In diesem Fall gibt das Reibungsgesetz (19.1) die Kraftverhältnisse sowohl im Gleit- als auch im Haftbereich[1] wieder.

[1] „Haften“ ist in diesem Fall einfach Gleiten mit einer sehr kleinen Geschwindigkeit; die Reibkraft stellt sich „automatisch“ gleich der richtigen Haftkraft zwischen $-\mu F_N$ und $+\mu F_N$ ein. Bei vielen tribologischen Systemen entspricht dieser „Trick“ sogar den tatsächlichen Eigenschaften der Reibkraft.

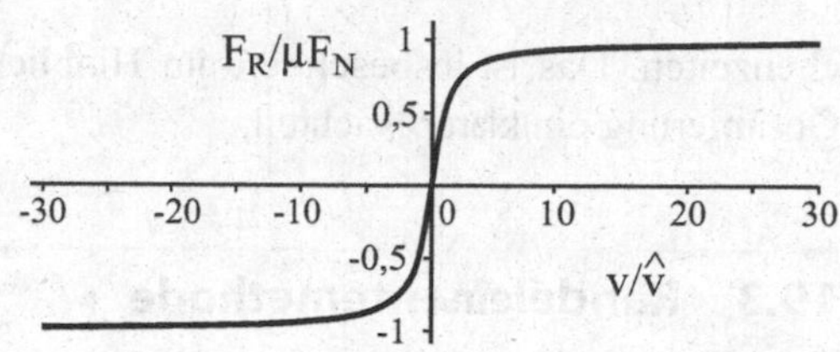

Abb. 19.1 Approximation des Reibgesetzes durch eine stetige Reibkraftfunktion

19.2 Finite Elemente Methode

Bei vielen Anwendungen sind die Druckverteilung und die Deformation der Kontaktflächen von Bedeutung. Zur Berechnung von elastischen und plastischen Deformationen – und damit prinzipiell auch zur Untersuchung von adhäsiven Kontakten und Reibungsphänomenen – stehen verschiedene Simulationsmethoden zur Verfügung. Weithin bekannt sind Verfahren, die auf der Diskretisierung von Kontinuumsgleichungen beruhen, insbesondere die Methoden der finiten Elemente (FEM) und der Randelemente.

Kontaktformulierungen im Rahmen der FEM werden seit der Mitte der 70er Jahre entwickelt. Heute benutzen kommerzielle FE-Programme die so genannte *node-to-surface-Formulierung*, bei der die Knoten einer Oberfläche in Relation zu Elementen der anderen Oberfläche betrachtet werden.

In vielen praktischen Anwendungen (Dichtungen, Umformprozesse, Eindrucktests) treten große Deformationen, nichtlineares Materialverhalten und große Relativbewegungen zwischen den beteiligten Kontaktpartnern auf. In diesen Fällen scheitern kommerzielle FE-Programme häufig. Deutlich robuster und genauer können Kontaktprobleme mit *surface-to-surface-Formulierungen* (Mortar Methode) simuliert werden[2].

Rollkontaktprobleme (Rad-Schiene, Reifen-Straße) werden ebenfalls mit der FE-Methode untersucht. Die *Arbitrary Lagrangian Eulerian* (ALE) Methode[3] ist eine effiziente Methode zur Berechnung solcher Kontaktprobleme. Die räumlich feste Diskretisierung erlaubt eine Netzverfeinerung an den Kontaktstellen. Besonders elegant lassen sich mit der Methode stationäre Rollprobleme lösen, da in diesem Fall die Lösung zeitunabhängig ist. Die Berücksichtigung inelastischen Materialverhaltens ist hingegen mit Schwierigkeiten verbunden, da das Netz nicht an die materiellen Punkte geknüpft ist.

Vorteile eines 3D-FE-Modells sind 1) die Verwendung der korrekten Geometrie (Dimension, Oberflächentopographie, Freiheitsgrade) und 2) die Möglichkeit, Spannungen und Deformationen im gesamten Körper berechnen zu können. Wegen der sehr feinen Netze, die bei rauen Kontakten nötig sind, erfordern 3D-FE-Modelle allerdings hohe Re-

[2] Puso, M. A. und T. A. Laursen: A mortar segment-to-segment contact method for large deformation solid mechanics. Computer Methods in Applied Mechanics and Engineering, 193:601–629, 2004.

[3] Nackenhorst, U.: The ALE-formulation of bodies in rolling contact: theoretical foundations and finite element approach. Computer Methods in Applied Mechanics and Engineering, 193:4299–4322, 2004.

chenzeiten. Das ist insbesondere im Hinblick auf ausgiebige Variantenrechnungen und Optimierung ein klarer Nachteil.

19.3 Randelementemethode

Für die Berechnung von Kontakten zwischen *linear elastischen* Körpern unter der Annahme der Halbraumhypothese ist die Randelementemethode besonders geeignet, da sie nur die Diskretisierung der Oberfläche erfordert. Es müssen also keine Gitterstellen innerhalb des Körpers erzeugt und mitberechnet werden. Wegen der Bedeutung dieser Methode für kontaktmechanische Probleme behandeln wir sie etwas ausführlicher.

Betrachten wir dazu das Normalkontaktproblem zwischen einem elastischen Körper und einer starren Ebene. Die vertikale Verschiebung eines Punktes an der Oberfläche eines (hinreichend großen) elastischen Körpers unter Wirkung einer kontinuierlichen Druckverteilung wird durch (5.7) gegeben. Das zu untersuchende Gebiet teilen wir in $N \times N$ Elemente und gehen von einem konstanten Druck $p_{\hat{\imath}\hat{\jmath}}$ in jedem einzelnen quadratischen Element aus. Die vertikale Verschiebung im Zentrum eines Elements bezeichnen wir mit $u_{ij}^{(z)}$. Der Zusammenhang zwischen der gesamten diskreten Druckverteilung $p_{\hat{\imath}\hat{\jmath}}$ und $u_{ij}^{(z)}$ in jedem einzelnen Punkt kann analytisch berechnet werden[4]:

$$u_{ij}^{(z)} = \sum_{\hat{\imath}=1}^{N} \sum_{\hat{\jmath}=1}^{N} K_{ij\hat{\imath}\hat{\jmath}}^{(z)} p_{\hat{\imath}\hat{\jmath}} \tag{19.2}$$

mit

$$K_{ij\hat{\imath}\hat{\jmath}}^{(z)} = \frac{\Delta}{\pi E^*} \left[a \ln\left(\frac{c+\sqrt{a^2+c^2}}{d+\sqrt{a^2+d^2}} \right) + b \ln\left(\frac{d+\sqrt{b^2+d^2}}{c+\sqrt{b^2+c^2}} \right) + \right. \\ \left. c \ln\left(\frac{a+\sqrt{a^2+c^2}}{b+\sqrt{c^2+b^2}} \right) + d \ln\left(\frac{b+\sqrt{b^2+d^2}}{a+\sqrt{a^2+d^2}} \right) \right] \tag{19.3}$$

und

$$a = i - \hat{\imath} + \frac{1}{2},\; b = i - \hat{\imath} - \frac{1}{2},\; c = j - \hat{\jmath} + \frac{1}{2},\; d = j - \hat{\jmath} - \frac{1}{2}. \tag{19.4}$$

[4] A.E.H. Love, A Treatise on the Mathematical Theory of Elasticity, 4th Edn, Cambridge: University Press. Siehe auch: K. L. Johnson, Contact mechanics. Cambridge University Press, 6. Nachdruck der 1. Auflage, 2001, p. 54.

Δ ist der Gitterabstand. Listen wir alle p_{ij} und u_{ij} als jeweils einen Vektor auf, so lässt sich Gl. (19.2) in Matrixform als

$$\mathbf{u} = \mathbf{A}\mathbf{p} \tag{19.5}$$

schreiben mit einer Matrix $\mathbf{A}$ der Dimension $N^2 \times N^2$.

Bei Kontaktproblemen ist anfänglich die Größe und Form des Kontaktgebietes unbekannt. Daher müssen diese Probleme iterativ gelöst werden. Im Kontaktgebiet ist die Spaltdicke Null, d. h. die Verschiebung der elastischen Oberfläche ist in diesem Bereich bekannt. Außerhalb des Kontaktgebietes ist der Druck Null; die Verschiebung hingegen ist im Allgemeinen von Null verschieden und unbekannt. Zu Beginn wird ein Kontaktgebiet angenommen. Die Variablen werden nun partitioniert in die Variablen $\mathbf{p}_i$ und $\mathbf{u}_i^{(z)}$ innerhalb des Kontaktgebietes und $\mathbf{p}_a$ und $\mathbf{u}_a^{(z)}$ außerhalb des Kontaktgebietes. Bekannt sind $\mathbf{u}_i^{(z)}$ und $\mathbf{p}_a = 0$. Nach Umsortieren ergibt sich aus (19.5)

$$\begin{bmatrix} \mathbf{A_1} & \mathbf{A_2} \\ \mathbf{A_3} & \mathbf{A_4} \end{bmatrix} \begin{Bmatrix} \mathbf{p_i} \\ \mathbf{0} \end{Bmatrix} = \begin{Bmatrix} \mathbf{u_i^{(z)}} \\ \mathbf{u_a^{(z)}} \end{Bmatrix} \tag{19.6}$$

und damit schließlich

$$\mathbf{A_1 p_i} = \mathbf{u_i^{(z)}} \tag{19.7}$$

$$\mathbf{A_3 p_i} = \mathbf{u_a^{(z)}}. \tag{19.8}$$

Die Lösung des Gleichungssystems (19.7) liefert den Druck $\mathbf{p_i}$ im Kontaktgebiet. Mit diesem Ergebnis kann mittels (19.8) die Verschiebung $\mathbf{u_a^{(z)}}$ im Außenbereich berechnet werden.

Der erste Iterationsschritt wird im Allgemeinen auch negative Drücke (Zugspannungen) im Kontaktgebiet und negative Spaltdicken außerhalb des Kontaktgebietes liefern. Das neue Kontaktgebiet wird nun so gewählt, dass alle Punkte mit Zugspannungen aus dem Kontaktgebiet entfernt werden und alle Punkte mit negativen Spaltdicken zum Kontaktgebiet hinzugenommen werden. Mit dieser neuen Näherung für das Kontaktgebiet wird die beschriebene Berechnung wiederholt. Die Iteration erfolgt, bis (in guter Näherung) keine Zugspannungen oder negative Spaltdicken mehr existieren.

19.4 Randelementemethode: tangentialer Kontakt

In ganz ähnlicher Art und Weise wie beim Normalkontakt kann mit Hilfe der Randelementemethode auch der tangentiale Kontakt simuliert werden. Anstelle von (5.7) tritt dann die Beziehung von Cerrutti (8.3)

$$u^{(x)} = \frac{1}{2\pi G} \int\int \left[\frac{1-\nu}{s} + \nu \frac{\left(x-x'\right)^2}{s^3} \right] \tau\left(x',y'\right) \mathrm{d}x'\mathrm{d}y'$$
$$s = \sqrt{\left(x-x'\right)^2 + \left(y-y'\right)^2} \tag{19.9}$$

in diskreter Form mit

$$K_{ij\hat{i}\hat{j}}^{(x)} = \frac{\Delta}{2\pi G} \left[\left(1-\nu\right) \left(a \cdot \ln \frac{c+\sqrt{a^2+c^2}}{d+\sqrt{a^2+d^2}} + b \cdot \ln \frac{d+\sqrt{b^2+d^2}}{c+\sqrt{b^2+c^2}} \right) \right.$$
$$\left. + \left(c \cdot \ln \frac{a+\sqrt{a^2+c^2}}{b+\sqrt{b^2+c^2}} + d \cdot \ln \frac{b+\sqrt{b^2+d^2}}{a+\sqrt{a^2+d^2}} \right) \right]. \tag{19.10}$$

Diese beschreibt den Zusammenhang zwischen tangentialer Oberflächenspannung τ und Verschiebung $u^{(x)}$ in Kraftrichtung x. Auch hier kann die Darstellung in Matrix-Vektorform (19.5) geschehen. Soll dann zwischen Haft- (Index „h") und Gleitgebieten (Index „g") unterschieden werden, so müssen ebenfalls die Gitterpunkte partitioniert werden. Sei das entsprechende Normalkontaktproblem bereits gelöst und sei eine feste Tangentialverschiebung $u_{makro}^{(x)}$ gegeben. In Punkten der Gleitreibung gilt dann für die Tangentialspannung $\boldsymbol{\tau}_g = \mu \mathbf{p}_g$ und die Verschiebung ist unbekannt. In Punkten, wo die Oberflächen haften, gilt hingegen $u_{h,ij}^{(x)} = u_{makro}^{(x)}$ und die Tangentialspannung muss die Bedingungen $\boldsymbol{\tau}_h < \mu \mathbf{p}_h$ erfüllen. Analog zu (19.6) können wir sortieren, sodass

$$\begin{bmatrix} \mathbf{A}_{11} & \mathbf{A}_{12} & \mathbf{A}_{13} \\ \mathbf{A}_{21} & \mathbf{A}_{22} & \mathbf{A}_{23} \\ \mathbf{A}_{31} & \mathbf{A}_{32} & \mathbf{A}_{33} \end{bmatrix} \begin{Bmatrix} \mu \mathbf{p_g} \\ \boldsymbol{\tau}_\mathbf{h} \\ \mathbf{0} \end{Bmatrix} = \begin{Bmatrix} \mathbf{u_g^{(x)}} \\ \mathbf{u_{makro}^{(x)}} \\ \mathbf{u_a^{(x)}} \end{Bmatrix}. \tag{19.11}$$

Wir berechnen $\tilde{\mathbf{u}}_\mathbf{h}^{(\mathbf{x})} = \mu \mathbf{A}_{21} \mathbf{p_g}$ und lösen dann $\boldsymbol{\tau}_\mathbf{h}$ aus $\mathbf{A}_{22}\, \boldsymbol{\tau}_\mathbf{h} = \mathbf{u_{makro}^{(x)}} - \tilde{\mathbf{u}}_\mathbf{h}^{(\mathbf{x})}$. Dann sind alle Spannungen bekannt, sodass $\mathbf{u_g^{(x)}}$ und $\mathbf{u_a^{(x)}}$ bestimmt werden können.

Bei allen Berechnungen muss immer wieder Gl. (19.5) ausmultipliziert oder gelöst werden. In der Tat hängen die Geschwindigkeit und der Erfolg der Simulationen entscheidend davon ab, wie dies erreicht wird. Aufgrund der günstigen Eigenschaften von $\mathbf{A}$, die mit den zugrundeliegenden Gl. (5.7) bzw. (8.3) zusammenhängen, kann die Matrix-Vektormultiplikation als schnelle Faltung mithilfe der schnellen Fourier-Transformation (FFT) realisiert werden. Aufbauend darauf kann ein iteratives Verfahren, beispielsweise das der konjugierten Gradienten (CG), für die Lösung des Gleichungssystems verwendet werden.[5]

[5] Pohrt, R. und Li, Q.: Complete Boundary Element Formulation for Normal and Tangential Contact Problems. Physical Mesomechanics, 2014, v. 17, N.4, pp. 334–340.

19.5 Randelementemethode: adhäsiver Kontakt

Unter der Annahme einer sehr kleinen Reichweite der adhäsiven Kräfte kann der adhäsive Kontakt im Rahmen der Randelementemethode wie folgt beschrieben werden[6]. Betrachten wir wieder ein Gebiet, welches in quadratische Elemente der Länge Δ aufgeteilt ist, die jeweils konstante Normalspannung aufweisen. Beim Abziehen eines solchen Kontaktes können diese Elemente nicht nur Druckspannungen sondern auch ein gewisses Maß an Zugspannungen aushalten. Zur Bestimmung der Ablösebedingung für ein Randelement benutzen wir das Prinzip der virtuellen Arbeit, welches besagt, dass ein Element sich dann im Zustand eines indifferenten Gleichgewichts befindet, wenn sich seine Energie bei einer kleinen Änderung der Systemkonfiguration nicht ändert. Angewendet auf einen adhäsiven Kontakt bedeutet das, dass die adhäsive Energie $U_{adh} = \Delta^2 \gamma_{12}$, die zum Trennen von Oberflächen erforderlich ist (γ_{12} ist die Trennungsenergie pro Flächeneinheit) gleich der elastischen Energie ist, die durch das Ablösen eines Elementes freigesetzt wird. Diese Energie ist gleich

$$U_{el} = \frac{1}{2} \iint \sigma u \mathrm{d}A, \tag{19.12}$$

wobei u die Oberflächenverschiebung ist, die mit der Spannung σ assoziiert ist. Nach Boussinesq gilt

$$u(x, y) = \frac{1}{\pi E^*} \iint \frac{\sigma(\tilde{x}, \tilde{y})}{\sqrt{(x - \tilde{x})^2 + (y - \tilde{y})^2}} \mathrm{d}\tilde{x}\mathrm{d}\tilde{y}, \tag{19.13}$$

so dass wir für die Energie eines einzelnen Elementes den nachfolgenden Ausdruck bekommen:

$$U_{el}(\tau) = \frac{\sigma^2}{2\pi E^*} \int_0^{\Delta}\int_0^{\Delta}\int_0^{\Delta}\int_0^{\Delta} \frac{1}{\sqrt{(x - \tilde{x})^2 + (y - \tilde{y})^2}} \mathrm{d}\tilde{x}\mathrm{d}\tilde{y}\mathrm{d}x\mathrm{d}y = \frac{\sigma^2}{E^*} \chi \tag{19.14}$$

mit

$$\chi = \Delta^3 \frac{2}{3\pi} \left(1 - \sqrt{2} + \frac{3}{2} \log\left(\frac{\sqrt{2} + 1}{\sqrt{2} - 1} \right) \right) \approx 0.473201 \Delta^3. \tag{19.15}$$

---

[6] Pohrt, R, Popov, V.L., Adhesive contact simulation of elastic solids using local mesh-dependent detachment criterion in boundary elements method. – Facta Universitatis, Series: Mechanical Engineering, 2015, v. 13, N.(1), pp. 3–10.

Aus der Forderung $U_{el} = U_{adh}$ folgt die kritische Spannung σ_c, die zum Ablösen eines Elementes erforderlich ist:

$$\sigma_c = -\sqrt{\frac{E^* \gamma_{12}}{0.473201 \cdot \Delta}}. \tag{19.16}$$

Im Unterschied zu dem nicht-adhäsiven Kontakt muss jetzt in jedem Iterationsschritt geprüft werden, dass die Zugspannung in keinem Element am Rande des Kontaktes die kritische Spannung (19.16) überschreitet. Testrechnungen haben gezeigt, dass das beschriebene Verfahren die bekannten analytischen Lösungen (siehe Kap. 6) sehr genau wiedergibt.

19.6 Teilchenmethoden

Eine andere Herangehensweise an die Simulation von Kontakt- und Reibungsproblemen weisen Teilchenmethoden auf, bei denen diskrete Teilchen die Objekte der Berechnung sind. Diese Teilchen sind keine realen (physikalischen) Objekte sondern reine „Berechnungseinheiten". Die Wechselwirkungen zwischen den Teilchen müssen so gewählt werden, dass makroskopisch das elastische und plastische Verhalten richtig beschrieben wird. Es werden also weder die makroskopischen Kontinuumsgleichungen noch die mikroskopischen Gleichungen der Molekulardynamik gelöst, sondern die mikroskopischen Gleichungen eines geeigneten Ersatzsystems. Die Größe der Teilchen kann dem zu lösenden Problem angepasst werden. Bei der Untersuchung von Erdbeben kann die Teilchengröße durchaus im Meterbereich liegen.

Die Reibungskraft ist durch Prozesse wie elastische und plastische Deformation, Bruch, Herauslösen und Wiedereinbauen von Teilchen sowie Mischungsprozesse bestimmt. Diese Prozesse finden in den Mikrokontakten statt. Die *Methode der beweglichen zellulären Automaten* (movable cellular automata, MCA) stellt eine Teilchenmethode dar, mit der die Prozesse in den Mikrokontakten erfolgreich simuliert werden[7].

19.7 Methode der Dimensionsreduktion

Eine weitere Möglichkeit zur effektiven numerischen Berechnung von kontaktmechanischen Aufgaben bietet die Methode der Dimensionsreduktion, die in diesem Buch an mehreren Stellen erörtert und mit Anwendungsbeispielen illustriert wurde. Eine ausführliche Beschreibung der Methode findet sich in[8]. In dieser Methode wird das dreidimensionale

[7] Popov, V. L. und S. G. Psakhie: Numerical simulation methods in tribology. Tribology International, 40(6):916–923, 2007.

[8] Popov, V.L. und Heß, M., Methode der Dimensionsreduktion in Kontaktmechanik und Reibung, Springer, 2013.

Originalproblem durch einen Kontakt mit einer Reihe von unabhängigen Elementen (Federn oder verallgemeinerten rheologischen Elementen) dargestellt. Wichtig ist zu unterstreichen, dass es sich dabei nicht um eine Näherung sondern um eine exakte Abbildung handelt. Die Methode der Dimensionsreduktion vereinfacht Kontaktprobleme auf zweifache Weise: Zum einen wird ein System, in dem die Freiheitsgrade einen dreidimensionalen Raum ausfüllen, durch ein System ersetzt, in dem die Freiheitsgrade lediglich einen eindimensionalen Raum ausfüllen. Zum anderen sind die Freiheitsgrade nach der MDR-Transformation auch unabhängig. Diese zwei Eigenschaften erlauben eine *gewaltige* Reduzierung der Rechenzeit (für typische kontaktmechanische Probleme, abhängig von der genauen Fragestellung, um größenordnungsmäßig 10^3 bis 10^6 Mal verglichen mit optimierten Finite-Elemente- oder Randelementeprogrammen). Das ermöglicht, die Berechnung von Kontaktkräften in systemdynamische Simulationen zu integrieren.

20 Erdbeben und Reibung

Auch tektonische Dynamik kann als ein Teil der Tribologie angesehen werden. Die Erdkruste besteht aus tektonischen Platten, die sich aufgrund der Konvektion in dem oberen Mantel relativ zu einander langsam bewegen. Auf der Zeitskala von Millionen von Jahren bestimmen diese Bewegungen die Struktur der Erdoberfläche. Auf der kurzen Zeitskala

V. L. Popov, *Kontaktmechanik und Reibung,* DOI 10.1007/978-3-662-45975-1_20

sind sie Ursache für Erdbeben. Reibungsmodelle finden Anwendung sowohl zur Beschreibung der Dynamik einzelner Bruchstellen als auch zur Beschreibung der Erdkruste als ein granulares Medium. Modelle für Mechanismen von Erdbeben beruhen auf der grundlegenden Beobachtung, dass Erdbeben nicht als Ergebnis einer plötzlichen Bildung und Ausbreitung eines neuen Risses in der Erdkruste entstehen. Vielmehr finden sie infolge eines plötzlichen Gleitens entlang einer bereits existierenden Bruchzone statt. Das wird unter anderem dadurch bestätigt, dass die Spannungsabnahme infolge eines Erdbebens (einige MPa) viel kleiner als die Festigkeit der Gesteine ist. Erdbeben sind daher eher ein reibungsphysikalisches als ein bruchmechanisches Phänomen. Spätestens seit der Arbeit von Brace und Byerlee[1] ist es allgemein anerkannt, dass Erdbeben als Stick-Slip-Instabilitäten zu verstehen sind.

20.1 Einführung

Aufgrund von langsamen Bewegungen von tektonischen Platten bauen sich in den Reibstellen von Bruchzonen Spannungen auf, die beim Überschreiten eines kritischen Wertes zu einer schnellen, ruckartigen Bewegung führen, die wir als Erdbeben empfinden. Ähnliche Instabilitäten treten auch in dem einfachsten tribologischen Laborsystem auf – einem Körper, der langsam mit einer weichen Feder gezogen wird. Einige allgemeine Eigenschaften von Erdbeben lassen sich bereits anhand eines solchen Modells illustrieren. In dem einfachsten Modell einer Stick-Slip-Instabilität (Aufgabe 1 zum Kap. 12) wird angenommen, dass das Gleiten beginnt, wenn das Verhältnis der Scherspannung zur Normalspannung in der Kontaktfläche den statischen Reibungskoeffizienten μ_s übersteigt. Setzt sich der Körper in Bewegung, so sinkt der Reibungskoeffizient auf einen kleineren Wert μ_k, was zu einer Reibungsinstabilität des Stick-Slip-Typs führt. Im Kap. 12, Aufgabe 1 haben wir gesehen, dass die Verschiebung u während der Slip-Phase durch

$$u = 2\frac{F_s - F_k}{c}. \tag{20.1}$$

gegeben wird, wobei c die Federsteifigkeit ist. Die während der Slip-Phase dissipierte Energie ist gleich

$$E = F_k u = 2\frac{F_k(F_s - F_k)}{c}. \tag{20.2}$$

In einer realen Bruchzone haben wir keine Einzelmassen und keine diskreten Federelemente. Es müssen stattdessen Gleichungen der Elastizitätstheorie unter Berücksichtigung

[1] Brace, W.F. and Byerlee, J.D. Stick slip as a mechanism for earthquakes. Science, 1966, v. 153, pp. 990–992.

des Reibungsgesetzes gelöst werden. Wir beschränken uns hier auf eine einfache Abschätzung. Nehmen wir an, dass ein Kontaktgebiet mit der linearen Abmessung L kleiner als die Dicke D des spröden Teils der Erdkruste (englisch: *schizosphere*) vorliegt[2]. Eine korrelierte Bewegung in diesem Kontakt führt zu wesentlichen Verschiebungen und Deformationen in einem Volumen mit den Abmessungen $L \times L \times L$. Die Steifigkeit eines Würfels mit solchen Abmessungen hat die Größenordnung $c \approx GL$. Aufgrund der Gln. (20.1) und (20.2) ergeben sich die folgenden Abschätzungen für die Verschiebung während eines Slip-Ereignisses und die dissipierte Energie:

$$u \approx 2F_N \frac{\mu_s - \mu_k}{GL} \approx \frac{2\sigma_N L}{G}(\mu_s - \mu_k), \tag{20.3}$$

$$E \approx \mu_k F_N u \approx 2\sigma_N^2 \frac{\mu_k(\mu_s - \mu_k)}{G} L^3 \tag{20.4}$$

wobei $\sigma_N = F_N / L^2$ die Normalspannung ist. Für *starke Erdbeben* (mit der Gleitlänge größer als die Dicke D des spröden Teils der Erdkruste) gilt für die Steifigkeit einer Gleitzone mit der Länge L die Abschätzung $c \approx GD$. Für die Verschiebung während eines Slip-Ereignisses ergibt sich die gleiche Abschätzung und für die dissipierte Energie gilt

$$E \approx \sigma_N^2 \frac{\mu_k(\mu_s - \mu_k)}{G} DL^2. \tag{20.5}$$

Die dissipierte Energie ist somit proportional zur dritten Potenz der Gleitlänge für schwache Erdbeben und zur zweiten Potenz der Gleitlänge für starke Erdbeben.

Die Dauer des Erdbebens in diesem Modell kann als

$$T \approx \frac{4L}{c_{Schall}} \tag{20.6}$$

abgeschätzt werden, wobei c_{Schall} die Geschwindigkeit von Scherwellen in der Erdkruste ist. Bei großen Erdbeben mit $L \approx 100\text{km}$ beträgt sie größenordnungsmäßig eine Minute.

20.2 Quantifikation der Erdbeben

Als Maß für die Stärke eines Erdbebens wird das *seismische Moment*, M, benutzt:

$$M = GAu \tag{20.7}$$

[2] Solche Erdbeben werden wir als „schwache Erdbeben" bezeichnen.

wobei G der Schubmodul des Gesteins (typischerweise der Größenordnung 30 GPa), A der Flächeninhalt der Bruchfläche und u die durchschnittliche Verschiebung entlang der Bruchfläche ist. Das seismische Moment ist die Grundlage der *Momenten-Magnituden-Skala*. Die Momenten-Magnitude M_w wird definiert als

$$M_w = \frac{2}{3}(\log_{10} M - 9{,}1) \tag{20.8}$$

Im oben beschriebenen einfachen Reibmodell erhalten wir für das seismische Moment die folgende Abschätzung:

$$M \approx 2\sigma_N(\mu_s - \mu_k)L^3, \text{ für schwache Erdbeben} (L < D) \tag{20.9}$$

$$M \approx 2\sigma_N(\mu_s - \mu_k)DL^2, \text{ für starke Erdbeben} (L > D) \tag{20.10}$$

Das seismische Moment ist demnach proportional zur Normalspannung in einer Bruchzone und zur dritten Potenz der linearen Abmessungen der Gleitzone für schwache und der zweiten Potenz der linearen Abmessungen der Gleitzone für starke Erdbeben.

Gutenberg-Richter-Gesetz

Betrachten wir einen Reibkontakt zwischen zwei elastischen Körpern mit der scheinbaren Kontaktfläche $\tilde{A}$. Die Körper werden relativ zu einander in tangentialer Richtung um den Betrag $\tilde{L}$ verschoben, der viel größer als die Verschiebung u (20.3) bei einer Instabilität sein soll. Wären nur Erdbeben mit einer charakteristischen Länge L der Gleitzone möglich, so gäbe es in der Kontaktfläche $\tilde{A}/\tilde{L}$ Gleitgebiete. Auf der gesamten Länge $\tilde{L}$müssten demnach

$$N \approx \frac{\tilde{A}}{L^2}\frac{\tilde{L}}{u} \approx \frac{G\tilde{A}\tilde{L}}{2\sigma_N(\mu_s - \mu_k)L^3} \tag{20.11}$$

Erdbeben stattfinden. Die Frequenz der Erdbeben mit gegebener Größenordnung der Sliplänge ist daher umgekehrt proportional zur dritten Potenz der Sliplänge oder gemäß (20.9) umgekehrt proportional zum seismischen Moment des Erdbebens:

$$N \propto M^{-1}. \tag{20.12}$$

Da das System in Wirklichkeit keine charakteristische Länge hat, kann man davon ausgehen, dass Verschiebungen mit verschiedenen Längen L mit gleicher Wahrscheinlichkeit auftreten. In diesem Fall gilt (20.12) auch für die Verteilung von Erdbeben. Mit der Bezeichnung $\phi(M)$ für die Wahrscheinlichkeitsdichte eines Erdbebens mit dem seismischen Moment M können wir dann die Abschätzung (20.12) auch in der Form

$$N \propto \phi(M) \cdot M \propto M^{-1} \tag{20.13}$$

schreiben. Daraus folgt

$$\phi(M) \propto M^{-2}. \tag{20.14}$$

Die Wahrscheinlichkeit $\Phi(M)$ eines Erdbebens mit dem seismischen Moment *größer M* ist gleich

$$\Phi(M) = \int_M^\infty \phi(M) \mathrm{d}M \propto \int_M^\infty M^{-2} \mathrm{d}M = M^{-1}. \tag{20.15}$$

Dieses Gesetz wurde 1954 von Gutenberg und Richter aufgrund empirischer Untersuchungen vorgeschlagen und wird *Gutenberg-Richter-Gesetz* genannt[3].

Die durch das Gutenberg-Richter-Gesetz gegebene Skalierung gilt sowohl für schwache als auch für starke Erdbeben. Abbildung 20.1 illustriert das Gutenberg-Richter Gesetz anhand von Daten eines Erdbebenkatalogs in Kalifornien 1984–2000.

[3] B. Gutenberg and C.F. Richter, Seismicity of the Earth and Associated Phenomena, 2nd ed. (Princeton, N.J.: Princeton University Press, 1954), pages 17–19 („Frequency and energy of earthquakes").

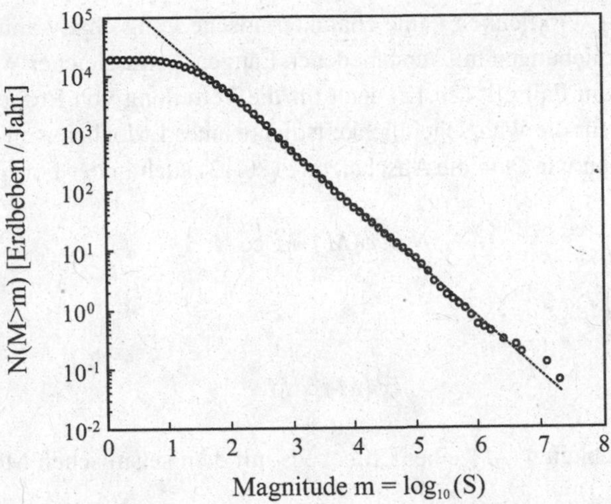

Abb. 20.1 Die Zahl der Erdbeben $N(M > m)$ mit der Magnitude größer m pro Jahr (Kreise). Die Gerade präsentiert das Gutenberg-Richter-Gesetz $\log_{10} N(M > m) \propto -bm$ mit $b{=}0.95$. Die Abweichung vom linearen Gesetz bei kleinen Magnituden hängt wahrscheinlich mit Problemen bei der Messung von sehr schwachen Erdbeben zusammen. Daten aufgrund eines Erdbebenkatalogs in Kalifornien 1984–2000 (335076 Erdbeben, ca. 150 Erdbeben/Tag). (Quelle: P. Bak et al. Phys. Rev. Lett. (2002), v.88, No. 17, 178501 (4 pp))

20.3 Reibungsgesetze für Gesteine

Das in der Abschätzung (20.1) angenommene Reibungsgesetz (Abb. 12.11) ist zu stark vereinfacht. Nach der Arbeit von Brace und Byerlee wurden Reibungsgesetze für Gesteine intensiv untersucht, was zu einer wesentlichen Änderung des „Standardmodells" für die trockene Reibung geführt hat. Insbesondere erwies sich die Unterscheidung zwischen der „Haftreibung" und „Gleitreibung" als relativ und wurde durch das Konzept der geschwindigkeits- und zustandsabhängigen Reibung ersetzt[4]. Das neue Konzept für die verallgemeinerten Reibungsgesetze erwies sich als sehr erfolgreich in der Beschreibung solcher Aspekte wie Seismogenesis, seismische Kopplung, Prä- und Postgleiten sowie die Unempfindlichkeit der Erdbeben zu relativ kurzperiodischen Einwirkungen (wie z. B. Gezeiten). Im Weiteren werden wir daher Reibungsgesetze für Gesteine ausführlich diskutieren.

Bereits Coulomb wusste, dass der statische Reibungskoeffizient langsam mit der Zeit steigt und dass der Gleitreibungskoeffizient geschwindigkeitsabhängig ist. Experimentelle Untersuchungen von Dieterich[5], die in der Theorie von Ruina[6] zu einem geschwindig-

[4] Ein einfaches Modellbeispiel für zustandsabhängige Reibung haben wir bereits im Abschn. 12.6 im Zusammenhang mit Untersuchung von reiberregten Schwingungen diskutiert.

[5] Dieterich, J.H. Modelling of rock friction: 1. Experimental results and constitutive equations. 1979, J. Geophys. Res., v. 84, pp. 2161–2168.

[6] Ruina, A. I. Slip instability and state variable friction laws. J. Geopgys. Res., 1983, v. 88, 10359–10370.

keits- und zustandsabhängigen Reibungsgesetz zusammengefasst wurden, haben gezeigt, dass es zwischen diesen Effekten einen engen Zusammenhang gibt. Im Reibungsgesetz von Dieterich-Ruina hängt der Reibungskoeffizient sowohl von der momentanen Gleitgeschwindigkeit v als auch von der Zustandsvariablen θ ab:

$$\mu = \mu_0 - a\ln\left(\frac{v^*}{|v|}+1\right) + b\ln\left(\frac{v^*\theta}{D_c}+1\right) \tag{20.16}$$

wobei für die Zustandsvariable die folgende kinetische Gleichung gilt:

$$\dot{\theta} = 1 - \left(\frac{|v|\theta}{D_c}\right). \tag{20.17}$$

Die Konstanten a und b in der Gl. (20.16) sind beide positiv und haben die Größenordnung 10^{-2} bis 10^{-3}, D_c hat unter Laborbedingungen die Größenordnung 10 μm, ihre Skalierung für größere Systeme wurde noch nicht geklärt, typischer Wert von v^* hat die Größenordnung 0,2 m/s. Dieses Reibungsgesetz erwies sich als sehr allgemein und ist nicht nur auf Gesteine, sondern auch auf Werkstoffe verschiedenster Natur wie Kunststoffe, Glas, Papier, Holz und einige Metalle anwendbar.

Im statischen Fall gilt $\theta = t$. Die Zustandsvariable θ kann daher als Durchschnittsalter der Mikrokontakte seit dem Moment ihrer Bildung interpretiert werden. Im Fall einer Bewegung mit konstanter Geschwindigkeit v und der Anfangsbedingung $\theta(0) = \theta_0$ lautet die Lösung der Gl. (20.17)

$$\theta(t) = \frac{D_c}{|v|} + \left(\theta_0 - \frac{D_c}{|v|}\right)\exp\left(-\frac{|v|t}{D_c}\right). \tag{20.18}$$

Die Zustandsvariable θ relaxiert zu ihrem neuen Gleichgewichtswert auf der Gleitlänge D_c. Die Größe D_c kann demnach als kritische Gleitlänge interpretiert werden, auf welcher alle bestehenden Mikrokontakte zerstört und durch neue ersetzt werden. Nach dem Übergangsprozess gilt $\theta(\infty) = \frac{D_c}{v}$, was ebenfalls mit der Interpretation der Variablen θ als Alterungsvariable vereinbar ist: Der stationäre Wert von θ ist in diesem Fall gleich der mittleren Kontaktzeit von Mikrorauigkeiten.

Beim stationären Gleiten gilt für den Reibungskoeffizienten

$$\mu = \mu_0 - (a-b)\ln\left(\frac{v^*}{|v|}+1\right). \tag{20.19}$$

Für kleine Geschwindigkeiten $|v| \ll v^*$ kann das Reibungsgesetz (20.16) in der Form

$$\mu \approx \mu_0 - a\ln\left(\frac{v^*}{|v|}\right) + b\ln\left(\frac{v^*\theta}{D_c}\right) \tag{20.20}$$

geschrieben werden. Untersuchen wir kurz seine wichtigsten Eigenschaften.

Das Reibungsgesetz von Dieterich-Ruina beschreibt nicht nur stationäre Reibungsprozesse gut, sondern auch nicht stationäre Übergangserscheinungen. Betrachten wir einen Reibungsvorgang mit der Gleitgeschwindigkeit v_1. Der stationäre Reibungskoeffizient ist dabei gemäß (20.19) gleich

$$\mu^{(1)} \approx \mu_0 + (a-b)\ln\left(\frac{v_1}{v^*}\right). \tag{20.21}$$

Ändert sich die Gleitgeschwindigkeit abrupt von v_1 auf v_2, so ändert sich im ersten Moment nur das zweite Glied in (20.20), und der Reibungskoeffizient steigt um $\Delta\mu_1 = a\ln\left(\frac{v_2}{v_1}\right)$ auf den Wert

$$\mu^{(2)} = \mu_0 + a\ln\left(\frac{v_2}{v^*}\right) - b\ln\left(\frac{v_1}{v^*}\right). \tag{20.22}$$

Nach der Übergangszeit nimmt er den Wert

$$\mu^{(3)} = \mu_0 + (a-b)\ln\left(\frac{v_2}{v^*}\right) \tag{20.23}$$

an und ändert sich somit um $\Delta\mu_2 = -b\ln\left(\frac{v_2}{v_1}\right)$. Dieses Verhalten wird in der Abb. 20.2 durch experimentelle Daten von C. Marone[7] illustriert. Für das in der Abb. 20.2 gezeigte System ist $v_2 / v_1 = 10,\ \Delta\mu_1 \approx 0.01,\ \Delta\mu_2 \approx -0.014$. Für die Konstanten a und b folgt $a \approx 0.004,\ b \approx 0.006$.

Bisher haben wir das Reibungsgesetz bei konstanter Normalspannung diskutiert. Es ist leicht zu verstehen, dass diese Formulierung nicht vollständig ist. Bei Erhöhung der Normalspannung kommen neue Rauhigkeitsspitzen in Kontakt; für sie beginnt die „Kontaktzeit" vom neuen. Eine plötzliche Steigerung der Normalspannung führt daher auch ohne Tagentialbewegung zur Erneuerung von Kontakten und Verminderung der mittleren Kontaktzeit. Da die reale Kontaktfläche zwischen rauen Oberflächen in erster Näherung proportional zur Normalspannung ist $A \propto \sigma_N$, führt ein Sprung in der Normalspannung um $d\sigma_N$ zu einem Sprung in der Kontaktfläche $\mathrm{d}A \propto \mathrm{d}\sigma_N$. Wenn wir die Zustandsvariable

[7] Marone, C. Laboratory-derived friction laws and their application to seismic faulting. Ann. Rev. Earth Planet. Sci., 1998, v. 26, pp. 643–696.

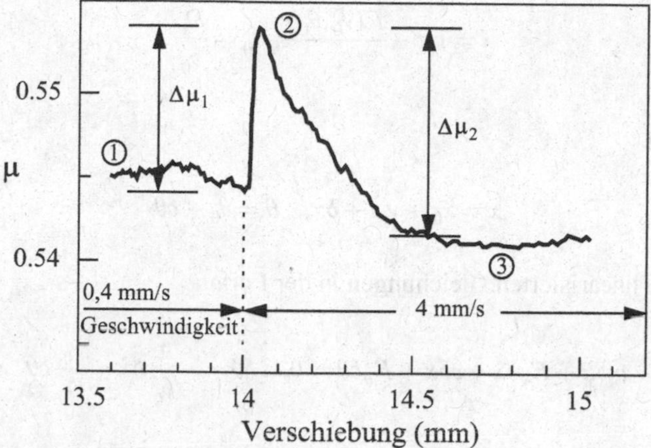

Abb. 20.2 Änderung des Reibungskoeffizienten bei einer plötzlichen Änderung der Geschwindigkeit: Die Reibungskraft steigt zunächst sprunghaft und relaxiert danach zu einem neuen stationären Wert. (From: Marone, C, 1998. Laboratory-derived friction laws and their application to seismic faulting. Annu. Rev. Earth Planet. Sci., v. 26, pp. 643–696)

θ weiterhin als die mittlere Kontaktzeit interpretieren, ändert sie sich infolge des Sprunges gemäß $d\theta/\theta = -dA/A = -d\sigma_N/\sigma_N$ (da das Alter der neu erzeugten Kontaktflächen Null ist). Die kinetische Gl. (20.17) für θ muss daher durch einen Term $-\frac{\theta\dot{\sigma}_N}{\sigma_N}$ ergänzt werden. Eine Ergänzung dieser Form ist mit experimentellen Daten von Linker und Dieterich[8] vereinbar, allerdings mit einem phänomenologischen Koeffizienten ζ:

$$\dot{\theta} = 1 - \left(\frac{|v|\theta}{D_c}\right) - \zeta\frac{\theta}{\sigma_N}\dot{\sigma}_N. \tag{20.24}$$

20.4 Stabilität beim Gleiten mit der geschwindigkeits- und zustandsabhängigen Reibung

Wir betrachten wieder das in der Abb. 12.1 gezeigte Modell, das durch die Bewegungsgleichung

$$m\ddot{x} + F(\dot{x},\theta) + cx = cv_0 t \tag{20.25}$$

beschrieben wird, wobei die Reibungskraft $F(\dot{x},\theta) = F_N\mu(\dot{x},\theta)$ jetzt durch die Gln. (20.20) und (20.17) definiert wird. Die stationäre Lösung wird gegeben durch

[8] M.F. Linker and J.H. Dieterich. Effects of variable normal stress on rock friction: observations and constitutive equations.- J. Geophys. Res., 1992, v. 97, pp. 4923–4940.

$$x = v_0 t - \frac{F(v_0,\theta_0)}{c}, \ \theta_0 = \frac{D_c}{v_0}. \tag{20.26}$$

Mit dem Ansatz

$$x = x_0 + v_0 t + \delta x, \quad \theta = \theta_0 + \delta\theta \tag{20.27}$$

erhalten wir die linearisierten Gleichungen in der Form

$$m\delta\ddot{x} + F_{,v}\delta\dot{x} + c\delta x + F_{,\theta}\delta\theta = 0, \quad \delta\dot{\theta} = -\frac{1}{v_0}\delta\dot{x} - \frac{v_0}{D_c}\delta\theta \tag{20.28}$$

mit

$$F_{,v} = \left.\frac{\partial F}{\partial \dot{x}}\right|_{\dot{x}=v_0} = F_N \frac{a}{v_0}, \quad F_{,\theta} = \left.\frac{\partial F}{\partial \theta}\right|_{\theta=\theta_0} = F_N \frac{b v_0}{D_c}. \tag{20.29}$$

Einsetzen von

$$\delta x = A e^{\lambda t}, \quad \delta\theta = B e^{\lambda t} \tag{20.30}$$

ergibt die charakteristische Gleichung

$$\lambda^3 + \lambda^2 \underbrace{\left(\frac{F_N a}{m v_0} + \frac{v_0}{D_c}\right)}_{P} + \lambda \underbrace{\left(\frac{c}{m} + \frac{F_N(a-b)}{m D_c}\right)}_{Q} + \underbrace{\frac{c v_0}{m D_c}}_{R} = 0. \tag{20.31}$$

Die Stabilitätsbedingung lautet $R = PQ$ (Siehe § 12.7) oder

$$\frac{c v_0}{m D_c} = \left(\frac{F_N a}{m v_0} + \frac{v_0}{D_c}\right)\left(\frac{c}{m} + \frac{F_N(a-b)}{m D_c}\right). \tag{20.32}$$

Für die kritische Steifigkeit folgt

$$c = \frac{(b-a)}{D_c}\left(F_N + \frac{m v_0^2}{a D_c}\right). \tag{20.33}$$

Ist $a > b$, so ist das Gleiten immer stabil. Im entgegengesetzten Fall $a < b$ ist es nur stabil bei einer Steifigkeit größer als der kritischen Steifigkeit (20.33). Für sehr kleine Geschwindigkeiten vereinfacht sich das Stabilitätskriterium (20.33) zu

$$c > c_{crit} = \frac{(b-a)}{D_c} F_N. \tag{20.34}$$

Dieses Ergebnis kann man auch anders interpretieren: Das Gleiten ist stabil wenn

$$F_N < \frac{cD_c}{b-a}, \tag{20.35}$$

d. h. bei ausreichend kleinen Normalkräften. Für ein Kontinuum benutzen wir die Beziehung $c \approx GL$; das Gleiten wird stabil sein, wenn $F_N < \frac{GLD_c}{b-a}$ oder:

$$L\sigma_N < \frac{GD_c}{b-a}, \tag{20.36}$$

wobei wir die Normalspannung $\sigma_N \approx F_N / L^2$ eingeführt haben. Ausreichend kleine Blöcke werden demnach immer stabil gleiten, während Blöcke mit linearen Abmessungen größer als

$$L_c = \frac{GD_c}{\sigma_N(b-a)} \tag{20.37}$$

instabil gleiten.

Der wichtigste Parameter, der Stabilitätseigenschaften bestimmt, $(b-a)$, hängt vom Material, der Temperatur und dem Druck ab. Für Granit, das repräsentative Mineral der oberen Erdkruste, ist er positiv bei Temperaturen kleiner 300°C und wird negativ bei höheren Temperaturen (Abb. 20.3). Das bedeutet, dass in der kontinentalen Erdkruste keine Erdbeben in Tiefen zu erwarten sind, in denen Temperaturen von mehr als 300°C erreicht werden.

Eine ausführlichere, nicht lineare Stabilitätsanalyse zeigt, dass ein Gleiten mit dem Reibungsgesetz (20.20) bei endlichen Störungen durch ein Stabilitätsdiagramm beschrieben wird, welches qualitativ in Abb. 20.4 dargestellt ist.

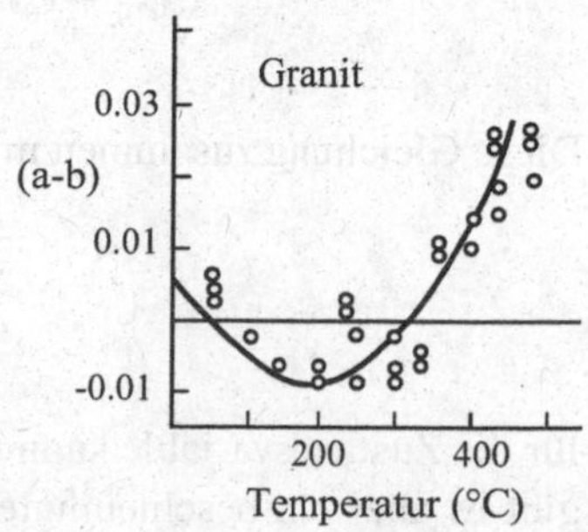

Abb. 20.3 Abhängigkeit des Parameters $(a-b)$ von Temperatur für Granit. (Quelle: Scholz, C.H. Earthquakes and Friction Laws., Nature, 1998, v. 391, pp. 37–42)

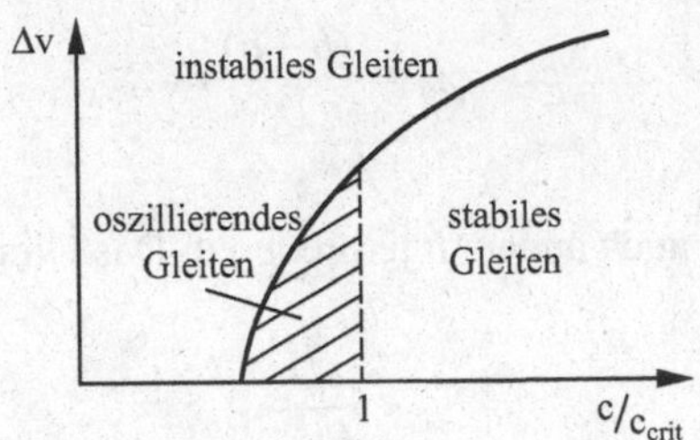

Abb. 20.4 Qualitative Darstellung des Stabilitätsdiagramms für das System (20.25) mit dem Reibungsgesetz (20.20), (20.17). Stationäres Gleiten wird durch eine plötzliche Änderung der Vorzuggeschwindigkeit um Δv gestört. Die Bewegung ist stabil bei kleinen Störungen und einer Steifigkeit größer als der kritischen. Ausreichend große Störungen führen aber auch bei überkritischen Steifigkeiten zur Entwicklung einer Instabilität. Bei Steifigkeiten kleiner der kritischen gibt es einen Bereich, in dem stationäres Gleiten zwar instabil ist, die Geschwindigkeit aber endlich bleibt und um den stationären Wert oszilliert. Im Bereich „instabiles Gleiten" wird die Gleitgeschwindigkeit (ohne Berücksichtigung der Trägheit) in endlicher Zeit unendlich

Für die Dynamik der Erdbeben hat die Existenz von drei Stabilitätsgebieten folgende Bedeutung: Erdbeben können nur in den Krustengebieten beginnen, in denen die Instabilitätsbedingung erfüllt ist. Sie können sich aber in die stabilen Bereiche fortpflanzen, solange sie einen ausreichend großen Geschwindigkeitssprung erzeugen.

20.5 Nukleation von Erdbeben und Nachgleiten

Auch wenn Erdbeben vom Menschen als plötzliche Erschütterungen wahrgenommen werden, die in der Regel keine spürbaren Vorboten haben, gehen dem Erdbeben langsamere Prozesse voran, die man als Nukleation von Erdbeben bezeichnen kann. In diesem Stadium kann das System als quasistatisch behandelt werden: Zu jedem Zeitpunkt müssen die Gleichgewichtsbedingungen erfüllt sein. Im einfachen „Klotz-Modell" mit dem verallgemeinerten Reibungsgesetz (20.20) von Dieterich und unter der Annahme, dass die Feder mit einer konstanten Geschwindigkeit v_0 geführt wird, hat die Gleichgewichtbedingung die folgende Form

$$c(x_0 + v_0 t - x) = F_N\left(\mu_0 - a\ln\left(\frac{v^*}{|v|}\right) + b\ln\left(\frac{v^*\theta}{D_c}\right)\right). \tag{20.38}$$

Diese Gleichung zusammen mit der kinetischen Gleichung

$$\dot{\theta} = 1 - \left(\frac{|\dot{x}|\theta}{D_c}\right) \tag{20.39}$$

für die Zustandsvariable kann nur numerisch gelöst werden. Unmittelbar vor dem Sprung gibt es aber ein beschleunigtes Kriechen, und die Gleitgeschwindigkeit v ist dann viel größer als die Geschwindigkeit beim stationären Kriechen: $v \gg D_c / \theta_0 = v_0$. Gleichung (20.39) reduziert sich dabei auf

$$\frac{\mathrm{d}\theta}{\mathrm{d}x} = -\left(\frac{\theta}{D_c}\right), \quad \theta = \theta_0 e^{-x/D_c}. \tag{20.40}$$

Einsetzen in die Gl. (20.38) ergibt

$$\frac{c}{F_N}(x_0 + v_0 t - x) = \left(\mu_0 + a\ln\frac{\dot{x}}{v^*} + b\ln\frac{\theta_0 v^*}{D_c}\right) - \frac{bx}{D_c}. \tag{20.41}$$

Diese Gleichung kann explizit integriert werden:

$$A\int_0^t \exp\left(\frac{cv_0}{aF_N}t\right)\mathrm{d}t = \int_0^x \exp\left(-\frac{Bx}{a}\right)\mathrm{d}x, \tag{20.42}$$

wobei

$$A = v^* \exp\left(-\frac{\mu_0}{a} - \frac{b}{a}\ln\frac{\theta_0 v^*}{D_c} + \frac{cx_0}{aF_N}\right) = \dot{x}_0, \tag{20.43}$$

gleich der Gleitgeschwindigkeit $\dot{x}_0$ zum Zeitpunkt $t = 0$ ist und

$$B = \left(\frac{b}{D_c} - \frac{c}{F_N}\right). \tag{20.44}$$

Gleichung (20.42) hat die folgende Lösung

$$x = -\frac{a}{B}\ln\left[1 - \frac{\dot{x}_0 B F_N}{cv_0}\left(\exp\left(\frac{cv_0}{aF_N}t\right) - 1\right)\right]. \tag{20.45}$$

Ein typischer Verlauf des Kriechens gemäß dieser Gleichung ist in Abb. 20.5 gezeigt. Die Zeit bis zum Auftreten der Instabilität berechnet sich aus der Bedingung, dass das Argument vom Logarithmus in (20.45) Null wird:

$$t_c = \frac{aF_N}{cv_0}\ln\left(1 + \frac{cv_0}{\dot{x}_0 B F_N}\right). \tag{20.46}$$

In der Nähe der Instabilität kann (20.45) durch den asymptotischen Ausdruck

$$x \approx -\frac{a}{B}\ln\left[\frac{\dot{x}_0 B}{a}\left(1 + \frac{cv_0}{\dot{x}_0 B F_N}\right)(t_c - t)\right] \tag{20.47}$$

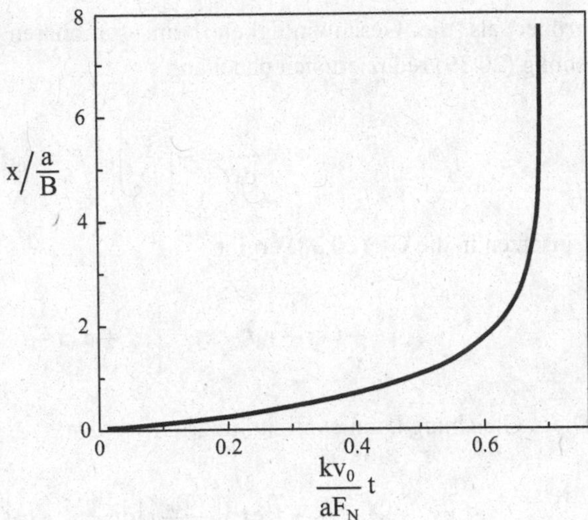

Abb. 20.5 Beschleunigtes Kriechen vor einem Sprung nach der Gl. (20.45) mit $\frac{\dot{x}_0 B F_N}{c v_0} = 1$.

approximiert werden. Die Gleitgeschwindigkeit steigt demnach nach dem Gesetz

$$\dot{x} \approx \frac{a}{B}(t_c - t)^{-1}. \tag{20.48}$$

Beschleunigtes Kriechen vor einem Slip-Ereignis wird auch in einfachen tribologischen Modellen im Labor nachgewiesen (Abb. 20.6).

Auch *nach* einem Sprung gibt es im Allgemeinen ein gewisses „Nachgleiten", welches mit demselben Reibungsgesetz beschrieben werden kann. Sofort nach dem Sprung

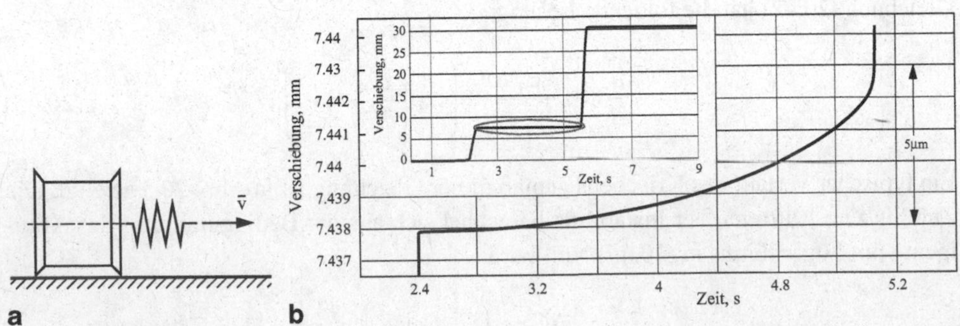

Abb. 20.6 (**b**)Eine experimentelle Aufzeichnung der Koordinate eines stählernen Gleitkörpers auf stählerner Unterlage als Funktion der Zeit in einem im Bild (**a**) schematisch gezeigten Experiment. Die Koordinate wurde mit einer Auflösung von 8 nm aufgezeichnet. Auf dem Einschub sieht man zwei aufeinander folgende Sprünge um ca. 8 bzw. 22 mm. Auf dem Hauptbild ist die gesamte „Stick"-Phase (auf dem Einschub umkreist) mit einer hohen Auflösung gezeigt. Man sieht, dass es während der gesamten „Stick"-Phase eine langsame Kriechbewegung gibt, die sich in der Nähe der „Slip"-Phase stark beschleunigt. (Experiment: V.L: Popov und J. Starcevic, TU Berlin)

wird die Variable θ aufgrund des großen zurückgelegten Weges praktisch auf Null gesetzt (s. Gl. (20.40)). Direkt nach dem Sprung wird sie daher durch die Gleichung

$$\dot{\theta} \approx 1, \quad \theta \approx t - t_c' \tag{20.49}$$

beschrieben, wobei t_c' der Zeitpunkt ist, in dem der Sprung endet. Bei kleinen Geschwindigkeiten v_0 kann die „Federkraft" F als konstant angenommen werden. Die Gl. (20.38) kann dann in der Form

$$F / F_N = \left(\mu_0 + a \ln \frac{\dot{x}}{v_*} + b \ln \frac{v^* (t - t_c')}{D_c} \right) \tag{20.50}$$

geschrieben werden. Daraus folgt

$$\dot{x} = v^* e^{\frac{1}{a}\left(\frac{F}{F_N} - \mu_0\right)} \left(v^* \frac{t - t_0'}{D_c} \right)^{-b/a}. \tag{20.51}$$

Die Potenz b/a hat immer die Größenordnung 1. In dem in Abb. 20.2 gezeigten Beispiel ist sie gleich 1,5. Anders als bei dem Prägleiten ist die Intensität des Postgleitens sehr sensibel zu der Restspannung (proportional zu $(F/F_N - \mu_0'))$, die von der konkreten Struktur einer Bruchstelle oder von der Materialpaarung abhängt (Abb. 20.7).

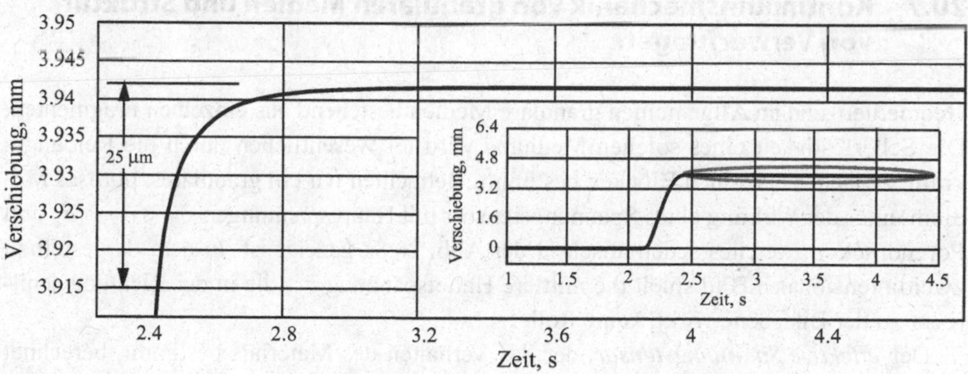

Abb. 20.7 Eine experimentelle Aufzeichnung der Koordinate eines stählernen Gleitkörpers auf einer Glasunterlage als Funktion der Zeit in einem in Abb. 20.6 (a) schematisch gezeigten Experiment. Auf dem Einschub sieht man einen Sprung um ca. 4 mm. Auf dem Hauptbild ist die „Stick"-Phase nach dem Sprung (auf dem Einschub umkreist) mit einer hohen Auflösung gezeigt. Man sieht, dass es während der „Stick"-Phase eine sich verlangsamende Kriechbewegung gibt (Postgleiten). (Experiment: V.L: Popov und J. Starcevic, TU Berlin)

20.6 Foreshocks und Aftershocks

Würde das durch die Gl. (20.48) beschriebene Kriechen in Form einer Reihe von diskreten Sprüngen (*Foreshocks*) mit gleicher Länge l stattfinden, so würde diese Gleichung die Häufigkeit $\dot{n}$ der Foreshocks beschreiben:

$$\dot{n}_{Foreshocks} \approx \frac{a}{Bl}(t_0 - t)^{-1}. \tag{20.52}$$

Ähnliches gilt für das „Nachgleiten": Würde das durch die Gl. (20.51) beschriebene Nachgleiten in Form einer Reihe von diskreten Sprüngen (*Aftershocks*) mit gleicher Länge l stattfinden, so würde diese Gleichung die Häufigkeit n der Aftershocks beschreiben:

$$\dot{n}_{Aftershocks} = \frac{1}{l} e^{\frac{1}{a}\left(\frac{F}{F_N} - \mu_0'\right)} \cdot (t - t_0')^{-b/a}. \tag{20.53}$$

Die Potenzgesetze der Form (20.52) und (20.53) für Foreshocks und Aftershocks wurden 1894 von Fusakichi Omori empirisch festgestellt und sind als *Omori-Gesetze* bekannt.

Foreshocks sind ein Teil der Nukleation eines Erdbebens. In einem ausführlicheren, kontinuierlichen Bild finden sie daher in der Nähe des Epizentrums des „Hauptbebens" statt. Die Aftershocks dagegen stellen einen Mechanismus zur Relaxation von Spannungen dar, die durch Hauptbeben produziert wurden. Sie konzentrieren sich in der Regel am Rande des Gleitgebietes des Hauptbebens.

20.7 Kontinuumsmechanik von granularen Medien und Struktur von Verwerfungen

Geomedien sind im Allgemeinen granulare Medien bestehend aus einzelnen Fragmenten. Die Scherfestigkeit eines solchen Mediums wird im Wesentlichen durch die Reibungskräfte zwischen einzelnen Blöcken bestimmt. Betrachten wir ein granulares, poröses Medium unter der Wirkung eines Spannungstensors mit Hauptspannungen $\tilde{\sigma}_3 < \tilde{\sigma}_2 < \tilde{\sigma}_1$ und Porendruck p, welches schematisch in der Abb. 20.8a gezeigt ist. In dem dargestellten zweidimensionalen Bild spielt die mittlere Hauptspannung $\tilde{\sigma}_2$, die in der Richtung senkrecht zu der Bildebene wirkt, keine Rolle.

Der *effektive Spannungstensor*, der das Verhalten des Materials bestimmt, berechnet sich als Differenz zwischen dem Spannungstensor und dem hydrostatischen Porendruck:

$$\sigma_1 = \tilde{\sigma}_1 - p, \quad \sigma_2 = \tilde{\sigma}_2 - p, \quad \sigma_3 = \tilde{\sigma}_3 - p. \tag{20.54}$$

Normal- und Tangentialspannungen in einem Schnitt, welcher mit der Achse „1" den Winkel θ bildet (Abb. 20.8b), berechnen sich zu

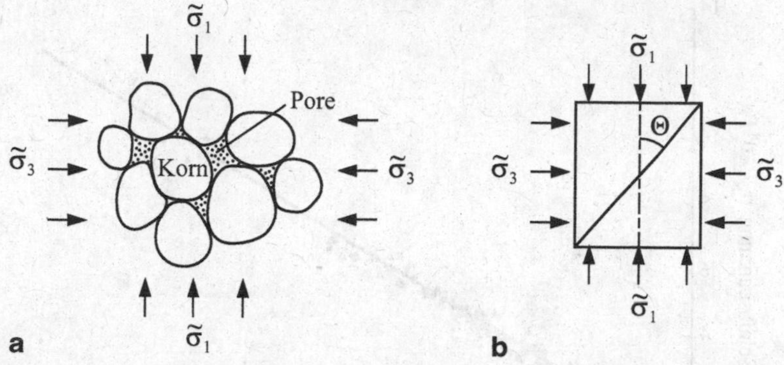

Abb. 20.8 Poröses, granulares Medium unter Wirkung von Hauptspannungen $\tilde{\sigma}_1$ und $\tilde{\sigma}_3$ und mit Porendruck p

$$\sigma_N = \frac{(\sigma_1 + \sigma_3)}{2} - \frac{(\sigma_1 - \sigma_3)}{2} \cos 2\theta, \tag{20.55}$$

$$\tau = \frac{(\sigma_1 - \sigma_3)}{2} \sin 2\theta \tag{20.56}$$

oder

$$\sigma_N = \frac{(\tilde{\sigma}_1 + \tilde{\sigma}_3)}{2} - \frac{(\tilde{\sigma}_1 - \tilde{\sigma}_3)}{2} \cos 2\theta - p, \tag{20.57}$$

$$\tau = \frac{(\tilde{\sigma}_1 - \tilde{\sigma}_3)}{2} \sin 2\theta. \tag{20.58}$$

Der Porendruck vermindert demnach die in einem beliebigen Schnitt wirkende Normalspannung, hat aber keinen Einfluss auf die Schubspannung.

Ein Gleiten in der Schnittfläche beginnt dann, wenn die Schubspannung τ den Wert $\mu\sigma_N$ erreicht:

$$\tau = \mu\sigma_N, \tag{20.59}$$

oder unter Berücksichtigung des Adhäsionsanteils

$$\tau = \tau_0 + \mu\sigma_N. \tag{20.60}$$

μ hat hier die Bedeutung des „internen Reibungskoeffizienten" und kann im Prinzip aus unabhängigen Experimenten bestimmt werden. Abbildung 20.9 illustriert dieses Kriterium durch experimentelle Daten an mehreren Gesteinsarten. Der typische experimentelle Wert des Reibungskoeffizienten liegt bei Gesteinen zwischen $\mu \approx 0,6$ und $\mu = 0,85$.

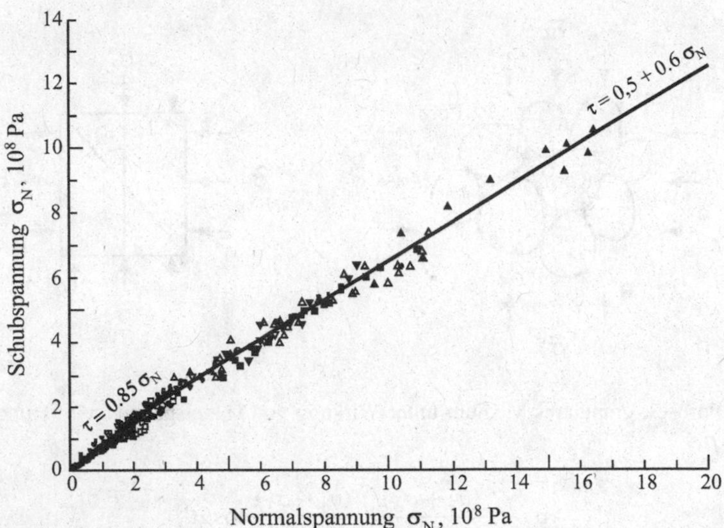

Abb. 20.9 „Reibfestigkeit" von mehreren Gesteinen als Funktion der Normalspannung. (Quelle: Byerlee, J.D. Friction of rocks. Pure. Appl. Geophys., 1978, v. 116, pp. 615–626)

Dieses Kriterium wird als *Coulombsches Bruchkriterium* für granulare Medien bezeichnet. Diese Abhängigkeit wird mit einer Geraden in Abb. 20.10 graphisch dargestellt. Die Gesamtheit aller Normal- und Tangentialspannungen (20.55) und (20.56) in Schnitten mit beliebigen θ bildet einen Kreis auf der Ebene (σ_N, τ) – den so genannten Moorschen Spannungskreis. Liegt der gesamte Moorsche Spannungskreis unterhalb der Geraden (20.60), wie es in Abb. 20.10a gezeigt ist, so ist die Bruchbedingung in keinem Schnitt erfüllt. Bei Vergrößerung der Hauptspannung σ_3 oder Verminderung von σ_1 bzw. Verschiebung des gesamten Spannungskreises nach links (z. B. durch Steigerung des Porendrucks, gemäß (20.57)) wird der Moorsche Spannungskreis die Gerade (20.60) berühren (Abb. 20.10b). In diesem Moment ist das Bruchkriterium zum ersten Mal für einen Schnitt mit dem Winkel

$$\theta = \frac{\pi}{4} - \frac{\varphi}{2} \tag{20.61}$$

erfüllt, wobei φ der Reibungswinkel ist:

$$\tan\varphi = \mu. \tag{20.62}$$

Für einen Reibungskoeffizienten $\mu = 0,6$ ergibt sich $\theta \approx 0.52$ (oder $\approx 30^\circ$) und für $\mu = 0,85$ $\theta \approx 0.43$ (oder $\approx 25^\circ$).

Mit Hilfe der Abb. 20.10b kann man das Kriterium (20.60) durch Hauptspannungen ausdrücken:

$$\sigma_1\left(\sqrt{1+\mu^2} - \mu\right) - \sigma_3\left(\sqrt{1+\mu^2} + \mu\right) = 2\tau_0. \tag{20.63}$$

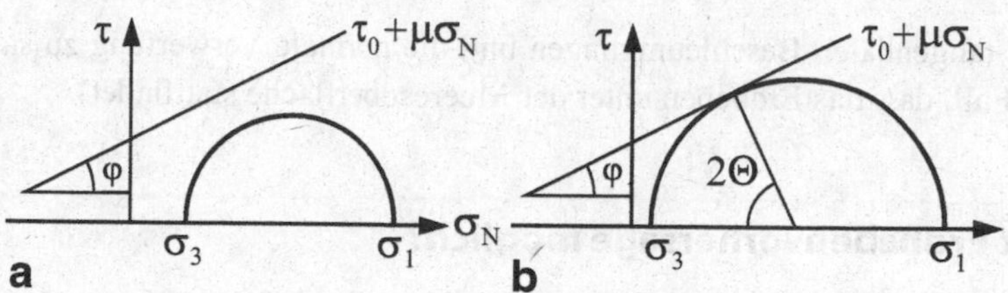

Abb. 20.10 Moorscher Spannungskreis und Coulombsches Bruchkriterium.

Zwischen den Hauptspannungen auf der Bruchfläche besteht somit eine lineare Abhängigkeit. Spannungsmessungen durch Tiefbohrungen zeigen, dass diese Bedingung in allen Tiefen erfüllt ist; das bedeutet, dass sich die Erdkruste in allen Tiefen in der Nähe des kritischen Zustands befindet. Ist eine der Hauptspannungen, σ_3, negativ (Zug), so wird für den Bruch in der Regel das Kriterium

$$\sigma_3 = -\sigma_0 \tag{20.64}$$

angewandt.

Anderson[9] hat als erster anerkannt, dass die Grundarten von Verwerfungen (Bruchzonen) leicht durch die Eigenschaften von granularen Medien erklärt werden können. Seine Klassifikation basierte er auf der Beobachtung, dass die Hauptachsen des Spannungstensors in der oberen Kruste oft normal bzw. parallel zur Oberfläche liegen. Für die Lage der Achse der größten Hauptspannung (σ_1) und der Achse der kleinsten Hauptspannung (σ_3) gibt es dabei drei Möglichkeiten, die in Abb. 20.11a–c gezeigt sind. Die sich ergebenden Verwerfungstypen sind *normale Verwerfung* (oder Abschiebung), Abb. 20.11a, *inverse Verwerfung* (oder Aufschiebung), Abb. 20.11b und *versetzte Verwerfung* (oder Blattverschiebung) Abb. 20.11c. Wird die kleinste Hauptspannung negativ, so trennen sich die Flächen in einer Ebene senkrecht zu der Achse der negativen Hauptspannung (*divergente Verwerfung*, Abb. 20.11d). Die Art der Verwerfung bei einem Erdbeben beeinflusst, neben seiner Magnitude, die verursachten Zerstörungen. So führt die Blattverschiebung (c) zu

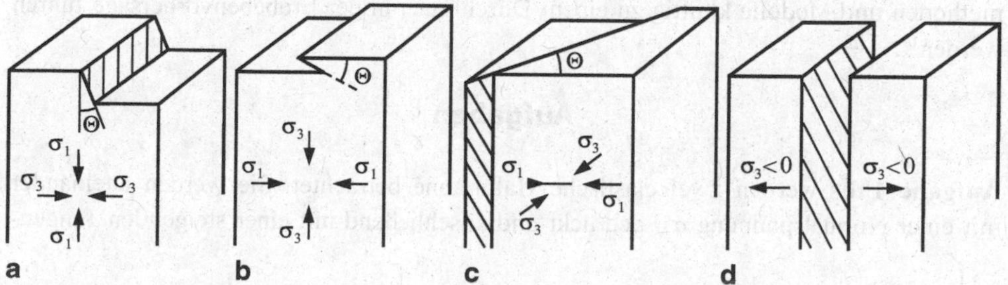

Abb. 20.11 Hauptarten von Verwerfungen nach Anderson: **a** Normale Verwerfung (Abschiebung), **b** Inverse Verwerfung (Auf- bzw. Überschiebung), **c** Blattverschiebung, **d** divergente Verwerfung

[9] E.M. Anderson. The dynamics of faulting. Edinburgh: Oliver & Boyd.

maximalen tangentialen Beschleunigungen und die normale Verwerfung zu starken Tsunamis (im Fall, dass das Erdbeben unter der Meeresoberfläche stattfindet).

20.8 Ist Erdbebenvorhersage möglich?

Diese Frage wurde in den letzten Jahrzehnten heftig diskutiert. Beide Antworten darauf haben ihre prominenten Vertreter. Beide Gesichtpunkte lassen sich bereits anhand der oben beschriebenen einfachen Erdbebenmodelle verfolgen.

Wird ein Erdbeben als Stick-Slip-Instabilität betrachtet und wird dabei vom einfachen Reibungsgesetz mit konstanten statischen und kinetischen Reibungskoeffizienten ausgegangen, so gibt es vor dem Beginn des Slip-Ereignisses keine Bewegung. Dadurch gibt es auch keine Anzeichen des sich nähernden Sprunges: Eine Vorhersage des Bebens ist somit nicht möglich. Eine Erweiterung auf ein Kontinuum ändert an der Sache nichts grundsätzlich, unabhängig davon, wie kompliziert das System wird. In einem verteilten System gibt es zwar ein kompliziertes Verhalten, welches die bekannten statistischen Eigenschaften von Erdbeben wiedergibt (Gutenberg-Richter und Omori-Gesetze), diese Gesetzmäßigkeiten haben aber lediglich statistischen Charakter. Sie können einer *a posteriori* Analyse dienen, nicht aber einer aktuellen Vorhersage am gegebenen Ort und zum gegebenen Zeitpunkt.

Diese Schlussfolgerung beruht aber auf einer Modellvorstellung, die nicht ganz korrekt ist. Sowohl Laborexperimente (siehe Abschn. 20.5) als auch seismologische Messungen zeigen, dass einem Beben immer ein beschleunigtes Kriechen vorhergeht, welches ein Anzeichen für die Annäherung der lokalen Spannungen an den kritischen Wert ist. Diese Tatsache gibt Grund für einen gewissen Optimismus. Die im Abschn. 20.5 präsentierten experimentellen Daten zeigen aber gleichzeitig, wo das Problem liegt: Zur tatsächlichen Beobachtung des Kriechprozesses sind Messungen von Verschiebungen der Erdkruste mit einer sehr hohen Auflösung erforderlich. Da seismologische Messungen vor allem auf den Messung von Beschleunigungen beruhen und es nur wenig hoch auflösende Messungen von absoluten Verschiebungen gibt, bleibt nur die Hoffnung, dass verbesserte Messmethoden und Modelle künftig zu einem Durchbruch in der Erdbebenvorhersage führen werden[10].

Aufgaben

Aufgabe 1 Es werden zwei elastische Halbräume betrachtet. Sie werden aneinander mit einer Normalspannung σ_N gedrückt und anschließend mit einer steigenden Tangen-

[10] Eine Diskussion zu diesem Thema basierend auf experimentellen Daten über Erdbeben in California siehe: Thurber C. and Sessions R. Assessment of creep events as potential earthquake precursors: Application to the creeping section of the san andreas fault, California, Pure appl. geophys. (1998), v. 152, pp. 685–705.

tialspannung τ beansprucht, bis sich eine Stick-Slip-Instabilität entwickelt. Unter der Annahme, dass an der Grenzfläche das einfache Coulombsche Reibungsgesetz mit konstanten statischem und kinetischem Reibungskoeffizienten (entsprechend μ_s und μ_k) gilt, ist die relative Geschwindigkeit und Beschleunigung der Bruchflächen zu bestimmen.

Lösung Wir wählen ein Koordinatensystem mit x-Achse in der Bruchfläche und z-Achse senkrecht zur Bruchfläche. Das elastische Medium liege im Bereich von positiven z. Unter den in der Aufgabenstellung genannten Bedingungen entstehen im Medium nur Scherwellen, die durch die Wellengleichung

$$\frac{\partial^2 u}{\partial t^2} = c_{Schall}^2 \frac{\partial^2 u}{\partial z^2} \text{ mit } c_{Schall}^2 = \frac{G}{\rho}$$

beschrieben werden. Dieselbe Gleichung gilt auch für alle zeitlichen und räumlichen Ableitungen von u und daher auch für die Scherspannung $\tau = G\partial u / \partial z$:

$$\frac{\partial^2 \tau}{\partial t^2} = c_{Schall}^2 \frac{\partial^2 \tau}{\partial z^2}.$$

Die Scherspannung direkt vor der Instabilität ist gleich $\tau_s = \mu_s \sigma_N$ und nach dem Beginn der Bewegung $\tau_k = \mu_k \sigma_N$. Die Lösung der Wellengleichung mit diesen Randbedingungen ist eine Stufe mit der Höhe $\Delta\tau = \sigma_N(\mu_s - \mu_k)$, die sich in die positive z-Richtung mit der Geschwindigkeit $c_{Schall} = \sqrt{G/\rho}$ ausbreitet. Für eine beliebige Lösung der Wellengleichung in Form einer sich von der Oberfläche ausbreitenden Welle $u(z - c_{Schall}t)$ gilt: $v = \frac{\partial u}{\partial t} = -c_{Schall}\frac{\partial u}{\partial z} = -\frac{c_{Schall}}{G}\tau$. Zwischen dem Sprung der Spannung $\Delta\tau = \sigma_N(\mu_k - \mu_s)$ und dem Sprung der Geschwindigkeit Δv besteht daher der folgende Zusammenhang:

$$\Delta v = -\frac{c_{Schall}}{G}\Delta\tau = \frac{c_{Schall}}{G}\sigma_N(\mu_s - \mu_k) = \frac{\sigma_N(\mu_s - \mu_k)}{\sqrt{G\rho}}.$$

Die Beschleunigung ist dabei überall Null außer an der Wellenfront, wo sie unendlich ist.

Aufgabe 2 Wie in der Aufgabe 1, werden zwei elastische Halbräume im Kontakt betrachtet. Es wird aber angenommen, dass der Reibungskoeffizient vom statischen Wert μ_s zum kinetischen Wert μ_k auf einer Länge D_c (Gleitlänge) abfällt. Zu bestimmen ist die maximale Beschleunigung der Bruchflächen in diesem Fall.

Lösung Ab dem Beginn des relativen Gleitens der Grenzflächen bis zum Erreichen der relativen Verschiebung D_c gilt für die Reibspannung in der Kontaktfläche

$$\tau = G\left.\frac{\partial u}{\partial z}\right|_{z=0,t} = \sigma_N\left(\mu_s - \frac{\mu_s - \mu_k}{D_c}u\Big|_{z=0,t}\right).$$

Die allgemeine Lösung der Wellengleichung in Form einer sich von der Oberfläche ausbreitenden Welle hat die Form $u = \frac{\tau_0}{G} z + f(z - c_{Schall} t)$, wobei $\tau_0 = \mu_s \sigma_N$ die konstante makroskopische Scherspannung weit entfernt von der Bruchfläche ist. Für die Verschiebung an der Oberfläche erhalten wir daher die Gleichung

$$\frac{\partial u}{\partial t} = \frac{\sigma_N c_{Schall}}{G} \frac{\mu_s - \mu_k}{D_c} u.$$

Wenn die Bewegung mit einer kleinen Störung u_0 beginnt, so gilt für die Verschiebung der Oberfläche

$$u = u_0 \exp\left(\frac{\sigma_N c_{Schall}}{G} \frac{\mu_s - \mu_k}{D_c} t \right).$$

Die Beschleunigung ist gleich

$$\ddot{u} = \left(\frac{\sigma_N c_{Schall}}{G} \frac{\mu_s - \mu_k}{D_c} \right)^2 u_0 \exp\left(\frac{\sigma_N c_{Schall}}{G} \frac{\mu_s - \mu_k}{D_c} t \right).$$

Zwischen der Verschiebung und der Beschleunigung besteht daher der folgende Zusammenhang: $\ddot{u} = \left(\frac{\sigma_N c_{Schall}}{G} \frac{\mu_s - \mu_k}{D_c} \right)^2 u$. In dem Moment, wenn die Verschiebung den Wert $u = D_c$ erreicht, erreicht die Beschleunigung den Maximalwert

$$\ddot{u}_{\max} = \frac{\sigma_N^2 (\mu_s - \mu_k)^2}{G \rho D_c}.$$

Der Maximalwert der Beschleunigung ist demnach umgekehrt proportional zur Gleitlänge D_c. Die maximale Geschwindigkeit ist dabei dieselbe, wie in der Aufgabe 1.

Aufgabe 3 Wie in der Aufgabe 1, werden zwei elastische Halbräume im Kontakt betrachtet. Es wird jetzt angenommen, dass der Reibungskoeffizient vom statischen Wert μ_s zum kinetischen Wert μ_k mit der Zeit exponentiell abfällt[11]. Die charakteristische Relaxationszeit sei t_0. Zu bestimmen sind die maximale Geschwindigkeit und Beschleunigung der Bruchflächen in diesem Fall.

Lösung Ab dem Zeitpunkt des Beginns der relativen Bewegung gilt für die Reibspannung im Kontakt

[11] Diese Annahme entspricht einer linearen Skalierung der Gleitlänge D_c mit der Geschwindigkeit; was für granulare Medien typisch ist. (Siehe z. B. T. Hatano, Scaling of the critical slip distance in granular layers. Geophysical Research Letters, 2009, v. 36, L18304 doi: 10.1029/2009GL039665.)

$$\tau = G\frac{\partial u}{\partial z}\bigg|_{z=0,t} = \sigma_N\left(\mu_s e^{-t/t_0} + \mu_k\left(1 - e^{-t/t_0}\right)\right).$$

Die allgemeine Lösung der Wellengleichung in Form einer sich von der Oberfläche ausbreitenden Welle hat die Form $u = \frac{\tau_0}{G}z + f(z - c_{Schall}t)$, wobei $\tau_0 = \mu_s\sigma_N$ die konstante makroskopische Scherspannung weit entfernt von der Bruchfläche ist. Für die Geschwindigkeit an der Oberfläche erhalten wir daher die Gleichung

$$\frac{\partial u}{\partial t} = \frac{\sigma_N c_{Schall}}{G}(\mu_s - \mu_k)(1 - e^{-t/t_0}) = \frac{\upsilon_N(\mu_s - \mu_k)}{\sqrt{G\rho}}(1 - e^{-t/t_0}).$$

Die Beschleunigung ist gleich

$$\frac{\partial^2 u}{\partial t^2} = \frac{\sigma_N(\mu_s - \mu_k)}{\sqrt{G\rho}t_0}e^{-t/t_0}.$$

Die Geschwindigkeit erreicht den maximalen Wert

$$\dot{u}_{\max} = \frac{\sigma_N(\mu_s - \mu_k)}{\sqrt{G\rho}}$$

bei $t \gg t_0$, und die Beschleunigung $\ddot{u}$ erreicht ein Maximum

$$\ddot{u}_{\max} = \frac{\sigma_N(\mu_s - \mu_k)}{\sqrt{G\rho}t_0}$$

bei $t = 0$.

Anhang

Anhang A – Normalverschiebungen unter Wirkung ausgewählter Druckverteilungen

In diesem Anhang werden Verschiebungen der Oberfläche eines elastischen Halbraumes unter einigen Spannungsverteilungen berechnet, die für die Kontaktmechanik von Interesse sind.

a. Normalspannungen in einem Kreis mit dem Radius a nach dem Gesetz

$$p = p_0\left(1-\frac{r^2}{a^2}\right)^{-1/2}, \quad r^2 = x^2 + y^2. \tag{A.1}$$

Wir beschränken uns hier auf die Berechnung von Verschiebungen der Oberfläche in der Normalrichtung. Sie wird durch die Gl. (5.7) gegeben, die wir hier noch einmal wiederholen:

$$u_z = \frac{1}{\pi E^*}\iint P_z(x',y')\frac{dx'dy'}{r}, \quad r = \sqrt{\left(x-x'\right)^2 + \left(y-y'\right)^2} \tag{A.2}$$

mit

$$E^* = \frac{E}{\left(1-\nu^2\right)}. \tag{A.3}$$

Das benutzte Koordinatensystem ist in Abb. A.1a gezeigt.

Wegen der Rotationssymmetrie der Spannungsverteilung wird die vertikale Verschiebung in einem Punkt der Oberfläche nur vom Abstand r dieses Punktes vom Koordinatenursprung O abhängen. Es reicht deshalb aus, die Verschiebung in den Punkten der

V. L. Popov, *Kontaktmechanik und Reibung,* DOI 10.1007/978-3-662-45975-1

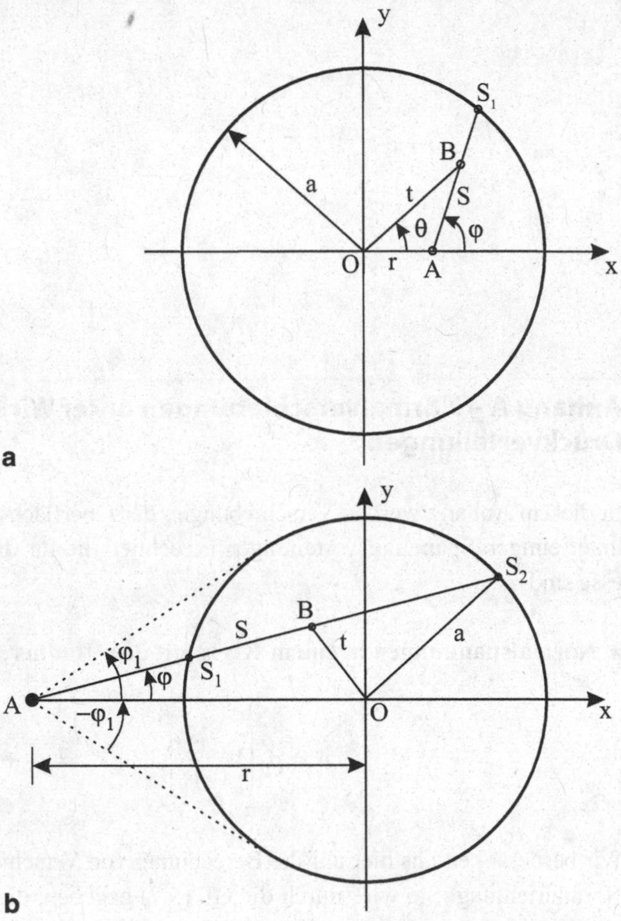

Abb. A.1 Zur Berechnung der vertikalen Verschiebungen aufgrund eines durch Normalspannungen beanspruchten kreisförmigen Gebietes: **a** in einem Punkt innerhalb des Druckgebietes, **b** in einem Punkt außerhalb des Druckgebietes

x-Achse zu bestimmen. Im Weiteren berechnen wir die Vertikalverschiebung im Punkt A. Dazu muss die Verschiebung im Punkt A, verursacht durch die Spannung im „laufenden" Punkt B, bestimmt werden und anschließend über alle möglichen Lagen des Punktes B im Wirkungsgebiet der Spannung integriert werden. Die Spannung im Punkt B hängt wegen der Rotationssymmetrie ebenfalls nur vom Abstand t des Punktes vom Koordinatenursprung O ab. Für diesen Abstand gilt: $t^2 = r^2 + s^2 + 2rs\cos\varphi$.

Somit ist die Druckverteilung

$$\begin{aligned} p(s,\varphi) &= p_0\left(1-\frac{r^2+s^2+2rs\cos\varphi}{a^2}\right)^{-1/2} \\ &= p_0 a\left(a^2-r^2-s^2-2rs\cos\varphi\right)^{-1/2} = p_0 a\left(\alpha^2-2\beta s-s^2\right)^{-1/2} \end{aligned} \tag{A.4}$$

wobei gilt: $\alpha^2 = a^2 - r^2$, $\beta = r\cos\varphi$.

Für die z-Komponente der Verschiebung erhalten wir

$$u_z = \frac{1}{\pi E^*} p_0 a \int_0^{2\pi} \left(\int_0^{s_1} \left(\alpha^2 - 2\beta s - s^2\right)^{-1/2} ds \right) d\varphi. \tag{A.5}$$

s_1 ist hier die positive Wurzel der Gleichung $\alpha^2 - 2\beta s - s^2 = 0$. Das Integral über ds berechnet sich zu

$$\int_0^{s_1} \left(\alpha^2 - 2\beta s - s^2\right)^{-1/2} ds = \frac{\pi}{2} - \arctan\left(\beta/\alpha\right). \tag{A.6}$$

Offenbar gilt: $\arctan\left(\beta(\varphi)/\alpha\right) = -\arctan\left(\beta(\varphi+\pi)/\alpha\right)$. Bei der Integration über φ fällt deshalb der Term mit arctan heraus. Somit gilt

$$u_z = \frac{1}{\pi E^*} p_0 a \int_0^{2\pi} \frac{\pi}{2} d\varphi = \frac{\pi p_0 a}{E^*} = d = const, r \leq a \tag{A.7}$$

wobei wir die Indentierungstiefe d eingeführt haben.

Betrachten wir jetzt einen Punkt A außerhalb des Druckgebietes (Abb. A.1b). In diesem Fall gilt

$$p(s,\varphi) = p_0 a \left(\alpha^2 + 2\beta s - s^2\right)^{-1/2}. \tag{A.8}$$

Die Verschiebung wird nun durch die Gleichung

$$u_z = \frac{1}{\pi E^*} p_0 a \int_{-\varphi_1}^{\varphi_1} \left(\int_{s_1}^{s_2} \left(\alpha^2 + 2\beta s - s^2\right)^{-1/2} ds \right) d\varphi \tag{A.9}$$

gegeben, wobei s_1 und s_2 Wurzeln der Gleichung

$$\alpha^2 + 2\beta s - s^2 = 0 \tag{A.10}$$

sind. Demnach gilt

$$\int_{s_1}^{s_2} \left(\alpha^2 + 2\beta s - s^2\right)^{-1/2} ds = \pi. \tag{A.11}$$

Die verbliebene Integration in (A.9) ergibt nun auf triviale Weise $u_z = \frac{2}{E^*} p_0 a \varphi_1$ oder, unter Berücksichtigung der aus der Abb. A.1b offensichtlichen geometrischen Beziehung $\varphi_1 = \arcsin(a/r)$,

$$u_z = \frac{2}{E^*} p_0 a \cdot \arcsin(a/r), \quad r > a \tag{A.12}$$

bzw. unter Berücksichtigung von (A.7),

$$u_z = \frac{2}{\pi} d \cdot \arcsin(a/r), \quad r > a. \tag{A.13}$$

Aus dem Ergebnis (A.7) folgt unmittelbar, wie man die angenommene Druckverteilung erzeugen kann: sie entsteht bei einem Eindruck mit einem harten zylindrischen Stempel.

Die gesamte im Druckgebiet wirkende Kraft ist gleich

$$F_N = \int_0^a p_0 \left(1 - \frac{r^2}{a^2}\right)^{-1/2} 2\pi r dr = 2\pi p_0 a^2. \tag{A.14}$$

Die Steifigkeit des Kontaktes wird definiert als das Verhältnis der Kraft zur Verschiebung:

$$c = 2aE^*. \tag{A.15}$$

Die Druckverteilung (A.1) kann man unter Berücksichtigung von (A.7) auch in der Form

$$p(r) = \frac{1}{\pi} \frac{E^* u_z}{\sqrt{a^2 - r^2}} \tag{A.16}$$

darstellen.

b. Hertzsche Druckverteilung

$$p = p_0 \left(1 - \frac{r^2}{a^2}\right)^{1/2}. \tag{A.17}$$

Für die vertikale Verschiebung erhalten wir

$$u_z = \frac{1}{\pi E^*} \frac{p_0}{a} \int_0^{2\pi} \left(\int_0^{s_1} \left(\alpha^2 - 2\beta s - s^2\right)^{1/2} ds \right) d\varphi. \tag{A.18}$$

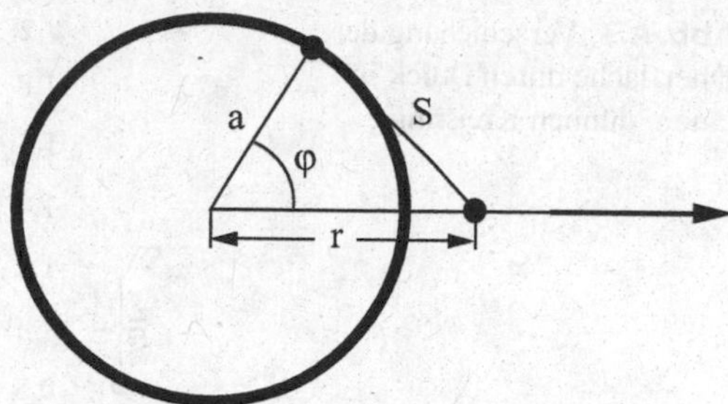

Abb. A.2 Zur Berechnung der vertikalen Verschiebung im Punkt r bei einer gleichmäßigen Druckverteilung in einem dünnen Kreisring

Das hier stehende Integral über ds berechnet sich zu

$$\int_0^{s_1} \left(\alpha^2 - 2\beta s - s^2\right)^{1/2} ds = -\frac{1}{2}\alpha\beta + \frac{1}{2}\left(\alpha^2 + \beta^2\right)\cdot\left(\frac{\pi}{2} - \arctan(\beta/\alpha)\right). \qquad (A.19)$$

Bei der Integration über $d\varphi$ fallen Glieder mit $\alpha\beta$ und arctan aus. Die restlichen Glieder ergeben

$$\begin{aligned} u_z &= \frac{1}{\pi E^*}\frac{p_0}{a}\int_0^{2\pi} d\varphi \frac{\pi}{4}\left(\alpha^2 + \beta^2\right) \\ &= \frac{1-\nu^2}{4E}\frac{p_0}{a}\int_0^{2\pi}\left(a^2 - r^2 + r^2\cos^2\varphi\right)d\varphi \qquad (A.20) \\ &= \frac{1}{E^*}\frac{\pi p_0}{4a}\left(2a^2 - r^2\right). \end{aligned}$$

c. Gleichmäßige Druckverteilung in einem dünnen Kreisring (Abb. A.2)
Die Verschiebung im Punkt r berechnet sich zu

$$\begin{aligned} u_z &= \frac{1}{\pi E^*}\int_0^{2\pi}\frac{F_N}{2\pi}\frac{d\varphi}{s} \\ &= \frac{1}{\pi E^*}\int_0^{2\pi}\frac{F_N}{2\pi}\frac{d\varphi}{\sqrt{a^2 + r^2 - 2ar\cos\varphi}} \qquad (A.21) \\ &= \frac{F_N}{2aE^*}\frac{4}{\pi^2(1 + r/a)}K\left(2\frac{\sqrt{r/a}}{1 + r/a}\right), \end{aligned}$$

(Abb. A.3), wobei F_N die Normalkraft ist und $K(\kappa)$ das vollständige elliptische Integral erster Art:

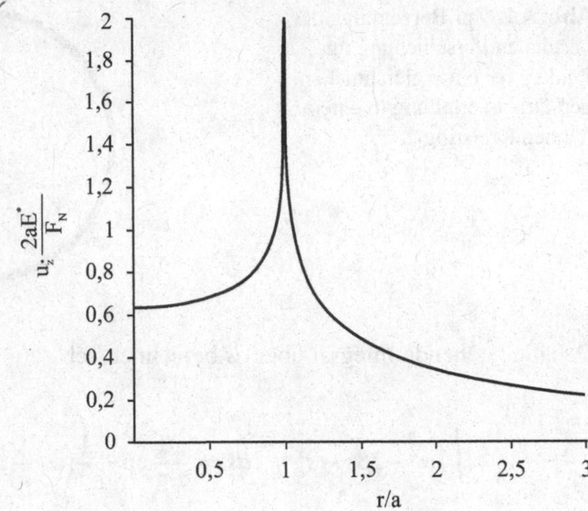

Abb. A.3 Verschiebung der Oberfläche durch Druck in einem dünnen Kreisring

$$K(\kappa) = \int_0^{\pi/2} \frac{d\varphi}{\sqrt{1-\kappa^2 \sin^2\varphi}}. \tag{A.22}$$

Bei $r \approx a$ hat die Verschiebung eine logarithmische Singularität:

$$u_z = \frac{F_N}{2aE^*} \frac{2}{\pi^2} \ln \frac{8}{|r/a-1|}, \quad |r/a-1| \ll 1. \tag{A.23}$$

Anhang B – Normalkontakt axial-symmetrischer Profile

In diesem Anhang wird das Kontaktproblem für axial-symmetrische Profile mit kompakter Kontaktfläche in allgemeiner Form gelöst, wobei wir die Lösung des Kontaktproblems für einen starren, flachen, zylindrischen Stempel als bekannt voraussetzen (s. Anhang A). Nebenbei werden damit die Grundgleichungen der Methode der Dimensionsreduktion (MDR, s. Abschn. 5.6) hergeleitet.

Betrachten wir einen Kontakt zwischen einem starren Indenter der Form $z = f(r)$ und einem elastischen Halbraum, der durch den effektiven elastischen Koeffizienten E^* charakterisiert wird. Die Indentierungstiefe unter der Einwirkung der Normalkraft F_N sei d und der Kontaktradius a. Bei gegebener Form des Profils bestimmt jede dieser drei Größen eindeutig die beiden anderen, insbesondere ist die Indentierungstiefe eine eindeutige Funktion des Kontaktradius, welche wir durch

$$d = g(a) \tag{A.24}$$

bezeichnen. Nehmen wir den Prozess der Indentierung von der ersten Berührung bis zur endgültigen Indentierungstiefe d unter die Lupe und bezeichnen die laufenden Werte der Kraft, der Indentierungstiefe und des Kontaktradius entsprechend durch $\tilde{F}_N$, $\tilde{d}$ und $\tilde{a}$. Der gesamte Prozess besteht demnach in der Änderung der Indentierungstiefe von $\tilde{d} = 0$ bis $\tilde{d} = d$, wobei sich der Kontaktradius von $\tilde{a} = 0$ bis $\tilde{a} = a$ und die Kontaktkraft von $\tilde{F}_N = 0$ bis $\tilde{F}_N = F_N$ ändert. Die Normalkraft am Ende des Prozesses kann wie folgt geschrieben werden:

$$F_N = \int_0^{F_N} \mathrm{d}\tilde{F}_N = \int_0^a \frac{\mathrm{d}\tilde{F}_N}{\mathrm{d}\tilde{d}} \frac{\mathrm{d}\tilde{d}}{\mathrm{d}\tilde{a}} \mathrm{d}\tilde{a}. \tag{A.25}$$

Indem wir berücksichtigen, dass die differentielle Steifigkeit eines Gebietes mit dem Radius $\tilde{a}$ durch

$$\frac{\mathrm{d}\tilde{F}_N}{\mathrm{d}\tilde{d}} = 2E^* \tilde{a} \tag{A.26}$$

gegeben wird (s. Gl. A.15) und die Bezeichnung (A.24) benutzen, erhalten wir

$$F_N = 2E^* \int_0^a \tilde{a} \frac{\mathrm{d}g(\tilde{a})}{\mathrm{d}\tilde{a}} \mathrm{d}\tilde{a}. \tag{A.27}$$

Partielle Integration ergibt nun

$$F_N = 2E^* \left[a \cdot g(a) - \int_0^a g(\tilde{a}) \mathrm{d}\tilde{a} \right] = 2E^* \left[\int_0^a \left(g(a) - g(\tilde{a}) \right) \mathrm{d}\tilde{a} \right]. \tag{A.28}$$

Gehen wir jetzt zur Berechnung der Druckverteilung im Kontaktgebiet über. Ein infinitesimaler Eindruck um $\mathrm{d}\tilde{d}$ einer Fläche mit dem Radius $\tilde{a}$ erzeugt den folgenden Beitrag zur Druckverteilung (s. Gl. A.16):

$$\mathrm{d}p(r) = \frac{1}{\pi} \frac{E^*}{\sqrt{\tilde{a}^2 - r^2}} \mathrm{d}\tilde{d}, \quad \text{mit} \quad r < \tilde{a}. \tag{A.29}$$

Die Druckverteilung am Ende des Indentierungsprozesses ist gleich der Summe der inkrementellen Druckverteilungen:

$$p(r) = \int_{d(r)}^{d} \frac{1}{\pi} \frac{E^*}{\sqrt{\tilde{a}^2 - r^2}} \mathrm{d}\tilde{d} = \int_r^a \frac{1}{\pi} \frac{E^*}{\sqrt{\tilde{a}^2 - r^2}} \frac{\mathrm{d}\tilde{d}}{\mathrm{d}\tilde{a}} \mathrm{d}\tilde{a} \tag{A.30}$$

oder unter Berücksichtigung der Bezeichnung (A.24)

$$p(r) = \frac{E^*}{\pi} \int_r^a \frac{1}{\sqrt{\tilde{a}^2 - r^2}} \frac{\mathrm{d}g(\tilde{a})}{\mathrm{d}\tilde{a}} \mathrm{d}\tilde{a}. \tag{A.31}$$

Die Funktion $g(a)$, Gl. (A.24), bestimmt somit eindeutig sowohl die Normalkraft (Gl. A.28) als auch die Druckverteilung (Gl. A.31). Das Normalkontaktproblem wird auf die Bestimmung der Funktion (A.24) zurückgeführt.

Die Funktion $d = g(a)$ kann wie folgt bestimmt werden. Die infinitesimale Verschiebung der Oberfläche im Punkt $r = a$ bei einer infinitesimalen Indentierung um $\mathrm{d}\tilde{d}$ eines Kontaktgebietes mit dem Radius $\tilde{a} < a$ ist gemäß (A.13) gleich

$$\mathrm{d}u_z(a) = \frac{2}{\pi} \arcsin\left(\frac{\tilde{a}}{a}\right) \mathrm{d}\tilde{d}. \tag{A.32}$$

Die gesamte Absenkung der Oberfläche am Ende des Indentierungsprozesses ist demnach gleich

$$u_z(a) = \frac{2}{\pi} \int_0^d \arcsin\left(\frac{\tilde{a}}{a}\right) \mathrm{d}\tilde{d} = \frac{2}{\pi} \int_0^a \arcsin\left(\frac{\tilde{a}}{a}\right) \frac{\mathrm{d}\tilde{d}}{\mathrm{d}\tilde{a}} \mathrm{d}\tilde{a} \tag{A.33}$$

oder unter Berücksichtigung der Bezeichnung (A.24)

$$u_z(a) = \frac{2}{\pi} \int_0^a \arcsin\left(\frac{\tilde{a}}{a}\right) \frac{\mathrm{d}g(\tilde{a})}{\mathrm{d}\tilde{a}} \mathrm{d}\tilde{a}. \tag{A.34}$$

Diese Absenkung ist aber offensichtlich gleich $u_z(a) = d - f(a)$:

$$d - f(a) = \frac{2}{\pi} \int_0^a \arcsin\left(\frac{\tilde{a}}{a}\right) \frac{\mathrm{d}g(\tilde{a})}{\mathrm{d}\tilde{a}} \mathrm{d}\tilde{a}. \tag{A.35}$$

Partielle Integration und Berücksichtigung der Gl. (A.24) führt zur Gleichung

$$f(a) = \frac{2}{\pi} \int_0^a \frac{g(\tilde{a})}{\sqrt{a^2 - \tilde{a}^2}} \mathrm{d}\tilde{a}. \tag{A.36}$$

Dies ist die Abelsche Integralgleichung, welche bezüglich $g(a)$ wie folgt gelöst wird[1]:

---

[1] R. Bracewell, The Fourier Transform and Its Applications, McGraw-Hill Book Company, New York, 1965.

$$g(a) = a \int_0^a \frac{f'(\tilde{a})}{\sqrt{a^2 - \tilde{a}^2}} d\tilde{a}. \qquad \text{(A.37)}$$

Mit der Bestimmung der Funktion $g(a)$ ist das Kontaktproblem vollständig gelöst.

Es ist leicht zu sehen, dass die Gl. (A.37), (A.36), (A.24), (A.28) und (A.31) genau mit den Gleichungen der Methode der Dimensionsreduktion (Kap. 5, Gl. (5.52), (5.53), (5.55), (5.57) und (5.59)) übereinstimmen, was die Gültigkeit der MDR beweist.

Anhang C – Adhäsiver Kontakt axial-symmetrischer Profile

Die im Anhang B beschriebene Methode der Dimensionsreduktion zur Lösung des nicht-adhäsiven Kontaktes von rotationssymmetrischen Körpern kann sehr einfach auf adhäsive Kontakte verallgemeinert werden. Die Verallgemeinerung basiert auf der Grundidee von Johnson, Kendall und Roberts, dass *der Kontakt mit Adhäsion aus dem Kontakt ohne Adhäsion zuzüglich einer Starrkörpertranslation hervorgeht.* Mit anderen Worten, die Konfiguration des adhäsiven Kontaktes kann erhalten werden, wenn wir zunächst den Körper *ohne Berücksichtigung der Adhäsion* bis zu einem bestimmten *Kontaktradius a* eindrücken (Abb. A.4 links) und anschließend unter Beibehaltung des Kontaktgebietes bis zu einer bestimmten kritischen Höhe Δl_{max} hochziehen (Abb. A.4 rechts). Da sowohl der Eindruck eines beliebigen rotationssymmetrischen Profils als auch die anschließende Starrkörpertranslation durch die MDR korrekt abgebildet werden, gilt das auch für die Superposition dieser beiden Bewegungen.

Die noch unbekannte kritische Länge Δl_{max} kann aus dem Prinzip der virtuellen Arbeit ermittelt werden. Nach diesem Prinzip ist das System im Gleichgewicht, wenn sich die Energie bei kleinen Variationen seiner verallgemeinerten Koordinaten nicht ändert. Angewendet auf den adhäsiven Kontakt bedeutet das, dass die Änderung der elastischen Energie bei einer Verringerung des Kontaktradius von a bis $a - \Delta x$ gleich der Änderung der Oberflächenenergie $2\pi a \Delta x \cdot \gamma_{12}$ sein muss, wobei γ_{12} die Trennungsarbeit der kontaktierenden Flächen pro Flächeneinheit ist. Da das MDR-Modell die Kraft-Weg-Abhängigkei-

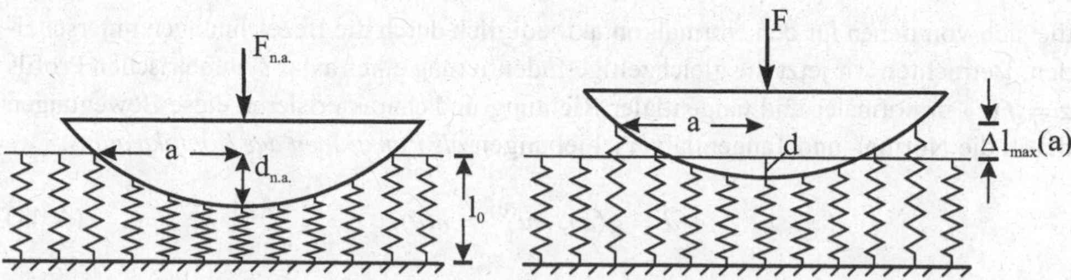

Abb. A.4 Qualitative Darstellung des Andruck- und Abziehvorgangs eines 1D-Indenters mit einer elastischen Bettung, welche die Eigenschaften des adhäsiven Kontaktes zwischen einem starren sphärischen Stempel und dem elastischen Halbraum exakt wiedergibt

ten exakt wiedergibt, wird auch die elastische Energie exakt abgebildet. Die Änderung der elastischen Energie kann daher direkt in dem MDR-Modell berechnet werden. Beim Ablösen von zwei Randfedern wird die elastische Energie um den Betrag $2(1/2)E^*\Delta x\Delta l_{max}^2$ kleiner. Gleichsetzen der Änderungen der elastischen und der adhäsiven Energie ergibt

$$2\pi a\Delta x\cdot\gamma_{12}=E^*\Delta x\Delta l_{max}^2. \tag{A.38}$$

Daraus folgt

$$\Delta l_{max}=\sqrt{\frac{2\pi a\gamma_{12}}{E^*}}. \tag{A.39}$$

Dieses Kriterium für das Ablösen der Randfeder in dem adhäsiven MDR-Modell wurde von M. Heß gefunden und ist als *Regel von Heß* bekannt[2]. Die Anwendung des beschriebenen Verfahrens auf konkrete Kontaktformen wird im Kap. 6 vorgenommen.

Anhang D – Tangentialer Kontakt axial-symmetrischer Profile

Zwischen Normal- und Tangentialkontaktproblemen besteht eine sehr enge Analogie. So führt eine Indentierung um d eines flachen zylindrischen Indenters mit dem Radius a zur Normalkraft F_N und Spannungsverteilung $p(r)$, die durch die Gleichungen

$$F_N=2E^*ad,\quad p(r)=\frac{1}{\pi}\frac{E^*d}{\sqrt{a^2-r^2}} \tag{A.40}$$

gegeben sind (s. Anhang A). Eine Tangentialbewegung um $u_x^{(0)}$ führt zur Tangentialkraft und Spannungsverteilung gemäß

$$F_x=2G^*au_x^{(0)},\quad \tau(r)=\frac{1}{\pi}\frac{G^*u_x^{(0)}}{\sqrt{a^2-r^2}}, \tag{A.41}$$

die sich von denen für den Normalkontakt lediglich durch die Bezeichnungen unterscheiden. Betrachten wir jetzt die gleichzeitige Indentierung eines axial-symmetrischen Profils $z=f(r)$ in normaler und tangentialer Richtung und charakterisieren diese Bewegungen durch die Normal- und Tangentialverschiebungen *als Funktionen des Kontaktradius*:

$$d=g(a),\quad u_x^{(0)}=h(a). \tag{A.42}$$

[2] M. Heß, Über die exakte Abbildung ausgewählter dreidimensionaler Kontakte auf Systeme mit niedrigerer räumlicher Dimension, Cuvillier-Verlag, Göttingen, 2011.

Die sich bei der Indentierung ab dem ersten Kontakt ergebenden Kräfte und Spannungen sind dann

$$F_N = 2E^* \int_0^a \tilde{a} \frac{\mathrm{d}g(\tilde{a})}{\mathrm{d}\tilde{a}} \mathrm{d}\tilde{a}, \quad p(r) = \frac{E^*}{\pi} \int_r^a \frac{1}{\sqrt{\tilde{a}^2 - r^2}} \frac{\mathrm{d}g(\tilde{a})}{\mathrm{d}\tilde{a}} \mathrm{d}\tilde{a} \tag{A.43}$$

und

$$F_x = 2G^* \int_0^a \tilde{a} \frac{\mathrm{d}h(\tilde{a})}{\mathrm{d}\tilde{a}} \mathrm{d}\tilde{a}, \quad \tau(r) = \frac{G^*}{\pi} \int_r^a \frac{1}{\sqrt{\tilde{a}^2 - r^2}} \frac{\mathrm{d}h(\tilde{a})}{\mathrm{d}\tilde{a}} \mathrm{d}\tilde{a}. \tag{A.44}$$

Betrachten wir jetzt den folgenden zweistufigen Vorgang. Der Stempel soll zunächst durch eine reine Normalbewegung bis zum Kontaktradius c eingedrückt und anschließend weiter bis zum Kontaktradius a so indentiert werden, dass er sich *gleichzeitig* in Normal- und Tangentialrichtung bewegt und

$$\mathrm{d}h = \lambda \cdot \mathrm{d}g. \tag{A.45}$$

Die Normalkraft und die Druckverteilung am Ende dieses Prozesses werden nach wie vor durch die Gl. (A.43) gegeben, während für die Tangentialkraft und Tangentialspannungsverteilung offenbar gilt

$$F_x = 2G^* \int_c^a \tilde{a} \frac{\mathrm{d}h(\tilde{a})}{\mathrm{d}\tilde{a}} \mathrm{d}\tilde{a} = 2G^* \lambda \int_c^a \tilde{a} \frac{\mathrm{d}g(\tilde{a})}{\mathrm{d}\tilde{a}} \mathrm{d}\tilde{a} \tag{A.46}$$

und

$$\tau(r) = \begin{cases} \dfrac{G^*}{\pi} \lambda \displaystyle\int_c^a \frac{1}{\sqrt{\tilde{a}^2 - r^2}} \frac{\mathrm{d}g(\tilde{a})}{\mathrm{d}\tilde{a}} \mathrm{d}\tilde{a}, & \text{für } r < c \\ \dfrac{G^*}{\pi} \lambda \displaystyle\int_r^a \frac{1}{\sqrt{\tilde{a}^2 - r^2}} \frac{\mathrm{d}g(\tilde{a})}{\mathrm{d}\tilde{a}} \mathrm{d}\tilde{a}, & \text{für } c < r < a \end{cases}. \tag{A.47}$$

Im Bereich $c < r < a$ haben die Verteilungen von Normal- und Tangentialspannungen die gleiche Form:

$$\tau(r) = \lambda \frac{G^*}{E^*} p(r). \tag{A.48}$$

Wenn wir jetzt

$$\lambda \frac{G^*}{E^*} = \mu \tag{A.49}$$

wählen, so hat der beschriebene Kontakt folgende Eigenschaften:

$$\begin{aligned} u_x(r) &= u_x^{(0)} = konst, && \text{für}\, r < c \\ \tau(r) &= \mu p(r), && \text{für}\, c < r < a \end{aligned}. \tag{A.50}$$

Diese Bedingungen entsprechen exakt den Haft- und Gleitbedingungen in einem Tangentialkontakt mit dem Reibungskoeffizienten μ (s. Gl. (8.30) und (8.31) im Kap. 8). Die Kraft (A.46) und die Spannungsverteilung (A.47) unter Berücksichtigung von (A.48) lösen somit das Tangentialkontaktproblem:

$$F_x = 2\mu E^* \int_c^a \tilde{a} \frac{\mathrm{d}g(\tilde{a})}{\mathrm{d}\tilde{a}} \mathrm{d}\tilde{a},$$

$$\tau(r) = \begin{cases} \mu \dfrac{E^*}{\pi} \left(\displaystyle\int_r^a \frac{1}{\sqrt{\tilde{a}^2 - r^2}} \frac{\mathrm{d}g(\tilde{a})}{\mathrm{d}\tilde{a}} \mathrm{d}\tilde{a} - \int_r^c \frac{1}{\sqrt{\tilde{a}^2 - r^2}} \frac{\mathrm{d}g(\tilde{a})}{\mathrm{d}\tilde{a}} \mathrm{d}\tilde{a} \right), & \text{für}\ r < c \\ \mu \dfrac{E^*}{\pi} \displaystyle\int_r^a \frac{1}{\sqrt{\tilde{a}^2 - r^2}} \frac{\mathrm{d}g(\tilde{a})}{\mathrm{d}\tilde{a}} \mathrm{d}\tilde{a}, & \text{für}\ c < r < a \end{cases} \tag{A.51}$$

oder

$$\tau(r) = \begin{cases} \mu \left(p_a(r) - p_c(r) \right), & \text{für}\ r < c \\ \mu p_a(r), & \text{für}\ c < r < a \end{cases}, \tag{A.52}$$

wobei wir hier die Normaldruckverteilungen bei Kontaktradien a und c entsprechend mit $p_a(r)$ und $p_c(r)$ bezeichnet haben. Die tangentiale Verschiebung des Kontaktes ergibt sich durch Integration von (A.45) zu

$$u_x^{(0)} = \mu \frac{E^*}{G^*} \left(g(a) - g(c) \right). \tag{A.53}$$

Es ist leicht zu sehen, dass die Gl. (A.51) und (A.53) mit den Gl. (8.52) und (8.49) der Methode der Dimensionsreduktion für Tangentialkontakte übereinstimmen, wodurch deren Gültigkeit bewiesen ist.

Bildernachweis

Kapitel 1 (Einführung): Transport eines ägyptischen Kolosses: vom Grabstein von Tehuti-Hetep, El-Bersheh (c. 1880 B.C.).

Kapitel 2: Lager einer Brücke in Berlin Spandau (V. Popov, Institut für Mechanik, TU Berlin).

Kapitel 3: Gecko auf einer steinernen Wand (Zhengdong Dai, Institute for Bio-inspired Structure and Surface Engineering, Nanjing University of Aeronautics and Astronautics).

Kapitel 4: Wassertropfen auf einer Gartenpflanze (V. Popov, Institut für Mechanik, TU Berlin).

Kapitel 5: Spannungsverteilung in einem Kontakt zwischen einer spannungsoptisch aktiven Platte und einem Zylinder (J. Thaten, Institut für Mechanik, TU Berlin).

Kapitel 6: Adhäsiver Kontakt zwischen einem Gelatine-Körper und einem stählernen Zylinder (J. Thaten, Institut für Mechanik, TU Berlin).

Kapitel 7: Dehnspannungsverteilung in einem Kontakt zwischen einer spannungsoptisch aktiven Platte und einer rauen Oberfläche (J. Thaten, Institut für Mechanik, TU Berlin).

Kapitel 8: Gleitzonen und ringförmiger Verschleiß (Fretting) in einem Kontakt zwischen Platte und Kugel bei Belastung unter verschiedenen Winkeln zur Normale (mit freundlicher Genehmigung von K.L. Johnson und des Verlags Cambridge University Press).

Kapitel 9: Rad-Schiene-Kontakt (J. Starcevic, Institut für Mechanik, TU Berlin).

Kapitel 10: Ein Stift-Scheibe-Tribometer am Institut für Mechanik der technischen Universität Berlin (J. Thaten, Institut für Mechanik, TU Berlin).

Kapitel 11: Spitze eines Atomkraftmikroskopes über einer „atomar glatten" Ebene (schematisch).

Kapitel 12: Eine Schwingungseigenform einer Scheibenbremse gemessen mit einem scanning Laser-Vibrometer (U. von Wagner, Institut für Mechanik, TU Berlin).

Kapitel 13: Thermographie von rollenden Reifen bei verschiedenen Schlupfwinkeln (F. Böhm: SFB 181 Hochfrequenter Rollkontakt der Fahrzeugräder, Forschungsbericht 2. Halbjahr 1988-1. Halbjahr 1991, TU Berlin, S. A1–68).

V. L. Popov, *Kontaktmechanik und Reibung,* DOI 10.1007/978-3-662-45975-1

Kapitel 14: Schleichende Strömung über einer gewellten Oberfläche – experimentell gemessene Stromlinien und Vergleich mit analytischer Rechnung (mit freundlicher Genehmigung von M. Scholle, Universität Bayreuth). Quelle: Habilitationsschrift von M. Scholle sowie: Scholle, M.; Wierschem, A.; Aksel, N.: Creeping films with vortices over strongly undulated bottoms, Acta Mech., 168, 167–193 (2004).

Kapitel 15: Gummi (Radiergummi) (V. Popov, Institut für Mechanik, TU Berlin)

Kapitel 16: Gummireifen (V. Popov, Institut für Mechanik, TU Berlin)

Kapitel 17: Typische Erscheinungsbilder vom abrasiven und adhäsiven Verschleiß. Links: abrasiver Verschleiß Eisen gegen Aluminium, rechts: adhäsiv bedingtes Fressen, C45 gehärtet und angelassen. Quelle: Bundesanstalt für Materialforschung und –prüfung, Berlin, Frau Binkowski, freundlich überreicht durch Herrn Dr. H. Kloß.

Kapitel 18: Probekörper in einem Tribospektrometer am Institut für Mechanik der Technischen Universität Berlin (J. Starcevic, Institut für Mechanik, TU Berlin).

Kapitel 19: Ein Fenster der Benutzerschnittstelle einer Software zur schnellen Berechnung von Kontakteigenschaften und Reibung zwischen rauen Oberflächen (FaCom – Fast Computation of rough surfaces, V. Popov, T. Geike, S. Korostelev, A. Dimaki, Institut für Mechanik, TU Berlin).

Kapitel 20: West Marin, 1906. Fissures in the Olema area were caused by the 1906 San Francisco earthquake. A photograph by G.K. Gilbert. (Photo courtesy of the Anne T. Kent California Room, Marin County Free Library).

Weiterführende Literatur[1]

Kapitel 1

D. Dowson, History of Tribology. Longman Group Limited, London, 1979, 678 pp.

E. Rabinowicz, Friction and wear of materials. Second Edition, John Wiley & Sons, inc., 1995.

F.P. Bowden, D. Tabor, The Friction and Lubrication of Solids. Clarendon Press, Oxford, 2001.

B. N.J. Persson, Sliding Friction. Physical Principles and Applications. Springer, 2002.

D. F. Moore, The friction and lubrication of elastomers. Pergamon Press, Oxford, 1972, 288 pp.

I.L. Singer and H.M. Pollock (Eds), Fundamentals of Friction: Macroscopic and Microscopic Processes. (Proceedings of the NATO Advanced Study Institute), Kluwer Academic Publishers, 1992.

B.N.J. Persson, E. Tosatti (Eds), Physics of Sliding friction. Kluwer, Dordrecht 1996.

G. Vogelpohl, Geschichte der Reibung, VDI-Verl., 1981, 87 S.

H. Czichos, K.-H- Habig, Tribologie-Handbuch: Reibung und Verschleiß. 2., überarb. und erw. Aufl., Wiesbaden, Vieweg, 2003. – IX, 666 S.

K.V. Frolov (Ed.), Moderne Tribologie: Ergebnisse und Perspektiven (in Russisch). Moskau, 2008, 480 S.

E. Popova, V. L. Popov, The research works of Coulomb and Amontons and generalized laws of friction, Friction, 2015, v. 3, N. 2, pp. 183–190.

E. Popova, V.L. Popov, On the history of elastohydrodynamics: The dramatic destiny of Alexander Mohrenstein-Ertel and his contribution to the theory and practice of lubrication. ZAMM: Z. Angew. Math. Mech., 2015, v. 96, N. 7, pp. 652–883.

Kapitel 2

E. Rabinowicz, Friction and wear of materials. Second Edition. John Wiley & Sons, inc., 1995.

[1] Diese Literaturliste hat keinen Anspruch auf Vollständigkeit und dient nur als Leitfaden für ein weiterführendes Studium oder Nachschlagen.

V. L. Popov, *Kontaktmechanik und Reibung*, DOI 10.1007/978-3-662-45975-1

Kapitel 3

J. Israelachvili, Intermolecular and Surface Forces. Academic Press (1985–2004).

A.J. Kinloch, Adhesion and Adhesives: Science and Technology, Chapman and Hall, London, 1987, 441 S.

B. V. Deryagin, N. A. Krotova and V. P. Smilga, Adhesion of solids. New York, Consultants Bureau, 1978, 457 S.

K. Kendall, Molecular Adhesion and its Applications, Kluwer Academic, 2001.

I E Dzyaloshinskii, E.M. Lifshitz und L.P. Pitaevskii, General Theory of van der Waals' Forces. Sov. Phys. Usp., 1961, v. 4 153–176.

D. Maugis, Contact, adhesion, and rupture of elastic solids. Springer-Verlag Berlin, Heidelberg, 2000.

Kapitel 4

F.M. Fowkes (Ed.), Contact Angle, Wettability and Adhesion. American Chemical Society, 1964.

D. Maugis, Contact, adhesion, and rupture of elastic solids. Springer-Verlag Berlin, Heidelberg, 2000.

Kapitel 5

H. Hertz, Ueber die Berührung fester elastischer Körper, Journal für die reine und angewandte Mathematik, 1882, v. 1882, No. 92, 156–171.

K. L. Johnson, Contact mechanics. Cambridge University Press, 6. Nachdruck der 1. Auflage, 2001.

L.D. Landau, E.M. Lifschitz, Elastizitätstheorie, (Lehrbuch der Theoretischen Physik, Band VII). 7., überarb. Auflage, Akademie Verlag, Berlin 1991, §§ 8,9.

I.N. Sneddon, The Relation between Load and Penetration in the Axisymmetric Boussinesq Problem for a Punch of Arbitrary Profile. Int. J. Eng. Sci.,1965, v. 3, pp. 47–57.

V.L. Popov, M. Heß, Methode der Dimensionsreduktion in Kontaktmechanik und Reibung. Eine Berechnungsmethode im Mikro- und Makrobereich, Springer, 2013, 267 S.

Kapitel 6

K. L. Johnson, Contact mechanics. Cambridge University Press, 6. Nachdruck der 1. Auflage, 2001.

B. V. Deryagin, N. A. Krotova and V. P. Smilga, Adhesion of solids. New York, Consultants Bureau, 1978. – 457 S.

M.K. Chaudhury, T. Weaver, C.Y. Hui, E.J. Kramer, Adhesive contact of cylindrical lens and a flat sheet. J. Appl. Phys., 1996, v. 80, No. 1, pp. 30–37.

D. Maugis, Contact, adhesion, and rupture of elastic solids. Springer-Verlag Berlin, Heidelberg, 2000.

Kapitel 7

S. Hyun, L. Pei, J.-F. Molinari, and M. O. Robbins, Finite-element analysis of contact between elastic self-affine surfaces. Phys. Rev. E, 2004, v. 70, 026117 (12 pp).

B.N.J. Persson, Contact mechanics for randomly rough surfaces. Surface Science Reports, 2006, v. 61, pp. 201–227.

R. Holm, Electric contacts: theory and application. /by Ragnar Holm. 4., completely rewritten ed., Berlin, Springer, 1967. – XV, 482 S.

R. Pohrt, V.L. Popov, Contact stiffness of randomly rough surfaces. Sci. Rep., 2013, 3, 3293; DOI:10.1038/srep03293.

Kapitel 8

K. L. Johnson, Contact mechanics. Cambridge University Press, 6. Nachdruck der 1. Auflage, 2001.

J. Jaeger, New Solutions in Contact Mechanics, WIT Press, 2005.

Kapitel 9

K. L. Johnson, Contact mechanics. Cambridge University Press, 6. Nachdruck der 1. Auflage, 2001.

J.J. Kalker, Three-dimensional elastic bodies in rolling contact, 1990, Kluwer, Dordrecht, 314 S.

A. Böhmer, Auswirkung des Werkstoffverhaltens auf die rechnerisch ermittelte Belastbarkeit der Schiene. VDI-Verlag, Düsseldorf, 2004.

Kapitel 10

F.P. Bowden, D. Tabor: The Friction and Lubrication of Solids. Clarendon Press, Oxford, 2001.

E. Rabinowicz, Friction and wear of materials. Second Edition. John Wiley & Sons, inc., 1995.

M. Köhler, Beitrag zur Bestimmung des Coulombschen Haftreibungskoeffizienten zwischen zwei metallischen Festkörpern. Cuvillier Verlag, Göttingen, 2005.

F. Heslot, T. Baumberger, B. Perrin, B. Caroli and C. Caroli, Creep, stick-slip, and dry-friction dynamics: Experiments and a heuristic model. Phys. Rev. E 1994, v. 49, pp. 4973–4988.

Kapitel 11

E. Meyer, R. M. Overney, K. Dransfeld, T. Gyalog, Nanoscience: Friction and Rheology on the Nanometer Scale. Singapore: World Scientific, 1998, 373 S.

M.H. Müser, M. Urbakh, M.O. Robbins, Statistical mechanics of static and low-velocity kinetic friction. Advances in Chemical Physics, Ed. by I. Prigogine and S.A. Rice, 2003, v. 126, pp. 187–272.

A. E. Filippov and V. L. Popov, Fractal Tomlinson model for mesoscopic friction: From microscopic velocity-dependent damping to macroscopic Coulomb friction. Physical Review E, 2007, v. 75, Art. No. 027103.

P. Reimann, Brownian motors: noisy transport far from equilibrium. Physics reports, 2002, 361, 57–265.

V.L. Popov, Nanomachines: Methods to induce a directed motion at nanoscale. Physical Review E, 2003, v. 68, Art. No. 026608.

V.L. Popov and J.A.T. Gray, Prandtl-Tomlinson Model: History and applications in friction, plasticity, and nanotechnologies.- ZAMM, Z. Angew. Math. Mech., 2012, v. 92, No. 9, pp. 683–708.

Kapitel 12

K. Magnus, K. Popp, Schwingungen: eine Einführung in physikalische Grundlagen und die theoretische Behandlung von Schwingungsproblemen. Stuttgart, Teubner, 2005, 400 S.

N.M. Kinkaid, O.M. O'Reilly, P. Papaclopoulos, Automotive disc brake squeal. Journal of sound and vibration, 2003, v. 267, Issue 1, pp. 105–166.

K. Werner, Auf Rad und Schiene: Millimeterstrukturen, Weiße Flecken, Riffeln und Risse, Furchen und Grübchen. Projekte Verlag 188, Halle, 2004, 147 S.

M. Schargott, V. Popov, Mechanismen von Stick-Slip- und Losbrech-Instabilitäten. Tribologie und Schmierungstechnik, 2004, Heft 5, S. 9–15.

Kapitel 13

H. Blok, The flash temperature concept. Wear, 1963, v. 6, pp. 483–494.

J.C. Jaeger, Moving sources of heat and the temperature at sliding contacts. Proc. R. Soc., 1942, v. 56, pp. 203–224.

Kapitel 14

D.F. Moore, The friction and lubrication of elastomers. Pergamon Press, Oxford, 1972, 288 p.

N. Petrow, O. Reynolds, A. Sommerfeld, A.G.M. Michell, Theorie der hydrodynamischen Schmierung. Verlag Harri Deutsch, 2. Auflage, 2000, 227 S. (Reihe Ostwalds Klassiker, Bd. 218).

G. Vogelpohl, Betriebssichere Gleitlager: Berechnungsverfahren für Konstruktion und Betrieb. Springer-Verlag, Berlin, 1958, 315 S.

R. Gohar, Elastohydrodynamics, World Scientific Pub Co, 446 p., Second Edition, 2002.

M. Wisniewski, Elastohydrodynamische Schmierung. Grundlagen und Anwendungen. Renningen-Malmsheim: expert-Verlag, 2000 (Handbuch der Tribologie und Schmierungstechnik; Bd. 9).

E. Popova, V.L. Popov, On the history of elastohydrodynamics: The dramatic destiny of Alexander Mohrenstein-Ertel and his contribution to the theory and practice of lubrication. ZAMM: Z. Angew. Math. Mech., 2015, v. 96, N. 7, pp. 652–883.

Kapitel 15

G. Saccomandi und R.W. Ogden, Mechanics and Thermomechanics of Rubberlike Solids (Cism International Centre for Mechanical Sciences Courses and Lectures). Springer, Wien 2004.

D. F. Moore, The friction and lubrication of elastomers. Pergamon Press, Oxford, 1972, 288 p.

A.S. Wineman and K.R. Rajagopal, Mechanical Response of Polymers. An Introduction. Cambridge University Press, 2000.

Kapitel 16

K. A. Grosch, The Relation between the Friction and Visco-Elastic Properties of Rubber. Proceedings of the Royal Society of London, Series A, Mathematical and Physical Sciences, 1963, Vol. 274, No. 1356, pp. 21–39.

K. A. Grosch, The rolling resistance, wear and traction properties of tread compounds. Rubber Chemistry and technology, 1996, v. 69, pp. 495–568.

Kapitel 17

E. Rabinowicz, Friction and wear of materials. Second Edition. John Wiley & Sons, inc., 1995.

I. Kleis and P. Kulu, Solid Particle Erosion. Springer-Verlag, London, 2008, 206 pp.

K.-H. zum Gahr, Microstructure and wear of materials, Elsevier, Amsterdam, 1987, 560 S.

M. Müller and G.P. Ostermeyer, Cellular automata method for macroscopic surface and friction dynamics in brake systems. Tribology International, 2007, v. 40, pp. 942–952.

Kapitel 18

J. Starcevic, Tribospectroscopie als neue Methode zur Untersuchung von Reibungsmechanismen: Theoretische Grundlagen und Experiment. Dissertation an der Technischen Universität Berlin, 2008.

J. Wallaschek, Contact mechanics of piezoelectric ultrasonic motors. Smart Materials and Structures, 1998, v. 7, pp. 369–381.

T. Sashida, T. Kenio, An Introduction to Ultrasonic Motors. Oxford Science Publications, 1994.

Kapitel 19

P. Wriggers, Computational Contact Mechanics. Springer, 2006, 518 p.

P. Wriggers and U. Nackenhorst (Eds), Analysis and Simulation of Contact Problems: (Lecture Notes in Applied and Computational Mechanics). Springer, Berlin, 2006.

R. Pohrt, Q. Li, Complete Boundary Element Formulation for Normal and Tangential Contact Problems. Physical Mesomechanics, 2014, v. 17, No. 4, pp. 334–340.

R. Pohrt, V. L. Popov, Adhesive contact simulation of elastic solids using local mesh-dependent detachment criterion in boundary elements method. Facta Universitatis, Series: Mechanical Engineering, 2015, v. 13 (1), pp. 3–10.

Kapitel 20

C.H. Scholz, The Mechanics of Earthquakes and Faulting. Cambridge University Press, 2002.

C.H. Scholz, Earthquakes and Friction Laws, Nature, 1998, v. 391, pp. 37–42.

J.H. Dieterich, Earthquake nucleation and faults with rate and state-dependent strength. Technophysics, 1992, v. 211, pp. 115–134.

M.D. Trifunac and A.G. Brady, On the correlation of seismic intensity scales with the peaks of recorded strong ground motion, Bull. Seism. Soc. Am., 1975, v. 65, No 1, pp. 139–162.

Y. Ben-Zion, Collective behavior of earthquakes and faults: Continuum-discrete transitions, progressive evolutionary changes, and different dynamic regimes, Rev. Geophys., 2008, v. 46, RG4006 (70 pp).

B. Grzemba, Predictability of Elementary Models for Earthquake Dynamics, epubli GmbH, Berlin, 2014.

V.L. Popov, B. Grzemba, J. Starcevic, M. Popov, Rate and state dependent friction laws and the prediction of earthquakes: What can we learn from laboratory models?, Tectonophysics, 2012, v. 532–535, pp. 291–300.

Sachverzeichnis

V. L. Popov, *Kontaktmechanik und Reibung,* DOI 10.1007/978-3-662-45975-1

Printed in the United States
By Bookmasters